中国科学院科学与社会系列报告

2014中国可持续发展战略报告

——创建生态文明的制度体系

China Sustainable Development Report 2014

Building Institutions for Ecological Civilization

● 中国科学院可持续发展战略研究组

科学出版社
北京

内 容 简 介

《2014中国可持续发展战略报告》的主题是“创建生态文明的制度体系”。本报告围绕解读和落实十八届三中全会《中共中央关于全面深化改革若干重大问题的决定》，分析当前环境与发展的国内外背景，总结已经开展的生态文明建设相关实践的经验和存在问题，通过未来情景分析及政策效果预估，对今后的发展阶段做出科学判断，据此提出生态文明建设的目标体系、实现路径及配套政策，重点探讨制度安排的重大任务，特别是立法保障、制度创新、管理体制改革和治理结构重组，为循序渐进地开展生态文明建设奠定良好的制度基础。

本报告利用更新的可持续发展评估指标体系和资源环境综合绩效指数，分别对全国和各地区1995年以来的可持续发展能力及2000年之后的资源环境绩效，进行了综合评估和分析。

本报告对各级决策部门、行政部门、立法部门，有关的科研院所、大专院校、咨询机构，以及社会公众，具有一定的参考和研究价值。

中国可持续发展研究网　http：//www. china-sds. org

中国可持续发展数据库　http：//www. chinasd. csdb. cn

图书在版编目(CIP)数据

2014中国可持续发展战略报告：创建生态文明的制度体系/中国科学院可持续发展战略研究组编.—北京：科学出版社，2014

(中国科学院科学与社会系列报告)

ISBN 978-7-03-039836-9

Ⅰ.①2… Ⅱ.①中… Ⅲ.①可持续发展战略-研究报告-中国-2014 Ⅳ.①X22-2

中国版本图书馆CIP数据核字(2014)第030606号

责任编辑：侯俊琳　石　卉/责任校对：刘亚琦

责任印制：赵德静/封面设计：无极书装

封面与封底照片摄影：周　繇

科学出版社 出版

北京东黄城根北街16号

邮政编码：100717

http://www. sciencep. com

中国科学院印刷厂印刷

科学出版社发行　各地新华书店经销

*

2014年4月第　一　版　　开本：787×1092　1/16

2014年4月第一次印刷　　印张：24 3/4　插页：2

字数：499 000

定价：85.00元

(如有印装质量问题，我社负责调换)

中国科学院《中国可持续发展战略报告》

总策划 曹效业 潘教峰

中国科学院可持续发展战略研究组

名誉组长 牛文元

组　　长 王　毅

副 组 长 刘　毅　李喜先

成　　员 胡　非　蔡　晨　杨多贵　陈劭锋　陈　锐

《2014 中国可持续发展战略报告》研究组

主题报告首席科学家 王　毅

研究起草组成员 （按姓名笔画排序）

王凤春　刘　扬　刘　宇　苏利阳　李颖明
邹乐乐　张　梦　张丛林　张静进　陈劭锋
周宏春　郝　亮　秦海波　顾佰和　黄宝荣
董乐乐　曾　元　谭显春

技术报告首席科学家 陈劭锋

研究起草组成员 陈劭锋　刘　扬　邱明晶　陈虹村　陈　卓
宋敦江

本报告得到中国科学院自然与社会交叉科学研究中心的资助，特此致谢

创新，让更多人成就梦想*

（代序）

白春礼

科技史上有几个著名的“预言”。100多年前，德国物理学家普朗克的老师菲利普·冯·约利教授曾忠告他，“物理学基本是一门已经完成了的科学”。1899年，美国专利局局长查尔斯·杜尔断言，“所有能够发明的，都已经发明了”。IBM董事长老沃森也曾预言，“全球计算机市场的规模是5台”。显然，这些预言都未成为事实，但这些人都是那个时代本领域最杰出的人才。他们预言的失败，不是因为短视，而是因为经济社会发展的需求动力远远超出了所有人的预测，人类创新的潜能更远远超出了所有人的想象。

今天，我们可以在几分钟之内就了解到发生在地球另一端的新闻事件，可以随时随地和世界任何角落的人进行通信交流、研讨工作、召开会议，也可以在家里购买自己喜欢的商品。创新，推动了这样一个前所未有的历史巨变，改变了我们的生产方式、生活方式；创新，也让很多人梦想成真。

今天，包括中国、印度在内的20～30亿人将致力于实现现代化，许多发展中国家也在大力发展工业化。现代化的进程，对能源、资源、食品、健康、教育、文化等各个方面提出极大的需求，也对现有的发展方式提出极大的挑战。破解发展难题，创新发展模式，根本出路在于创新。

---

* 全文曾发表在2014年1月8日出版的《光明日报》上，个别文字略有修改。

从科技创新发展自身看，以绿色、智能、安全、普惠为特征，已成为主要趋势，并取得了一系列重大突破。

比如，科学家已经制造出“人造树叶”，其光合作用的效率比天然树叶高10倍，这将为发展新能源开辟一条有效的途径。可以预计，可再生能源和安全、可靠、清洁的核能，将逐步替代化石能源，我们将迎来后化石能源时代和资源高效、可循环利用时代。

信息产业正在进入跨越发展的又一个转折期。智能网络、云计算、大数据、虚拟现实、网络制造等技术突飞猛进，将突破语言文字壁障，发展新的网络理论、新一代计算技术，创造新型的网络应用与服务模式等。

先进材料和制造领域已能够从分子层面设计、智能化制造新材料，过程将更加清洁高效、更加环境友好。3D打印已经开始应用在设计领域，满足个性化需求，大幅节约产品开发成本和时间，将带来制造业新变革。现在提出了4D打印概念并在尝试中。

合成生物学的重大突破，将推动生物制造产业兴起和发展，成为新的经济增长点。现在，科学家在实验室中已经实现首个“人造生命”，打开了从非生命物质向生命物质转化的大门。基于干细胞的再生医学快速发展，有望解决人类面临的神经退行性疾病、糖尿病等重大医学难题，引发新一轮医学革命。

在一些基本科学问题上也出现革命性突破的征兆。2013年诺贝尔物理学奖授予了希格斯粒子的发现者，这对揭开物质质量起源具有重大意义。科学家对量子世界的探索，已经从“观测时代”走向“调控时代”，这将为量子计算、量子通信、量子网络、量子仿真等领域的变革奠定基础。我们对生命起源和演化、意识本质的认识也在不断深入。这些基本科学问题的每一个重大突破，都会深刻改变人类对自然、宇宙的认知，有的还将对经济社会发展产生直接的、根本的影响。

综合判断，经济社会发展需求最旺盛的地方，就是新科技革命最有可能突破的方向。这是一个重要的战略机遇期，发达国家和后发国家都站在同一起跑线上。谁抓住了机遇，谁就将掌握发展的主动权。谁丧失了机遇，就会落在历史发展的后头。

我国改革开放30多年来，变化之大如天翻地覆，主要动力靠的是改革开放释放出的巨大能量。当前，我国经济社会发展处于重要的转型时期。一方面，资源驱动、投资驱动的发展方式，受到能源、资源、生态环境等方面的严重制约；另一方面，在产业链中的不利分工，也难以支撑经济在现有规模上的持续增长。

前不久召开的十八届三中全会，是全面深化改革的又一次总动员、总部署，也再一次强调要把全社会的创新活力充分激发出来。这是站在更高发展起点上的改革，是面向未来的改革，是增强经济发展的内生动力、走内涵式发展道路的必然选择。

作为一个科技工作者，我深切感受到，我们的科技创新与国家和全社会的期望还有很大差距。其中既有历史的原因，也有现行体制上的问题。我国科技创新起点不高、基础薄弱。记得1987年我从美国回来的时候，国内科研投入很少、研究条件也差，小到实验室所需的电阻、电容等器件，都需要自己到中关村电子一条街一家一家跑。那时我们的科研成果很少。90年代后期，这一状况才开始有所改变，但真正重大原创成果还是凤毛麟角。

现在我国科研条件大幅改善，2012年研发投入超过1万亿元，位居世界第二。我国发表的SCI论文数量已升至世界第二，高水平产出明显增多，比如我们在中微子研究、量子反常霍尔效应、量子通信、超导研究等方面，都取得了一批重大原创成果。国际专利大幅增长，中兴、华为的申请数已位居世界前列。人才队伍整体能力和水平也在显著提升，越来越多的留学人员选择回国创新创业，据统计，近5年留学回国人员已近80万人。这些迹象表明，我国科技创新已经开始从量的扩增向质的提升转变。

从一些后发国家的经验看，科技赶超跨越一般都要经过20年左右的持续积累后，才能真正实现质的飞跃。按照目前的发展态势，我相信，再有十到十五年时间，我国科技创新可望实现质的飞跃。我们将有一批具有国际水平的科学家活跃在世界科技舞台，一些重要科技领域将走在世界前列，一批具有国际竞争力的创新型企业也将发展壮大起来。

实现这样一个发展图景，需要科技界共同努力，更需要全社会的大力支持。我们的科技体制还存在很多制约发展的突出问题，需要我们以改革的精神、务实的态度去解决。更重要的是，我们要立足未来 10 ~ 15 年的发展图景，认真思考迫切需要解决的几个关键问题，未雨绸缪，做好充分准备。

第一，要推动科技与经济社会发展紧密结合，形成良性互动的机制。促进科技与经济结合，是深化科技体制改革的核心，也是落实创新驱动发展战略的关键。科技创新要坚持面向经济社会发展的导向，积极发挥市场对技术研发方向、路线选择、要素价格、各类创新要素配置等的主导作用，围绕产业链部署创新链，加强市场竞争前关键共性核心技术的研发。产业界特别是企业，要强化在技术创新决策、研发投入、科研组织和成果转化中的主体作用。通过建立定位明确、分工合作、利益共享、风险分担的产学研协同创新机制，着力解决科技创新推动经济增长的动力不足、应用开发研究与实际需求结合不紧、转移转化渠道不畅等问题，消除科技创新中的“孤岛”现象，提升国家创新体系的整体效能，在全社会形成强大的创新合力。

第二，要为新科技革命和产业变革做好前瞻布局。随着科学技术不断进步，从科学发现到技术应用的周期越来越短。在能源、信息、材料、空天、海洋等经济社会发展的关键领域，我们要加强前沿布局和先导研究，通过科技界和产业界密切合作、共同攻关，培育我国未来新兴产业的基础和核心竞争力。要推动基础研究与产业发展融合，加强原始创新能力建设。一直有人问我，基础研究有什么用？我想，庄子所说的“无用之用，是为大用”，明代徐光启所说的“无用之用，众用之基”，都是很好的回答。法拉第也曾表示，问基础研究有什么用，就好像问一个初生的婴儿有什么用。基础研究的“用”，首先体现在它对经济社会发展无所不在的作用，在我们现实生活中广泛使用的半导体、计算机、激光技术等，都是基础研究成果的实际应用。现在知识产权保护已从基础研究阶段开始，原始性创新是核心关键技术的源泉。基础研究还体现了人类不断追求真理、不懈创新探索的精神，也培育了创新人才，是现代社会文明、进步、发展的重要基石。

第三，要创造一个鼓励创新、支持创新、保护创新的社会环境。20

世纪80年代，美国涌现出一批像比尔·盖茨、乔布斯这样的成功创业者，分析他们的成长经历，当时美国社会良好的创新条件和环境起到了非常重要的作用。我们要从国家和社会两个层面，建立和完善公平竞争的法律制度体系、广泛的社会扶持政策和创新激励机制，提高全社会的知识产权意识，尊重和保护创新者的贡献与权益。只有这样，才能出现中国的比尔·盖茨、乔布斯，才能涌现出更多的柳传志、马云。

中国科技创新的跨越发展，不仅要依靠现在活跃在科研一线的科学家、工程师和企业家们，也要依靠下一代、下两代科学家、企业家。未来，是他们以中国科学家、企业家的身份站在世界创新的舞台上。失去这一两代人，中国将会失去未来。我们必须打破现有的利益格局，为培养下一代科学家、企业家做好充分准备，让一切优秀的、有潜质的、有抱负的青年人才，得到更好的培养和更广阔的舞台，让一切劳动、知识、技术、管理和资本的活力竞相迸发，让一切创造社会财富的源泉充分涌流。

这是一个创新的时代，是通过创新实现梦想的时代。中国科学院作为国家战略科技力量，将秉承“创新科技、服务国家、造福人民”的价值理念，与社会各界携手合作，共同谱写中国科技创新的新篇章，成就中华民族伟大复兴的中国梦！

前言与致谢

面对日益严重的资源环境挑战，党的十八大和十八届三中全会把生态文明建设放到前所未有的高度，并作为今后全面深化改革的有机组成部分。为了全面理解十八届三中全会《中共中央关于全面深化改革若干重大问题的决定》（简称《决定》）关于加快生态文明建设的相关内容，更好地落实《决定》提出的各项重点任务，今年报告的主题定为“创建生态文明的制度体系”。这是本年度报告连续第二年选择“生态文明”作为我们重点研讨的议题。

应该清醒地看到，当前对于生态文明建设的理解还存在不少争议。由于顶层设计不够完善，中国所面临的问题又是前所未有的，所以现有的解决方案还难以应对复杂多样的资源环境问题，急需我们通过改革和创新，通过经济社会的全面转型来推动生态文明建设。

在研究中我们也发现，当前传统的惯性思维还占主导地位，缺少统筹协调、部门利益至上仍然是改革的最大阻力；由于问题非一日形成，所以不存在毕其功于一役的“万应灵丹”，生态文明建设需要在理论与实践的探索和学习中不断总结经验；制度建设需要时间，但解决问题任务紧迫，我们必须学会在不断完善制度的过程中，寻找突破体制机制障碍的解决办法。

生态文明建设需要全社会的共同努力。在生态文明建设的过程中，我们需要公平有效的政府、守法并有良知的企业、独立而理性的学者、有权利也有义务担当的公众，以及公正和负责任的媒体，共同凝聚化解危机的正能量。作为其中的一员，我们深感作为研究者肩头责任的重大，希望能够通过我们不懈的努力，提供问题导向的、可操作的系统解决方案，为生态文明建设贡献我们的力量。

为此，我们在今年报告的研究过程中，一方面充分调动研究组常年积累的力量，同时继续邀请本领域的知名专家参与研究工作；另一方面，我们十分重视组织调查研究，从国家利益出发，以民生需求为落脚点，虚心听取不同部门、学者及社会公众的意见，通过较为充分的研讨和评议，使我们研究的判断和结论更加科学公正和符合实际，提出建议供有关方面决策参考。

本年度报告由王毅负责全书的总体策划、过程监控和最终统稿，研究起草组成员分章撰写，主题报告由王毅修改、审定，技术报告由陈劭锋组织完成。

我们要特别感谢中国科学院白春礼院长和李静海副院长对报告的指导；感谢曹效业、潘教峰副秘书长对报告选题及报告修改提出的意见、建议；感谢院发展规划局蔡长塔同志在报告研究和起草修改过程中所提供的帮助。

在研究过程中，我们还得到了国家发展和改革委员会解振华副主任、赵家荣副秘书长的亲自指导和帮助，在此特别表示感谢。同时感谢国家发展和改革委员会应对气候变化司苏伟司长、孙翠华副司长、黄问航处长、蒋兆理处长，资源节约和环境保护司吕文斌副司长，环境保护部政策法规司别涛副司长，以及广东省发展和改革委员会鲁修禄副主任、重庆市发展和改革委员会欧阳林副主任对课题研究提供的帮助和建议。感谢相关课题组的专家马中、王金南、王学军、骆建华、于秀波、姜鲁光等的合作与支持，报告中的许多观点得益于同他们的共同讨论。

我还要特别感谢国务院发展研究中心周宏春研究员、全国人大环境与资源保护委员会法案室王凤春副主任对本年度报告研究的积极参与和支持。他们在生态文明建设相关领域深厚的学术积累为我们在短时间内顺利完成报告提供了关键支撑。

感谢中国科学院战略性先导科技专项“应对气候变化的碳收支认证及相关问题研究”（XDA05140000）、中国科学院科技政策与管理科学所“一三五”重大项目“中国绿色低碳发展路线图研究”，以及中国国际经济交流中心基金课题“国家生态环境治理体系研究”所提供的资金支持。

在模型工具开发方面，特别感谢张冀强、张瑞英、胡敏、金嘉满、Billy Leung、Tom Peterson、王平、于卿婵、陈灵艳、邵钢等在工作中所给予的具体指导与帮助。

此外，十分感谢程伟雪、吴昌华对报告部分观点及报告中有关部分的英文翻译所提供的建议。

感谢科学出版社科学人文分社侯俊琳社长对本书出版的一贯支持和理解。特别感谢责任编辑石卉在春节休假时间加班加点编辑书稿，成为报告按时出版最重要的保障。

最后，我还要向研究团队的所有成员表示感谢，没有他们辛勤而富有成效的努力，本报告是无法及时呈现给读者的。同时还要向所有为本年度报告做出贡献和提供帮助的朋友和同仁一并表示衷心的感谢！

由于时间紧迫，本报告在研究和出版过程中肯定还存在一些问题和错误的地方，尽管文中的所有观点都文责自负，但也想借此机会请广大读者不吝提出批评意见和建议，以便我们在今后的工作中协力合作加以解决并不断完善。

王　毅

2014 年 2 月 18 日

首字母缩略词

缩写	英文全称	中文全称
3R	Reduce, Reuse, Recycle	减量化、再利用和资源化
4G	The Fourth Generation of Mobile Communication Technology	第四代移动通信技术
ADB	Asian Development Bank	亚洲开发银行
BaU	Business as Usual	照常情景
BEV	Battery Electric Vehicle	纯电动汽车
BLM	Bureau of Land Management	（美国内务部）土地管理局
CAS	Chinese Academy of Sciences	中国科学院
CC	Conservation Concession	特许保护
CCS	Carbon Capture and Storage	碳捕集与封存
CCUS	Carbon Capture, Utilization, and Storage	碳捕集、利用与封存
CDM	Clean Development Mechanism	清洁发展机制
CE	Circular Economy	循环经济
CERs	Certified Emission Reductions	经核证的减排量
CEU	Council of the European Union	欧盟理事会
CGE	Computable General Equilibrium	可计算一般均衡模型
CIP	Competitiveness and Innovation Framework Programme	（欧盟）竞争力与创新框架项目
CNC	Critical Natural Capital	关键自然资本
CO	Carbon Monoxide	一氧化碳
CO_2	Carbon Dioxide	二氧化碳

续表

缩写	英文全称	中文全称
CO_2e	Carbon Dioxide Equivalent	二氧化碳当量
COD	Chemical Oxygen Demand	化学需氧量
COP	Conference of the Parties	（联合国气候变化框架公约）缔约方会议
CSDR	China Sustainable Development Report	中国可持续发展战略报告
CSR	Corporate Social Responsibility	企业社会责任
DfE	Design for the Environment	为环境而设计
DMC	Domestic Material Consumption	国内物质消费
DSM	Demand-Side Management	需求侧管理
EC	Ecological Civilization	生态文明
EC	European Commission	欧盟委员会
EC	European Council	欧洲理事会
EcoAP	Eco-innovation Action Plan	（欧盟）绿色创新行动计划
EE	Emerging Economies	新兴经济体
EEA	European Environment Agency	欧洲环境局
EED	Energy Efficiency Directive	（欧盟）能源效率指令
EEX	European Energy Exchange	欧洲能源交易所
EGS	Environmental Goods and Services	环境产品和服务
EKC	Environmental Kuznets Curve	环境库兹涅茨曲线
EMC	Energy Management Contract	合同能源管理
EPI	Environmental Performance Index	环境绩效指数
ESCO	Energy Service Company	节能服务公司
ESI	Emerging Strategic Industry	战略性新兴产业
ETV	Environmental Technology Verification	环境技术验证
EU	European Union	欧洲联盟（简称欧盟）
EU ETS	European Union Emission Trading Scheme	欧盟排放交易体系

续表

缩写	英文全称	中文全称
EV	Electric Vehicle	电动汽车
FAO	Food and Agriculture Organization	（联合国）粮食及农业组织
FCEV	Fuel Cell Electric Vehicle	燃料电池电动汽车
FDI	Foreign Direct Investment	外国直接投资
GD	Green Development	绿色发展
GDP	Gross Domestic Product	国内生产总值
GE	Green Economy	绿色经济
GEF	Global Environment Facility	全球环境基金
GEO5	Global Environmental Outlook-5	全球环境展望 5
GHGs	Greenhouse Gases	温室气体
GNP	Gross National Product	国民生产总值
HDI	Human Development Index	人类发展指数
HEV	Hybrid Electric Vehicle	混合动力电动汽车
HSBC	The Hongkong and Shanghai Banking Corporation Limited	香港上海汇丰银行（简称汇丰银行）
ICSU	International Council for Science	国际科学理事会（简称国科联）
ICT	Information and Communication Technology	信息与通信技术
IEA	International Energy Agency	国际能源署
IGCC	Integrated Gasification Combined-Cycle	整体煤气化联合循环
IMF	International Monetary Fund	国际货币基金组织
I-O	Input-Output	投入–产出
IPCC	Intergovernmental Panel on Climate Change	政府间气候变化专门委员会
IPM	Institute of Policy and Management	（中国科学院）科技政策与管理科学研究所
IPR	Intellectual Property Right	知识产权

续表

缩写	英文全称	中文全称
ISO	International Organization for Standardization	国际标准化组织
IUCN	International Union for Conservation of Nature	国际自然保护同盟
JI	Joint Implementation	联合履行机制
KP	Kyoto Protocol	京都议定书
LCE	Low Carbon Economy	低碳经济
LED	Light Emitting Diode	半导体照明（发光二极管照明）
LM	Lead Market	先导市场
LMDI	Logarithmic Mean Divasia Index	对数平均 D 氏指数法
LNG	Liquefied Natural Gas	液化天然气
MDGs	Millennium Development Goals	千年发展目标
MEAs	Multilateral Environmental Agreements	多边环境协议
MEI	Measuring Eco-Innovation	绿色创新评估项目
NASA	National Aeronautics and Space Administration	（美国）国家航空航天局
NH_3-N	Ammonia-Nitrogen	氨氮
NGO	Non-Governmental Organization	非政府组织
NOx	Nitrogen Oxides	氮氧化物
NPP	Net Primary Productivity	净初级生产力
ODA	Official Development Assistance	官方发展援助
ODP	Ozone Depletion Potential	臭氧耗减潜能值
OECD	Organization for Economic Cooperation and Development	经济合作与发展组织（简称经合组织）
OWG	Open Working Group	开放工作组
PES	Payment for Ecosystem Services	生态系统服务付费
PHEV	Plug-in Hybrid Electric Vehicle	插电式混合动力汽车

续表

缩写	英文全称	中文全称
PIC	Policy Insight of China	中国区域宏观经济模型
PM2. 5	Particulate Matter less than 2. 5μm	大气中粒径小于或等于 2. 5 微米的细颗粒物
PM10	Particulate Matter less than 10μm	可吸入颗粒物（大气中粒径小于或等于 10 微米的细颗粒物）
POPs	Persistent Organic Pollutants	持久性有机污染物
PPP	Purchasing Power Parity	购买力平价
PPP	Public-Private Partnership	公私合作伙伴关系
PSS	Product-Service Systems	产品服务系统
PTS	Persistent Toxic Substances	持久性有毒污染物
PV	Photovoltaic	光伏
R&D	Research and Development	研究与试验发展（简称研发）
REEFS	Resource-Efficient and Environment-Friendly Society	资源节约型、环境友好型社会（简称两型社会）
REMI	Regional Economic Models, Inc	美国区域经济模型公司
REPI	Resource and Environmental Performance Index	资源环境综合绩效指数
Rio+20	The 20th Anniversary of the 1992 United Nations Conference on Environment and Development in Rio de Janeiro	“里约+20”，特指为 1992 年里约联合国环发大会 20 周年召开的联合国可持续发展大会
SDGs	Sustainable Development Goals	可持续发展目标
SDSN	Sustainable Development Solutions Network	（联合国）可持续发展行动网络
SEA	Strategic Environmental Assessment	战略环境评价
SERI	Sustainable Europe Research Institute	欧洲可持续研究所
SG	Smart Growth	智能增长
SO_2	Sulfur Dioxide	二氧化硫
TBT	Technical Barriers to Trade	技术性贸易壁垒

续表

缩写	英文全称	中文全称
TCE	Ton of Coal Equivalent	吨标准煤
TMDL	Total Maximum Daily Load	最大日负荷量
TOE	Ton of Oil Equivalent	吨标准油或油当量
TSP	Total Suspended Particulate	总悬浮颗粒物（大气中粒径小于或等于 100 微米的颗粒物）
UHV	Ultra-High Voltage	超高压
UNCED	United Nations Conference on Environment and Development	联合国环境与发展大会（简称里约环发大会）
UNCSD	United Nations Commission on Sustainable Development	联合国可持续发展委员会
UNDESA	United Nations Department of Economic and Social Affairs	联合国经济及社会理事会（简称联合国经社理事会）
UNDP	United Nations Development Programme	联合国开发计划署
UNEP	United Nations Environment Programme	联合国环境规划署
UNESCAP	United Nations Economic and Social Commission for Asia and the Pacific	联合国亚洲及太平洋经济与社会理事会（简称亚太经社会）
UNFCCC	United Nations Framework Convention on Climate Change	联合国气候变化框架公约
USDOI	United States Department of the Interior	美国内务部
USEIA	United States Energy Information Agency	美国能源信息署
USEPA	United States Environmental Protection Agency	美国环境保护局
USGS	United States Geological Survey	美国地质调查局
VC	Venture Capital	创业投资或风险投资
VOCs	Volatile Organic Compounds	挥发性有机化合物
WB	World Bank	世界银行
WCED	World Commission on Environment and Development（Brundtland Commission）	世界环境与发展委员会（也称布伦特兰委员会）

续表

缩写	英文全称	中文全称
WEC	World Energy Council	世界能源理事会
WEF	World Economic Forum	世界经济论坛
WEI	Water Exploitation Index	水资源开采指数
WHO	World Health Organization	世界卫生组织
WSA	World Steel Association	国际钢铁协会
WTO	World Trade Organization	世界贸易组织（简称世贸组织）
WWF	World Wide Fund for Nature	世界自然基金会

报告摘要*

"建立系统完整的生态文明制度体系，用制度保护生态环境"是党的十八届三中全会通过的《中共中央关于全面深化改革若干重大问题的决定》（简称《决定》）所提出的生态文明建设指导思想，也是国家治理体系和治理能力现代化的有机组成部分。《决定》明确了生态文明制度建设的重要地位和作用，勾勒了生态文明制度框架，为今后加快制度建设指明了方向。当前，我国的资源环境问题已形成全球有史以来最为综合复杂的局面，构建科学、有效的生态文明制度体系，不仅可以为解决包括严重灰霾污染在内的重大资源环境问题奠定良好的制度基础，而且也会对全球可持续发展进程产生深远影响。

未来十年，既是我国资源环境保护最艰难的时期，也是生态文明制度建设最关键的时期。我们必须看到，生态文明制度建设是一个长期过程，创建制度体系会面临一系列严峻挑战，任务紧迫而艰巨。一方面，我们必须克服传统体制机制障碍、破除各种既得利益束缚、解决新制度的理论难题，在实践探索过程中不断完善。另一方面，政治上的共识、科技的创新、收入的提高都给创建生态文明制度提供了机遇。2014 年 1 月，中央全面深化改革领导小组把"经济体制"和"生态文明体制"放在同一个专项小组统筹考虑，充分反映出中央对于解决好发展与环境关系的智慧和决心。

治理始于制度，灰霾止于行动。仅有制度是远远不够的，更重要的是凝聚全社会的共识和采取共同的实际行动，不断提高制度执行能力和治理能力，改善政策实施环境。因此，我们有必要在新的历史起点上，抓住《决定》出台的历史性机遇，制定推进生态文明制度体系建设的有效战略、实施步骤和支持政策，为塑造一个系统完整、运转高效的生态文明制度体系和治理模式而共同努力。

---

* 报告摘要由王毅、苏利阳执笔，作者单位为中国科学院科技政策与管理科学研究所。

一 生态文明制度建设的重要性和紧迫性

1.“用制度保护生态环境”的重要性

自20世纪70年代以来，我国环境保护已经走过40多年历程，实行了环境保护基本国策和可持续发展战略，制定了以《环境保护法》为首的一系列法律制度，规定了环境影响评价、“三同时”、排污收费等基本制度，环境管理机构也不断发展壮大。但由于多种原因，这些制度安排的能力并没有充分发挥出来，漠视环境保护法律、执法不严、管理失灵等现象比比皆是。在污染防治和生态保护方面，总体上还是以开展各类单项工程等技术性解决方案为主，很大程度上忽视了环境保护制度和政策的作用。其结果是环境保护法治观念没有完全建立起来，环境保护制度的严肃性受到质疑，环境保护机构不断升格但治理能力有限，并最终导致我们没能摆脱“先污染后治理”的道路（中国科学院可持续发展战略研究组，2013）。在国际层面也存在类似的情况，在解决环境问题的过程中，由于制度实施的能力不足和资源配置不公平，使很多甚至是一些看起来双赢的制度和政策无法落实或有效发挥效力（世界银行，2003）。

当前我国的资源环境形势仍极其严峻，且越来越成为一个事关经济、社会和政治大局的综合性问题，不能满足公众及全面建设小康社会的基本需要。在历经多年理论研究和实践探索后，各方都认识到中国资源环境存在的问题，既与自然原因及发展阶段有关，更与主观认识、以及法治和体制机制等制度因素息息相关（中国工程院等，2011；张高丽，2013）。《决定》提出“用制度保护生态环境”，通过法治手段、制度建设、提高国家治理能力来改善环境，从根本上制定更加公平、包容和面向长远的社会规范，改变我们的行为，降低社会成本，提高环境保护行动效率。这充分体现了新一届领导人在国家执政理念上的重大转变，力图改变过去片面追求经济增长的价值取向，更注重运用制度而非仅仅用技术和工程手段来治理国家（王毅，2013）。因此，无论是实现国家发展的战略目标，还是体现新型执政理念，都需要强调体制改革和制度建设的重要性，创新生态文明建设的思路。

2. 生态文明制度建设的紧迫性

《决定》的出台，意味着全面深化改革和突破现有的阻碍可持续发展和创新活力的法律规章，创建新的制度安排，其中法律法规的修改完善和管理体制的创新尤为关键。《决定》要求的时间目标是到2020年在重要领域和关键环节改革上取得决定性成果。这期间还有两个五年规划的制定和政府换届，实际上留给制度建设的时间非常有限，改革任务十分艰巨。

《决定》有关生态文明建设的部分提出了许多创新性的制度安排，几乎涉及所有资源环境相关法律和政府管理部门，法律修改和管理体制改革的工作异常繁重。以资源环境立法为例，目前第十二届全国人大常委会立法规划中，只有《环境保护法》等十部需要起草和修改的资源环境相关法律，即使是这些立法，按人大常委会每两个月一次会议的法律审议进程看，也远不能满足实际需求，要尽快确立生态文明建设的法律体系存在很大难度。从资源环境管理体制看，要想从目前分散的部门管理走向统一监管、统筹协调的管理体制和完善治理结构同样面临许多障碍。因此，利用好每一次法律修改和机构调整的机遇至关重要。

3. 转型期生态文明制度建设不能急于求成

生态文明制度作为中国特色社会主义制度的有机组成部分，其落实有赖于社会主义市场经济体制的不断完善，以及国家治理能力和治理体系的现代化。正因为如此，《决定》指出全面深化改革将注重改革的系统性、整体性、协同性，生态文明体制改革将与其他领域的改革统筹兼顾、分步推进。可是在实际操作过程中会出现各种急于求成的现象，如许多地方启动了多年停滞的地方环保立法，响应了民众的诉求并取得了很大的进展，但由于时间紧和能力有限，法律文本中也可以看到不少“硬伤”。

与生态文明建设一样，生态文明制度建设也是一种新的理念，许多问题都需要在实践中不断探索（中国科学院可持续发展战略研究组，2013）。从理论上讲，无论是生态红线、生态补偿、国家公园制度，还是陆海统筹的生态系统保护修复和污染防治区域联动机制，既没有成熟的理论研究和普适性的实践经验作为基础，又缺少上位法的支撑，因此需要科学的“顶层设计”与严谨的“摸着石头过河”相结合。

转型期的生态文明制度建设，存在改革与现行制度的冲突在所难免。应该很好地总结过去我们在节能减排、循环经济、低碳试点等实践中所取得的经验和教训，并在下一步生态文明建设试点中先行先试。因此，除了加强顶层设计、防止战略失误并将其落实到实施细则外，建立充分的咨询论证程序和纠错机制是非常必要的。上述这些因素决定了生态文明制度建设不可能毕其功于一役，而是需要长期坚持和不懈努力，通过动态调整和系统创新取得实效。

二 构建完整的生态文明制度体系

生态文明制度建设既是一项在“保护优先”价值取向下制订游戏规则的创新性工作，又是对现有制度安排的继承与发展。要构建好生态文明制度体系，首先需要了解为什么会产生制度失灵或管理低效，特别是要认识除主观认识偏差以外的客观原因。

十八届三中全会《决定》从生态环境问题产生全过程的角度提出生态文明制度建设的方针，即遵循“源头严防、过程严控、后果严惩”的思路，建立系统完备的生态文明制度体系（杨伟民，2013）。实际上，自然生态系统及其产生的问题比我们想象的要复杂得多，涉及时间、空间、结构和功能等多个维度。因此，我们有必要进一步了解自然演化的规律及其相应的管理模式，从而为创建制度找到科学的解决方案。

1. 生态系统的完整性与制度安排的多样性

自然生态系统经过长期演化表现出空间上的完整性，即各种生物与其生存环境形成相互作用的有机整体。随着人类社会经济活动的影响，环境问题逐渐产生并扩展为局地、区域和全球性问题，在我国目前最突出的就是区域性的灰霾污染和流域性的水污染。但是，这些环境问题所影响的空间范围往往与行政管辖的区域不一致，使现行管理体制难以解决跨行政区的环境问题。结构上，环境中的各类要素（水、土、气等）都是相互联系的，而这些要素常常由不同部门来管理，使得环境管理缺乏整体性和协调性；功能上，环境资源往往具有多种功能，比如水，既可以提供淡水资源，又可以用来发电，还能够提供各种生态服务功能，要在流域层面实现水的不同功能的优化配置，同样需要制度规范和管理机构的统筹协调。然而，在现有体制下，实现资源环境的综合管理存在各种体制机制障碍。

按照传统的经济学解释，环境问题是因为外部性导致的市场失灵所造成的，而政策失灵有可能加重市场失灵引起的环境破坏。应对市场失灵和政策失灵的正规机制，除了采取行政命令及实施环境法规监管外，为有效发挥市场、政府及公众的作用，可以综合运用以下三种方式：一是针对部分具有竞争性的排他性的自然资源，可以通过完善市场制度来解决，即明确资源环境的产权（如水资源、森林资源），取消政策扭曲（如不合理补贴）；二是创建新型市场，如开展节能量、排污权交易，并配合经济激励政策（如资源环境税收）；三是具有公共物品属性的自然资产和难以货币化的环境资源与生态服务，无法利用市场解决，需要通过改善信息质量和治理结构，鼓励利益相关方和公众参与，采取基于长远、利益均衡和达成共识的集体行动（World Bank，1997；世界银行，2003）。

因此，我们在保证生态环境保护完整性的同时，需要针对不同类型的问题设置相应的制度安排。对于幅员辽阔、资源环境复杂多样的发展中大国，完全通过一个部门实施统一监管显然是十分困难的。但无论采取哪种改革模式，建立统筹协调的制度构架是非常必要的。

2. 我国生态环境管理制度的路径依赖与思维惯性

我国现行的生态环境管理体制是历史上形成的，具有以下几个鲜明特征：一是环境管理体系从一开始由于认识的局限性，并没有完善的总体设计，基本是随着问题而不断成长，单项制度走在综合性立法的前面，相关管理职能也分散于各个部门并固化为部门利益，综合管理只停留在口头上。二是传统环境管理脱胎于传统计划经济体制，延续了条块分割的管理方式，职能划分和事权财权分配存在交叉、重叠、缺位和责权不清的现象，同时还缺少有效的协调机制和解决跨领域、跨地区问题的制度安排。三是管理手段以行政手段为主，特别是行政审批和排放浓度控制，惩罚力度低且执行不力，缺少有效的经济激励手段和环境质量控制目标，现代公共治理的制度安排不足。

正是基于上述问题，《决定》提出了一整套对生态文明制度建设的构想，改革方向是明确的。从目前的落实情况看，改革任务正在层层分解细化，虽然对于推动改革进程完全必要，但也存在隐忧。由于各方对生态文明建设的理解存在偏差，导致行动上的不统一，行动有余而统筹不足，甚至可能因重复工作和部门误导而事倍功半，影响改革的进程。种种迹象表明，当前各个部门仍然依照传统的惯性思维开展工作，以巩固和强化部门地位为基本诉求，改革创新思维不足。

目前，无论是在制定生态文明建设相关指标和规划上，还是在推行生态文明试点上，各部门各行其道，未来产生冲突和矛盾是不可避免的。例如，迄今为止，各个部门和地方已经或正在制定多种生态文明建设的指标体系（环境保护部，2013；国家海洋局，2012a），但不同的指标体系缺乏可比性，既反映出各方认知存在差异，也体现出各政府部门在制定各种复杂抽象指标体系的同时恰恰忘记了其制定指标的目的，公众的要求也许只是“能看得见蓝天”、“可以下河游泳”这么简单（参见第三章）。就生态文明建设试点来看，除原有的试点外，又分别增加了水、海洋、森林、城镇、先行示范区等生态文明建设相关试点（环境保护部，2008；国家海洋局，2012b；水利部，2013；国家发展和改革委员会，2013）。却很少有人很好地评价过去那么多试点示范到底取得了什么经验、绩效如何等（参见第六章）。

我们应当清醒地意识到，生态文明制度改革与建设应该是加强顶层设计而非部门主导。因此，要进一步强化统筹协调，避免简单地将改革任务按条块领域分解到各职能部门，防止生态文明制度建设成为谋求部门利益和目标的“挡箭牌”，导致生态文明体制改革的本意被扭曲。针对《决定》未能清晰给出资源管理和生态保护分类及职能归属的体制问题，应充分听取各利益相关方的意见，防止部门利益主导，积极稳妥地推进生态环境保护领域的“大部制”改革进程。

3. 生态环境保护制度体系及建设方向

如前所述，生态文明制度体系建设具有长期性，有必要科学把握建设的战略重点和优先领域，制定更加清晰的时间表和路线图，完善现行的、有重大影响的制度，加快推进相对成熟的制度，指出并充分调研和论证具有争议的制度，做到统筹协调、分层分类、有序推进。生态文明制度体系的建设方向，包括以下几个方面。

在指导原则方面，充分认识我们所处的发展阶段和未来情景，在均衡发展与环境关系的基础上强调保护优先，利用解决资源环境问题来倒逼和引领发展方式转型，促进发展质量的提高，弥补因透支环境红利所造成的损失，实现发展与环境关系的再平衡。

在法律制度方面，以《环境保护法》修订为契机，将《决定》中提出的成熟制度安排写入法律规定中，同时加快制定和修改其他重要单行法的进程。

在管理体制改革方面，从生态系统的完整性出发，按照所有者和管理者分开、开发与保护分离的原则，坚持大部制的改革方向，逐步形成以资源和生态保护管理体制、环境保护管理体制为核心的生态文明管理体制，构建多层次统筹协调机制，完善生态环境保护的治理体系。

在关键制度和政策方面，要围绕管理体制创新制度安排，综合运用多种政策手段，特别是注重发挥市场机制在自然资源管理和生态环境保护中的作用，力求在厘清政府与市场关系的基础上，构建体现生态文明理念的新型市场，推进自然资源资产化管理，实行资源有偿使用制度和生态补偿制度，鼓励特许环境服务和协议保护，加快资源环境税费改革，探索排污权和碳排放交易市场，使资源能源、排放许可、生态服务等要素得到更高效的配置和利用。

表 0.1 显示的是在《决定》框架下对我国生态环境保护制度体系进行的重新梳理（参见第一、四、七章）。

表 0.1 我国生态环境保护的制度体系

制度安排 生态环境保护领域	主要法律	管理体制	关键制度***
污染防治	环境保护法* 海洋环境保护法* 环境影响评价法* 大气污染防治法 水污染防治法 固体废物污染环境防治法 环境噪声污染防治法 土壤污染防治法** 核安全法** ……	环境保护管理体制 （涉及环境保护部、水利部、住房和城乡建设部、国家海洋局等）	排污总量控制制度 排污权（许可证）交易制度 绿色政绩考核制度 环境责任追究制度* 特许污染治理制度 环境信息公开制度* 公众参与制度* 环境税制度 ……

续表

制度安排 / 生态环境保护领域	主要法律	管理体制	关键制度***
资源和生态保护	野生动物保护法 水土保持法 水法 森林法 草原法 土地管理法 矿产资源法 自然保护地法** ……	自然资源资产管理体制 自然资源监管体制 生态保护管理体制 （涉及国土资源部、农业部、国家林业局等）	自然资源资产产权制度 自然资产产权交易制度 资源有偿使用制度 空间规划和用途管制制度 资源税制度 自然保护区管理制度 生态补偿制度 特许保护制度 ……
经济社会领域的生态环境保护	清洁生产促进法 循环经济促进法 节约能源法 可再生能源法 城乡规划法 ……	能源和应对气候变化管理体制 （涉及发展和改革委员会、国家能源局等）	合同能源管理制度 煤炭总量控制制度 碳排放总量控制制度 碳排放权交易制度 政府绿色采购制度* 绿色投融资机制* ……

注：*属于综合类法律和制度，包括污染防治、资源和生态保护相关内容；

**指尚未制定的法律和制度；

***关键制度包括现行制度、《决定》提出的制度、以及其他重要制度

三 创建生态文明制度的优先领域

构建系统完整的生态文明制度体系是一个全方位的系统改革和创新过程，不可能一蹴而就。为了保证正确的改革导向，避免既得利益干扰，需要进一步完善顶层设计，加强战略部署，综合各方面力量，明确实施路线图和优先领域，保持目标、制度、政策的一致性和持续性，踏踏实实做好每一项工作，争取到2020年全面实现系统改革任务。具体的优先领域建议如下。

1. 进一步加强制度体系建设的顶层设计，制定时间表和实施路线图，优先推进节能、减排、治霾的协同效应

结合中共中央在全面深化改革领导小组设立“经济体制与生态文明体制”专项

小组的时机，开展跨部门和跨领域的总体设计，制定制度体系建设的时间表和实施路线图，广泛听取各方面意见，修改完善并达成共识后，作为各部门执行分工任务的指导方针，以避免各自为政和造成财政资源浪费。建议尽快出台“关于推进生态文明建设的指导意见”，以统一全社会对生态文明建设的认识，这有利于在此基础上，选择优先领域健康有序地开展工作，分层次、有秩序、稳妥地推进生态文明制度体系建设；同时，应在政策制定和实施计划上，向生态文明建设相对困难的中西部地区倾斜，并鼓励自下而上地开展多样化的生态文明建设实践。

鉴于当前公众普遍关心的大范围区域灰霾污染，其来源主要是化石能源的使用，包括燃煤和汽车尾气排放，可以说节能、转变能源结构、消除灰霾和减少碳排放是同根同源，应该建立协同控制的综合思维，并将之贯彻到各类规划、工程和项目设计中；建议“十三五”期间制定节能减排、防治灰霾和应对气候变化的综合行动方案，以争取协同效应，提高资金使用效率，减少单项政策的风险。

2. 将《决定》提出的生态文明建设重要制度安排深度融合到《环境保护法》修订方案中，加快修改《大气污染防治法》和《水污染防治法》进程

由于2020年前，生态文明法律制度建设的立法“时间窗口”十分有限，我们应该充分利用每一个机会，将《决定》提出的较为成熟的重要制度安排变成以法律的形式来规范生态文明建设。

当前我国正在进行《环境保护法》修订，目前已经过三次审议，有关方面希望在2014年4月全国人大常委会四审的时候通过。但是，为了适应当前生态文明制度建设的需要，充分反映《决定》提出的加强顶层设计的理念，应本着科学立法、民主立法的态度，以提高立法质量和反映客观迫切需求为原则，在经过充分论证后再行通过，使《环境保护法（修正案）》成为一部支撑生态文明建设和制度创新的根本法律，同时也为单行法的制定和修改提供支持。甚至还可以考虑将其转变为基本法，在经过更广泛地征求意见和修改后，送交2015年3月召开的十二届全国人大三次会议审议。

由于我国目前严重的大气和水污染状况，在修改《环境保护法》的同时，建议加快《大气污染防治法》和《水污染防治法》的修改进程和修改力度，特别是《大气污染防治法》要进行大幅度修改，通过法律制度的创新，制定针对大气污染物精细化管理的制度，强化刚性约束和惩罚规定，使之成为中国版的《清洁空气法》；建议组织多部门联合起草组，尽快出台修改草案，并向社会公开征求意见，为在更短的时间内消除灰霾、再现蓝天奠定法律基础（骆建华等，2013）。

3. 建立生态文明建设的目标体系，编制煤炭总量、消除灰霾和碳减排的时间表和路线图

通过情景分析和政策模拟，我们发现，一是生态文明建设的人口、资源、环境、能源和发展目标及峰值是相互联系的，二是这些目标与发展路径、政策轨迹也是紧密结合的，三是由于政策和成本的变化，人口资源环境的峰值通常表现为一个时间区间。因此，目标的设定不是简单地给出峰值时间，而是一系列目标值、时间段、政策、成本和路径的组合。这些对于发展阶段和结构转型的判断至关重要，并可作为制定污染物减排和资源能源总量控制时间表的参考，也可为目标指标管理的转型提供依据。

综合本组的情景分析和相关研究报告，我们的初步判断是：在人口生育政策调整后，预计人口峰值会推迟到2030年后，这也意味着除非采取强有力的政策，否则在人口峰值前实现污染物排放总量和主要资源消耗的峰值是十分困难的。如果从“十三五”期间采取阶段性煤炭总量控制，估计经过大约10年的努力，煤炭消费总量有可能在“十五五”期间（2026～2030年）达到拐点，碳排放及PM2.5污染则可能在“十六五”期间（2031～2035年）实现峰值（参见第二、三章）。当然这是对全国总体而言，就典型地区如京津冀，增加投入和加强区域合作，完全可以使消除严重灰霾的时间提前。

进而，我们可以根据上述峰值时间表来制定实施路线图及配套的技术、资金和政策。例如，构建以PM2.5浓度为核心指标的大气环境质量控制指标体系，在以2030年为全国目标年份的基础上，分区域制定大气环境质量达标时间表和SO_2、NO_x、VOCs等主要污染物减排路线图，以及相应的环境税政策等。与此同时，应结合当前的生态文明建设形势，推动目标指标转型，从效率目标转向总量约束目标，从数量控制转向指标结构优化和环境质量改善的目标。

4. 优先试点建立区域和流域环境综合管理体系，稳步推进大部制改革

目前，无论是在国家层面还是地方层面，要推行生态环境保护大部制都存在一定难度。在区域和流域层面仍存在着一定的管理空白，无论是解决流域性水污染还是区域灰霾，都需要必要的管理体制安排。根据我国国情，探索和构建我国区域或流域环境综合管理体系（以下统称“区域环境综合管理体系”）有可能成为推进大部制的突破口。

所谓“区域环境综合管理体系”是指：在区域层面上，通过跨部门与跨行政区的协调管理，综合布局经济发展、能源利用和基础设施建设，保护区域生态与环境，充分利用区域资源环境承载力和生态系统服务功能，实现区域污染物减排和环境质量目标，促进区域可持续发展。通过区域环境综合管理体系的试点，为国家层面的生态环境大部制改革积累经验。为了构建这一体系，需要开展如下工作。

第一，要通过法律手段，规定区域性环境管理机构的职权，包括区域规划、环境监管、项目评估等方面的职权范围和分工协作机制。第二，利用现有流域机构和区域督查机构，通过部门合作开展试点，作为区域性资源环境保护派出机构，统一负责区域环境保护的监管工作。第三，根据区情，制定区域环境与发展综合规划，并结合国家层面在该区域布局的交通、能源和污染防治项目，明确各种大气污染物减排时间表和区域空气质量达标时间表，并通过严格执法和制定各类配套政策，实施污染物精细化管理，促进区域大气联防联控。第四，鼓励区域各利益相关方参与，特别是通过更加透明的信息公开制度、环境监督制度和环境公益诉讼制度等，促进社会公众的参与，鼓励环保公益组织的发展，构建区域治理体系。

5. 结合经济体制改革，利用市场机制和创建新型资源产权与排污许可证交易市场，充分发挥市场在生态环境保护领域的作用

第一，建立和完善自然资源产权制度。根据自然资源属性的多样化特征，要通过比较广泛的地方试点示范，逐步修改完善现行法律有关国有和集体所有资源的产权制度规定，分类建立多样化的所有权体系。要推进不动产统一登记制度体系，建立完整的自然资源资产的调查、评价和核算制度，并完善国有和集体自然资源资产代理或者托管及其经营管理的制度体系。第二，在完善污染物排放标准和总量控制指标的基础上，开展排污权、水权、碳排放权（节能量）的交易试点，及时总结经验，建立统一、规范的自然资源资产产权和排污许可证交易制度。第三，在加强理论研究和实践经验总结的基础上，构建符合市场规律的自然资源定价机制，加快实施资源有偿使用制度、生态补偿制度、环境税收体系。第四，进一步改革和完善环保事业的特许经营制度和特许保护制度，完善公私合作伙伴关系，发挥市场激励的作用。

6. 健全驱动绿色新兴产业的绿色创新制度

建立健全绿色创新的宏观统筹机制，打破部门分割，整合国家发展和改革委员会、工业和信息化部、科学技术部、环境保护部等部门的绿色创新资源，消除不同政策之间的冲突，形成协同创新的格局。着力构建市场导向的绿色技术创新制度，寻求涵盖生产工艺、产品、服务和商业模式的绿色创新一体化解决方案，并通过完善激励机制发挥企业的创新主体作用。探索建立绿色知识产权制度，建立健全绿色

技术标准，抢占全球绿色技术话语权。着力健全绿色标志制度，推动绿色标志立法，将环境标志和能效标识认证标准及程序以法律的形式固定下来，并逐步建成全国统一的绿色标准标识制度体系，引导绿色消费（参见第五章）。

参考文献

奥斯特罗姆，等 . 2011. 规则、博弈与公共池塘资源 . 王巧玲，任睿译 . 西安：陕西人民出版社 .

道格拉斯 · C · 诺斯 . 1994. 制度、制度变迁与经济绩效 . 刘守英译 . 上海：上海三联书店 .

国家发展和改革委员会 . 2013. 关于印发国家生态文明先行示范区建设方案（试行）的通知. http：//www. sdpc. gov. cn/zcfb/zcfbtz/2013tz/t20131213_ 570354. htm［2013-12-30］.

国家发展和改革委员会西部司 . 2011. 关于开展西部地区生态文明示范工程试点意见通知. http：//www. mof. gov. cn/zhengwuxinxi/zhengcefabu/201108/t20110822_ 587854. htm［2013-12-30］.

国家海洋局 . 2012a. 关于印发《海洋生态文明示范区建设管理暂行办法》和《海洋生态文明示范区建设指标体系（试行)》的通知 . http：//www. cme. gov. cn/hyfg/20130415/5. htm［2013-12-30］.

国家海洋局 . 2012b. 关于开展“海洋生态文明示范区”建设工作的意见 . http：//www. cme. gov. cn/hyfg/201209/6. htm［2013-12-30］.

国务院发展研究中心“中长期增长”课题组 . 2012. 中国经济增长十年展望（2013-2022）. 北京：中信出版社 .

环境保护部 . 2008. 关于推进生态文明建设的指导意见 . http：//www. foshanepb. gov. cn/zwgk/hbzt/stscjhnchb/sthjjs/201301/P020130105543845916278. pdf［2013-12-30］.

环境保护部 . 2013. 国家生态文明建设试点示范区指标（试行）. http：//www. zhb. gov. cn/gkml/hbb/bwj/201306/t20130603_ 253114. htm［2013-12-30］.

骆建华，王毅 . 2013. PM2. 5 污染的治理路径与绿色低碳发展 . 见：薛进军，赵忠秀 . 中国低碳经济发展报告（2013）. 北京：社会科学文献出版社 .

马中，周芳 . 2013. 中国经济增长的环境红利之殇 .《财经》年刊——2014：预测与战略，164-168.

彭近新 . 2010. 中国的环境保护与法制化 . 北京：世界知识出版社 .

世界银行 . 1992. 1992 世界发展报告 . 北京：中国财政经济出版社 .

世界银行 . 2003. 2003 世界发展报告 . 北京：中国财政经济出版社 .

世界银行、国务院发展研究中心联合课题组 . 2012. 2030 年的中国 . 北京：中国财政经济出版社 .

水利部 . 2013. 关于开展全国水生态文明建设试点工作的通知 . http：//www. mwr. gov. cn/zwzc/tzgg/tzgs/201303/t20130321_ 346978. html［2013-12-30］.

王金南，於方，蒋洪强，等 . 2005. 建立中国绿色 GDP 核算体系：机遇、挑战与对策 . 环境经济，(5)：56-60.

王毅 . 2013. 推进生态文明建设的顶层设计 . 中国科学院院刊，28（2）：150-156.

郇庆治 . 2013-11-15. 贯彻综合思维深化生态文明体制改革 . http：//www. csstoday. net/tebiecehua/85991. html ［2013-12-30］ .

杨伟民 . 2013-11-23. 建立系统完整的生态文明制度体系 . 光明日报，2.

张高丽 . 2013. 大力推进生态文明，努力建设美丽中国 . 求是，(24)：3-18.

张庆丰，罗伯特 · 克鲁克斯 . 2012. 迈向环境可持续的未来——中华人民共和国国家环境分析 . 北京：中国财政经济出版社 .

中国工程院，环境保护部 . 2011. 中国环境宏观战略研究：综合报告卷 . 北京：中国环境科学出版社 .

中国科学院可持续发展战略研究组 . 2006. 2006 中国可持续发展战略报告——建设资源节约型和环境友好型社会 . 北京：科学出版社 .

中国科学院可持续发展战略研究组 . 2009. 2009 中国可持续发展战略报告——探索中国特色的低碳道路 . 北京：科学出版社 .

中国科学院可持续发展战略研究组 . 2013. 2013 中国可持续发展战略报告——未来 10 年的生态文明之路 . 北京：科学出版社 .

Andrews-Speed P. 2012. The Governance of Energy in China：Transition to a Low-Carbon Economy. Basingstoke：Palgrave Macmillan.

Andrews-Speed P，et al. 2012. The Global Resource Nexus. Washington D C：Transatlantic Academy.

Cobb J B Jr. 2013. Seizing an Alternative：Toward an Ecological Civilization. http：//internationalprocessnetwork. files. wordpress. com/2013/10/john-cobb-jr. pdf ［2013-10-31］.

Hill S. 2013-04-17. Reforms for a Cleaner，HealthierEnvironment in China. OECD Economics Department Working Papers No. 1045. http：//search. oecd. org/officialdocuments/publicdisplaydocumentpdf/？cote=ECO/WKP（2013）37&docLanguage=En ［2013-12-30］ .

Roseland M. 2012. Toward Sustainable Communities. Gabriola Island：New Society Publishers.

World Bank. 1997. Five Years after Rio：Innovations in Environmental Policy. Washington D C：World Bank.

World Bank. 2012. Inclusive Green Growth：The Pathway to SustainableDevelopment. Washington D C：World Bank.

目　　录

第二部分 技术报告——可持续发展能力与资源环境绩效评估

CONTENTS

Part Two Technical Report: Methodology and Technical Analysis—Assessment of Sustainable Development and Resource and Environmental performance

第一部分　主题报告

——创建生态文明的制度体系

第一章

重塑可持续发展战略*

在全面深化改革和加强生态文明建设的背景下，中国的可持续发展进程正在进入新的历史转折期。党的十八大报告提出了大力推进生态文明建设、深入实施可持续发展战略；作为未来十年治国总纲，十八届三中全会通过的《中共中央关于全面深化改革若干重大问题的决定》（简称《决定》），进一步强调要加强生态文明制度建设，即建立系统完整的生态文明制度体系，用制度保护生态环境。与此同时，随着经济规模的扩张与综合实力的不断提高，以及发展方式的转型，中国也在全球可持续发展进程中发挥着越来越重要的作用。当前，国际社会正处在制定全球可持续发展目标（SDGs）和新一轮全球气候政治谈判的关键时期，中国的生态文明建设无疑是推动全球可持续发展进程的重要力量。上述背景构成了新时期中国可持续发展面临的战略环境。因此，积极探索生态文明建设之路，构建立足于基本国情又符合世界潮流的可持续发展模式，重塑中国的可持续发展战略，对推动我国全面深化改革，实现更有效率、更加公平、更可持续的发展目标，促进世界各国和谐共存与协调并进，具有重大意义。

---

* 本章由苏利阳、秦海波执笔，作者单位为中国科学院科技政策与管理科学研究所。

一 生态文明建设新视角

（一）十八届三中全会《决定》出台的历史意义

改革开放以来，历届党的三中全会都做出了重大且带有新起点意义的决策。2013 年 11 月，十八届三中全会发布了会议公报、《决定》及说明。作为关键历史节点上的一次重要会议，其不仅是对过去 35 年改革开放的总结、反思和延续，而且提出了未来十年的改革路线图，因此具有极其重要的历史意义。

1. 总结、反思和延续改革开放进程

自中共十一届三中全会做出改革开放决策以来，中国已经走过了 35 年的历程。其间，围绕探索中华民族崛起之路，党中央适时做出了相关战略决策，如十四届三中全会《关于建立社会主义市场经济体制若干问题的决定》，十六届三中全会《关于完善社会主义市场经济体制若干问题的决定》等，并历经十年艰苦谈判于2003 年加入世界贸易组织。总体上看，过去 35 年中国改革开放以市场化为战略取向，呈现渐进式和增量改革带动存量改革的特点。

在经济体制改革红利的驱动和全国人民的共同努力下，中国在生产发展、生活富裕等方面取得巨大成就，经济实力、综合国力显著增强，经济社会结构明显改善，人民生活走向全面小康，国际影响力大幅度提升。2013 年，中国已经成为世界第二大经济体，人均 GDP 达 6000 美元，城镇化率超过 52%，市场经济体制基本形成，总体上进入上中等收入国家行列。

在取得成绩的同时，许多问题和矛盾也在不断累积、深化。表现在经济增长过于依赖资源要素投入（刘世锦，2013）；社会和谐的基础还不牢固，城乡、区域差距较大，教育、医疗、社会保障等关系群众切身利益的问题突出，官僚主义、反腐败斗争形势严峻；生态环境恶化趋势尚未根本扭转，还未达到环境质量改善的“拐点”（中国工程院等，2011）；等等。这些问题不仅使中国的全面协调可持续发展面临诸多挑战，更重要的是，由于利益格局分化和利益固化，中国改革已经进入“深水区”，解决经济社会发展中的深层次问题面临很大的阻力。

《决定》正是在这样的背景下发布的。《决定》全面总结、梳理、肯定改革开放的成果，剖析中国改革和发展面临的重大理论和实践问题，阐明全面深化改革的重大意义，凝聚全面深化改革的共识，并基于此，在新的历史起点上、新的历史环境

下，明确新的历史使命和规划新的历史蓝图，指明下一步全面深化改革的方向。

2. 引领未来十年的改革路径

作为指导新形势下全面深化改革的纲领性文件，《决定》指出全面深化改革的总目标是完善和发展中国特色社会主义制度，推进国家治理体系和治理能力现代化；提出到2020年在重要领域和关键环节改革上取得决定性成果，形成系统完备、科学规范、运行有效的制度体系，使各方面制度更加成熟、定型。

《决定》提出全面深化改革的指导思想、目标任务，内容涵盖15个领域60个具体任务，力求改革的系统性、整体性、协同性。《决定》锐意推进经济体制、政治体制、文化体制、社会体制、生态文明体制和党的建设制度改革，其全面深化改革的基本脉络如下：第一，紧紧围绕使市场在资源配置中起决定性作用，深化经济体制改革，重构经济增长源泉和动力，包括推进市场化改革、构建开放型经济新体制、推动科技体制改革等，使土地、劳动力、资金、资源等生产要素得到更高效率的配置和利用；第二，重塑政府角色，包括转变政府职能、强化权力监督、推进财税体制改革、推动法治国家建设，进而实现国家治理能力现代化；第三，解决内部矛盾，包括改革社会事业、创新社会治理、建设生态文明制度等（图1.1）。

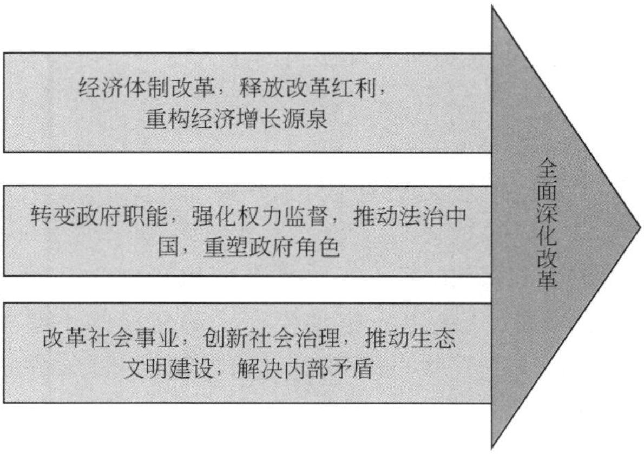

图1.1 全面深化改革的基本脉络

然而，必须清醒地认识到，《决定》刻画的全面深化改革蓝图的实施将经历宣传、选择、行动和监督评估的过程，取得的最终效果仍存在一系列不确定性。经济增长形势、社会承受能力及国际环境的变化都会影响改革的最终效果。特别是由于既得利益群体对改革的阻碍、央地间利益博弈、发展与环境的冲突、地方保护主义和同质竞争等因素的影响，政府改革的执行力难以得到保证，增加了综合配套改革的难度。

3. 进一步明确生态文明建设的重要地位

十八届三中全会首次提出建设生态文明和实现可持续发展的战略部署。《决定》把建设美丽中国、深化生态文明体制改革作为全面深化改革的有机组成部分，要求加快建立生态文明制度，健全国土空间开发、资源节约利用、生态环境保护的体制机制，推动形成人与自然和谐发展的现代化建设新格局。从这个角度上讲，《决定》保持了“十一五”以来党和国家逐步提高节能减排重要性的趋势，并重点选择生态文明体制改革和制度建设为突破口。这对中国未来的生态文明建设和可持续发展有着深远的意义。

十八大和十八届三中全会提出提升生态文明建设地位有着深刻的现实背景。一方面是由于资源环境问题的紧迫性和严重性。当前，中国人与自然关系高度紧张，战略性矿产资源和能源短缺，大气、水、土壤等污染严重，生态系统破坏和退化加剧，温室气体减排形势严峻（中国科学院可持续发展战略研究组，2013），资源环境问题挑战越来越成为事关经济发展、社会进步和政治稳定的综合性问题。另一方面，体现出党和政府执政理念的重大转变。《决定》力图改变过去“唯增长速度”和“唯 GDP”等主流观念，从建设生态文明的高度推动五位一体发展的综合思路，突出保护优先和用制度保护环境，重新平衡“环境与发展”的关系。展望未来，有理由相信，随着中国生态文明制度架构和治理模式的重大变革，可持续发展也将从中获得新的动力。

（二）《决定》推动生态文明建设的主要思路

《决定》关于生态文明建设的表述实质是新型执政理念基础上的生态文明体制改革和制度重构。综合来看，《决定》推动生态文明建设的主要思路包括把体制机制改革创新作为加强生态文明建设的突破口、通过制度[①]建设保护生态环境、充分发挥市场机制的关键性作用。

1. 把体制改革作为加强生态文明建设的突破口

以往我国开展环境保护工作的一个重要障碍是体制机制不顺。主要表现在环境

---

① 除特殊说明外，本报告把“制度”概念分为广义和狭义。广义的“制度”包括法律法规，组织机构或体制机制，以及作为社会规则的管理制度安排，用以规范和调控人类行为。狭义的“制度”主要指具体的管理制度和规则，如表 1.1 所示。

保护工作的内部外部统筹协调能力差，在处理环保与发展的关系上环保部门处于弱势地位。在资源环境管理过程中，管理职能的错位、缺位和越位现象严重；在发展与环保发生冲突时，让位的往往是环保，从而难以根本转变经济发展方式。《决定》把生态文明体制改革放在突出地位，并把经济体制和生态文明体制改革作为中央全面深化改革领导小组下的同一个专项小组的工作任务，足见中央对解决资源保护和生态环境保护管理体制问题的决心。

生态文明体制改革的方向包含两个方面的内容：一是遵循所有者和管理者分开、开发与保护分离、各利益相关方共同参与的原则，来构建生态环境保护管理体制机制及良治（good governance）结构；二是针对部门间职能交叉和协调不力、央地关系尚未理顺、行政效能低下等问题建立统一、协调的生态文明建设的管理体制，把分散于各部门的资源与环境保护职能整合起来，形成生态环境保护的大部制格局（王毅，2013）。

从《决定》看，未来生态文明体制改革的方向是构建三大体制（表 1.1）：一是健全国家自然资源资产管理体制，通过完善管理体制和自然资源产权等管理制度，对自然资源实施资产化管理；二是完善自然资源行政监管体制，核心是由一个部门负责统一行使所有国土空间用途管制职责，与自然资源资产管理形成一种相互独立、相互配合、相互监督的架构；三是改革生态环境保护管理体制，核心是建立独立监管和行政执法的体制，并根据生态系统的整体性、系统性，探索建立陆海统筹的生态系统保护修复和污染防治区域联动机制。

表 1.1 《决定》提出的生态文明制度体系

管理体制	管理制度	简要说明
自然资源资产管理体制	自然资源资产产权制度	对水流、森林、山岭、草原、荒地、滩涂等自然生态空间进行统一确权登记，形成归属清晰、权责明确、监管有效的自然资源资产产权制度。健全国有林区经营管理体制，完善集体林权制度改革
	资源有偿使用制度	加快自然资源及其产品价格改革。坚持使用资源付费，逐步将资源税扩展到占用各种自然生态空间。建立有效调节工业用地和居住用地合理比价机制
	生态补偿制度	坚持谁受益、谁补偿原则，完善对重点生态功能区的生态补偿机制，推动地区间建立横向生态补偿制度
	产权交易制度	完善污染物排放许可制，推行节能量、碳排放权、排污权、水权交易制度

续表

管理体制	管理制度	简要说明
自然资源行政监管体制	空间规划与用途管制制度	建立空间规划体系，划定生产、生活、生态空间开发管制界限，落实用途管制
	生态保护红线制度	实施主体功能区制度，建立国家公园体制。建立资源环境承载能力监测预警机制，对环境容量等超载区域实行限制措施
	自然资源资产离任审计制度	探索编制自然资源资产负债表，对领导干部实行自然资源资产离任审计
生态环境保护管理体制	独立监管和执法制度	建立和完善严格监管所有污染物排放的环境保护管理制度，独立进行环境监管和行政执法
	环境治理和生态修复制度	建立陆海统筹的生态系统保护修复和污染防治区域联动机制
	政府购买第三方服务和特许保护制度	建立吸引社会资本投入生态环境保护的市场化机制，推行环境污染第三方治理
	环境举报制度	及时公布环境信息，健全举报制度，加强社会监督
	环境损害赔偿制度	对造成生态环境损害的责任者严格实行赔偿制度，依法追究刑事责任
	企事业单位排污总量控制制度	实行企事业单位污染物排放总量控制制度
	环境损害责任终身追究制	建立生态环境损害责任终身追究制

2. 用制度保护生态环境

十八届三中全会公报提出“用制度保护生态环境”，是希望通过制度安排来规范和调节人类行为，保护生态环境。这是生态文明建设和可持续发展的必然要求（夏光，2013）。在当前我国生态环境保护制度不系统、不完整的情况下，《决定》提出构建系统完整的生态文明制度体系，发挥以制度创新驱动生态文明建设的作用（杨伟民，2013）。

《决定》提出了与上述生态文明建设三大体制相对应的具体管理制度（表1.1）。构建这一制度体系遵循“源头严防、过程严管、后果严惩”的思路，具体包括：①自然资源资产管理相关制度，包括自然资源资产产权制度、资源有偿使用制度、生态补偿制度和产权交易制度；②自然资源行政监管相关制度，包括空间规划与用途管制制度、生态保护红线制度、自然资源资产离任审计制度等；③生态环境保护管理相关制度，包括独立监管和执法制度、环境举报制度、环境损害赔偿制度、企事业单位排污总量控制制度、环境损害责任终身追究制、政府购买第三方服务和特许保护制度等。

应当看到，管理体制和管理制度是密不可分的，两者互为配套，管理体制是管理制度的有效载体，管理制度是管理体制的实质内容，只有两者结合起来，才能有效发挥制度体系及制度创新驱动可持续发展的作用。

3. 让市场机制作用得到充分发挥

《决定》推动生态文明建设思路的另一个突出特点是倚重市场化手段。由于政治体制和社会主义市场经济不完善等因素，我国过去较多采用行政管制手段管理自然资源和保护生态环境，市场手段较少，即使已实施的排污收费、资源税、脱硫脱硝电价等政策，也只起到了增加政府财政收入或对企业环保改造进行部分补偿的作用，难以发挥激励资源节约与环境保护行为的作用。而按照“全面深化改革”的理念，资源环境领域同样要最大限度地寻求市场力量的介入，充分发挥市场在“自然资源、环境资源、生态资源”配置中的作用，从而促进以成本有效的方式推进生态文明建设，推动结构调整和发展方式转型。从《决定》内容看，让市场机制作用得到充分发挥的举措如下。

1）推进自然资源和环境容量的资产化管理。简单来讲，自然资源和环境容量的资产化管理就是将其生态价值货币化，从而突显出自然资源、环境容量的资产和财产属性，使其成为经济发展的生产性要素、社会和个人财富的来源和构成之一，并以价值管理为核心、以资产增值为目标。自然资源和环境容量的资产化管理有一定的理论基础和现实背景。理论上自然资源和生态环境兼具经济价值和生态价值，而早期由于资源和环境服务的供应较充分，生态价值并没有受到重视；随着中国经济发展的资源环境瓶颈越来越严重，自然资源和环境容量的生态价值变得越来越高，自然资源转化为资产的条件逐渐成熟。在此背景下，《决定》提出了自然资源、环境容量、生态服务的资产化管理的改革措施，包括对水流、森林、山岭、草原、荒地、滩涂等自然生态空间进行统一确权登记，推进资源有偿使用；划定生态保护红线，推行节能量、碳排放权、排污权、水权交易制度等。这些举措旨在解决所有权、稀缺性问题，并在资产核算制度、资源有偿使用和产权交易制度等配合下，将生态价值货币化，从而交由市场进行分配，最终有助于在实现提高效率、资产增加和财产增值的同时，由市场主体承担起保护自然资源和生态环境的责任，解决公共资源的过度使用问题。

2）变革资源环境的定价机制和推进税费改革。变革自然和生态资源的定价机制是自然资源、环境容量的资产化管理的组成部分，其基本逻辑是发挥价格机制的核心作用，引导各方对价格信号做出反应，并调整自身行为。从《决定》看，改革方向应是坚持资源使用付费和谁污染环境、谁破坏生态谁付费的原则，综合采用要素市场改革、财税制度改革等方式，构建全面反映市场供求、资源稀缺程度、生态环境损害成本和修复效益的价格体系，进而使得外部成本内部化。同时加快资源税改革，逐步将资源税扩展到占用各种自然生态空间；推动环境保护费改税，构建更加公平、有效的环境税收体系。

3）探索生态保护和污染治理的第三方服务，建立多元化投融资机制。《决定》提出建立吸引社会资本投入生态环境保护的市场化机制，推行环境污染第三方治理。这需要政府通过公开招标、定向委托、邀标等形式将原本由自身承担的环境监测、污染治理、生态保护等职能转交给社会组织、企事业单位履行，以提高公共服务供给的质量和财政资金的使用效率，改善社会治理结构，满足公众的多元化、个性化需求。具体形式包括政府购买第三方服务、特许经营和特许保护制度等。生态保护和污染治理的第三方服务有利于激活社会资本，推进投融资来源多元化，提高资金使用效率。

（三）落实和效果产生仍需系统配套措施

尽管《决定》指明了生态文明体制改革和制度安排的思路和方向，但一方面，《决定》的落实仍需各方面深入细致的工作，另一方面，作为新的理念，生态文明建设的理论和制度框架肯定存在不完善的地方，还需要在实践中不断探索。以下重点围绕三个方面的问题，探讨解决的方案。

1. 生态文明管理体制改革方向存争议

生态文明管理体制改革是全面深化改革的重要方向和主要任务之一，其目的是建立和完善职能有机统一、运转协调高效、符合客观规律的综合管理体制。如前所述，《决定》提出要遵循积极稳妥实施大部门制的原则，构建三大管理体制。但事实上，无论是在生态文明管理体制改革的理论基础还是在生态文明管理体制改革涵盖的边界方面，都有进一步讨论和拓展的空间。

1）中央部门职责调整中生态文明建设的管理职能归属和分解问题。中央政府部门职能是根据综合性与专业性管理相结合的原则设置的，并在实践的基础上根据现实需求进行持续调整。在《决定》中，生态文明管理体制改革涉及自然资源管理、生态环境保护两大类。近期看，将当前分散在各个部门的自然资源保护、环境污染控制和生态系统管理等职能统一起来，涉及多部门的利益格局，尚无明确和共识的解决方案。

例如，《关于〈中共中央关于全面深化改革若干重大问题的决定〉的说明》指出，自然资源监管部门要按照一件事由一个部门管理的原则，统一行使所有国土空间用途管制职责，对“山水林田湖”进行统一保护、统一修复。因此，似乎生态保护的职能应该归属自然资源监管部门。但在《决定》的第54条中，关于改革生态环境保护管理体制，又涉及陆海统筹的生态系统保护修复及国有林区经营管理，显示生态系统的管理职能应归属生态环境保护综合管理部门。事实上，由于生态系统通常同时具有作为自然资源的物质属性和提供生态服务的环境属性，所以无论是与自然资源监管职能整合还是与环境保护职能整合都有相应的理论依据，但同时又会产生一定的职能分割问题。除此之外，我国幅员辽阔，资源环境问题复杂多样，将所有资源环境管理职能综合在一个部门绝非易事，而且还有众多部门内部及部门之间的跨界、非跨界事务需要协调和选择，需要立法规定、执法实践、机构运行的磨合、探索与总结，以及治理能力的不断提高。无论如何，形成有效、公平、可持续的政府管理尚需时日。

2）生态环境管理的央地关系及职能划分问题。按照责权利相匹配、集中与分散相结合的原则重构生态环境管理的央地关系及职能划分，是生态文明管理体制改革的重要内容。从《决定》看，未来应推进以独立环境监管和行政执法为核心的央地关系重构及职能划分。但目前各方对独立环境监管和行政执法的理解不一。有专家认为这是为了建立垂直环境管理和执法系统，将地方处置环境资源的权力收回中央部门，在全国范围内统一环保事权，破除地方保护主义对环境监管和执法的干扰，实现地方环保部门环境管理的独立性。但也有学者认为，中央部门的环保垂直管理与《决定》关于加强地方政府环保责任的改革方向相冲突，并且不利于地方环保系统参与地方综合决策。因此，未来仍需就此开展进一步研究。

3）在跨区域和流域管理方面，尚未有明确的制度安排。目前，我国在大气和水污染防治上采取属地化管理方式。但实际上，我国的大气污染已经形成区域性的污染格局，大气污染物在区域间相互输送，如研究显示北京市PM2.5有30%～40%来自区域的协同贡献（王跃思等，2013）；而水污染则具有流域属性。因此按行政区划管理将人为割裂生态系统的完整性，不利于有效和综合应对环境污染。未来急需探索区域性、流域性环境保护管理体制和建立有法律约束力的区域环保协调机制（骆建华等，2013；王尔德，2013）。《决定》提出建立污染防治区域联动机制是有针对性的制度安排，但未有更详细的阐述，同时未对流域管理机构重组做出明确的改革安排。

4）发展与环境的关系问题。在现阶段解决资源消耗、污染减排和减缓气候变化的根本措施在于转变经济发展方式，调整产业结构、贸易结构和能源结构，实现绿色发展。要实现这些目标无不涉及更广泛的宏观调控、工业发展、能源主管部门等，因此对于处在工业化、城镇化快速发展过程中的国家而言，环境管理并非环境保护主管部门一家的事情，而是涉及政府内多个部门的综合性公共事务，需要建立更加权威、有效的治理结构与协调、合作机制，提高决策的统筹性和专业性（中国科学院可持续发展战略研究组，2012；中国科学院可持续发展战略研究组，2013）。但《决定》并没有涉及这一问题。

2. 自然资源资产化管理的理论基础不足

自然资源和环境容量的资产化管理改革旨在充分发挥市场机制在资源环境领域的资源配置作用。但是，由于资源环境的多样性及多重属性，以及货币化涉及价值判断和选择等原因，全面推进自然资源和环境容量的资产化管理存在一定的困难。

自然资源和环境容量资产化管理的基础是产权制度，核心是定价问题。现行自然资源产品定价办法采用的是生产价格理论，没有考虑生态价值，其根本原因在于自然资源和环境资产价值理论研究并不完善，资源价值和环境价值货币化的理论依据不足。研究显示，自然资源资产价值计量是一个极其复杂的问题，除了要考虑投入、天然生成以外，还要考虑自然增值因素与时间价值等因素，同时由于自然资源本身多为不规则产品，生产具有分散性，更增加了计量难度（钱阔等，1996）。此外，不同的自然资源由于分布、特征及供求状况等存在差异，也可能需要不一样的计算范式。纵观已有研究，探讨自然资源价值的理论有多种，如劳动价值论、效用价值论、生态价值论、哲学价值论、价值工程论、资源环境论等，但它们都是从某一局部阐述了相应的价值问题，没有很好地从整体上解决自然资源资产价值问题（姜文来，2000）。分类别看，当前研究较多的也只局限于矿产、水、森林、土地等（杨上广等，2006），未能涵盖《决定》提出的全部自然资源种类。

编制自然资源资产负债表及环境损失或环境成本的核算也面临类似的问题。实现环境成本的计量同样非常困难，环境损失和生态破坏的非均衡性、资源环境损失与经济发展的不同步性、环境成本累积性等问题都缺乏严格的理论和方法来解决（王金南等，2005）。同样，绿色 GDP 核算的探索也因为其外生于 GDP 核算体系及涉及价值判断等不确定性因素，只有学术研究的参考价值而缺少可操作的政策指导意义（中国科学院可持续发展战略研究组，2006）。因此，理论缺乏不仅影响自然资源资产化管理及环境资产、生态系统服务价值化的实际效果，也会影响十八届三中全会提出的环境损害赔偿等制度的落实。

3. 社会组织和公众的作用未得到足够重视

推进国家治理体系和治理能力现代化是全面深化改革的目标。从实现环境良治的角度看，实现环保公共事务多元化主体的共管格局是未来重要的改革方向。从《决定》内容看，政府和企业的环保职责有着较多的笔墨，如强化政府自然资源和环境保护的相关监管职能，基于市场手段调动企业的积极性等，但社会组织、媒体和公众力量的环保作用仍未得到足够重视。《决定》仅提出及时公布环境信息，健全举报制度，加强社会监督，但未涉及发挥社会组织、媒体和公众参与政府决策，以及监督政府执法和企业守法等方面的作用。实际上，《决定》并未就建立健全一个政府、企业、社会相互监督、相互制约的“生态环境保护治理体系”做出全面统筹安排。

值得一提的是，2013 年 3 月，国务院向十二届全国人大一次会议提交了《关于国务院机构改革和职能转变方案的说明》。该方案在社会组织管理体制改革方面确定了“建立健全统一登记、各司其职、协调配合、分级负责、依法监管的社会组织管理体制”的改革方向，提出废止双重管理体制，除政治法律类、宗教类及境外非政府组织在华代表机构外，其他社会组织无需主管单位。这将为社会组织的登记注册，尤其是社会组织的独立运作提供政策和制度保障。可以预期，未来社会组织的发展将步入一个崭新阶段。在这种背景下，有必要利用机遇，通过制度、机制建设引导和重塑国家与社会关系，发挥社会组织在生态环境保护方面的重要作用。

二　新时期生态文明建设的战略环境

（一）可持续发展的全球进程

1. 制定全球可持续发展目标

制定面向 2030 年全球可持续发展目标是 2012 年“里约+20”会议最为主要的成果之一。“里约+20”会议与会成员国一致同意制定行之有效的可持续发展目标，以代替将于 2015 年到期的千年发展目标（MDG）。这一决定对深入推进全球可持续发展有着积极的意义。

制定全球可持续发展目标是“里约+20”谈判成果的继续和深入。目前看，不同政治集团关于全球可持续发展目标的立场存在明显差别，争议的焦点在于可持续发展目标的优先领域及其约束力（孙新章等，2012）。发达国家更关注在绿色标准、资源效率与环境保护等领域设立相应的目标；发展中国家主要关注贫困、粮食安全等传统核心议题，同时更积极考虑经济社会转型。中国代表团在第六十八届联合国大会上指出，2015 年后的发展议程应继续以发展为主题，以消除贫困为核心，统筹考虑各国不同的国情与发展阶段，尊重各国自主选择的发展道路。另外，在全球可持续发展目标中是否考虑气候变化相关目标也存有争议。无论如何，由于全球可持续发展目标仅表明政治意愿，不具备国际法的强制约束力，所以可持续发展目标的制定并未受到各方的特别关注。

目前，全球可持续发展目标制定进程正逐步推进。2013 年 1 月，由包括中国在内的 30 个国家组成的可持续发展目标开放工作组（Open Working Group on SDGs）正式成立。该工作组将为各方提供一个表达观点的平台，讨论议题包括消除贫困、粮食安全与营养、可持续农业、荒漠化、土地退化和干旱等。根据议程安排，可持续发展目标开放工作组在 2014 年 2 月结束第八次即最后一次全体会议后，将就具体目标进行考量。可持续发展目标也是即将于 2014 年 9 月召开的第六十九届联合国大会的主要议题，预期 2015 年 9 月的第七十届联合国大会将通过可持续发展目标（United Nation，2014）。

2. 2020 年后全球应对气候变化谈判进展缓慢

联合国气候变化框架公约（UNFCCC，简称公约）自 1994 年正式生效以来，国际社会在公约框架下进行了艰苦的谈判，形成以“京都议定书”、“巴厘路线图”等为代表的成果，其主要特征是公约和议定书下的“双轨谈判”。而根据 2011 年 COP17 会议设定的议程安排，2013 年起气候谈判将进入转折期，国际气候谈判转入以“德班平台”为主的“一轨谈判”，到 2015 年年底形成新的适用于所有缔约方的“议定书”、“其他法律文件”或“经同意的具有法律约束力的成果”，2020 年生效实施。德班平台的核心议题囊括了“京都议定书”、“长期合作行动”中的主要内容。其中，针对减排部分，德班平台重点是讨论 2020 年后的减排目标。从欧盟近期的动态看，德班平台的目标年份应是到 2030 年。

2013 年是德班平台密集谈判的第一年。德班平台谈判各方同意采取自下而上的“自主许诺+审评”模式（王文涛等，2013），要求各协约方根据自身国情提出减排目标，然后弥补与基于科学基础确立的减排目标的差距。所谓基于科学基础确立的减排目标主要是依据 IPCC 第五次报告，具体内容为到 2100 年相对于 1850 ~ 1900 年升温不超过 2℃目标下，全球到 2050 年排放量需比 1990 年降低 14% ~96%（IPCC，2013）。然而，发达国家与发展中国家就如何弥补这一差距的分歧依然十分严重，相互要求对方提高减排承诺。事实上，德班平台核心议题仍是传统的深层次问题，即发达国家与发展中国家的责任划定及据此设计的减排目标。从 2013 年在华沙举行的 COP19 气候大会看，目前仍没有很好的办法解决这一问题。谈判代表们在大会延期一天闭幕的情况下达成文本上的妥协，将“承诺”转化为法律效力较弱的“贡献”。这一变动可能为弱化 2020 年后气候协议的减排力度埋下伏笔。

总体看，气候变化谈判是一个高度复杂、持续博弈的多边互动过程。由于南北国家间的互信不足，德班平台开局之年的谈判进展缓慢。部分国家甚至出现倒退的态度，如澳大利亚和日本等国宣布了比之前更为退步的 2020 年减排目标和气候政策。因此，要使得 2015 年巴黎气候大会达成新的全球气候协议，2014 年将成为推动全球减排达成共识的关键一年。

3. 主要国家的绿色低碳战略进退维谷

作为气候变化和环境保护的主要倡导者，欧盟仍是全球绿色进程的领跑者。欧盟于 2010 年通过未来十年发展重点和具体目标的“欧洲 2020 战略”。从最新进展看，欧盟已经接近实现 2020 年碳排放较 1990 年减少 20% 的目标，并预计到 2020 年，可再生能源占能源消费总量的比重能达到 20.7%，可望成功实现 2020 年相关目标（European Environment Agency，2013）。欧盟高度肯定其政策对推动可再生能源强劲增长的作用，认为政策给欧洲带来了就业机会和刺激经济的好处（European Commission，2013），未来需要新的目标以刺激市场对可再生能源和低碳技术的投资热情。

在经济尚未恢复、能源成本上涨、页岩气技术发展和保持竞争力的共同作用下，2014 年 1 月 22 日，欧洲委员会建议在 2030 年通过国内减排实现 40% 的碳减排目标（较 1990 年水平）和在欧盟范围内实现 27% 的可再生能源消费占比目标，但后者显然因落实不易而很难对各成员国形成约束力。这比之前预期的目标更为宽松，也更加实际，尽管这项政策目标要成为法律还需要通过欧洲议会的讨论。在此之前，德国新一届政府决定在推进无核政策的同时更为积极地发展可再生能源，并制定 2025 年可再生能源比重达 40% ~45%，2035 年达50% ~55% 等目标，但同时德国也在考虑开始对可再生能源的使用收税。

总体看，欧盟将继续发挥绿色领导力，并重点选择发展可再生能源，以实现能源安全及未来低碳经济和技术制高点的统一。与此同时，欧盟政策表现出更多的灵活度，从兼具减排雄心和可承受度两方面进行考量，在实现减排目标的前提下并不反对成员国发展核能等非可再生能源。

受奥巴马总统推进气候政策及页岩气技术革命的驱动，美国绿色进程正实现有限度的前进。2013 年 6 月，奥巴马公布了第一份“总统气候行动计划”，旨在绕过国会依靠行政权力实施气候行动计划，标志着美国应对气候变化迈出了实质性的一小步。奥巴马要求到 2030 年美国累计的碳减排量至少达到 30 亿吨，并要求美国环境保护局短期内完成新建及现存发电厂碳排放标准的制定（2013 ~ 2016 年），同时对发展新能源、提高建筑和交通能效做出了一系列部署（The White House，2013）。奥巴马在第二任期内积极推进应对气候变化，反映其希望在气候问题上有所作为并留下政治遗产。但另一方面，美国国会至今没有通过应对气候变化的法案，未来美国绿色进程及其国际影响力仍然存在很大的不确定性。

如前所述，相对于欧盟、美国的有限积极态度，日本、澳大利亚等在温室气体减排方面出现严重退步。华沙气候大会上日本政府宣布到 2020 年碳排放将比 2005 年减少 3.8% 的目标，这意味着届时碳排放反而比 1990 年有所增加；而日本原先承诺的是到 2020 年比 1990 年减排 25%。日本政府的理由是 2011 年福岛核事故的后果，这与德国在逐步淘汰核能后大规模发展可再生能源的战略取向完全相反。不过日本政府可能会在核电站重启后重新设定减排目标（Nobuteru Ishihara，2013）。由保守派执政的澳大利亚政府对减排的态度比日本更加消极，其不仅废除前任政府实施的碳税计划，裁撤了气候变化委员会等负责气候问题的政府机构，甚至还削减对气候变化研究项目的资助（The Australian Government，2013）。由于新一届政府在温室气体减排方面的退步太多，澳大利亚将难以实现本来就不高的减排目标。

综上所述，根据各方面的议程安排，2014 年与 2015 年两年将成为全球可持续发展进程的关键年份，是重构全球可持续发展体系的重要时间点。然而，从近期相关进展看，全球多边环境谈判正面临困境。全球可持续发展目标制定正按部就班推进，但因其政治宣示属性注定不会成为焦点议题；而旨在形成一份具有法律效力文件的全球气候谈判却进展缓慢，预期未来通过谈判达成严厉的长期减排目标的可能性不高。与此同时，全球主要国家的绿色进程有进有退，欧盟、美国谨慎前行，而澳大利亚、日本等出现倒退。总体看，未来全球仍需新的绿色领导力，为实现可持续发展注入新的动力。

（二）国内环境与发展形势判断及新动向

1. 当前资源环境形势日趋严峻并不断涌现新问题

过去 40 年，中国实际上走了一条粗放型、压缩型工业化道路及“先污染、后治理”的发展路径，大量资源环境问题短时间内迅速积累并集中爆发。当今中国已经形成区域性、流域性的污染格局，同时面临战略性资源能源长期紧缺的挑战，其资源环境问题已达到有史以来最严峻、最复杂的程度。

大气污染已形成跨行政区复合污染格局。中国大气污染特征已由煤烟型向复合型转变，以PM2.5为主的区域性大气细颗粒物污染及其形成的长时间灰霾天气已渐成常态。环境保护部2012年更新的《环境空气质量标准》增设PM2.5平均浓度限值，统计显示中国60%的地级以上城市、76%的环保重点城市没有达标（环境保护部，2013）。从区域看，全国已经形成四个明显的灰霾区域，分别是京津冀地区、长三角地区、四川盆地、珠三角地区。与之相对应的，我国无论在PM2.5的形成机理等科学研究方面，还是在体制机制建设和政策体系方面，都没有做好准备。例如，不同研究关于北京PM2.5来源的结论存在一定差异，各类研究关于机动车排放对PM2.5的贡献在10%与50%之间，跨度比较大；京津冀大气污染联防联控机制缺少法律保障。展望未来，要使各大城市大气PM2.5浓度达到国家标准，所需时间大致都在10～20年（关大博等，2013；马骏等，2013；李治国等，2013）。

在水污染方面，水污染的影响也早已超越局部和“点源”的范围，发展成为流域性污染问题（中国科学院可持续发展战略研究组，2007）。根据环境保护部《2012年中国环境状况公报》，十大水系中珠江流域、西北诸河、西南诸河水质为优；长江流域、浙闽片河流总体良好，Ⅰ～Ⅲ类水体占比分别达到86.2%和80.0%，但长江支流螳螂川、乌江、涢水、府河和釜溪河为重度污染；海河流域总体为中度污染，劣Ⅴ类水质断面占比32.8%；黄河、松花江、淮河和辽河流域为轻度污染，劣Ⅴ类水质断面占比分别为18.0%、5.7%、17.9%和14.5%，这些流域支流污染十分严重（图1.2）。

与此同时，在常规污染问题未得到解决的情况下，新型环境污染不断涌现，多种污染物短期内集中体现。近年来，各种污染，如挥发性有机化合物、持久性有机化合物、有毒有害污染物、场地污染、土壤污染、汞污染、电子垃圾等，接踵而至。据估计，中国每年人为源的大气汞排放达500～700吨（杨金田等，2010），是全球最大的汞排放国；挥发性有机化合物排放量也位居世界第一。新的污染物不断涌现并相互叠加相互影响，不断加剧中国业已恶化的环境形势，环境污染防治工作面临的形势极为复杂。

在资源方面，战略性资源能源紧缺持续，特别是油、气、铁矿等，面临局部供需冲突及资源能源安全问题。中国快速经济增长对各种重要战略资源提出空前需求，如2011年中国共消费了世界21.4%的一次能源消费量（World Bank，2013）、45.1%的成品钢材消费量（World Steel Association，2013）。其中，相当比例资源能源，如原油、铁矿石、铜、铝、钾肥，是依靠全球市场获得。当然中国也出口了大

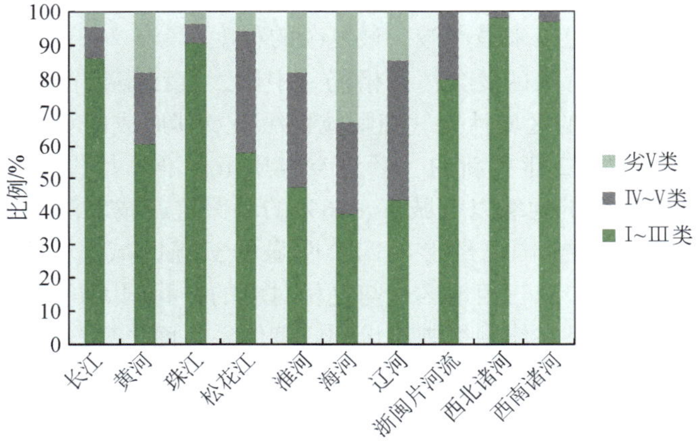

图 1.2　2012 年十大水系水质类别比例

资料来源：环境保护部，2013

量资源能源密集型产品。中国的资源能源消耗及污染排放也为一些人制造“中国资源威胁论”和“中国环境威胁论”留下了口实，并对中国的发展产生负面影响。

我国的温室气体排放呈现总量大、增长快、减排压力日增的总体特点。当前，尽管中国的人均排放还低于 OECD 国家平均水平，但碳排放总量已居世界第一。中国已经做出到 2020 年实现碳强度比 2005 年降低 40% ~45% 的承诺，并且在节能和减少碳排放增幅方面做出了举世瞩目的成绩，但由于中国碳排放总量仍增长迅速，占全球比重不断攀升，总量减排及其路径选择将是未来中国需要认真对待的重大课题。

2. 经济社会发展面临转型和结构性调整

我国经济社会发展正处于快速变化和结构转型时期，包括经济增长、产业结构变动、创新发展、城镇化等，这些趋势将以各自方式对中国未来可持续发展产生影响。

1）增长阶段转换带来增速下行。经过 30 多年的高速增长，中国经济发生了具有历史意义的阶段性变化，2012 年按当年汇率计算人均 GDP 已超过 6000 美元，中国迈入上中等收入国家行列（国务院发展研究中心宏观经济研究部，2012）。未来十年将是中国人均 GDP 从中等收入国家迈向高收入国家的关键时期，但同时也面临中等收入陷阱的巨大挑战。综合近期增速趋势和研究机构的展望，中国经济增速不可能维持过去 30 多年年均 10% 左右的水平。在近期下滑至 7% ~8% 的情况下，未来将可能进一步降低（图 1.3）。经济增速下降对可持续发展的机遇与挑战并存。一方面，资源能源消耗、污染物和温室气体排放增速将会趋缓；另一方面，也可能降低政府对节能环保的重视程度，“保护优先”等原则无法落实。因此，应对政府重新平衡环境与发展关系提出明确的要求。

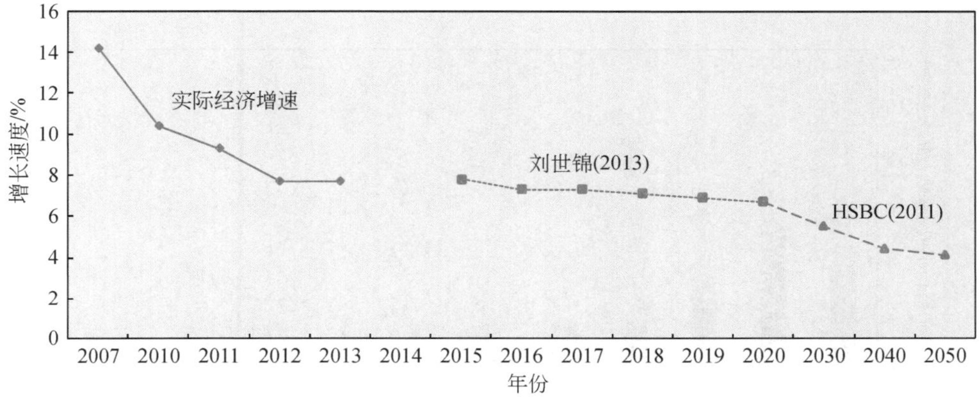

图 1.3　中国经济增长速度展望

汇丰银行（HSBC）的预测增速为过去十年的均值

2）产业结构转型随经济增速调整出现关键性趋势。尽管中国重化工业所占比重仍将持续高位运行，但综合各方面研究（工业和信息化部，2011；刘世锦，2013），未来大部分高耗能产品、资源密集型产品的需求增速将大幅降低，部分资源密集型产品的需求可能在 2020 年前后达到峰值，如粗钢需求量最高峰可能出现在 2015～2020 年，之后进入平台期（工业和信息化部，2011）。这种变动同时意味着资源能源消耗和污染物产生的行业结构将发生变化，即对于煤炭消费而言，随着水泥、钢铁行业的需求达到峰值，重化工业对煤炭的需求将趋于稳定，电力行业将成为煤炭需求增长的主要来源。

3）新一轮科技革命呈分化态势。2008 年金融危机发生后，许多学者研究判断新一轮以智能、绿色和可持续发展为特征的科技革命正在孕育（路甬祥，2009）。从近期进展和前景展望看，新一轮科技发展呈分化态势，一是在智能和绿色方面，智能技术发展势头远超过绿色技术。根据 Mckinsey（2013）分析，到 2025 年，十二大颠覆性技术中智能技术占 7 项，可再生能源技术名列其中但排名最后（图 1.4）；二是在绿色技术内部也出现一定的分化趋势，如新能源汽车技术的进展不顺，推广成本高而效果低下，相较而言，风电、环保技术及产业的发展较为良好；三是同一领域内各种绿色技术彼此竞争，新技术不断涌现，如在中国政府 2012 年选定纯电动车为汽车工业转型战略取向的情况下，近年来氢动力汽车技术发展迅猛，各大汽车公司纷纷宣布将发布新一代燃料电池车；四是国外与国内科技进步的不同步性，特别是在纯电动车领域，美国特斯拉纯电动车近年来风光无限，2013 年销量为 2.2 万辆，相比而言当年国内新能源汽车的总销量仅为 1.7 万辆。从这一角度看，中国可能需要谨慎预判未来科技发展趋势，重新审视科技发展战略。

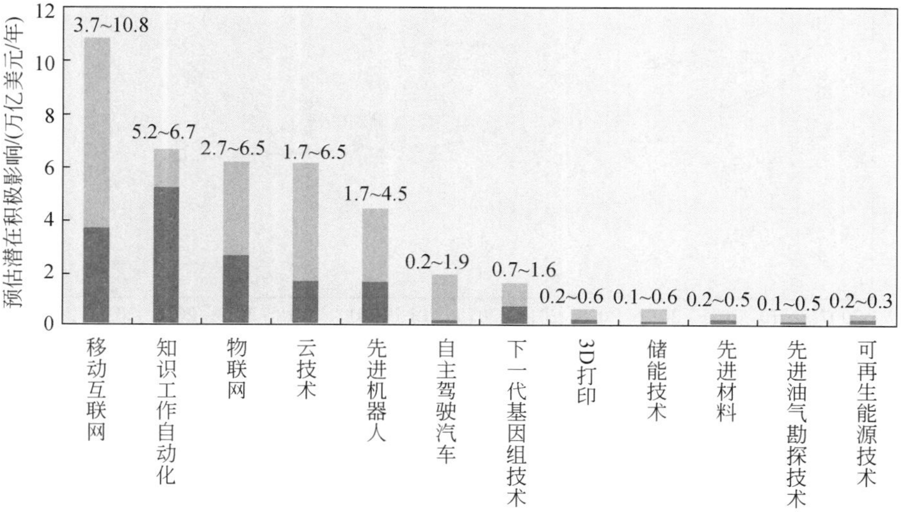

图 1.4　各种技术至 2025 年的预估潜在积极影响的上下限

资料来源：Mckinsey，2013

4）以人为核心的新型城镇化将加速推进。新一届政府上台后，城镇化在中国实现全面建设小康社会的实践中占据越来越重要的地位。2012 年按人口比例计算，城镇化率达到 52.6%，与世界平均水平基本持平（World Bank，2013），预计未来十年仍将以每年 1 个百分点的比例上升。但研究显示当前真正的城镇化水平要低8%~15%，有上亿农民工并未享有完整的公共服务（丁仲礼，2013；卓贤，2013）。因此，未来以人为核心的新一轮城镇化仍有大量现代基础设施建设任务，从而加大对能源、水、土地利用的利用规模。

5）公民权利意识觉醒促使国家与社会关系面临重构。随着人们物质水平的提高，精神需求层次有所变化，中国的公民权利意识不断增强，参与国家公共事务的意愿随之增强，对公平、正义、环保、安全的诉求也越来越高，正逐渐形成用多种方式表达自身的利益取向。在环境保护领域，近年来在公众缺少科学指导、自身环保意识和行为未有较大转变的情况下，公众的环境权利意识却不断攀升，对环境权和健康权提出越来越高的要求，各种类型的信访、群体性事件等不断爆发，由于沟通处置不当，甚至影响一些地区的经济结构调整和环境基础设施建设。表 1.2 总结了近年来主要环保群体事件，从中可知，越来越多的环保群体事件发生在污染发生之前，表明群众越来越要求介入相关决策，呈现“主动防御”或“提前阻击”的特征。传统自上而下的统治模式，包括决策和政策执行机制，难以适应国家与社会关系重构的需要。

表 1.2 近年来的主要环保群体性事件

年份	地点	涉及项目	项目（可能）的环境影响	介入时间点
2007	福建厦门	PX 化工项目	选址过于靠近居民区、致癌物污染	污染发生前
2008	上海	磁悬浮工程	电磁辐射和噪声污染	污染发生前
2008	云南丽江	水泥立窑生产线	水源污染	污染发生后
2009	广东番禺	垃圾焚烧厂	有毒气体排放	污染发生前
2011	浙江海宁	晶科能源公司	水体污染、鱼群死亡	污染发生后
2012	四川什邡	钼铜项目	地下水、地表水污染	污染发生前
2012	江苏启东	造纸排海工程	污水排放	污染发生前
2012	浙江宁波	中石化 PX 项目	致癌物污染	污染发生前
2013	广东江门	核燃料加工基地	核辐射污染	污染发生前

3. 中国未来可持续发展挑战与机遇并存

综合上述国内各方面的趋势看，中国未来可持续发展机遇与挑战并存，我们的总体判断是短期挑战大于机遇，长期则是机遇大于挑战。

短期内，受经济增长、重工业、城镇化等因素的惯性驱动，资源消耗和环境压力可能加大，各种资源环境问题继续积累与深化。酝酿中的新一轮科技革命不可能在近期发挥重大作用。例如，新能源汽车的大规模推广仍存在不少障碍，中国可能在相当长时间内要同时承受越来越高的石油安全风险和 PM2.5 污染压力。此外，由于国家与社会关系、中国与世界关系难以迅速改变，近期中国政府需面对自下而上的社会压力，以及自外而内的国际压力的夹击，承受的挑战将是前所未有的。因此，短期内急需通过全面改革和制度建设，为加快转变发展方式和缓解长期矛盾奠定基础。

与此同时，中国重构环境与发展关系的社会经济条件已经具备。一方面，随着未来经济增速的下降，在保持经济运行合理区间和注重转型升级的情况下，不大可能出台新一轮大规模和全面的经济刺激计划，因此资源环境压力加速恶化的趋势可稍微缓解，为污染控制赢得时间。另一方面，伴随着各种资源能源密集型产品需求增速的下滑，各种资源消耗和污染物排放有望在 10 ~ 20 年内相继达到峰值，进而将跨越资源与环境库兹涅茨曲线的峰值阶段，资源、能源、环境、气候压力也将逐步降低。此外，新一轮科技革命的作用将逐渐凸现出来，使创新驱动发展成为基本趋势。

总之，从趋势看，未来十年将可能成为中国生态文明建设和可持续发展进程最为艰难和最为重要的转型期。经历这一阶段后，中国的环境与发展关系将迎来新的历史时期。中国需要对此做出精准判断，并综合采取各种手段，有所取舍，走出一条有中国自身特色的生态文明和可持续发展之路。

（三）重构可持续的中国与世界关系

1. 中国在全球发展与环境格局中的地位上升

20 世纪 90 年代以来，全球发展与环境格局发生显著变化，中国的重要性日益提高。从总量看，中国是世界第二大经济体、第一大能源消费和碳排放国，是最大的自然资源使用国。中国经济总量从 1990 年占全球 1.6% 提升到 2012 年的 11.4%，2010 年中国能源消耗和碳排放占世界比重较 1990 年翻了一番，粗钢产量占世界比重更是将近 50%（图 1.5）。从人均水平看，虽然仍然低于绝大部分发达国家，但中国在世界上所处的位置已发生显著变动。全国人均 GDP 迈入上中等收入国家行列，上海、北京、浙江等发达省市的人均 GDP 接近或超过 10000 美元，达到高收入国家或地区的标准；人均 CO_2 排放不仅超过世界人均水平，还在 2010 年超越了法国和瑞典人均水平（图 1.6）。

随着全球发展与环境格局的变动，中国与世界的互动正以前所未有的广度和深度展开。在政府层面，中国积极参与各种双边或多边可持续发展事务的协商；在企业和公众层面，中国在海外的投资迅速扩大，特别是资源性开发项目快速增长（中国科学院可持续发展战略研究组，2012），同时中国公民境外旅游规模前所未有，海外购买力呈急剧增长态势，进一步推动了中国与世界的交流互动。

2. 国际社会对中国的要求发生根本性转变

改革开放以来，中国一直以发展中国家自居，享受发展中国家的待遇，基本特征是从国外引入资本、吸收先进经验、学习领先技术，是国际社会援助的对象，并依靠进出口贸易拉动经济增长，同时对外战略秉承邓小平韬光养晦的理念。然而，随着全球发展与环境格局变动特别是中国地位的提升，国际社会无论是发达国家还

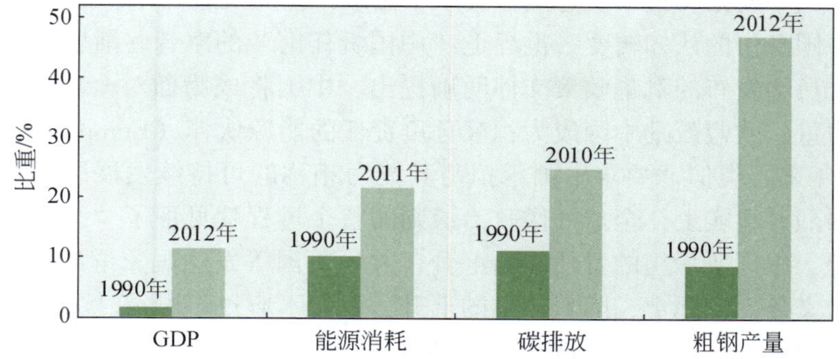

图 1.5 中国 GDP、能源消耗、碳排放、粗钢产量占世界比重

资料来源：粗钢产量来自 World Steel Association（2013），其他来自 World Bank（2013）

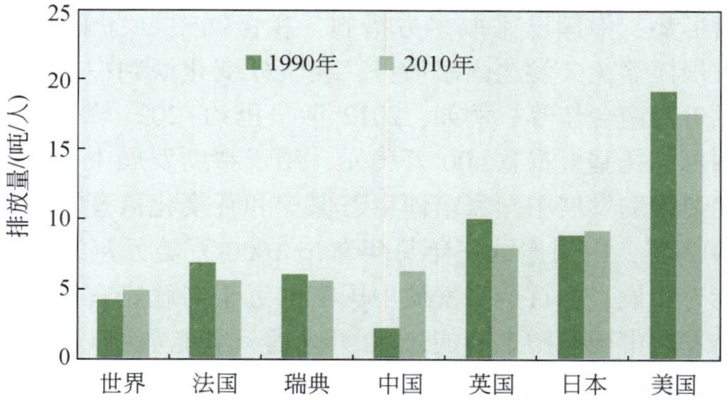

图 1.6 主要国家人均 CO_2 排放

资料来源：World Bank，2013

是发展中国家，都开始要求中国在全球事务中承担更多的责任和义务，发挥更大的作用。中国在世界的角色处于“被转换期”。

中国身为发展中国家的身份遭受质疑。传统意义上南北国家的界限较为分明，中国也一直自视为发展中国家。随着中国的崛起，无论发达国家还是发展中国家都开始重新审视中国的“发展中国家”地位。从国际组织的划分看，目前世界上各主要国际组织都没有把中国列为“发展中国家”，如联合国没有把中国列入发展中国家的援助名单，WTO 不把中国当发展中国家来过渡（何茂春，2010）。与此同时，欧盟针对发展中国家的普惠名单中没有中国，美国甚至公开质疑中国以发展中国家身份占便宜，原先属于同一阵营的部分发展中国家的态度也发生转变，如国际气候变化谈判中的小岛国和最不发达国家要求中国减排应向发达国家靠拢。

随着中国身份的认知转变，世界上“中国责任论”的声音逐渐增加。早在 2006 年，欧盟委员会发布的对华政策文件明确提出，中国将成为面对全球可持续发展挑战的中坚力量；欧盟鼓励中国成为积极且负责任的能源伙伴（European Commission，2006）。近年来，类似“要求中国承担与其能力相称的可持续发展国际责任”的呼吁越来越强烈。事实上，全球气候政治谈判的整个过程就见证了“东升西降”的全球格局走势，中国所承担的责任不断上升，并且美国等发达国家继续要求中国承担更多的减排义务。实际上，随着地位的上升，我们不应过多顾及“发展中国家”的称谓，而是应该认真评估“共同但有区别责任”的实质含义，充分考量名称背后所要谋求的权利及承担相应的责任和义务（王毅等，2012）。

3. 中国正积极调整自身角色，探索与世界相处之道

面对这一新形势，中国已采取多方措施，积极调整自身角色，承担国际责任。主要举措包括大规模豁免欠发达国家债务，在气候变化谈判中主动承诺不要发达国家资金，出资推进南南合作等。例如，2012 年“里约+20”峰会上，中国宣布将向联合国环境规划署信托基金捐款 600 万美元，用于帮助发展中国家提高环境保护能力的项目和活动，帮助发展中国家培训生态保护和荒漠化治理等领域的管理和技术人员。2011 ~2013 年，中国连续三年每年拿出 1000 万美元用于支持其他发展中国家的气候变化能力建设，为百余个发展中国家的近千名政府官员和技术人员举办培训班，向数十个发展中国家赠送节能灯 90 万余盏、节能空调 1 万多台、家用太阳能发电系统 6000 套（解振华，2013）。

应意识到，在国际社会对中国的要求发生根本性转变的背景下，中国在处理与世界的关系方面，要避免出现两种倾向。一种是“全面推却”，不顾自身实力强化的客观现实，试图推却责任，认为这是发达国家对中国的“阴谋”，仍怀着“冷战”心态以过去的穷国、弱国自居。另一种是“全盘接受”，妄自尊大，没有客观认识到自身仍然极其有限的话语权，对西方国家强加给中国的“责任”完全承担下来。从另一个角度看，从加强南南合作到增加对外投资特别是绿色投资，也是促进中国经济转型的重要手段。显然，迄今为止中国所做的努力还是远远不够的。

无论如何，在新的全球发展与环境格局下，中国需要学习和探索与世界各国合作共赢之道，其中所需要的转变应是全方位的，从政府到企业和公众都需要重塑意识，调整方式方法和行为，在权责相匹配的原则下推进中国融入世界的进程。

三 重塑中国的可持续发展战略

中国特色的生态文明建设和可持续发展道路是一个不断学习、践行、调整和创新的过程。在面临前所未有的国际国内发展与环境挑战的情况下，中国需要认真审视过去的经验和教训，科学预判未来的发展情景，加强生态文明的顶层制度设计，重新平衡环境与发展的关系，重塑未来的可持续发展战略，促进各利益相关方广泛而有效的参与和合作，实现美丽中国的目标。

（一）发展模式转型，从环境与发展两难选择转向环保驱动发展

要从根本上转变发展理念和模式，改变先污染后治理的传统路径，在切实贯彻环境保护优先理念的同时，创新和完善生态文明和可持续发展制度安排，采取法律制度规范、行政目标约束、市场信号激励、科技创新引领等综合手段，推动经济发展方式转型，促使环境保护成为经济发展的重要驱动力，探索发展生态经济、共创综合协调发展之路。

1）通过修改完善相关法律法规，奠定生态文明建设和发展方式转型的制度基础。以政绩评价制度转型为切入点落实环境保护优先和生态文明建设的理念，转变以 GDP 为主的评价机制，建立绿色核算体系，实施自然资产离任审计等制度，改革党政机构人员任用、晋升的考核指标体系；发挥“绿色”考核的“指挥棒”作用，按照生态文明建设要求重新配置财政和人力资源，引导和监督各级政府的行为，使各级领导干部更关心解决实际资源环境问题，不断提高环境质量，促进经济社会环境协调发展。

2）以新兴产业和创建先导市场为抓手促使环境保护成为经济增长点。一是继续推进污染末端治理，以此为契机加快发展环保产业，通过落实“谁污染谁付费”原则和完善特许经营制度，全面推行治理设施建设运营的专业化、社会化、市场化；二是环境保护思路从注重末端治理向预防为主及生产和消费的全过程控制转变，推动资源、能源利用效率倍增和污染排放削减，这需要通过制度创新内部化资源消耗和环境外部成本，进而约束和引导企业行为，以及通过技术创新推进工艺整合与可持续产品的设计、创新，发展新能源和新能源汽车，培养和发展绿色新兴产业；三是通过生态系统服务付费和生态补偿，建立特许保护制度，鼓励生态敏感地区保护好生态环境，发展生态经济；四是不断提高创新能力，通过增加对外绿色投资与南南合作等措施，引导节能环保、新能源企业和产品走出去，不断开创和拓展全球绿

色市场，促使绿色新兴产业成为出口的新增长点。

（二）目标精细化管理，从效率导向转向总量约束，从数量控制转向质量改善

在加强生态文明建设的新形势下，要积极推进资源环境目标模式的转型，重塑可持续发展的目标指标体系。针对不同的资源能源利用、污染物排放和生态服务功能，实施目标指标的精细化管理，推动从效率目标转向总量约束目标，从数量控制转向指标结构优化和环境质量目标的改善，并根据地区特点，进行分类分级目标管理，同时围绕新的目标指标体系构建相应的制度和政策手段，完善环保问责制和绩效评估制度。

在能源、资源与碳排放方面，从效率为主转向效率和总量双控制。在“十一五”和“十二五”期间实施效率目标控制的基础上，未来要把总量控制纳入政策目标中，实施效率和总量双控制的策略，并以效率提高作为实现总量控制的途径之一，最终过渡到总量控制。在实施路径上，制定总量控制的时间表和路线图，并分品种、分阶段和分区域逐步推进。近期内，要优先推进煤炭消费总量控制，制定煤炭消费总量的阶段性目标，并配以实施“效率提升”战略和“能源品种替代”战略，积极完善煤炭消费总量控制的相关管理和制度安排，研究替代能源的目标管理；有条件的城市群、区域可优先开展跨行政区的煤炭消费零增长控制甚至削减目标。中长期看，要推进化石能源消费及碳排放总量控制，同时考虑能源结构优化和能源安全的相关指标。

在污染控制方面，从目前针对四种主要污染物的总量控制转向涵盖大气 PM2.5 主要来源污染物和水中营养物质的总量控制，并从污染物总量控制逐步过渡到环境质量管理。在“十三五”期间，应在延续已有约束性指标的基础上不断增加指标数量和实现力度，包括大气中的挥发性有机化合物、一氧化碳、氨、大气汞等，水中的氮、磷等营养物质。同时，根据行业和地区差异实现差别政策、分类指导和标杆管理。在完善污染物总量控制的基础上，要过渡到环境质量管理，按照主要污染物减排时间表和区域/流域环境质量达标时间表的要求，逐步提高环境质量。同时，鉴于环境质量改善和生态修复的长期性，要注意采取阶段性目标和长期性目标相结合的办法，避免决策“短期化”，标本兼治地解决灰霾和流域性水污染等长期积累的问题。

（三）改革管理体制，从分部门管理转向统一协调管理和多主体参与的良治模式

我国目前的环境保护工作主要采取政府主导、分散管理的模式。一方面是根据资源环境要素和属性采取以分部门管理为主的模式，管理职能分散在不同部门，虽有统筹机制但实际难以操作，生态环境保护的整体性无法发挥；另一方面是依照资源环境保护的公共物品特征，其管理以政府为主，社会参与度不高，长期形成了环保靠政府的惯性思维。针对传统管理模式权力配置的单极化、权力运行的单向性及实行等级管理存在的政府失灵，政府应当逐渐转变传统执政理念，汲取环境和可持续发展治理的国际经验，从政府管治转向多主体参与的治理模式，构建政府主导、部门协同、企业担责、全社会共同参与的治理模式，促进生态环境保护治理体系的建立。

在生态文明建设框架下，构建有效的资源和生态环境保护行政管理体制，强化政府在可持续发展这一社会公共领域提供服务的职能。在中央层面，按照所有者和管理者分开、开发与保护分离、一件事由一个部门管理、生态系统完整性等原则，确立资源环境大部制改革方向，形成统一管理、分工负责、协调合作的行政管理构架，建立统一主管部门和国务院或跨部门协调机制相结合的管理体系，承担资源监管、污染控制、生态保护和应对气候变化等主要管理职能。针对“条块分割”的央地关系，要以构建独立环境监管体制和区域、流域派出机构为基础，理顺中央与地方责权关系，改革和完善地方资源与生态环境保护管理体制，试点省以下垂直管理模式。

在发挥政府有效行政管理作用的同时，更加注重促进企业、社会的多方参与，逐步形成生态环境保护的治理体系。应当明确政府、企业和社会各自的生态环境保护责任和义务，完善相关制度并充分调动企业保护自然资源和生态环境的积极性，同时建立健全社会组织及公众参与的相关制度，提供良好的对话空间，真正发挥各行业协会、民间环保公益组织和社会公众的监督作用。特别是要完善公众有序参与的制度安排，包括：①推进更透明的环境信息公开，建立健全公众参与环境监督和举报制度，监督政府和企业环境法律执行情况；②建立规范化的法律程序和机制，推动公众参与法律法规、政策和规划等环境决策，近期应重点推进公众参与大气污染防治行动方案的讨论和建议；③建议环境公益诉讼制度草案的修改，建立环境司法救济机制，确保公众环境权益受到损害时获得司法救济。

与此同时，要建立、修改和完善涉及资源和生态环境保护的相关法律。近期的

重点是推动在生态文明建设背景下充分讨论和修改好《环境保护法》，使得十八大报告及十八届三中全会《决定》中有关生态文明建设、“五位一体”布局、“保护优先”等思想能够落实到相关法律条款中，并在实践中得到真正贯彻执行；加快《大气污染防治法》、《水污染防治法》等法律的修改进程；制定《土壤污染防治法》、《自然保护地法》等法律法规，并在其他各项法律修改中突出生态文明和可持续发展的理念。

（四）优化政策组合，从以行政手段为主转向更加注重发挥市场作用

结合十八届三中全会关于使市场在资源配置中起决定性作用的精神，进一步厘清资源和生态环境保护领域中政府和市场的关系，实现政策手段从以行政手段为主转向更加注重发挥市场的作用；要构建有利于发挥市场作用的制度框架，并将其纳入市场经济体系建设当中，保障政策绩效的充分发挥；同时评估不同政策及政策组合的成本有效性，选择优化的政策组合，进一步提高政策效率。

1）分步骤、分阶段推进自然资源与生态环境的产权制度，实施自然和生态资源资产化管理和产权交易。针对流域、森林、山岭、草原、荒地、滩涂等各类自然生态空间，按照十八届三中全会的要求进行统一确权登记，形成归属清晰、权责明确、监管有效的自然资源资产产权制度；针对化石能源、稀缺资源、污染排放配额和温室气体排放，要结合总量控制目标的实施，在完善产权分配制度的基础上，探索水权、排污权、节能量（碳排放权）的交易。与此同时，政府要通过制度安排来保护那些难以货币化和产权分割的生态环境资产，提供国家和区域环境公共物品和服务，制定政策解决因市场失灵产生的资源环境问题。

2）加快实施和完善资源有偿使用和生态服务付费制度。加快资源能源价格改革，使资源稀缺程度、生态环境损害和修复成本得以内部化，优先措施包括完善脱硫、脱硝、除尘的综合电价政策，提高水资源费、矿产资源补偿费等资源税费，实施污染减排的综合水价和垃圾处理价格政策；在考虑整体税收体制改革的框架下，加快资源税改革和出台环境税，优先征收二氧化硫、氮氧化物、化学需氧量、二氧化碳等税种，逐步建立绿色税收体系；针对生态系统服务，推行纵横结合的生态补偿制度和生态服务付费制度，建立重点自然保护区、重要生态功能区、矿产资源开发、流域水环境保护等领域的生态补偿机制。

3）建立多元化的投融资机制。通过绿色信贷政策，拓宽环保融资渠道，规范企业环保投资；完善公私合作伙伴关系及各种特许经营制度和特许保护制度，包括合同能源管理、合同环境服务和协议生态保护，推行环境污染、生态破坏的第三方

治理和修复。

（五）技术创新引领，从政府主导转向市场导向的绿色技术创新和系统创新

充分重视和发挥科学技术的关键性作用，通过具有法律约束力的制度与激励机制的相互结合，提升知识产权保护的战略地位，推动绿色创新从政府主导转向市场导向。

1）加强宏观统筹和制度建设，为健全绿色创新的市场导向机制提供良好制度保障。打破部门分割，形成协同创新的格局。整合科学技术部、环境保护部、中国科学院等的绿色科技规划和资源，完善政府对基础性、战略性、前瞻性科学研究和共性技术的支持机制；要继续加大绿色科技研发的财政投入和政策倾斜力度；谨慎预判绿色科技发展趋势，在制定绿色科技战略的同时，保持一定程度的技术和政策弹性。

2）强化企业的创新主体地位。结合资源有偿使用等制度，采用信贷、税收、补贴等综合手段，采取绿色产品鼓励性政策和非绿色产品约束性政策的双向激励政策，鼓励和吸引企业积极投资绿色技术和产品的研发与推广，广泛吸纳社会资本投资绿色科技；建立由市场决定绿色技术创新项目和经费分配、评价成果的机制；实施有利于绿色技术自主创新的政府绿色采购制度，优先购买具有自主知识产权的绿色技术装备和产品。

3）探索新型商业化模式。针对绿色创新的特殊性，要完善、鼓励和探索新型商业模式的机制，加强对商业模式创新知识产权的保护。

（六）构建新的中国与世界关系，从单纯注重国家主权论述转向面向长远的互利合作

在中国与世界关系步入变革期的背景下，中国需要以崭新的理念，重新认识自己作为最大的发展中新兴经济体所应提升的话语权和承担的国际责任与义务，以此指导新时期可持续发展领域的对外战略，并采取更加灵活、积极的态度参与国际可持续发展事务，加大合作力度，充分融入全球化进程和全球治理体系，重塑中国与世界的关系。

1）制定新时期中国可持续发展的对外整体战略，并把应对气候变化、节能减排、绿色发展的理念融入对外经济合作、国际商务活动、对外宣传等领域，指导国

际合作活动；同时配以体制改革，成立独立的国际开发署，协调多个政府部门、实施“走出去”战略、制定南南合作规划等；编制并发布“全球可持续发展的中国责任白皮书”，阐述中方立场，回应“中国资源威胁论”、“中国环境威胁论”等不利言论。

2）以更加积极的姿态参与全球应对气候变化及多边环境公约的谈判。基于开放、包容、公平和互信的理念与世界进行对话，切实承担起与自身能力相符的责权利，特别是要从单纯的主权论述的角度转向负责任的全球合作共赢的观念，努力使自己从过去的“应付者”转向学做“领导者”的角色，以问题解决者的姿态介入相关谈判，力求在国际谈判中掌握一定程度的主动权，逐渐树立起负责任大国及绿色发展的形象。

3）绿色化“走出去”战略，实现海外投资、贸易等商业活动的绿色转型。制定中国海外开发企业行为的指导性原则，除遵守必要的商业规则和国际惯例外，还必须规范企业的投资开发行为，承担当地的社会和环境责任，支持当地的可持续发展能力建设。

4）强化南南合作，转变节能环保与应对气候变化等领域的海外援助模式，服务于总体对外战略和国家利益。要从单纯的经济领域转向加强价值理念的宣传，从产品输出转向文化和知识输出，提升国家软实力；公共资金要为中国企业走出去铺路，通过政府间绿色援助、环境建设等方式，引导中国节能环保企业走出去；鼓励社会组织、中介机构等参与海外援助模式，建立多主体共治的援助模式。

参考文献

丁仲礼．2013-10-19．理性预测我国未来碳排放．人民日报，10.

工业和信息化部．2011．钢铁工业“十二五”发展规划．http://www.miit.gov.cn［2014-01-12］．

关大博，刘竹．2013．雾霾真相——京津冀地区 PM2.5 污染解析及减排策略研究．http://www.greenpeace.org/china/zh/publications/reports/climate-energy/2013/jjj-frog-track-rpt/［2014-01-12］．

国务院发展研究中心宏观经济研究部．2012．当前我国经济社会发展的新阶段与新特征．新经济导刊，(4)：84-87.

何茂春．2010．中国重新审视发展中国家属性：树立特色化责任论．http://news.xinhuanet.com/herald/2010-09/08/c_13484227.htm［2014-01-12］．

环境保护部．2013．2012 年中国环境状况公报．http://jcs.mep.gov.cn/hjzl/zkgb/2012zkgb/［2014-01-12］．

姜文来．2000．关于自然资源资产化管理的几个问题．资源科学，22（1）：5-8.

李治国，马骏，张艳．2013．上海 PM2.5 减排的经济政策．中国经济观察，(15)：1-68.

刘世锦．2013．中国经济增长十年展望（2013～2022）：寻找新的动力和平衡．北京：中信出版社．
路甬祥．2009．在《创新2050：科学技术与中国未来》战略研究系列报告新闻发布会上的讲话．http://www.bps.cas.cn/zlyj/gzdt/200906/t20090625_1818996.html［2014-01-12］．
骆建华，王毅．2013．PM2.5污染的治理路径与绿色低碳发展．见：薛进军，赵忠秀．中国低碳经济发展报告（2013）．北京：社会科学文献出版社．
马骏，施娱，佟江桥．2013．减排PM2.5的政策组合．财经，(17)：46-51.
钱阔，陈绍志．1996．自然资源资产化管理：可持续发展的理想选择．北京：经济管理出版社．
孙新章，张新民，夏成．2012．对全球可持续发展目标制定中有关问题的思考．中国人口·资源与环境，22（12）：123-126.
王尔德．2013．中科院科技政策与管理科学研究所副所长王毅："应优先建立区域和流域环境综合管理派出机构"．http://epaper.21cbh.com/html/2013-11/14/content_83130.htm?div=-1［2014-01-12］．
王金南，於方，蒋洪强，等．2005．建立中国绿色GDP核算体系：机遇、挑战与对策．环境经济，(5)：56-60
王文涛，朱松丽．2013．国际气候变化谈判路径趋势及中国的战略选择．中国人口·资源与环境，23（9）：6-11.
王毅．2013．生态文明理念及其顶层设计——在"北京论坛2013——文明的和谐与共同繁荣"分论坛"中国与世界环境保护四十年：回顾、展望与创新"上的发言．http://theory.people.com.cn/n/2013/1102/c40531-23410346.html［2013-11-02］．
王毅，于宏源．2012．超越"里约+20"：启动新的绿色转型进程与行动．见：中国可持续发展研究会．里约之新：国际可持续发展新格局、新问题、新对策．北京：人民邮电出版社．
王跃思，唐贵谦，潘月鹏．2013．北京及周边区域颗粒物和细粒子排放源特征及其来源解析，见：薛进军，赵忠秀．中国低碳经济发展报告（2013）．北京：社会科学文献出版社．
夏光．2013-11-16．用系统完整的制度保护生态环境．人民日报，9.
解振华．2013．中国代表团团长解振华在联合国气候变化华沙会议高级别会议上作国别发言．http://www.ccchina.gov.cn/Detail.aspx?newsId=42151&TId=61［2014-01-12］．
杨金田，严刚，郑伟，等．2010．中国大气汞污染防治现状及控制对策分析．见：王金南，陆军，吴舜泽，等．中国环境政策（第七卷）．北京：中国环境科学出版社．
杨上广，丁金宏．2006．自然资源合理定价的理论研究．福建地理，21(2)：3-6.
杨伟民．2013-11-23．建立系统完整的生态文明制度体系．见：《中共中央关于全面深化改革若干重大问题的决定》辅导读本编写组．《中共中央关于全面深化改革若干重大问题的决定》辅导读本．北京：人民出版社．
中国工程院，环境保护部．2011．中国环境宏观战略研究：综合报告卷．北京：中国环境科学出版社．
中国科学院可持续发展战略研究组．2006．2006中国可持续发展战略报告——建设资源节约型和环境友好型社会．北京：科学出版社．

中国科学院可持续发展战略研究组．2007．2007 中国可持续发展战略报告——水治理与创新．北京：科学出版社．

中国科学院可持续发展战略研究组．2010．2010 中国可持续发展战略报告——绿色发展与创新．北京：科学出版社．

中国科学院可持续发展战略研究组．2012．2012 中国可持续发展战略报告——全球视界下的中国可持续发展．北京：科学出版社．

中国科学院可持续发展战略研究组．2013．2013 中国可持续发展战略报告——未来 10 年的生态文明之路．北京：科学出版社．

卓贤．2013．如何认识中国城镇化的真实水平．国务院发展研究中心《调查研究报告》，第 37 号．

European Commission. 2006. EU-China：Closer Partners，Growing Responsibilities. Brussels：European Commission.

European Commission. 2013. The European Union explained energy：Sustainable，secure and affordable energy for Europeans. Brussels：European Commission.

European Environment Agency. 2013. Climate and energy country profiles 2013：Key facts and figures for EEA member countries. Brussels：Europea Environment Agency.

HSBC. 2011. The world in 2050：Quantifying the shift in the global economy. http://www.hsbc.com/~media/HSBC-com/about-hsbc/in-the-future/pdfs/120508-the-world-in-2050.ashx [2012-12-08].

IPCC. 2013. Climate Change 2013：The Physical Science Basis. http://www.ipcc.ch/ [2014-01-12].

Mckinsey. 2013. Disruptive technologies：Advances that will transform life，business and global economy. http://www.mckinsey.com/insights/mgi [2014-01-12].

Nobuteru Ishihara. 2013. Statement by Nobuteru Ishihara，Japanese Minister of the Environment，at COP19/CMP9. http://www.env.go.jp/en [2014-01-19].

The Australian Government. 2013. Repealing the carbon tax. http://www.environment.gov.au/topics/cleaner-environment/clean-air/repealing-carbon-tax [2014-01-19].

The White House. 2013-06-25. The president's climate action plan：Taking action for our kids. Washington D C：The White House.

United Nation 2014. Open working group on sustainable development goals. http://sustainabledevelopment.un.org/index.php? menu=1549 [2014-01-21].

World Bank. 2013. World development indicators. http://databank.worldbank.org/data/home.aspx [2014-01-19].

World Steel Association. 2013. Annual steel production 1980 ~ 2012. http://www.worldsteel.org/zh/statistics/statistics-archive/annual-steel-archive.html [2014-01-12].

Yale University. 2014. EPI country rankings. http://epi.yale.edu/epi/country-rankings [2014-01-12].

第二章

生态文明建设的情景构建*

一 生态文明建设的经济–能源–环境耦合情景

生态文明建设是一项伟大的事业。它不仅涉及构建节约环保的产业结构、增长方式和消费模式，而且要融入经济建设、政治建设、文化建设、社会建设各方面和全过程，推动形成人与自然和谐发展的现代化建设新格局。与之相对应，中国要在2020年全面建成小康社会，到2050年，也就是新中国成立100年时，建成富强、民主、文明、和谐的社会主义现代化国家。目标可谓高远，任务十分艰巨。

建设生态文明，是关系人民福祉、关乎民族未来的长远大计。十八大报告提出的生态文明建设任务主要包括：优化国土空间格局，全面促进资源节约，加大自然生态系统和环保力度，加强生态文明制度建设。可以看出，这些都是我国实现可持续发展的长期任务，需要从长计议。

为了实现生态文明建设的目标和任务，我们有必要根据事物发展的基本规律，对未来发展情景进行科学勾画，识别具有长期影响的结构性因素和驱动力，科学判

---

* 本章由邹乐乐、张丛林、刘宇执笔，作者单位为中国科学院科技政策与管理科学研究所。本章中国区域宏观经济模型的开发还得到了美国布莱蒙基金会和能源基金会项目的支持。

断未来的发展阶段和走向，模拟不同政策可能产生的效果，提出战略性选择和可操作的对策建议，以更好地引领我们的工作走向正确的轨道。这正是本章研究的目的。

无论是建设生态文明还是实现可持续发展，都是一项复杂的系统工程，其中的各类要素相互影响，并非解决单一问题或采取某项政策措施就能够全面实现。在自然-经济-社会这一系统中，资源、产品和污染物排放的连接由传统的生产方式向可持续的方式转变，对决策和政策实施提出了更高的要求。众多研究表明，可持续发展或生态文明的实现需要经济、社会、技术、资源、环境等众多因素的协同发展。因此，适宜的经济环境和政策导向是我们首要考虑的因素。

在经济社会可持续发展影响因素的分析框架中，能源在工业化、城镇化快速发展及转型过程中扮演着重要角色。由于能源结构转换的周期长、环境影响大，特别是化石能源无法再生，所以能源成为影响经济和环境的核心要素。在这方面，Munasinghe 等（1994）曾提出能源可持续发展的概念，试图将能源与经济、环境等政策议题结合，建立整合性的“能源-经济-环境”决策架构，在实现能源高效多层次利用的基础上，兼顾经济效益、能源效率、环境保护等方面的目标。

此外，应对气候变化和实现低碳发展已经成为 21 世纪人类社会共同面对的重大挑战。应对气候变化不仅与低碳能源发展密切相关，而且发展低碳、无碳能源也与消除灰霾具有协同效应。作为全球最大的温室气体排放国和发展中经济体，中国的低碳发展政策可以为实现经济结构转变、逐步退出高耗能产业、促进绿色低碳行业发展提供难得机遇。尽管目前我国进行大规模减排还不符合国情，但是结合国内的能源政策，可以在一定程度上提升减排的效率，加快国内经济发展方式的转型。

根据上述分析，我们希望能围绕“经济-能源-环境”主线来构建生态文明建设或可持续发展的耦合情景。

（一）情景构建原则和思路

根据以上分析，对于未来的情景构建，我们希望遵循以下原则：

第一，绿色低碳与经济发展并重。我国目前处于经济发展的关键时期，全球化进程的加速和国际贸易的融合，要求我国务必在可以预见的 15 ~ 30 年基本完成工业化、城镇化、国家综合实力和居民收入显著提高的战略任务，因此在实现绿色低碳和确保环境可持续的前提下，必须兼顾经济发展，在可接受的经济代价范围内实现可持续发展。

第二，确保国家经济、能源和环境安全。尽管我国有较好的自然资源禀赋，但优质能源缺乏、生态环境脆弱。然而，社会经济发展的阶段性、紧迫性使我国的能源消费需求在未来一定时期内势必增长较快。因此，能源整体供需关系之间的差距将越来越显著，使得能源大量进口成为必然。同时，能源环境及碳排放等问题也将更为突出。因此，在我国未来调整能源结构、提高能源效率和改善环境质量的战略中，同时确保国家经济、能源和环境的安全与稳定是各种政策措施制定的基本原则。

第三，实现生态文明建设和可持续发展的协同治理。当前我国一方面面临着国内经济发展和节能降耗的需求，另一方面，国际社会带来的 CO_2 减排压力也是巨大的。与此同时，近年来大气污染防治和环境质量改善成为最严峻的环境问题。因此，应对生态文明建设和可持续发展的多重挑战，需要构建生态环境保护的治理体系，提高国家治理能力。如何充分发挥社会各方面的力量，采用综合成本更为有效的手段，在环境和经济代价可控的范围内解决以上问题，达到最大的协同效应，应是各种政策措施制定的重要原则之一。

当前已有很多对中国未来社会经济发展情景的预测和分析，大部分是根据不同时间段对经济发展速度和产业结构变化进行预估。从时间迁移的角度来看，目前经济发展的速度和形态及产业结构等特征是由过去的社会形态与政策共同作用形成的。同时，当前的经济社会形态与政策措施相互作用也共同决定了未来的发展模式和趋势。因此，在本章分析中，不会人为地对未来的社会经济发展进行过多的增速或结构变化假设，而是在历史发展趋势的基础上，通过设定未来不同的政策组合，进而分析其对能源、环境及整体经济系统的影响，并主要回答“如果要达到某种状况，需要采取哪些政策”的问题。

具体来说，对于目前面临的 CO_2 排放、PM2.5 污染、能源结构、经济结构等问题，都需要有相应的政策措施进行应对。对于不同的政策措施，其单一效果如何，组合效果又如何，这些政策的实施是否可以解决当前问题，如果不能或不够，还需要在哪些方面进行努力，这都是我们进行政策分析的着眼点。

因此，在本章的分析中，我们首先描绘出现有的经济结构和污染物排放的未来发展趋势，在此情景下，再进行不同政策的模拟并分析它们的效果和贡献。

（二）情景构建的逻辑框架

我们从宏观经济学的一般逻辑出发，分别从供给和需求两侧来具体考察国民经济的影响。在供给侧，我们考虑征收行业的碳税（环境税），对国民经济的成本造成冲击，主要包括对各行业统一征收碳税及有选择征收两种方式。在需求侧，一方面，我们调整投资消费比例（发展方式转变），另一方面，控制化石能源的进口依存度（确保能源安全），从而达到在需求侧进行调控的目的。

经济的发展必然消耗能源，因此本研究也引入了能源方面的政策调控工具。一方面是能源结构的调整，将能源分为煤、油、气、电四个部分，通过调整它们的比重来构造不同的能源结构政策。另一方面，能源使用技术的变化也会导致能源强度的变化，所以我们也对不同的能源强度进行了设定。最后，在消耗能源的同时，必然对温室气体排放和其他污染物的排放产生不同的作用，本研究中的污染物包括 PM2. 5、PM10，以及相应的前体物如 SO_2、NO_x、VOCs 等（图 2. 1）。

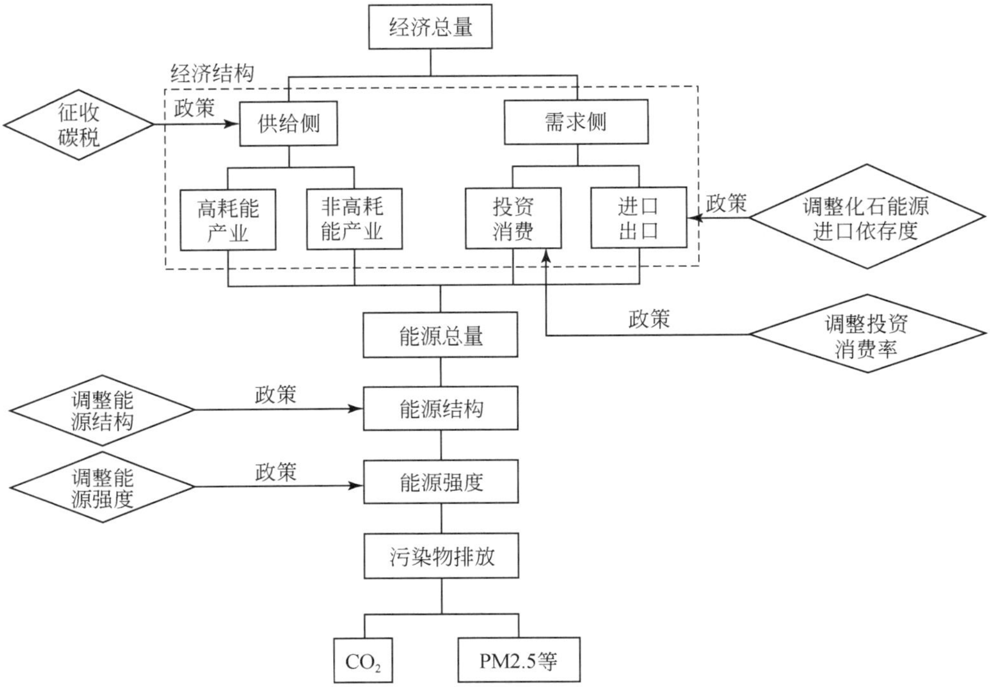

图 2. 1　情景构建的逻辑框图

我们的主要想法是通过构建并实施征收碳税、调整能源进口依存度、调整投资消费比例、调整能源结构和调整能源强度等五种政策工具，观察它们对经济发展和环境（CO_2 和污染物）的影响。重点关注以下问题：我国 CO_2 排放何时达到峰值及相应的经济成本有多大？是否存在一个较优的平衡点，即减排效率较高而经济成本较低？同时从环境角度看，CO_2 排放途径对当前广泛关注的 PM2. 5 等主要污染物到底有怎样的影响？从实现的途径看，是否存在某组政策组合可以达到上述平衡点，以及不同政策的有效性如何？最后，通过对不同政策组合的效果进行甄别，从而遴选出有效的政策或政策组合供决策参考。

二 参考情景描绘及情景政策设计

在不同的研究中，根据我国目前的发展阶段设置未来的基准情景是一项重要工作。所谓“基准情景”（baseline）或“参考情景”，是指为未来的政策实施或变化提供参考的基本状况。在本研究中，为使概念更加明确，我们将延续2012年以前趋势的社会经济发展态势称为“参考情景”，并结合我国经济、人口、能源利用、产业发展的相关历史数据，利用PIC模型①对该情景进行预测。

（一）参考情景的描绘

1. GDP

正如一些新兴市场经济增长率预计将放缓一样，我们认为未来中国经济增长也将逐步放缓。历史经验显示，与中国处于相似阶段时的日本、新加坡、韩国等，都利用各种比较优势和后发优势维持了20年左右8%～9%的高增长。同时，其资源环境的瓶颈效应也日趋明显。因此，我们预计中国经济过去30年平均两位数的高增长速度将很难维持下去。具体而言，我们预计中国的GDP增长率将从2010～2015年期间年均7.5%左右的水平，逐步下降到2045～2050年年均3.5%左右的水平。这一判断主要是基于以下几点理由：

1）从资本–劳动比率看，目前增长放缓的部分原因在于，资源从农业向工业的转移对经济增长的带动潜力大部分已经实现，人口红利释放殆尽。展望未来，随着资本–劳动比率的提高（据估计，中国目前的人均资本存量只有美国的13%，因此中国仍然有必要进一步积累资本（罗伟等，2012），持续的资本积累虽然规模较大，但它对经济增长的贡献度将不可避免地降低。

2）从国际形势看，处在世界技术前沿的美国、欧盟、日本等主要发达经济体依然未完全走出经济危机的阴影。在这种情况下，未来10～20年，美国、欧盟、日

① PIC模型（Policy Insight of China）是由中国科学院科技政策与管理科学研究所与美国区域经济模型公司（REMI）联合开发的中国区域宏观经济模型。这是一个结构化的经济预测和政策分析模型，它以一般均衡理论为核心，综合了投入产出（I-O）、可计算一般均衡（CGE）和宏观经济计量（ME）等模型的方法学。该模型能够基于时间序列数据和微观经济主体的行为调整，模拟和预测不同政策所产生的经济影响。PIC模型由数以千计的联立方程组成，模型结构相对简洁，具体用到的方程数目取决于各地区的工业及人口规模、消费需求和其他与模型运转相关的信息。该模型的整体结构可以归纳为五大板块：a. 产出和需求；b. 劳动与资本需求；c. 人口与劳动的供给；d. 工资、价格和成本；e. 市场份额。

本等发达经济体很可能都会出现所谓的“新常态”，即经济增长率非常低、货币比较宽松、投资风险大而回报低的经济状态。这也给我国未来的经济增长带来许多风险和不确定性。

3）从新一届政府目标看，国务院总理李克强在2013年夏季达沃斯论坛与国际企业界人士交流时称，中国选择的策略是突出释放改革红利，激发市场活力，着力调整经济结构，转变发展方式，使之与稳增长结合起来。也就是说，中国既不可能完全放弃经济增长来调结构，也不可能不调结构而简单地抓经济增长，中国经济的问题实际上就是如何寻找一个较优平衡点。预计在2014年的经济工作中，整体宏观政策将继续淡化增长、突出改革，“提高经济增长质量效益”等将成为重点。未来经济增长将更加关注扩大内需、释放有效需求的结构性改革。因此，“稳增长”必然要受到“调结构”的制约。

我国经济将转向强调质量而不是数量的调整时期，会受到诸多因素的限制。根据中国目前所处的发展阶段及成功追赶发达国家的发展经验，我们预计未来时期，中国将保持相对稳健和温和的经济增速（表2.1）。

表2.1　中国未来经济增速预测

年份	2015	2020	2025	2030	2035	2040	2045	2050
年均增速/%	7.5	7.0	6.0	5.0	4.5	4.0	3.7	3.5
GDP/万亿元	59.0	82.7	110.7	141.3	176.1	214.3	257.0	305.2

注：2010年中国GDP为40.2万亿元人民币（国家统计局，2011），其余年份以2010年不变价折算

虽然我国未来的经济增长将由高速转为中高速，此后增速进一步稳中趋降，但由于本身的经济体量及全球化进程的进一步加快，预计GDP在2022～2032年将超过美国（具体年份随汇率情况变化；美国GDP增速按年均3%计算），成为世界第一大经济体，如图2.2所示。

2. 人口

中国老龄化与经济发展有较大的时间差，庞大的老年人口将对中国的经济发展造成极大的压力。根据新中国成立以来每新增1亿人口需要的时间日趋拉长的特点，以及中国传统的文化思想和人口高峰到来后面临负增长的局面，考虑到我国人口总量的变化情况，并结合相关研究成果，我们的基本判断是随着经济发展人口增长率将进一步降低，大致在2030年前后将会达到峰值。因此，在参考情景中我们对人口增长率采用了从目前0.5%左右的水平逐步下降的假设，到2030年人口不再增长，人口总量达到峰值，约为14.6亿人，此后人口为负增长，2030～2050年平均增速

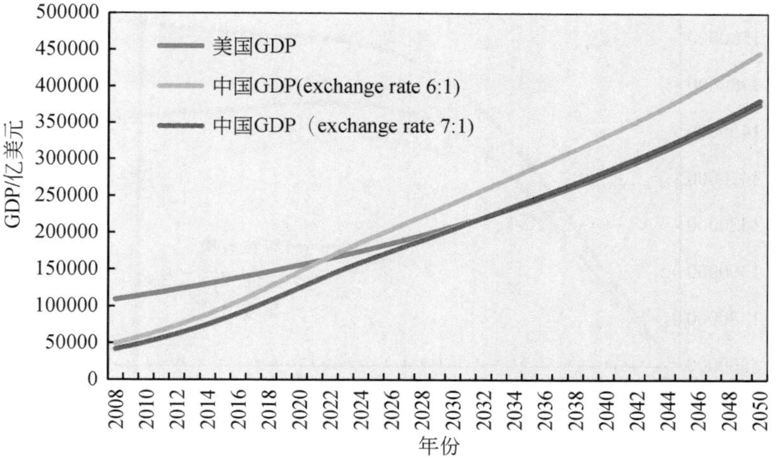

图 2. 2　中国经济发展前景展望（2007 年不变价）

资料来源：美国 GDP 数据来自世界银行 2013. http://data. worldbank. org/indicator/NY. GDP. MKTP. CD/countries/1W-us?；中国 GDP 数据为笔者计算

为-0. 1%左右，2050 年人口总量降至约 14. 2 亿人（表 2. 2）。

表 2. 2　中国未来人口预测（维持 2013 年以前的生育政策）

年份	2015	2020	2025	2030	2035	2040	2045	2050
年均增长率/%	0. 53	0. 47	0. 41	0. 11	-0. 06	-0. 11	-0. 13	-0. 23
人口/亿人（年末数）	13. 8	14. 1	14. 5	14. 6	14. 5	14. 5	14. 4	14. 2

党的十八届三中全会后出台的新人口政策，将在一定程度上影响我国的人口结构和劳动力供给形式。根据本研究组测算，相比现有的人口变化趋势，“单独二胎”政策对我国人口总量的影响不大，预计 2031 年达到约 14. 7 亿人的人口峰值，对劳动力供给减少略有缓解，但仍不能改变劳动力总量下降的趋势；全面放开二胎政策相对来说能够更好地改善劳动力的供给情况，人口在 2030 ~ 2046 年一直处于略有增长的高水平人口平台期，2046 年出现约 15. 1 亿人的人口峰值，如图 2. 3 所示。参考情景下的人口结构如图 2. 4 所示。

在实施“单独二胎”政策情况下，人口金字塔顶端和底端更加平衡，位于人口

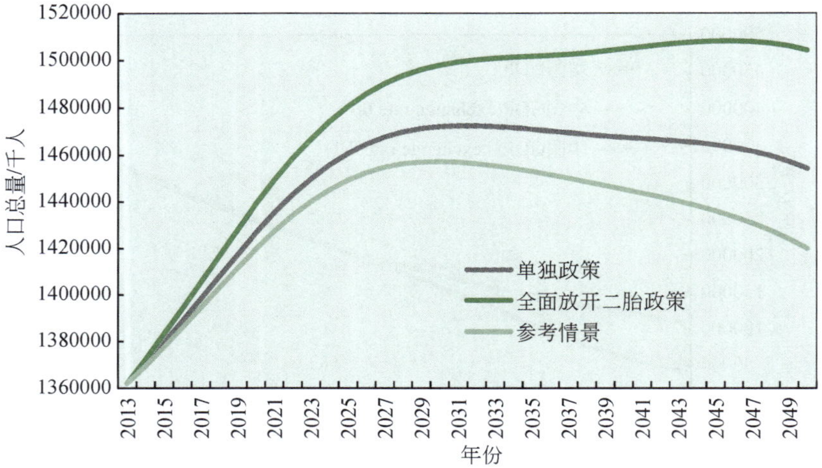

图 2.3　三种情景下人口总量的变化

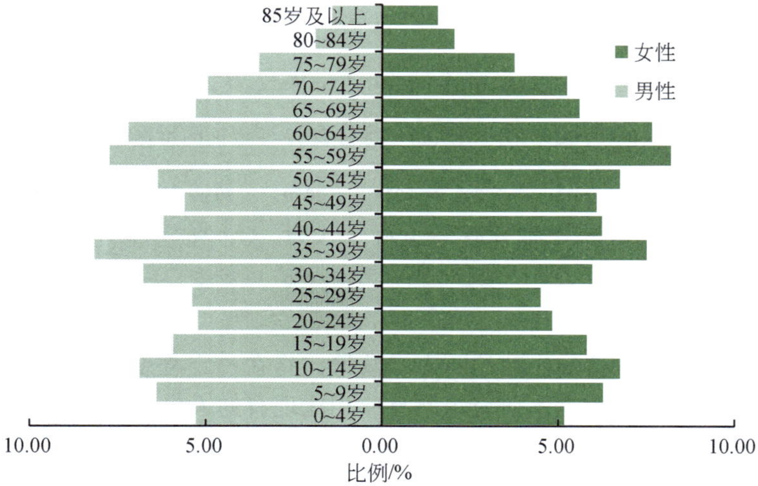

图 2.4　参考情景下的 2030 年人口结构

金字塔中段的中年人口数量与未实施“单独二胎”政策的情况相似，但却有更多的青年人口①，他们将成为服务社会的主力军，如图 2.5、图 2.7 所示。当全面放开二胎时，青年人数增加，甚至超过老年人口数量，具体如图 2.6、图 2.8 所示。

① 根据联合国对年龄阶段的划分，此处青年人口指 15 ~ 44 岁人口。

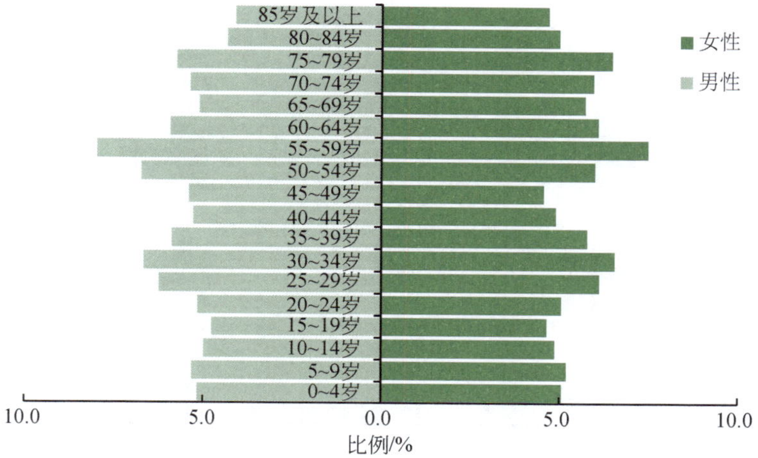

图 2.5 2030 年“单独二胎”政策下的人口结构

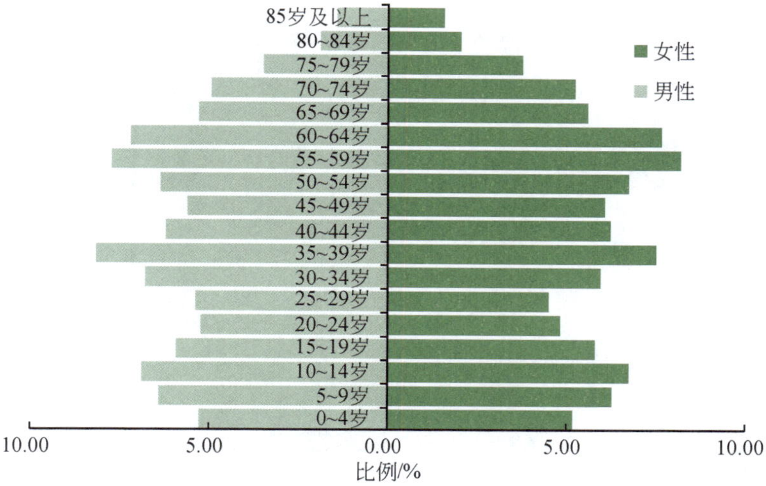

图 2.6 2030 年全面放开二胎政策下的人口结构

劳动年龄人口的增加势必会延续人口红利。在现阶段为了给经济增长提供动力，必须雇佣更多的劳动力。如果“单独二胎”政策在 2014 年实施，其效果将会在 2030 年到来，并且刺激经济发展。从图 2.9、图 2.10 可以看出，参考情景中由于劳动力供应不足，在 2030 年左右总人口到达峰值时，就业人口急剧下降，也从另一个角度验证了人口老龄化这一判断。而在执行新的生育政策后，可以有效提高劳动力

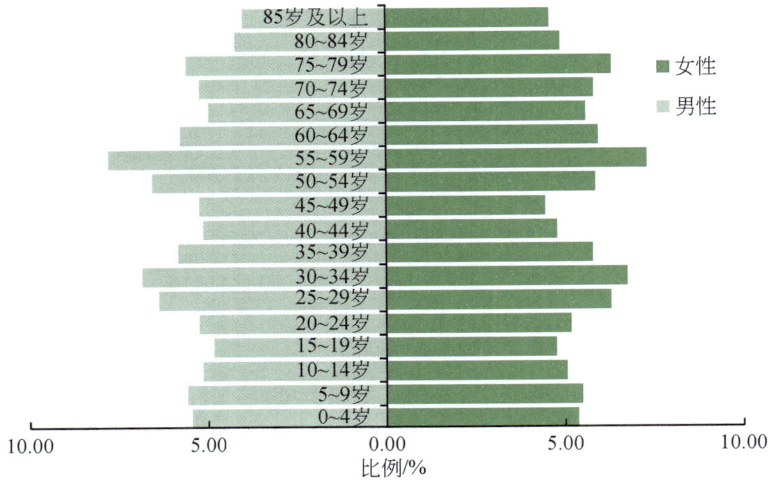

图 2.7　2050 年“单独二胎”政策下的人口结构

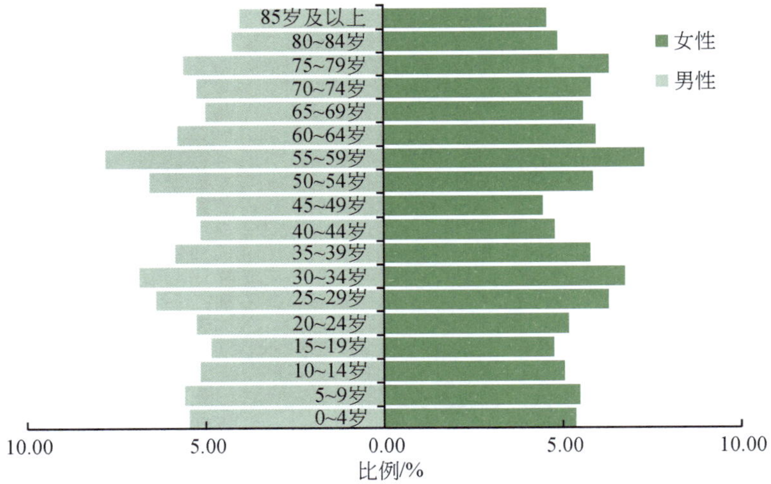

图 2.8　2050 年全面放开二胎政策下的人口结构

的供应，将全社会的总就业维持在一个比较稳定并略有上升的水平。

我们发现，“单独二胎”政策可以有效缓解老龄化问题，令人口金字塔中各年龄层分布相对合理；全社会将有相对充足的劳动力，同时也会通过需求和就业拉动经济增长。同时我们还验证了，尽管现行的“双独二胎”政策不能够有效缓解未来

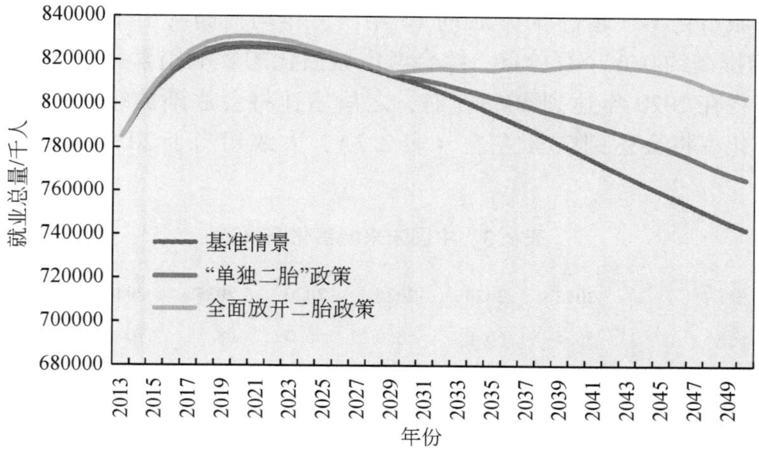

图 2.9 三种情景下就业总量的变化

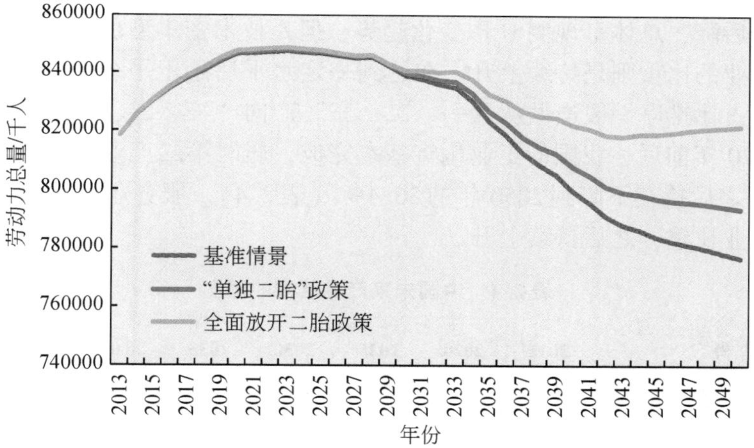

图 2.10 三种情景下劳动力总量变化

包括已就业和正在求职的不同年龄人口

社会的老龄化问题，但“单独二胎”政策的及时出台，是对现行政策的有益补充。为进一步改善人口年龄结构，为经济、社会发展提供充足的劳动力，我们认为，适时全面放开二胎，进一步提高生育率，是非常必要的。

3. 城镇化率

2012 年我国城镇化率为 52.7%，与世界平均水平相当。根据 30 多个后发经济体的经验，城市化率在超过 50% 后的 10 年内，年均提高约 1 个百分点；在第二个 10 年内年均提高约 0.6 个百分点。综合考虑城镇化的影响因素和国际经验，预计我国城镇化率将在 2020 年达到 60% 左右，之后增速将会逐渐放缓。预计到 2050 年，我国的城镇化率将会达到 75% 左右（表 2.3），大致相当于 20 世纪 70 年代美国的水平。

表 2.3　中国未来城镇化率预测　　（单位：%）

年份	2015	2020	2025	2030	2035	2040	2045	2050
城镇化率	56.4	60.0	63.0	66.0	68.3	70.5	72.8	75.0

4. 产业结构

从产业变化规律看，不同的产业存在不同的发展规律。随着经济的发展和生活水平的提高，农业占 GDP 的比重在经济发展过程中持续下降；制造业占 GDP 的比重则是先升后降，总体呈现倒 U 形变化趋势，但是技术密集型加工业比重呈上升态势；而服务业的比重则是持续上升，在达到一定水平后趋于平缓。概括来说，产业结构变化的占比排序一般遵循从“一、二、三”产向“三、二、一”产的演进。具体来说，2020 年前后，我国的工业化将基本完成，届时第二产业产出比重达到峰值（48.7%），之后持续下降到 2050 年的 36.4%（表 2.4）。服务业比重将会在 2025 年前后超过工业比重，之后持续上升。

表 2.4　中国未来产业结构的预测　　（单位：%）

年份	2015	2020	2025	2030	2035	2040	2045	2050
第一产业	8.5	6.8	5.6	4.3	3.7	3.1	2.8	2.5
第二产业	47.1	48.7	47.1	45.5	43.1	40.6	38.5	36.4
第三产业	44.5	44.5	47.4	50.2	53.2	56.2	58.7	61.2

随着人口的增长和产业结构的变化，经济结构将在未来中长期内发生比较显著的变化。工业比重将逐年下降，与居民消费相关的金融、商业等相关服务业将快速发展。同时，外需过大、内需不足的现象将逐步得到改善。在参考情景下，未来的第三产业以较高的速度发展，并将在 2050 年前后达到经济总量的 62% 左右。预计未来 10～15 年将是我国经济结构的重要调整期。

在过去的 20 年中，我国的工业化进程高速推进，自 1990 年以来，固定资产在 GDP 中的比重逐年上升，由 56% 左右上升至 62% 以上，但这一趋势自 2011 年以来已出现逆转。此外，资本存量主要取决于当前的经济产出和投资的趋势（外资流入也会产生一定影响）。基于主要发达国家的历史经验，我们发现，相对稳定的资本积累是经济快速增长的必要条件，通常投资增长率处于上升阶段时，经济也会较快增长，但当经济进入稳步增长阶段，投资增长率将降至一个稳定的水平。

一方面，随着人民生活水平的提高、对消费品和服务需求的增大，以及社会福利和保障制度的逐渐完善，人们会将更多的收入用于消费，因此居民消费占我国经济的比重将会越来越大，预计在2015～2030年将以年均5%～7%的速度增长，随后进入缓慢平稳增长期（年均增速2%～3%）。另一方面，我国的工业化进程将逐步完成，对高耗能产品的需求随之减少，因此用于新建产能的固定资产投资也会趋于减少；此外，随着市场化进程的推进，以及部分经济实体的“去国有化”转型，两者共同作用，在整个经济中投资（储蓄）所占的比例将会缓慢降低，预计在2015～2030年将以年均6.5%的速度下降。

5. CO_2排放总量

近些年，我国能源排放主要以工业需求为主，农业和服务业的比重较低。在工业化和城镇化进程中，我国的能源排放与经济增长有很强的相关性，宏观经济运行状况对能源排放强度和能源结构都有直接的影响。如果经济增长较快，能源排放增长也会加速；而当经济增长相对较慢时，能源排放增速也会大幅降低。因此，我们判断，现阶段能源排放增长总体上还是依赖于经济增长，随着我国经济增长速度逐步下降，能源排放增速也将呈现放缓的趋势。当然，技术和政策因素对能源利用效率的影响也会越来越突出。但在参考情景中，我们设定的是现有能效水平提高和改进趋势的延续。从产业看，我们认为未来时期工业仍然是能源排放最主要的来源，产业发展也基本上决定了其产生的排放。参考情景下，我们预计中国CO_2排放将不会达到峰值，2050年排放量增至355.4亿吨，是2010年77.1亿吨的4.6倍（表2.5）。除此之外，环境污染的治理力度也维持在现有水平。

表2.5 中国未来CO_2排放量预测 （单位：亿吨CO_2）

年份	2010	2015	2020	2025	2030	2035	2040	2045	2050
第一产业	0.3	0.4	0.4	0.4	0.4	0.4	0.4	0.4	0.4
第二产业	75.6	109.1	153.2	193.4	225.5	255.6	283.7	313.4	345.7
第三产业	1.2	2.0	3.1	4.1	5.1	6.0	7.0	8.1	9.3
总排放量	77.1	111.5	156.6	197.9	230.9	262.0	291.1	321.8	355.4

注：本章提及的CO_2排放特指由化石能源燃烧产生

能源消费总量取决于经济发展水平和经济结构。未来10～20年，我国仍将处于快速的工业化和城镇化进程中，根据国家在经济社会、能源、环境等方面的中长期发展规划，2030年中国城镇化率将达到65%～70%，建筑和交通用能必然成为能源需求增长的重要驱动。因此，对基础设施建设所需原材料的需求（如钢材、水泥等）仍将上涨，由此带来的第二产业生产性能源需求仍将大幅上涨。此外，随着居民生活水平的提高及城乡一体化的升级，居民部门对电力的需求将持续增长。参考美国及其他发达国家的电力消费弹性系数，预计2020～2030年电力消费量的年均增长率将达到7%左右。

随着消费模式的转变，电力将成为能源消费增长的主要驱动力量。而电力的构成，则将根据能源结构和能源强度的变化，呈现极为不同的趋势。

能源/电力消费弹性系数为1是能耗/电耗升降的转折点①。总体来说，总产出越高，电力需求量就越大。从早期经典的GNP与能源消费的单项因果研究（Kraft et al.，1978），到后来的长期关系的协整检验（Johansen，1995），都对此进行了深入研究。从理论上可以证明：在能源消费弹性系数小于电力消费弹性系数的情况下，当能源弹性系数大于1时，GDP能耗及电耗将上升，且后者上升的幅度大于前者；当能源弹性系数小于1时，GDP能耗将下降；当电力弹性系数也小于1时，电耗也将下降，且电耗下降的幅度小于能耗的下降幅度。

也就是说，我国目前正处于“单位GDP能耗逐年下降，而单位GDP的电耗逐渐上升”的能源结构调整阶段。进一步的研究表明，我国的电力消费是由产出拉动的，产出对电力消费变化有着直接显著的影响（牟敦果等，2012）。因此采用综合的能源/电力弹性消费系数和活动水平方法，再结合预期的社会经济发展目标，同时参考多家单位的预测结果，我们认为，21世纪中叶，中国将会达到届时中等发达国家的发展水平。参考主要发达国家的发展经验，当人均GDP达到中等发达国家水平时，人均能源消费量将达到4吨标准油（刘世锦，2013）。因此，如果将2050年中国人口总量控制在15亿人以内，届时随一次能源结构变化，预计我国的能源消费量将达到55亿～90亿吨标准煤。

（二）情景设计中的政策选择

从以上分析可以看出，我国目前能源和排放面临的主要矛盾在于：快速工业化、

① 理论上可以证明，只有当能源消费弹性系数与电力消费弹性系数相等时，能耗与电耗才会同比例升降。

城镇化及收入水平提高带动需求扩张，但增长方式依然粗放；能源结构中煤的比重过大，使得由此产生的污染物排放量居高不下，治理力度不足；单位 GDP 的能耗过高，能源利用效率有待进一步提高。这些都是 CO_2 和其他污染物排放控制面临的巨大挑战。因此，转变经济发展方式、调整能源结构是促进经济健康发展的有效手段之一。

此外，众多研究已经在能源利用方面取得了大量成果，但是从经济结构本身来看，我国历史上的 GDP 高速增长与相对较高的投资率密切相关。而相对较高的投资率及与之相关的大规模基础设施建设和产能建设，会引起较高的排放，如果不考虑技术进步起到的消减作用，过高的单位增加值能耗也是必然的。在我国目前所处的工业化阶段中，随着收入水平的提高，消费结构不断提升，食品等初级产品消费比重逐步下降，工业制成品消费比重逐步上升，第二产业发展相对较快。由于第二产业资本有机构成较高，生产过程需要大量中间投入，造成投资率不断上升、消费率不断下降。

2012 年，我国人均 GDP 已经达到约 6000 美元，从总体趋势判断，我国已经进入工业化中后期。根据国际经验①，当工业化进程基本完成、经济发展迈向发达阶段时，消费结构由以工业品为主转向以住房、教育、旅游等产品为主，第三产业发展相对较快。由于第三产业资本有机构成较低，需要中间投入较少，造成投资率出现下降，消费率相应上升。因此，适当调整投资规模，改善投资消费比例，也应该是相关的政策选择之一。

此外，十八届三中全会《中共中央关于全面深化改革若干重大问题的决定》（简称《决定》）提出，今后要更多地发挥市场的决定性作用，使经济运行能够更好地自发调节。因此，结合发达国家的发展经验，更多利用经济手段，如征收环境税、碳排放税或建立碳市场，也将是重要的政策选择。

1. 对能源结构的情景设计

总体来说，能源消耗与发展阶段之间呈现很强的相关性。尽管从典型发达国家的人均能耗看，虽然都在相近的收入水平上，但还是存在一定差异（Wang et al.，2011）。目前，我国工业化进程正处在由中期向后期过渡的时期，工业增长的动力将逐步由资本投入转向技术进步，重化工业增速放缓。有研究报告认为，2020 年前后中国将基本完成工业化任务，第三产业对经济增长的拉动作用将进一步增强（刘

① 根据世界银行《2002 年世界发展报告》，2000 年低收入国家、中等收入国家和高收入国家的投资率分别为 21%、25% 和 22%。但我国的投资率明显偏高，消费率相对较低。

世锦等，2013），工业能源消费在全社会能源消费中所占比例将保持稳定或略有下降。

从经济运行效率来看，产业结构的调整和能源消费结构的变化是降低单位 GDP 能源消耗量的重要因素。我国能源强度远远高于发达国家的原因主要在于经济结构、能源结构和能源效率的差异。其中，能源结构也是影响整体能源效率的重要因素。已经有大量研究表明，一次能源的结构变化对于能源强度的效应是不一致的，而我国工业部门能源强度与用煤比重有关。由于煤炭比例下降将显著降低制造业能源强度和电力强度，所以我国要实现既定的能耗强度降低目标，除增加其他非能源要素投入（研发和技术进步等）、理顺能源价格外，积极调整能源结构也是必需的措施。

从不同种类的能源需求看，随着经济转型和能源结构调整，对煤炭的需求量会有显著下降。目前，我国煤炭消费量占全球煤炭消费总量的 50%，远超美国（13.5%）、欧盟（7.7%）、日本（3.2%）等其他经济体，巨大的煤炭消费量导致我国二氧化硫、氮氧化物、大气汞排放量高居全球首位。从政策角度来说，近年来已开始有研究讨论全国或地区的煤炭消费总量控制问题，提出煤炭消费总量控制的未来路线图。

鉴于人口总量和人均行驶里程将在未来一定时期内保持增长，尽管有可能采取相关的节油措施，预计今后很长一段时期内，中国能源供应仍将以煤炭为主，但比重会逐步下降；石油需求总量仍将持续增加。但考虑到资源禀赋和能源安全问题，石油消耗量的增长会受到控制。随着环境标准的提高和全球天然气供应量的增加，天然气的消费需求将有大幅增加。由于前述对于煤和石油的增长限制，非化石能源比重也将有大幅增加，水电、风能和太阳能等清洁能源将成为支撑能源消费的重要力量。

综合以上分析，结合我国未来生态文明建设和建成创新型国家的目标，我们参考了国内外其他研究部门的研究成果（2050 中国能源和碳排放研究课题组，2009；清华大学等，2012），并结合本课题组之前的研究积累，设定了三种一次能源消费结构的情景。

参考情景：在此情景中，整体经济和能源结构等将在 2015 年完成我国的“十二五”相关约束性目标，并在 2015 年之后继续该趋势。

情景 1（高油情景）：假设到 2050 年大量的煤炭消费被原油消费取代，原油占一次能源消费量的比重达到 27.6%，煤炭比重下降为 44.0%，能源消费总量在 2050 年达到 66.6 亿吨标准煤（表 2.6）。

情景 2（高煤情景）：假设到 2050 年煤炭占一次能源消费量的比重仍维持在 50% 左右，减少原油的进口量和消费量，原油的比重降低到 13.3%。相对提高非化石能源的比重，约达到一次能源消费总量的 30%。

情景 3（高非化石情景）：假设在 2050 年前各个生产部门都采用严格的能源利用和排放控制政策，将全国的能源需求总量控制在 56.8 亿吨标准煤，其中非化石能源超过 40%，煤炭消费比重低于 30%，油气消费量得到合理控制。

表 2.6　我国未来能源结构的情景

情景	年份	能源需求/亿吨标准煤	煤		油		天然气		非化石能源	
			能源需求/亿吨标准煤	所占比例/%	能源需求/亿吨标准煤	所占比例/%	能源需求/亿吨标准煤	所占比例/%	能源需求/亿吨标准煤	所占比例/%
参考情景	2020	70.2	49.0	69.8	10.5	14.9	2.2	3.2	8.5	12.1
	2030	107.3	72.0	67.1	16.5	15.4	3.6	3.4	15.1	14.1
	2040	140.1	90.6	64.7	22.6	16.1	4.6	3.3	22.3	15.9
	2050	180.1	112.0	62.2	28.6	15.9	5.9	3.3	33.5	18.6
情景 1	2020	51.1	30.2	59.1	11.1	21.8	2.4	4.6	7.4	14.5
	2030	61.7	32.8	53.1	14.6	23.7	3.8	6.1	10.6	17.1
	2040	65.0	30.7	47.3	17.3	26.6	4.9	7.6	12.0	18.5
	2050	72.5	29.7	40.9	20.0	27.6	6.3	8.7	16.5	22.8
情景 2	2020	49.3	29.0	58.9	8.6	17.4	3.3	6.6	8.4	17.1
	2030	67.2	37.6	56.0	10.0	14.9	5.2	7.7	14.4	21.4
	2040	78.4	41.9	53.4	10.7	13.7	5.9	7.5	19.9	25.4
	2050	86.1	42.7	49.6	11.5	13.3	6.5	7.6	25.4	29.5
情景 3	2020	44.7	25.3	56.7	8.2	18.4	3.1	7.0	8.0	17.9
	2030	52.7	25.1	47.7	9.3	17.7	4.8	9.2	13.4	25.4
	2040	55.7	21.8	39.1	10.0	17.9	5.5	9.8	18.5	33.2
	2050	56.7	16.4	28.9	10.6	18.7	6.0	10.6	23.6	41.7

2. 对能源强度的设定

能源消费主要取决于产量和能源效率。经济增长与节能有着密切的关系，一般规律是经济增长的同时带动能源消费量的增长。一些发达国家虽然经历过经济增长伴随能源消费急剧增长的发展阶段，但是目前都已进入 GDP 继续增长而能源消费总量不增长或稍有下降的发展阶段。

自改革开放以来，中国不断提高整体能源效率，1978～2009 年能源强度以年均

4.3%的速度降低。同时我国已经明确提出强化产业升级政策，促进能源效率提高和产业结构优化升级。今后一段时期中国的能源强度将继续稳步下降。根据国家"十二五"规划目标，2015年，单位GDP的能源强度将比2010年降低16%。因此，在本分析中我们假设在2015年之后，由于能效技术的发展，以及更为集约化的能源利用方式，能源强度会继续下降。但是随着边际成本的增加，下降强度将会有所放缓。参考发达国家目前的能效水平，我们假设2050年的能源强度将降至2010年的50%。

3. 对能源安全的情景设定

对于能源安全的考虑，除了能源的供给安全、价格安全、运输安全和环境安全之外，最重要的是要能支持国家经济的可持续发展、保障人民生活。因此在研究中，为了简化相关条件，我们用化石能源的进口依存度来刻画能源安全。参考发达国家现有的化石能源进口依存度①，以及我国的能源中长期规划目标②，我们将化石能源进口依存度的安全值设为65%。

4. 对于碳税的考虑

现行的资源、环境税费尚不完善，很难满足可持续发展和生态文明建设的要求。目前的相关税费主要有资源税③、排污费等，增值税和所得税中也包括了一些环境保护的元素。但是这些税费目前还不能有效体现环境成本④，对资源、环境保护的调节力度较弱。此外，国际CO_2减排的压力也越来越大。国内已开展征收环境税、碳税对中国经济潜在影响的定量研究，然而研究结果还存在较大差异（栾昊等，2013）。

---

① 2005年美国石油对外依存度为66.4%。

② 根据普氏能源2012年3月20日数据：我国原油进口依存度在2009年突破50%后，2010年和2011年均维持在55%。根据中石油经济技术研究院《2013年国内外油气行业发展报告》：2013年，我国天然气进口量同比增加25%，达到530亿立方米，全年天然气表观消费量达到1676亿立方米，天然气对外依存度首次突破30%，达到31.6%。根据中国产业经济网：2013年，我国煤炭、石油和天然气三大传统能源对外依存度呈现出普遍上涨格局。其中，煤炭进口依存度上涨至8.1%，天然气对外依存度首超三成涨至30.5%，原油对外依存度达到57.4%。有综合分析认为，2020年中国石油对外依存度将达70%（佚名，2012）。

③ 资源税的征收目的主要是调整资源开采中的级差收入。此外，资源税中纳税人具体适用的税率，取决于纳税人所开采或生产应税产品的资源品位、开采条件等情况，与资源的含碳量、CO_2排放量没有直接关系（龚杨帆，2013）。

④ 2011年11月1日开始施行的《国务院关于修改<中华人民共和国资源税暂行条例>的决定》中规定，原油和天然气的资源税改为从价计征，并将税率设置为按销售额的5%计征，煤炭资源税仍保持从量计征，且维持比较低的税率。

我国的环境税已酝酿多年。十八届三中全会《决定》提出要“加快资源税改革，推动环境保护费改税”。要让市场起决定性作用，用制度保护生态环境，最终要利用价格杠杆进行调节，通过资源环境税费改革，制约高耗能、高污染行业及其产品的生产。

目前，在研究中，我们设置了在税收中性前提下的两种碳税征收方案：①借鉴最早实施碳税的欧盟国家经验，对所有行业的排放征收碳税，同时给所有被征税的部门减免相应数量的所得税；②借鉴美国的碳税方案[①]，对所有行业的排放征收碳税，并给所有居民减免相应数量的个人所得税。

在税率方面，参考财政部财政科学研究所的研究成果，将碳税税率设为10元每吨CO_2[②]；为了进行政策比较，同时还设定了100元每吨CO_2的税率方案。

在碳税政策的实施时间上，虽然部分研究建议碳税在“十三五”期间开征，但是为了体现《决定》中环境保护优先的思想，我们将碳税政策的实施时间设定为2014年。

考虑到其他污染物排放的总量较小，而且征收碳税在一定程度上可以起到抑制化石能源使用的作用，进而对其他污染物起到协同减排效果，因此本研究中没有考虑其他污染物的排放税。同时与其他资源利用和环境污染相关的环境税也没有考虑。

5. 对于经济结构的情景设定

我国提出要转变经济发展方式，使经济增长从主要依靠投资和出口拉动转变到由消费、投资和出口协调拉动，从而对经济结构调整产生影响。从前述分析可以得出初步结论：在我国的需求结构中，投资率偏高，消费率偏低，经济的外贸依存度比较高，这是长期以来一直存在的问题。

投资和消费之间的比例关系，既关系到我国经济的发展模式，又会通过产业结构的变化间接影响到CO_2及其他污染物的排放控制效果。虽然近年来我国的消费率有所上升，但根据国家统计局数据，2004～2012年居民的最终消费支出对GDP的贡献率平均值仅为49.62%（国家统计局，2013），如图2.11所示。而世界银行数据显示[③]，2012年世界终端消费率平均水平为77%；中等收入和高收入国家都在78%

① 美国国会研究服务中心2012年报告，建议对企业征收20美元/吨的碳税，且由美国国税局或社会保障局进行征收和分配，且每年发放一次，用于个人所得税收抵免。

② 2013年12月8日，财政部财政科学研究所副所长苏明在2013中国环保上市公司峰会上透露，碳税或将在“十三五”中期出台，税率初步设为每吨CO_2征收10元，之后再考虑逐步提高。

③ 参见 http://search.worldbank.org/all? qterm=consumption+rate+China&title=&filetype=consumption。

左右。

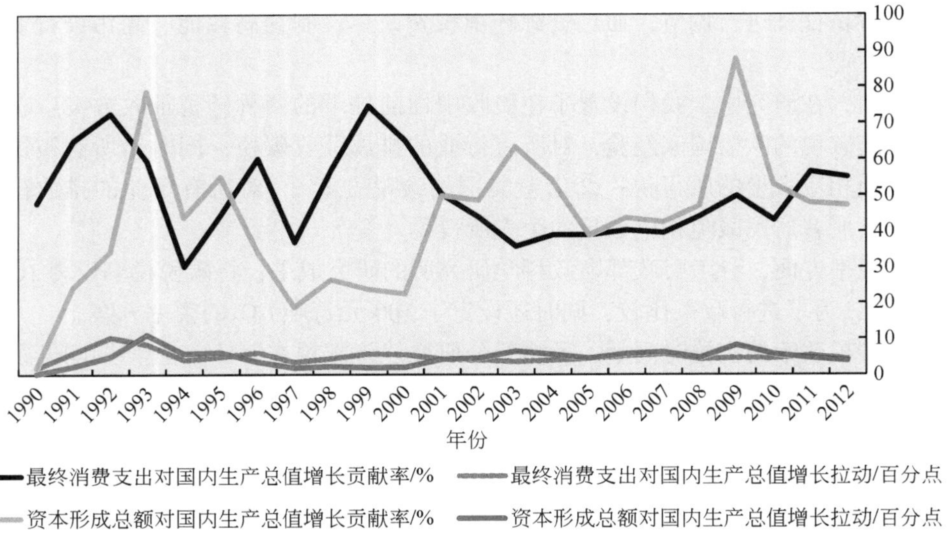

图2.11　消费支出和资本形成总额对国内生产总值的贡献情况

资料来源：国家统计局，2013

2001年以来，我国的政府投资率一直较高。目前的政府投资除国防、国土整治、航天技术、公共事业等方面，大部分集中在基础设施建设和重点行业的产能建设。目前，中国传统产业的产能严重过剩，尤以钢铁、水泥、玻璃、电解铝等部门最为明显。工业和信息化部发布的《2013年上半年工业经济运行报告》显示，工业行业产能过剩问题进一步凸显，2013年二季度末工业产能利用率平均只有78.6%，闲置产能高达21.4%（工业和信息化部运行监测协调局，2013）。

因此，我们假设在未来的结构调整期，投资率将逐步降低，居民消费率则相应增加。为此，设定两种情景。

情景1：参照发达国家的历史经验，假设我国2050年的消费率与美国2010年相当，占GDP的72.5%，在此之前，历年消费率呈线性增长，同时投资率以相应的比例下降，投资和消费总和占GDP的比例与参考情景相同（表2.7）。

情景2：假设在2013～2050年，延续1991～2012年的平均趋势（居民消费率年均增长4.2%），同时投资率以相应的比例下降，投资和消费总和占GDP的比例与参考情景相同。

表 2.7 部分国家或地区经济发展水平及经济结构比较

年份	项目	美国	日本	韩国	中国台湾	印度	中国
1980	人均 GDP（2005 年美元）	25620	22088	4270	4213	290	1173
	投资率/%	21.5	36.5	34.8	25.6	11.9	29.1
2000	人均 GDP（2005 年美元）	42028	35733	17597	15704	745	1727
	投资率/%	24.2	29.8	34.8	20.5	11.6	34.1
2010	人均 GDP（2005 年美元）	41855	36019	20810	N/A	1072	4288
	投资率/%	N/A	N/A	N/A	N/A	N/A	52.9

注：N/A 表示公开数据不可得

资料来源：清华大学等，2012

（三）耦合政策情景构建

情景分析的主旨，是为了通过对不同情景的模拟，对可持续发展的政策选择和机制设计进行进一步的思考和更详细的分析。

现有大多数研究的情景分析一般都设定高、中、低情景，确定不同情景的能源需求、排放总量和强度，以及其他相应的重要指标和参数。但事实上，并没有太多研究明确给出这些不同情景设置的来源。也就是说，通过哪些政策的实施或哪种发展途径可以达到“中情景”或“低情景”。本章的分析将重点关注不同发展情景的实现路径，即需要实施哪类政策或政策组合，可以达到什么样的发展情景，相应的宏观成本如何。

我们首先利用 PIC 模型对以上政策考量进行了不同的参数设置和模拟，共提出 92 种政策组合。政策代码及其说明如表 2.8 所示。

表 2.8 政策代码及说明

政策代码	政策中文简称		政策说明
S1	能源结构	高油情景	高油能源结构调整情景，自 2013 年开始实施
S2		高煤情景	高煤能源结构调整情景，自 2013 年开始实施
S3		高非化石情景	高非化石能源结构调整情景，自 2013 年开始实施
INTEN	能源强度		降低能源强度情景，自 2011 年开始实施
IMPOR	进口依存度		控制能源进口依存度，自 2023 年开始实施

续表

政策代码	政策中文简称	政策说明
TAX10	碳税 10	对所有生产企业每吨 CO_2 排放量征收 10 元碳税政策，自 2014 年开始实施
TAX100	碳税 100	对所有生产企业每吨 CO_2 排放量征收 100 元碳税政策，自 2014 年开始实施
INVE5	投资消费 5%	调整投资消费比例，设定 2050 年的投资率为 GDP 的 5%，自 2013 年开始实施，每年线性下降
INVE13	投资消费 13	调整投资消费比例，设定 2013 年以后的消费率年增长率与 2012 ~ 2013 年的增长率相同，自 2013 年开始实施
TAX10RECLI	碳税 10 加返还企业	对生产部门每吨 CO_2 排放量征收 10 元碳税，同时给所有被征税的部门减免相应数量的所得税，自 2015 年开始实施
TAX10RECLR	碳税 10 加返还居民	对生产部门每吨 CO_2 排放量征收 10 元碳税，同时给所有居民减免相应数量的个人所得税，自 2015 年开始实施
TAX100RECLI	碳税 100 加返还企业	对生产部门每吨 CO_2 排放量征收 100 元碳税，同时给所有被征税的部门减免相应数量的所得税，自 2015 年开始实施
TAX100RECLR	碳税 100 加返还居民	对生产部门每吨 CO_2 排放量征收 100 元碳税，同时给所有居民减免相应数量的个人所得税，自 2015 年开始实施

根据这些政策组合对 CO_2 减排的贡献进行分类，我们将这些情景分为高排放组合、中排放组合、低排放组合政策情景。

高排放组合情景：在这一情景中共设置了 2 种政策手段、8 种政策组合。主要意图是通过市场手段和经济结构的调整来影响 CO_2 的排放，但是并不强制通过行政命令进行节能降耗。

中排放组合情景：在这一情景中共设置了 4 种政策手段、54 种政策组合。希望以调整能源结构或调整能源强度为主要政策，再辅以一定的市场手段来实现 CO_2 的减排，同时将相关的减排成本控制在合理范围内。

低排放组合情景：在这一情景中共设置了 4 种政策手段、30 种政策组合。希望以最强的政策手段实现 CO_2 的有效减排。政策手段主要包括调整能源结构、降低能源强度、征收碳税、调整投资消费比例等。

可以看出，调整能源结构和降低能源强度是根本手段。同时，有效调整经济结构，适当提高消费占 GDP 的比重，也将对节能减排和实现可持续发展起到推动作用，再辅以征收碳税等市场手段，将有效降低我国的 CO_2 排放总量和单位 GDP 的 CO_2 排放量。

以高油情景 S1 为例，图 2. 12 展示了不同政策组合对 CO_2 排放路径和峰值的影响。

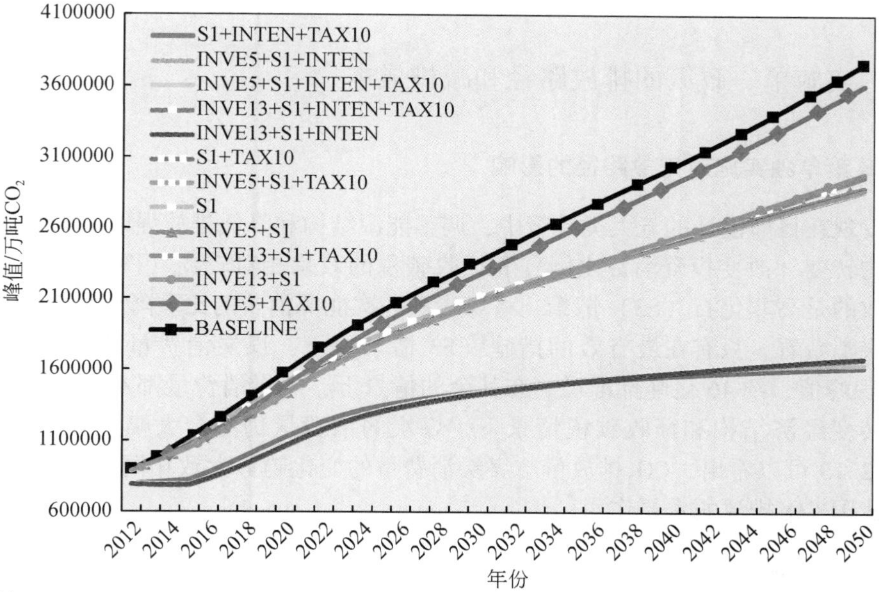

注：S1+TAX10、INVE5+S1+TAX10、S1、INVE5+S1、INVE13+S1+TAX10、INVE13+S1 曲线基本重合，S1+INTEN+TAX10、INVE5+S1+INTEN、INVE5+S1+INTEN+TAX10、INVE13+S1+INTEN+TAX10、INVE13+S1+INTEN 曲线基本重合，特此说明

图 2. 12　不同政策组合对 S3 情景 CO_2 排放路径和峰值的影响

需要说明的是，本节仅对主要的政策情景做了初步设定。实际上，这里所描述的“政策”或“政策效果”都是一揽子政策组合的结果。例如，“调整能源结构”，是多个行业、多个方面的政策组合所显现的最终结果。事实上，在具体的政策设计中，一方面有不少政策因各种原因并没有得到充分考虑，另一方面，创新机制、资金使用、行业政策等方面也还有大量的待考量因素，需要我们在今后的工作中不断细化完善。

三　情景分析及政策效果预估

在本节的分析中，我们首先对单一政策的实施效果进行分析，包括它们对 CO_2 排放总量和未来减排路径的影响，并通过对其宏观经济减排成本的分析，从一个侧面反映各政策单独实施的经济影响。其次，对不同政策组合进行比较分析，试图回答以下问题：不同的政策组合是否能使我国 CO_2 排放总量在未来达到峰值？CO_2 排放总量达到峰值的时间段？不同达峰时间所需的经济成本？最后，我们将分析这些政策组合对 CO_2 以外的其他污染物排放的控制作用，即 CO_2 减排和空气质量改善的协同效应。

（一）实施单一政策的排放路径和减排成本

1. 各政策单独实施对排放路径的影响

我们发现在目前设计的五大类政策中，调整能源结构和降低排放强度更为有效，而经济结构转变（改变投资消费比例）和征收碳税的效果相对较弱（图 2. 13）。其中，最有效的是高非化石（S3）情景，将煤炭占一次能源消费的比重降至约 29%。

从煤炭消费看，只有在最有效的措施（S3 情景）下，煤炭消费量才有可能在 2034 年出现峰值，约 46 亿吨标准煤。在其余的情景下，煤炭消费量都不存在峰值，即使是在转变经济结构和征收碳税情景下，煤炭的消费量仍然会大幅上涨。从图 2. 12 和图 2. 13 可以看出，CO_2 排放量与煤炭消费量的变化趋势大致相同，印证了煤炭消费对我国 CO_2 排放的重要作用。

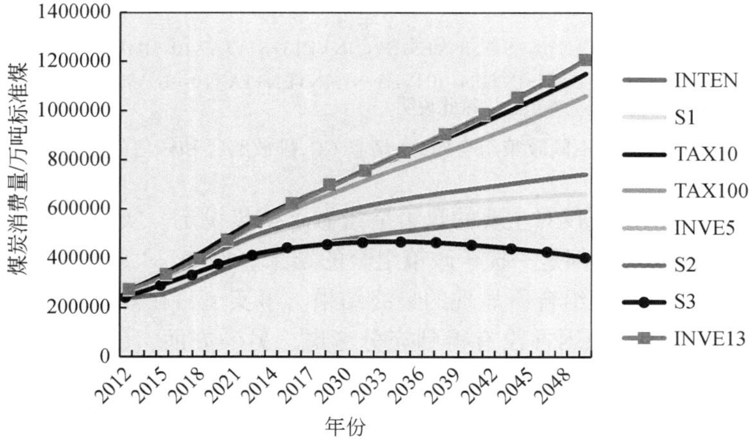

图 2. 13　不同政策单独实施时的煤炭消费量

虽然我国以煤为主的资源禀赋无法改变，但是尽可能地调整能源结构，有助于对煤炭资源合理开发利用的综合管理。同时，提高油气和其他非常规天然气（如煤层气、页岩气等）的利用，也将对有效控制温室气体排放起到至关重要的作用。在分析中我们发现，适当改善能源结构，将有力地减少温室气体排放。在中排放情景系列中，当煤炭占一次化石能源的比例从 2030 年的 53%（S1）降低到 48%（S3）时，CO_2的排放量将分别降低至参考情景的 11.3% 和 22.8%（图 2.14）。考虑到化石燃料的替代主要发生在电力和热力生产部门，这种情景对可再生能源和非化石能源的发展提出了较高要求。如果非化石能源在一次能源中的比重能够分别达到 30%（S2）和 42%（S3），则可以使我国对化石能源的需求压力得到极大缓解。

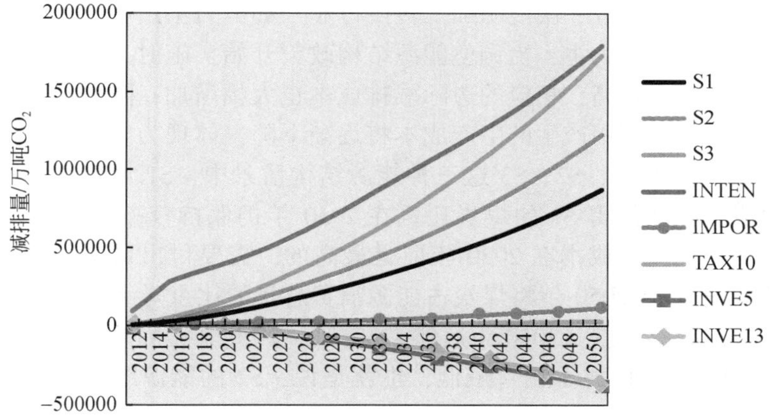

图 2.14 单一政策下化石能源 CO_2减排量（与参考情景相比）

除了 S3 情景之外，降低排放强度也是一个有效的政策措施，而且从减排的效果看要略好于能源结构调整。一个可能的原因是限制排放强度抑制了所有化石能源的排放，而能源结构主要是控制了煤炭的使用。尽管这两种政策都使 CO_2排放总量大幅减缓，但是这两种政策在 2050 年之前也未能达到峰值。从现有模型分析出的一个重要结论是：仅依靠单一的政策，无论市场手段还是行政命令手段，都不能有效地实现 CO_2减排和能源可持续发展。

在分析中我们还发现，单纯调整投资消费比例，仅在政策执行的最初 10 年左右能使 CO_2的排放总量略有减少，但是从长期来看并没有起到明显的减排作用。进一步分析可以发现，由于近 20 年来我国的总体固定资产形成率普遍很高，在这种情况下水泥等部分行业的产能已经过剩，使得这些行业的资金有效生产率比产能得到最优配置时要低。换句话说，这些行业的生产成本实际是偏高的，同时单位有效产品的能耗水平和排放水平也都相应偏高。因此，仅提高消费率，而不有效改变投资结构，实际上并不能有效降低这些产能过剩行业的单位产品能耗和排放。调整投资消费比例的政策，需要与调整能源结构、产业结构等相应政策共同实施，才能取得应有的节能减排效果。

2. 能源结构政策和碳税政策的边际减排成本

图 2. 15 显示了三种能源结构情景及征收碳税情景（10 元/吨 CO_2）的边际减排成本，可以看出每个政策实施的宏观成本均不同。由于减排的机制不同，能源结构的调整（S1、S2 和 S3 情景）主要是通过不同的政策对煤炭和其他化石能源的消费进行控制。而我国大部分一次能源加工转换行业（如电力生产部门）的技术当前都是以化石能源利用技术为主，当调整能源结构政策开始实施时，会使得这些部门短期内能源替代的成本较高，相应的边际减排成本也大幅增加；随着能源替代技术的进步，各行业由能源利用产生的生产成本将逐渐下降，体现为整体经济的边际减排成本下降。此外，在 S1、S2、S3 这三种能源结构情景中，S1 情景用相对昂贵的原油来替代煤炭，虽然使得 S1 的煤炭比例在 2050 年仍保持较高水平（占 43.9%），但这一情景的单位减排成本在 2020 年前是最高的，需要付出最多的经济代价。而 S3 情景较为激进，到 2050 年将煤炭占能源消费总量的比重降到 29% 以下，同时大幅提高可再生能源的比重（2050 年达到 47.7%），因此其边际减排成本短期内也较高。S2 情景的单位减排成本相对最低，也就是说，S2 的能源结构组合对整体经济的冲击最小。

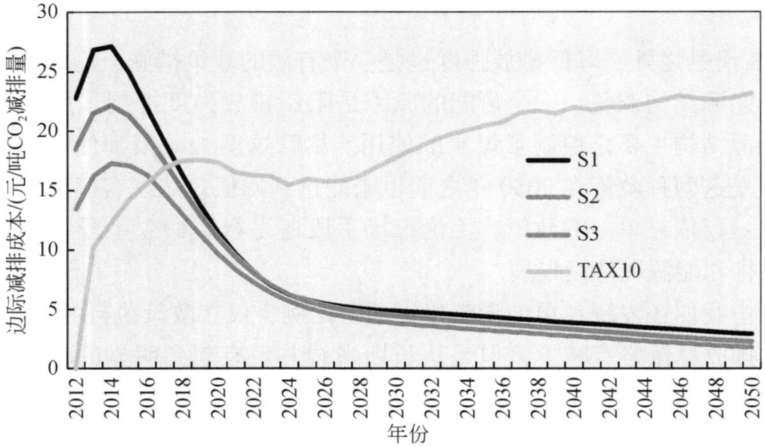

图 2. 15　调整能源结构和征收碳税的边际减排成本比较

与调整能源结构相比，碳税是一种以市场为基础的减排激励手段。也就是说，碳税给单位排放量固定一个价格，但是并不对排放总量进行限制。从理论上讲，碳税的税率反映了被纳入碳税制度的所有行业的平均边际减排成本。可以看出，尽管这种制度相对缓和，但随着 CO_2 排放总量的减少，将使得各行业的平均边际减排成本逐渐升高①。

最后，当我们考察单独降低能源强度时的边际减排成本，发现当能源强度在 2015 年较 2010 年下降 16% 且此后继续延此趋势下降时，在 2022 年之前实际的边际减排成本为负。也就是说，在这段时间内，降低各部门的单位 GDP 的能源消耗量，可以获得正的收益。在 2022 年之后则转为正的边际减排成本且逐年上升。这一现象在某种程度上说明我国现有单位能耗的产出（即能源生产率）还没有达到最优水平，还有很大的提升空间②。

3. 能源强度政策的宏观经济影响

由于节能减排技术的大规模应用及相关产业的升级和生产技术的进步，各行业单位产出的能源消费有可能大幅降低。考虑到技术变迁自身的周期性和知识转移固有的规律，我们认为在 2015 年之后各部门的能源强度将持续以较平稳的速率下降。

能源强度下降带来的将是对能源需求的减少，使得一次能源供应行业的生产规模相应缩减。但是由于大部分生产性部门的产能都存在一定的“锁定效应”，不可能立刻转换正在使用的技术或正在生产的产能，所以当采取一系列政策组合来实现降低能源强度的“政策效果”时，将会对经济系统有一个负面的影响，使得这些被锁定的产能生产率下降，或者说资本成本上升。由图 2. 16 可以看出，在政策实施的前 10 年左右（假设该政策自 2011 年开始实施），GDP 平均下降了 3. 2%；相比之下，实际人均可支配收入受到冲击较小（2016 年前较参考情景平均下降 0. 8%），在 2016 年即恢复到参考情景水平，并于此后以较快速度增长。

随着各部门产能的折旧，锁定效应逐渐消失，能源强度的下降将对整体经济呈现拉动作用。此时各部门生产成本中能源所占的比重相应减小，能源成本相对降低，在其他生产要素成本不变的情况下，各部门的增加值都有所增加，GDP 呈现出正向增长的效果。进一步观察可以发现，能源强度降低（或能效提高）将使热效率较低的一次能源生产部门（如煤炭等）的产出和就业都有一定下降，而热效率较高的能

---

① 本研究假设 2014 ~ 2050 年一直实施碳税政策。在单独实施碳税政策时，假设每个行业每年 30% 的 CO_2 排放量应缴纳碳税，且仅通过征收碳税实现减排，不考虑技术进步和能源结构的变化。

② 需要注意的是，此处对“边际减排成本”的分析并不是“完全成本”。作为“政策效果”的能源强度降低，并未考虑为了实现降低能源强度所实施的各种技术的成本。

源（燃料油、煤油、汽油、天然气等）的生产得到激励。

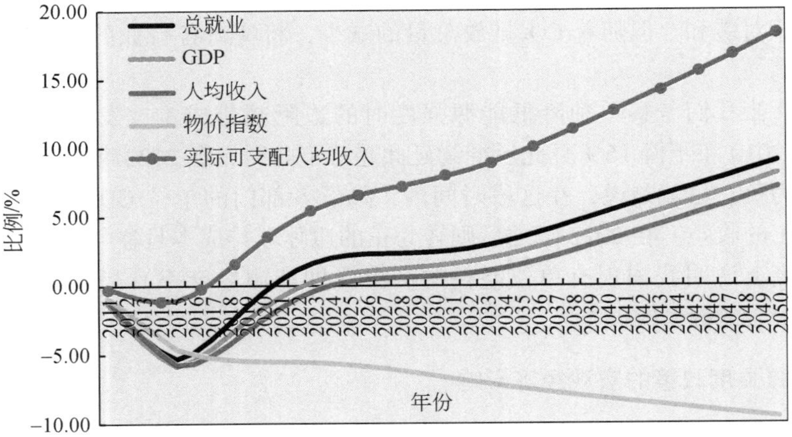

图 2.16　能源强度下降对于我国若干经济指标的影响

（二）政策组合对 CO_2 排放总量和经济的影响

1. 政策组合影响下的 CO_2 排放路径和峰值

将不同政策进行组合实施时，其对 CO_2 减排的影响也有很大不同。研究发现，在实施“能源结构+能源强度”的政策组合下，才有可能出现 CO_2 排放的峰值，且随着政策力度的不同，CO_2 排放峰值将出现在 2032～2049 年。

图 2.17 显示的是 CO_2 排放总量最早达到峰值（2032 年）和最晚达到峰值（2049 年）的政策组合。其中 2032 年到达峰值的政策组合有两个：①调整能源结构+降低能源强度+碳税 100；②调整能源结构+降低能源强度+碳税 100 加返还企业。另外，还有其他的政策组合可以使 CO_2 排放总量在 2032～2049 年达到峰值，主要包括“投资消费 5%+能源结构+能源强度+进口依存度”等低排放政策组合中的相关政策。

CO_2 的排放与煤炭消费总量密切相关。总体上说，煤炭消费量达到峰值的时间要早于 CO_2 排放达到峰值（图 2.18）。按照上面的测算，CO_2 排放总量最早到达到峰值的政策组合（调整能源结构+调整能源强度+碳税 100）有可能使得我国的煤炭消费总量在 2027 年达到峰值，为 33.7 亿吨标准煤。

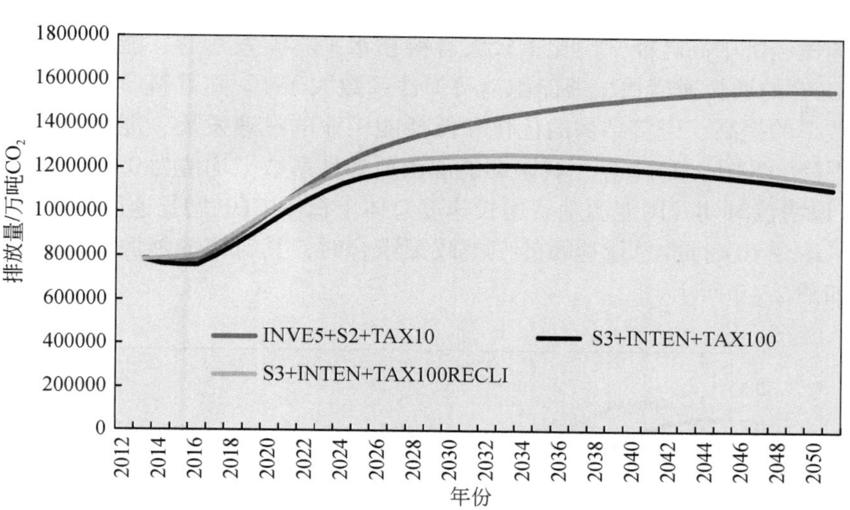

图 2. 17　三种峰值政策组合及其相应的 CO_2 排放量

峰值政策组合是指促进 CO_2 排放量产生峰值的政策组合，下同

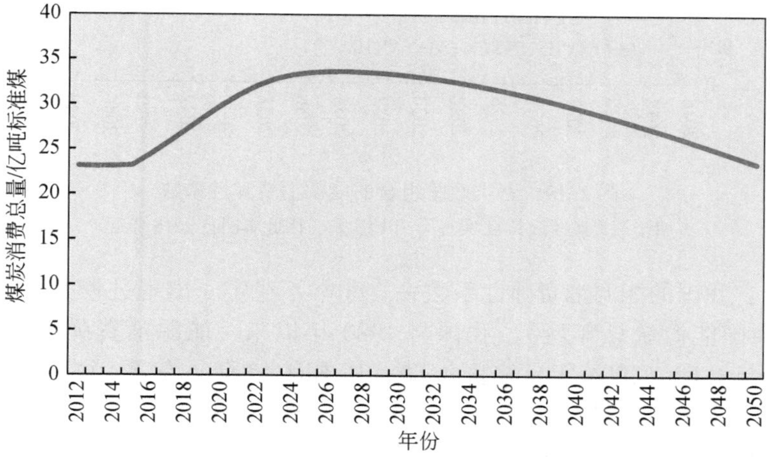

图 2. 18　CO_2 排放总量 2032 年达到峰值的政策组合下的煤炭消费总量

2. 政策组合下的能源消费弹性系数

能源消费弹性系数反映了能源消费总量与经济增长之间的关系①。我们发现，令 CO_2 排放总量达到峰值的政策组合，在一定程度上对应了不同的能源消费弹性系

① 能源消费弹性系数=能源消费总量增长率/GDP 增长率。

数。当国民经济中高耗能部门比重较大且科技水平不够发达时，能源消费增长速度总是比 GDP 的增长速度快，即能源消费弹性系数大于 1。随着科学技术的进步、能源利用效率的提高、经济结构的优化和低耗能工业的迅速发展，能源消费弹性系数会普遍下降。2001 ~2011 年，我国的能源消费弹性系数平均值为 0.8（国家统计局，2012），说明该时期我国能源消费增长速度总体上低于 GDP 增长速度。

当采取令 CO_2 排放总量达峰的三类政策组合时，其对应的能源消费弹性系数变化情况如图 2.19 所示。

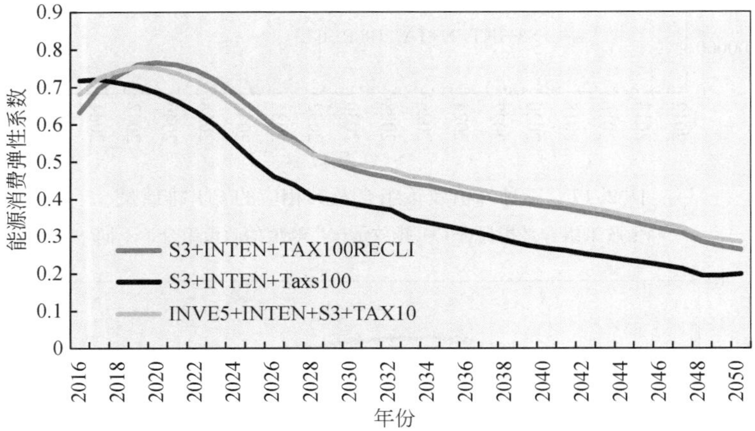

图 2.19　三类政策组合的能源消费弹性系数

由于假设碳税政策自 2015 年开始实施，因此本图自 2016 年起

事实上，我国的能源消费弹性系数一直非常不稳定，出现过较大的起伏。根据 2012 年《中国能源统计年鉴》，我国自 1980 年以来，能源消费弹性系数在 0.03（1998 年）与 1.60（2004 年）之间波动。其中有 15 年的能源消费弹性系数小于 0.5，4 年大于 1（1989 年，2002 ~2004 年），如图 2.20 所示。

1990 ~1999 年，我国能源消费弹性系数处于较低水平，平均值为 0.37。在 20 世纪 90 年代执行的产能结构调整中，有相当一批耗能高、污染大的“五小”企业相继被关闭，引起能源生产量和消费量下降[①]。此外，产业结构调整也导致能源消费量下降。一方面，第三产业从 20 世纪 90 年代开始蓬勃发展；另一方面，在此期间轻工业的发展速度也超过了重工业的增长速度。这两方面都导致能源消费弹性系

① 这里不排除统计数据不足的因素。我国规模以下能源统计一直比较薄弱，同时淘汰“五小”企业，致使这几年煤炭产量和消费量的统计数字明显偏小。

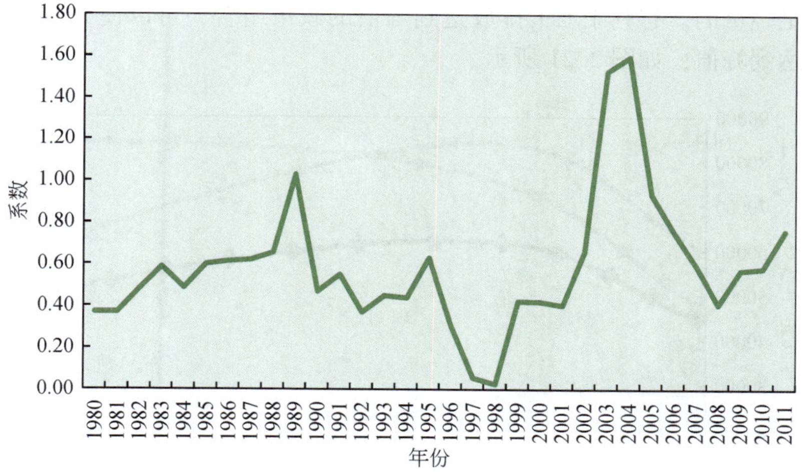

图 2.20　我国 1980 ~ 2011 年能源消费弹性系数变化

资料来源：2012 年中国能源统计年鉴

数的变化。

2002 ~ 2004 年，投资高速增长导致钢铁、水泥、电解铝等高耗能产业迅速扩张，从而造成能源消费快速增长。在此期间，居民生活消费的能源快速增长也导致能源消费总量增长加快。另外，2002 ~ 2004 年，规模以上重工业增长快于轻工业，导致重工业在工业体系中的比重不断提高。对比这几年的 GDP 增速，可以发现这段时期内我国经济快速增长是在消耗大量能源和原材料的基础上取得的，由此造成能源供需缺口不断扩大，并为随之而来的煤荒、电荒、油荒等埋下伏笔。

考察我国 2002 ~ 2011 年的能源消费弹性系数可以发现，除 2008 年外，该系数始终处于较高位置，10 年的平均值为 0.84。虽然近 5 年较 2002 ~ 2004 年有所下降，但自 2008 ~ 2011 年仍一直呈上升态势。

一般来说，发展中国家在发展初期的能源利用效率比较低，所以其能源消费弹性系数往往大于或接近 1，而发达国家的能源消费弹性系数一般不超过 0.5。该系数越小，说明在产出增长一定的前提下消耗的能源越少。在“能源结构+能源强度+碳税”作为主要政策组合的情景中（其他还包括调整投资消费比例等），能源消费弹性系数可以得到有效下降，2025 ~ 2030 年我国的能源消费弹性系数将达到 0.5，接近或达到目前发达国家的水平。

3. 不同政策组合对高耗能产业的影响

我国的高耗能产业在现阶段国民经济中处于重要位置，同时对于 CO_2 减排的影响也是举足轻重的。有利于 CO_2 排放达到峰值的政策组合，可以使大部分的高耗能产业排放达到峰值，如图 2.21 所示。

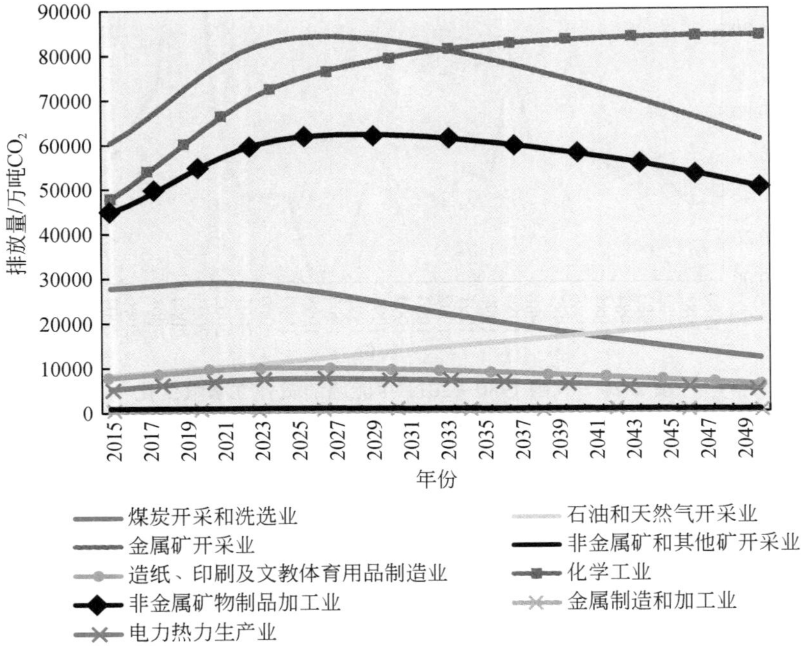

图 2.21　“高非化石情景+能源强度+碳税 100”政策组合下典型高耗能产业的排放

具体来说，由于几乎所有的政策都指向大幅减少煤炭使用，煤炭开采和洗选业无疑将受到较大影响。该行业将于 2020 年达到排放峰值，约为 2.9 亿吨 CO_2，在所有高耗能行业中是最早达到排放峰值的。同时，非金属和其他矿物开采业也将于同年达到排放峰值，约为 985 万吨 CO_2。而金属矿产开采业由于其他制造业的需求，峰值将于 2022 年出现，排放量为 565 万吨 CO_2。此后，在 2025 年，电力热力生产也将达到排放峰值，其 CO_2 排放量为 7662 万吨 CO_2，这也标志着能源结构转型在此阶段大致完成。在此后阶段，虽然电力消费仍将大幅增长，但可再生能源和其他非化石能源将逐步占据主导地位，化石能源将不再是主流的发电能源。金属制造和非金属矿物制品业将分别于 2027 年和 2028 年达到 CO_2 排放峰值，分别为 8412 万吨 CO_2 和 6223 万吨 CO_2，这同时与我国城镇化和工业化进程的完成时间段相吻合。

（三）节能减排政策对其他污染物减排的协同贡献

能源消费对环境的影响主要表现在 SO_2、NO_x、VOCs、颗粒物等常规污染物及 CO_2的排放，如果不增加源头和末端治理将会对环境和人体健康产生严重危害。研究表明，当前我国以 PM2.5 为主要特征的复合型大气污染主要来源于对燃煤、汽车尾气等化石能源的使用所排放的污染物（王跃思等，2013；骆建华等，2013）。因此，转变经济发展方式、调整能源结构与节能减排、防治灰霾、削减碳排放具有同源的协同效应。

调整能源结构并实现能源强度下降的目标，除了可以有效降低 CO_2的排放量之外，也对减少其他污染物的排放起到积极作用。虽然现在这些污染物的排放总量与 PM2.5 或 PM10 浓度的定量关系尚不明确，但在表 2.9 政策组合情景下，SO_2、NO_x、VOCs 等主要污染物的排放及 PM2.5 总量可以得到有效控制①。

表 2.9　CO_2峰值政策组合下相关污染物的排放情况

污染物排放量/万吨		NO_x		SO_2		VOCs		PM2.5		PM10		CO	
		2030年	2050年	2030年	2050年	2030年	2050年	2030年	2050年	2030年	2050年	2030年	2050年
参考情景		4123.6	6660.0	10627.1	17060.1	134.5	216.2	2063.7	3375.0	5469.3	8929.9	6685.1	10767.1
经济结构+能源强度+碳税10情景	总排放	1968.5	1640.5	4988.0	3958.1	50.7	43.6	921.1	681.0	2426.8	1770.6	3057.7	2239.6
	煤燃烧	1590.9	1148.9	4259.1	3058.7	41.2	29.6	898.5	651.7	2401.8	1738.3	3002.0	2154.9
	柴油燃烧	282.6	348.7	590.6	728.7	3.8	4.7	14.8	18.2	14.8	18.2	17.7	21.9
	燃料油燃烧	40.7	50.3	138.3	170.7	1.0	1.3	4.6	5.7	7.1	8.8	4.2	5.1
	天然气燃烧	54.4	92.7	—	—	4.6	8.0	3.1	5.3	3.1	5.3	33.8	57.7

图 2.22 显示了调整能源结构等部分政策组合对 PM2.5 的影响。可以发现，高非化石情景对控制 PM2.5 的总量起到至关重要的作用。在该能源结构调整方案及现行污染治理力度下，可以使得 PM2.5 的总量在 2027～2035 年达到排放峰值。但是

① 本研究中各类污染物的排放量主要根据化石燃料燃烧的平均排放因子进行计算。其排放因子参考文献见 Akimoto（1994），黄成等（2011）。

如果仅限制能源强度，而不改变能源结构（降低化石能源占一次能源消费总量的比重），PM2.5 总量将与 CO_2 排放总量同样保持上升趋势。

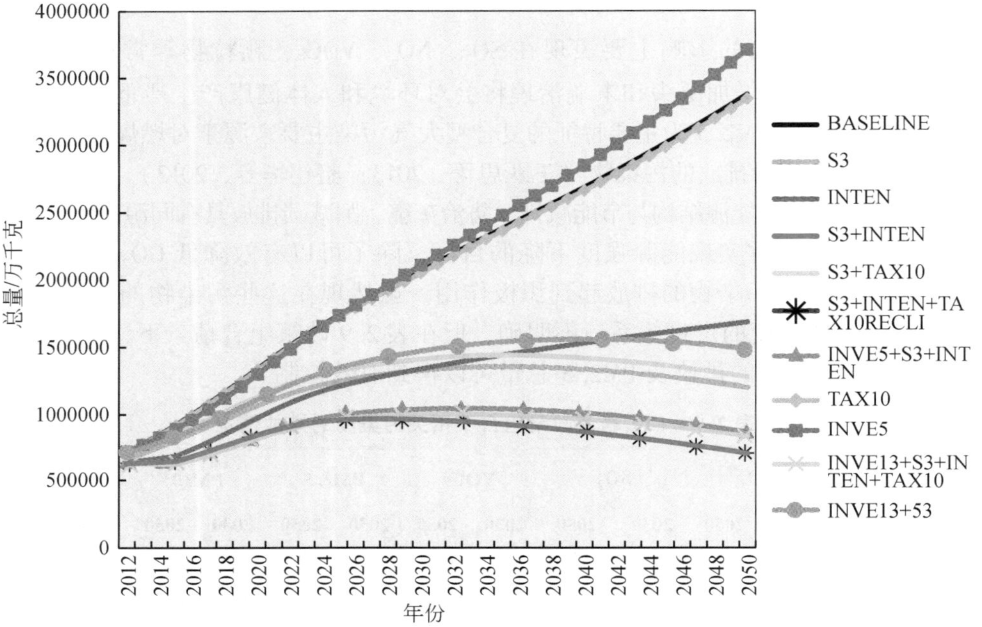

图 2.22　不同政策组合对消除 PM2.5 的影响

然而我们也发现，尽管 PM2.5 总量在这些政策组合下可以得到有效控制，但在 2050 年之前，达到峰值后其总量仍然都高于 2012 年的历史排放。因此，要实现未来的空气质量目标，仅依靠上述政策组合是不够的，必须根据当前的大气污染防治行动方案，增加污染排放末端治理的力度，制订具体的分地区、分类的污染物排放控制时间表，并切实落实到行动上，才可能取得更好的协同控制和协同效应。

四　结论和启示：峰值时段、实现路径与政策组合

本章的研究从生态文明建设与可持续发展的要求出发，在对参考情景进行初步判断的基础上，结合我国的能源资源禀赋、节能减排目标、能源安全保障及大气污染治理的协同原则，对我国未来可能的经济–能源–环境耦合发展情景进行了构建，并对不同的政策组合情景进行了分析。通过对近百种政策组合的设定和模拟，我们从中识别出能够实现煤炭消费总量、CO_2 排放及其他污染物排放总量在不同时间点达到峰值的政策组合，并据此分析了不同达峰时间的宏观经济成本，以期为我国未来生

态文明建设的形势判断、总量控制规划、实现路径及相关政策选择提供决策参考。

然而需要注意的是，本章的情景分析是建立在均衡经济系统这一假设基础上的，因此不能够作为现实世界的完全写照。例如，尚未完善的能源和资源市场机制、重点行业产能过剩问题、空气质量与污染物排放机理、污染物全过程防治力度，以及其他相关的体制机制和管理制度等，都未在本研究的模型中有深入的刻画。因此，我们的研究更加侧重于通过综合比较分析，给出未来的宏观判断，并描绘实现资源利用和污染物排放峰值的时间区间及对应的政策组合与路径方案。

（一）对我国未来发展阶段的大体判断

我国未来的经济增长将由高速转为中高速，此后增速进一步稳中趋降。GDP 增长率将从 2010～2015 年年均 7.5% 左右的水平，逐步下降到 2045～2050 年年均 3.5% 左右的水平。然而由于本身的经济体量及全球化进程的进一步加快，预计 GDP 在 2022～2032 年将超过美国，我国将成为世界第一大经济体。

在参考情景中，我国人口将在 2030 年达到峰值，约为 14.6 亿人。在“单独政策”实施的情况下，总人口在 2031 年达到峰值，约为 14.7 亿人；而如果 2014 年对所有家庭实施放开二胎政策，则会在 2046 年达到约 15.1 亿人的总人口峰值，而后缓慢下降。根据预测，我们认为实行“单独二胎”政策，仍难以缓解老龄化压力，因此为了进一步改善人口年龄结构和延长人口红利，有必要尽快全面放开二胎，进一步提高生育率。

2020 年前后，我国的工业化任务将基本完成，届时，第二产业比重将达到峰值（48.7%），之后持续下降到 2050 年的 36.4%。服务业比重将会在 2025 年前后超过工业比重，到 2050 年达到 61.2%，大致相当于美国 20 世纪 50 年代末期的水平。预计我国城镇化率将在 2020 年达到 60% 左右，到 2050 年我国的城镇化率将达到 75% 左右。

从能源消费总量来看，如果按参考情景，延续现有经济发展方式，我国的化石能源消费量到 2030 年将达到 107 亿吨标准煤，是 2010 年的 3 倍多，相当于 2005 年全球的终端能源消费总量；2030 年我国的 CO_2 排放量将超过 230 亿吨，是当前全球 CO_2 排放量的 80% 左右。如果按照低排放和中等排放情景，预计我国 2050 年的能源消费总量将分别达到 57 亿吨标准煤和 67 亿吨标准煤，人均能源消费量在 3.9～4.6 吨标准煤。如果考虑采取放开二胎政策，总人数届时约为 15 亿人，人均能源消费仍为 3.8～4.5 吨标准煤，仍低于 OECD 平均水平。但无论如何，保证能源供应安全和降低碳排放都将成为重大挑战。

因此，我国必须要转变发展方式，将发展的重心从现在的由产能建设拉动转变为由技术推动与能源结构调整相结合拉动。在目前高耗能和高排放产能锁定的情况下，近期的重点应该在通过促进绿色低碳发展，推动传统产能的升级、节能降耗技术的应用及相应服务业的发展，同时需要设计更为完善并更有操作性的制度和政策加以保障。

（二）CO_2排放总量、煤炭消费总量及 PM2.5 的排放峰值及实现途径

在不同的政策组合下，未来中国的CO_2排放也会出现很大差异。如果单纯调整经济结构（如改善投资消费比例）及碳税等市场手段，总体上由市场激励自发调整企业的用能和排放行为，而不采用强有力的减排政策，CO_2排放量虽然会有所下降，但速率将非常缓慢。2030 年的CO_2排放量将达到 219.3 亿吨，比参考情景减少 17.7 亿吨排放。

如果积极采取措施，调整能源结构，辅以碳税等市场手段，2030 年的CO_2排放量将达到 158.1 亿～210.2 亿吨，比参考情景减少 11.3%～33.3%。

如果积极采取减排措施，同时大规模应用高能效技术，有效降低能源强度，那么到 2050 年，中国的CO_2排放量将达到 111.0 亿吨，相当于参考情景中 2015 年的排放水平。在低排放政策组合实施的情景下，全国的化石能源消费量也将得到有效控制，煤炭的消费总量将在 2027 年达到峰值（约为 33.3 亿吨标准煤）。不同的政策组合及对应达到峰值的时间如表 2.10 所示。

表 2.10　耦合情景下达到峰值的时间区间及相应政策组合

指标	单位	峰值	峰值时间段*	峰值前的累计量(2013 年为峰值年份)	对应的政策组合
CO_2排放总量	亿吨 CO_2	121.5～156.1	2032～2049 年	2039.1～4722.9	高非化石情景+能源强度+碳税 100；高油情景+投资消费 5%+能源强度+碳税 10
煤炭消费总量	亿吨标准煤	33.3～46.3	2027～2048 年	384～1359	高非化石情景+能源强度+碳税 100；高煤情景+投资消费 5%+能源强度+碳税 10
能源消费总量	亿吨标准煤	47.7～61.2	2032～2049 年	806.1～1852.2	消费 5%+高煤情景+能源强度+碳税 10；高非化石情景+能源强度+碳税 100
PM2.5 总量	万吨	962.0～1549.3	2027 年**	11265～11355	高非化石情景+能源强度+碳税 100；投资消费 5%+ 高非化石情景+碳税 10
高耗能行业排放总量	万吨 CO_2	495574～504190	2032～2034 年	854.5～844.2	投资消费 5%+高煤情景+能源强度+碳税 10；高非化石情景+能源强度+碳税 100
人口	亿人	14.7～15.1	2031～2046 年		单独二胎政策；2014 年全面放开二胎

* 峰值时间段是指在不同政策组合情景下从最早到最晚达到峰值年份的时间区间

** 仅在高非化石情景下 PM2.5 的总量出现峰值，时间均为 2027 年

从表 2.10 中高耗能行业的排放总量来看，调整能源结构和降低能源强度政策同时实施，将使主要排放行业由高耗能行业转移至非高耗能行业。具体表现在，同一个政策组合，对所有行业及高耗能行业排放总量的影响不同。“高非化石情景+能源强度+碳税 100”对总排放量减少效果最为显著，然而在这一政策组合下，高耗能行业的排放峰值出现最晚（2034 年），相反，促使所有行业排放总量峰值出现最晚的“投资消费 5%+高煤情景+能源强度+碳税 10”政策，则可以使高耗能行业的排放峰值略有提前，峰值排放量也略有减少。也就是说，调整能源结构和降低能源强度，在某种程度上可以使我国的经济发展达到一定的“排放脱钩”效果。

对于高耗能行业来说，不同行业的 CO_2 排放总量达到峰值的时间也有所不同，这与工业化、城镇化进程对高耗能产品的需求密切相关。在效果最显著的“高非化石情景+能源强度+碳税 100”政策组合下，各高耗能产业的达峰时间预计在 2020～2028 年（表 2.11）。但是对于石化行业（石油加工、炼焦及核燃料）和化工行业（化学原料及化学制造品制造业）来说，这两个行业为其他大部分工业部门提供重要的中间投入和原材料，因此这两个高耗能产业的排放峰值将出现在 2042 年，届时的排放量分别为 25.5 亿吨 CO_2 和 8.4 亿吨 CO_2。高耗能行业的整体排放峰值将出现在 2034 年，排放总量为 50.4 亿吨 CO_2。

对于 PM2.5 来说，其峰值出现的时间也与政策组合的选择密切相关。根据政策组合的不同，其峰值大致出现在 2027～2035 年，典型的政策组合如图 2.23 所示。

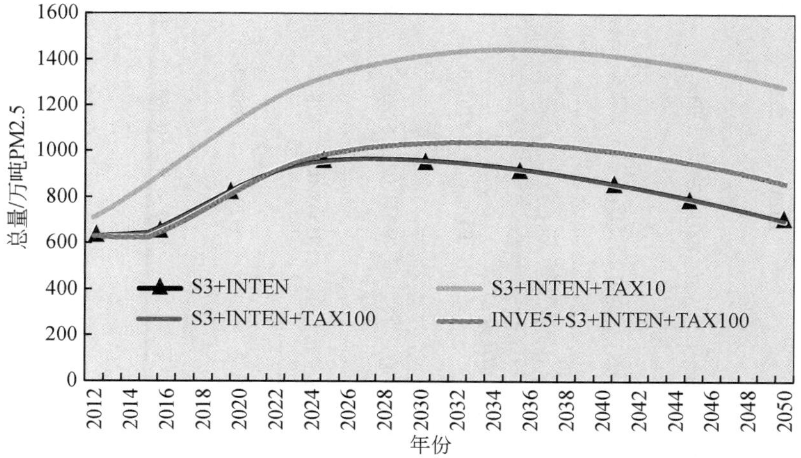

图 2.23　不同政策组合情景下的 PM2.5 峰值及时间

表 2.11　“高非化石情景+能源强度+碳税 100”政策组合下高耗能产业的达峰时间及 CO_2 排放量

（单位：万吨 CO_2）

年份	2020	2021	2022	2023	2024	2025	2026	2027	2028
煤炭开采和洗选业	29049.2*	29039.7	28888.7	28587.4	28193.9	27689.8	27090.6	26428.6	25721.6
金属矿开采业	557.6	562.6	565.2*	565.1	563.3	559.4	553.6	546.5	538.3
非金属矿和其他矿开采业	985.2*	984.5	980.6	973.5	964.9	954.1	941.3	927.0	911.6
造纸、印刷及文教体育用品制造业	9470.6	9707.0	9890.2	10012.1	10072.0	10081.3*	10053.2	10004.8	9925.8
非金属矿物制品加工业	55244.0	57208.7	58839.3	60075.0	60988.8	61594.3	61957.2	62177.9	62232.7*
金属制造和加工业	75565.0	78284.4	80492.8	82108.7	83208.6	83831.5	84075.2	84112.9*	83879.6
电力热力生产业	6929.2	7189.2	7394.7	7537.9	7626.5	7662.6*	7658.4	7631.5	7580.8
石化工业	180514.9	189647.3	197882.9	204967.2	210933.3	215875.1	220052.7	223857.6	227090.7*
化学工业	63360.89	66313.35	68948.32	71189.39	73024.62	74513.52	75738.54	76834.58	77730.15*
合计	421676.6	438936.8	453882.7	466016.3	475575.9	482761.6	488120.7	492521.4	495611.3*

*代表峰值

（三）政策组合的评估

1. 调整能源结构是实现未来可持续发展的根本途径之一

我国的能源消费结构虽然经历了很大变化，但当前石油和煤炭还是我国最主要的能源。2011 年，在中国一次能源消费总量中，石油占 19.8%，煤炭占 70.4%，其他能源占 9.8%（国家统计局能源统计司，2012）；而 2011 年全球的能源消费结构则是原油占 33.1%、原煤占 30.3%、天然气占 23.7%、非化石能源占 12.9%（BP，2013）。

通过模拟我们发现，不同的化石能源结构，对 CO_2 排放总量和排放强度、常规污染物排放总量和强度等指标都具有根本性的影响。

在参考情景下，煤炭在一次能源中的比重始终在 50% 以上，相应的 CO_2 排放量在 2050 年之前也处于上升阶段。当这一比重逐渐下降时，CO_2 的排放总量也随之得到控制。历史上看，我国 1995 ~ 2010 年，CO_2 排放量增长了约 45 亿吨，在这期间能源结构得到了一定调整，煤炭的比重从 77% 下降到 71.9%（电热当量计算法），有效减少了 20.2% 的 CO_2 排放。从未来不同情景的模拟看，煤炭占一次化石能源比例从 2030 年的 53% 降低到 48%，CO_2 的排放量将比参考情景降低 11.3% ~ 22.8%。因此，坚持调整能源结构、采用更为有效的低碳能源发展激励政策，应该是未来重要的政策选择。

但是 CO_2 的排放不仅由煤炭利用贡献，其他化石能源的消费和利用也对 CO_2 排放产生了较大影响。在高油情景中，尽管煤炭占一次能源消费比重在 2050 年已经下降到 44%，但仍未在 2050 年前出现 CO_2 排放峰值。因此，在未来大力开发利用非化石能源、提高其在一次能源中的比例，是解决 CO_2 和其他污染物排放的根本途径。

然而非化石能源的发展目前仍处于尚未完全成熟的阶段，需要国家的相应政策扶持。尽管现在对太阳能、风能、小水电等已经有了一定的激励政策，但要达到高煤情景和高非化石情景所设定的目标（2050 年分别占一次能源消费总量的 30% 和 40%），仍需进一步努力。

2. 调整能源强度是实现可持续发展新的经济增长动力

与其他政策相比，推广先进的减缓技术及其他可有效降低能源强度的手段，从长期来看会对经济起到较大的激励作用。仅实施能源强度下降政策，将在 2030 年比参考情景碳排放量下降 33.3%，在 2050 年下降 47.8%。此外，如前文所述，降低能源强度将可能对总体就业等都起到拉动作用。

因此我们认为，实施科学合理的能源结构和能源强度调整政策，使我国未来的能源结构和强度都能达到既定的目标，可以使我国的能源消费弹性系数在现有水平基础上保持平稳下降，甚至有可能在未来 10 ~ 15 年维持在 0. 5 的水平，接近或达到目前发达国家的水平，在 2030 年以后再逐步降至 0. 3。

3. 经济结构需要科学调整才能对减排做出贡献

我国近年来一直致力于经济结构调整和产业结构升级，但通过分析我们发现，在现有的经济结构基础上，虽然提高消费占 GDP 的比重可以有效地刺激经济增长，减少一部分高耗能行业的污染物排放量，可是长期以来的粗放式增长，使得我国的加工业、服务业、对外贸易等并不那么“低碳”。仅提高消费率，在减少高耗能行业产出的同时，这些加工贸易行业和第三产业的排放仍会通过消费的增长和对进口原材料的加工和消耗而产生更多的 CO_2 排放和其他污染物的排放，从而未对减排起到应有的作用。

通过分析我们发现，电力与热力的生产和供应业、非金属矿物制品业、钢压延加工业、化学工业和建筑业等五类部门是我国能源消费和 CO_2 排放中的关键部门，无论是宏观层面的节能减排政策还是行业节能减排措施，这五类部门都是需要进行结构调整的重点目标。对于这类部门不仅需要考虑部门内部的节能减排，也需要考虑节能减排政策的制定可能引起该部门产品供应变化及对整个经济系统发展的影响。

因此通过调整经济结构的手段进行减排，需要与产业结构、产能结构及经济中的供需结构等一起进行综合考虑，而不是仅仅通过刺激消费或降低投资就可以达到减少排放的目的的。

（四）为保障经济稳定发展，需要以合理的代价控制 CO_2 和减排其他污染物

从前文分析可见，在各种政策组合之下，CO_2 排放总量和其他污染物的排放总量都将在 2027 年以后出现峰值。从宏观经济的长期影响来看，目前设计的主要政策组合对 GDP 的增长、就业总量和其他宏观经济指标都有一定的拉动作用，但也应该认识到，我们并没有考虑这项政策组合或政策调整所需要的实际成本，包括直接和间接成本。例如，对能源强度和能源结构的调整势必对绿色低碳技术和可再生能源技术的研发和大规模推广应用提出要求，然而本研究并未对上述政策所引起的研发和技术应用的资金投入、高排放技术的替代及其他相关成本进行深入研究，也未充

分讨论这些成本的资金来源和使用。因此，尽管 CO_2 和其他污染物的减排路径是通过各类政策及其组合的实施来进行控制的，但我们认为对于政策的选择和采用的时机还应该进一步论证，特别是在短期内同时实施多项政策时更应如此。

从较长时间尺度或代际公平的角度来看，尽管“以适当的政策和手段减少碳排放和污染排放”无疑是效益高于成本，然而也应关注其短期的经济成本和代价。将三种达到峰值的典型政策组合进行对比可以发现，在 2025 年之前，尽管可以实现较大的减排量，但是从经济角度，无论 GDP 还是就业增加，都将受到一定程度的影响。

从 GDP 的角度，对于减排力度最小的“投资消费 5% +高非化石情景+能源强度+碳税 10”的政策组合，在 2030 年前其 GDP 产出都将较参考情景有所降低，且幅度不小，平均每年较参考情景损失 3.71%[①]；在 2030 年之后才会显现出正向的影响，2030 ~2050 年，GDP 平均每年较参考情景增加 3.24%。减排力度最大的“高非化石情景+能源强度+碳税 100”的政策组合，其 GDP 在 2022 年前都比参考情景有所损失，年平均损失 3.23%；至 2030 年，年均 GDP 较参考情景降低 1.31%。但长期来看，该政策组合对经济仍然有一定的激励作用，2030 ~2050 年，平均每年 GDP 较参考情景增加 4.59%。当这一政策组合中所征收的碳税用适当的方式予以中和（本模拟中假设减免企业的其他税收以达到税收中性），则对 GDP 的影响更为显著，表现为近中期内 GDP 的损失更大（2013 ~2024 年 GDP 年平均损失 4.69%），但长期的收益也更大（2025 ~2050 年平均每年 GDP 较参考情景增加 6.42%），如图 2.24 所示。

从就业的角度来看，三种政策组合短期内对就业的影响都比较大，但自 2022 年后都将显现对就业的正向拉动作用。“消费率 5% +高非化石情景+能源强度+碳税 10”的政策组合，在 2013 ~2021 年，平均每年较参考情景的总就业水平降低 4.82%；2022 ~2050 年，则可以较参考情景的总就业水平年均增加 7.96%。“高非化石情景+能源强度+碳税 100”的政策组合，其总就业在 2022 年前都比参考情景有所损失，年平均损失 5.28%；2023 ~2050 年，平均每年总就业较参考情景增加 3.61%。当这一政策组合中所征收的碳税用适当的方式予以中和时，对就业的负面

---

① 本章分析中提到的“GDP 损失”一词，指的是在某种政策（或政策组合）实施的情况下，GDP 与参考情景相比的差值。例如，“GDP 损失 3.71%”是指在这种政策组合实施的情况下，GDP 比参考情景减少了 3.71%。但是该损失并不能直接理解为“对实施某政策组合的投资”或者“某政策的资金需求占 GDP 的比重”，而仅反映该政策（或政策组合）的宏观边际成本。在政策实施上，本章的分析并没有考虑该政策或政策组合的直接和间接成本，同时假设我国的环境保护投入在未来与过去 10 年间的平均水平持平，占 GDP 的 1.5% ~2%，也没有额外的 CO_2 减排投入或大气污染治理投入。

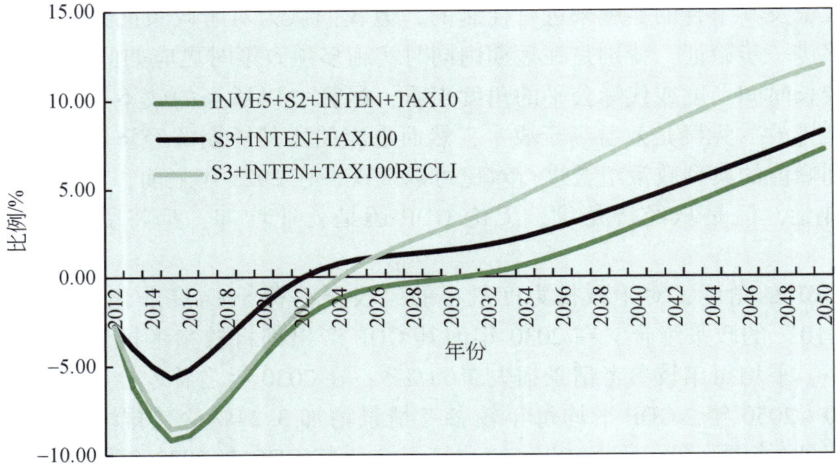

图 2. 24　三种峰值政策组合对 GDP 的影响

影响最小，在 2020 年前平均每年降低 3. 16%，此后表现为正向影响，2021 ~ 2050 年，平均每年就业较参考情景增加 4. 38%，如图 2. 25 所示。

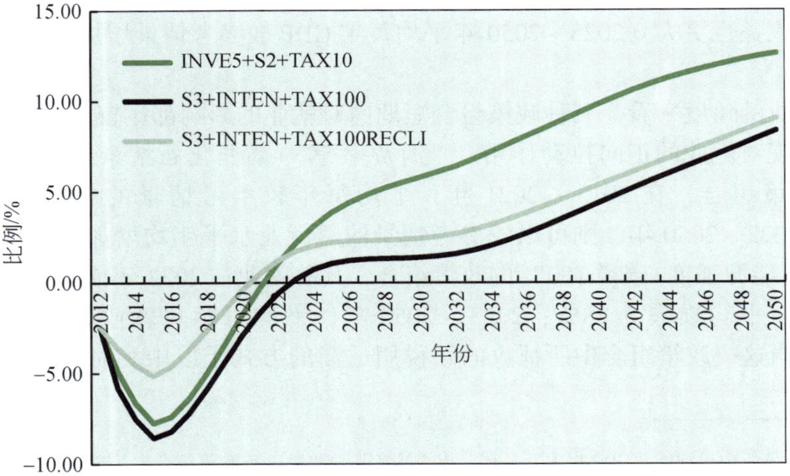

图 2. 25　三种峰值政策组合对总就业的影响

进而，我们对不同达峰时间的政策组合带来的经济影响进行了敏感性分析，发现当利用降低能源强度手段（其他政策不变）来控制达峰时间时，以对 GDP 影响最小的“高非化石情景+能源强度+碳税100”的达峰时间2032年为基准，达峰年份每提前一年，GDP就会比参考情景的水平年均减少2.13%；如果达峰时间提前到2025年，则2014～2029年GDP比参考情景减少的比重会增加到5.36%。与此同时，全国总就业受到的负面影响更为显著，在2030年前总就业较参考情景平均每年损失为7.49%，比2032年达峰高2.21%。

当采用调整能源结构政策来控制达峰时间时①，仍以“高非化石情景+能源强度+碳税100”的达峰时间2032年为基准，峰值每提前一年，平均每年GDP比参考情景多损失2.31%。当峰值时间提前到2025年时，GDP平均每年较参考情景降低6.24%；总就业在2032年前平均每年损失10.21%。

CO_2排放总量何时达到峰值，可以利用不同的政策组合实现，但是达到峰值的时间与政策实施所付出的代价也是必须考虑的。虽然《斯特恩报告》指出，全球用1%的GDP减排，就可以实现2℃温升目标，但是对于我国来说，独特的能源禀赋和产业经济结构，使得我国CO_2排放总量要想尽早达到峰值，必须付出较大的代价。

通过分析我们认为，从经济代价的角度考虑，CO_2排放峰值比较适宜控制在2032年以后达到；考虑到国际减排压力及空气质量控制的目标，可以采取相关的政策措施（如调整能源结构和有效降低能源强度）将CO_2排放峰值控制在2030年左右，但必须为此付出相应的代价。

（五）相关政策建议

除碳税以外，以上各项政策事实上仍属于宏观调控目标的范畴，如调整能源结构和能源强度等，但同时，很难仅仅通过单一的政策或措施来实现减排目标。因此，这也为今后的生态文明建设的基本制度和政策框架提出了更高的要求。需要通过不断强化适宜的行政手段及各种市场手段共同完成。前者包括生态目标责任制、环境影响评价等方面，后者包括财税政策、绿色信贷、价格信号及相关的贸易机制等。

在选择政策组合的时候，根据不同指标可以选择不同的政策组合。相关的指标包括：CO_2达峰时间、PM2.5达峰时间、GDP影响、就业影响等。具体列表见表2.12。

---

① 假设利用相同百分比的非化石能源代替煤炭，石油和天然气占总能源消费的比重不变。

表 2.12 不同目标要求下的政策组合及相应排放和经济影响

指标	CO_2达峰时间	CO_2峰值排放量/亿吨	PM2.5 达峰时间	PM2.5 峰值总量/万吨	政策组合	GDP 损失时间段	GDP 年均损失量/%	就业损失时间段	就业年均损失量/%
CO_2尽早达峰	2032 年	121.5	2033	1049	高非化石情景+能源强度+碳税 100	2013～2022 年	−3.18	2013～2022 年	−5.02
PM2.5 尽早达峰	2034 年	134.8	2027	962	高非化石情景+能源强度+碳税 10	2013～2020 年	−2.76	2013～2019 年	−3.21
GDP 平均损失最小	2032 年	121.5	2033	1049	高非化石情景+能源强度+碳税 100	2013～2022 年	−3.18	2013～2022 年	−5.02
就业平均损失最小	2049 年	156.1	2035	1449	高非化石情景+能源强度+碳税 100 加返还企业	2013～2024 年	−4.69	2013～2020 年	−3.16
人均累计CO_2排放量最小	2032 年	121.5	2033	1049	高非化石情景+能源强度+碳税 100+全面放开二胎政策	2013～2022 年	−3.54	2013～2023 年	−5.41

注：表中的政策组合中，都未考虑能源进口依存度的限制。如果考虑该限制，平均各项峰值将推迟 1～2 年，但排放总量基本不变

在本章的最后，我们给出一个粗略的情景路线图，希望能在生态文明建设的框架下，以最成本有效的方式，选择适当的政策和措施，实现“经济–能源–环境”协同效益及可持续发展的目标。

1）能源结构调整的路径选择。由于在短期内经济仍需以一定的速度增长，在城镇化和工业化任务尚未完成的情况下，不宜采用边际减排成本过高或过于激进的政策组合。尽管在情景设计和分析中，我们并未考虑政策间的互相转换（如在不同的时间点能源结构由高油情景调整为高非化石情景）。

通过对单一政策的边际减排成本及经济影响进行分析，我们认为最近 5～10 年可以首先设定基于高煤情景的能源结构目标，同时考虑辅以阶段性或地区性煤炭总量控制目标；在 2030 年后当经济总量和人均可支配收入达到一定水平后，可以调整为基于高非化石情景的能源结构目标，以强化非化石能源的利用，同时减少化石能

源的消费总量，进一步减少 CO_2 和其他空气污染物的排放。而高油情景由于其减排的边际成本较高，而且会额外增加能源安全的压力，所以不宜单独使用。

2）降低能源强度的重点选择。提高能效一方面可以通过能源结构调整和经济结构调整实现，另一方面也要求更加有效地大规模使用绿色低碳技术。我们认为，结合目前的社会经济发展需求和减排成本的不确定性，我国制定的节能减排政策和相关技术选择短期内应着重于生产侧政策，中远期则应更重视需求侧政策。2020～2030 年，作为我国基本完成工业化和城镇化主要任务的过渡阶段，高耗能行业的污染物排放将趋于稳定并逐渐下降，政策选择应兼顾生产侧和需求侧。

3）关于本章重点分析的政策措施。首要政策为调整能源结构，其次是降低能源强度，碳税及其他相应手段可以作为补充。根据前面的分析我们发现，仅降低能源强度而不对能源结构进行调整，虽然可以使 CO_2 的排放总量有所下降，但是并未降低化石能源的比重，因此 PM2.5 的总量将与 CO_2 排放总量保持一致的上升趋势。而能源结构和能源强度同时进行调整，则可以使仅调整能源结构情况下的 PM2.5 峰值提前达到。

需要注意的是，要有效控制 PM2.5 污染，需要采取更为有针对性的手段。根据前面的分析，“能源结构+能源强度+碳税”的政策组合，虽然是针对 CO_2 排放制定的，但是对 PM2.5 污染也可起到有效的协同控制作用。然而在这些政策组合和相关假设下，PM2.5 的峰值最早可以在 2027 年出现，对于缓解我国目前面临的严峻灰霾形势，实现 2030 年达到空气质量二级标准显然还有很大差距。因此对于 PM2.5 这种复合污染物，仅靠这种协同减排作用是不够的，还需要更具有针对性的措施和手段。

保障国家经济、能源、环境综合安全对生态文明建设和可持续发展政策制定提出了更高的要求。在分析中我们发现，当我们考虑保障国家能源安全的原则时，从 2023 年起，参考情景中的石油进口量将超过 61%，因此需要有效控制各类能源的进口依存度。因此，一方面，这一时间内我国很可能还尚未完成各类经济发展目标，能源消费总量还处于上升阶段；另一方面，需要保证大部分的能源消费来自于国内。为了解决这一矛盾，需要进一步强化节能减排的相关政策措施，确保能源消费总量控制在可接受的范围内。但是如果从 2023 年开始控制能源的进口依存度，在各类政策组合中可能会将 CO_2 排放总量、PM2.5 总量及煤炭消费总量的达峰时间推迟 1～2 年（相比不考虑进口依存度控制的情况）。

最后需要强调的是，在本章的情景设计中，并未考虑当下热议的更为先进的节能减排技术的大范围应用，如碳捕集和封存技术（CCS）、先进核能、氢燃料电池、煤炭多联产技术等。由于这些技术目前的技术不确定性和经济不可行性，虽然在欧盟及其他国家都已经有明确的商业开发计划和路线图，但是就我国目前状况来说，这些技术还处于自主研发和示范阶段，可以作为技术储备，但不作为 CO_2 或其他污染物减排的主要手段。同时，这些技术的应用成本也不在本章研究和考虑范围内，而是仅考虑了当前可以大规模实施的技术，以实现能源强度下降和能源结构调整。因此本章的情景构建仅限于宏观发展方向的假设和模拟，在今后的研究中还有很多需要深入和细化之处。

参考文献

工业和信息化部运行监测协调局．2013. 2013 年上半年工业经济运行报告．http://www.miit.gov.cn/n11293472/n11293832/n11294132/n12858387/15554874.html［2013-12-31］.

龚杨帆．2013. 中国涉煤基金向碳税的转型浅论．绿色科技，(6)：239-243.

国家统计局．2011～2013. 2011～2013 中国统计年鉴．北京：中国统计出版社．

国家统计局能源统计司．2012. 中国能源统计年鉴 2012. 北京：中国统计出版社．

黄成，陈长虹，李莉，等．2011. 长江三角洲地区人为源大气污染物排放特征研究．环境科学学报，3（9）：1858-1867.

刘世锦．2013. 中国经济增长十年展望（2013～2022）．北京：中信出版社．

栾昊，杨军，黄季焜，等．征收碳税对中国经济影响评估的差异因素分析——基于 Meta 分析．资源科学，35（5）：958-965.

骆建华，王毅．2013. PM2.5 污染的治理路径与绿色低碳发展．见：薛进军，赵忠秀．中国低碳经济发展报告（2013）．北京：社会科学文献出版社．

罗伟，葛顺奇．2012. 资本-劳动替代弹性与地区经济增长——德拉格兰德维尔假说的检验．经济学（季刊），12（1）：93-118.

牟敦果，林伯强．2012. 中国经济增长、电力消费和煤炭价格相互影响的时变参数研究．金融研究，(6)：42-54.

清华大学，中国社会科学院工业经济研究所，中国 21 世纪议程管理中心，等．2012. 主要国家和我国温室气体排放路径分析、峰值研究及减排成本效益分析课题技术报告．内部资料．

世界银行．2002. 2002 年世界发展报告．北京：中国财政经济出版社．

王跃思，唐贵谦，潘月鹏．2013. 北京及周边区域颗粒物和细粒子排放源特征及其来源解析．见：薛进军，赵忠秀．中国低碳经济发展报告（2013）．北京：社会科学文献出版社．

汪克亮，杨力，杨宝臣，等．2013. 能源经济效率、能源环境绩效与区域经济增长．管理科学，26（3）：86-99.

佚名．2012-04-05. 2020 年中国石油对外依存度将达 70%．http://www.qianzhan.com/indynews/detail/214/20120405-f716dff12e4d1479.html［2013-12-31］.

中国科学院可持续发展战略研究组．2013. 2013 中国可持续发展战略报告——未来 10 年的生态文明之路．北京：科学出版社．

2050 中国能源和碳排放研究课题组．2009. 2050 中国能源和碳排放报告．北京：科学出版社．

Akimoto H. 1994. Distribution of SO_2, NO_x and CO_2 emissions from fuel combustion and industrial activities in Asia with 1 * 1 resolution. Atmospheric Environment, 2 (2): 213-225.

BP. 2013. Statistical Review of World Energy 2013. http://www. bp. com/content/dam/bp/pdf/statistical-review/statistical_ review_ of_ world_ energy_ 2013. pdf [2013-12-01].

Hartwick J M. 1977. Intergenerational equity and the investing of rents from exhaustible resources. American Economic Review, 67 (5): 972-974.

Hotelling H. 1931. The economics of exhaustible resources. Journal of Political Economy, 39 (2): 137-175.

Johansen S. 1995. Likelihood - Based Inference in Cointegrated Vector Autoregressive Models. Oxford: Oxford University Press.

Kraft J, Kraft A. 1978. On the relationship between energy and GNP. Journal of Energy and Development, (3): 401-403.

Munasinghe M, McNeely A, Schwab A, et al. 1994. Protected area economics and policy: Linking conservation and sustainable development. Washington D C: World Bank.

Wang K, Zou L L, et al. 2011. Carbon emission patterns in different income countries. International Journal of Energy and Environment, 2 (3): 447-462.

World Bank. 2013. Country and region specific forecasts and data. http://www. worldbank. org/en/publication/global-economic-prospects/data [2013-12-30].

第三章

生态文明建设的战略目标体系*

从党的十七大到十八大，再到十八届三中全会，生态文明建设被提升到前所未有的高度。十七大报告把“建设生态文明”作为中国实现全面建设小康社会奋斗目标的新要求之一，提出要加强能源资源节约和生态环境保护，增强可持续发展能力，并且确立了具体目标：到2020年，基本形成节约能源资源和保护生态环境的产业结构、增长方式、消费模式；循环经济形成较大规模，可再生能源比重显著上升；主要污染物排放得到有效控制，生态环境质量明显改善；生态文明观念在全社会牢固树立。这标志着生态文明建设已成为国家重要发展战略。

十八大报告则将生态文明建设上升到五位一体战略布局的高度，明确了生态文明建设的战略定位，即把生态文明建设与经济建设、政治建设、文化建设、社会建设相提并论，并且放在突出位置，融入其他建设的各方面和全过程，同时树立了生态文明建设的愿景，即“努力建设美丽中国，实现中华民族永续发展”，强调加强生态文明制度建设，包括要把资源消耗、环境损害、生态效益纳入经济社会发展评价体系，建立体现生态文明要求的目标体系、考核办法、奖惩机制等。十八大报告同时提出，为全面建成小康社会而树立新的目标要求，即到2020年，资源节约型、

---

* 本章由陈劭锋、李颖明、刘扬执笔，作者单位为中国科学院科技政策与管理科学研究所。

环境友好型社会建设取得重大进展，主体功能区布局基本形成，资源循环利用体系初步建立；单位国内生产总值能源消耗和二氧化碳排放大幅下降，主要污染物排放总量显著减少；森林覆盖率提高，生态系统稳定性增强，人居环境明显改善。

十八届三中全会《中共中央关于全面深化改革若干重大问题的决定》（简称《决定》）要求全面推进生态文明建设，并且将其作为全面建成小康社会进而建成富强、民主、文明、和谐的社会主义现代化国家，实现中华民族伟大复兴的中国梦的重要组成部分，提出紧紧围绕建设美丽中国，深化生态文明体制改革，加快建立生态文明制度，健全国土空间开发、资源节约利用、生态环境保护的体制机制，推动形成人与自然和谐发展的现代化建设新格局。《决定》同时提出，必须建立系统完整的生态文明制度体系，实行最严格的源头保护制度、损害赔偿制度、责任追究制度，完善环境治理和生态修复制度，用制度保护生态环境，从而为生态文明建设的落实提供制度保障和基石。

面对资源约束趋紧、环境污染严重、生态系统退化的严峻形势，立足于中国人口众多、资源相对不足、环境容量有限的基本国情，习近平总书记 2013 年 5 月 24 日在中共中央政治局第六次集体学习上指出，“要清醒认识保护生态环境、治理环境污染的紧迫性和艰巨性”，“牢固树立保护生态环境就是保护生产力、改善生态环境就是发展生产力的理念”，大力推进生态文明建设。这不仅关系到人民群众的切身利益和中华民族的生存发展，关系到中华民族伟大复兴的中国梦和长远可持续发展能否顺利实现，而且也在中国扩大开放、加强国际合作、深度融入全球化的过程中深刻地影响和塑造着全球的可持续发展进程。正如 2012 年 12 月 12 日李克强总理所讲的，“中国把生态文明建设提高到国家战略的高度，这是对全球环境与发展事业的一大贡献。”

中国建设生态文明，不仅有利于造福中国人民，也有利于全球环境保护和人类福祉。利在当代，功在千秋。在新的历史时期和新的历史起点上，中国生态文明建设目标不仅要符合中国的具体实践，也要放在全球可持续发展的高度进行审视，不仅要把长远目标和近中期目标、环境目标和社会经济目标充分结合起来，而且要把国内目标和国际目标统筹兼顾起来。

一 生态文明建设目标的国际背景和意义

（一）从千年发展目标到可持续发展目标

1. 世界千年发展目标进展及展望

2000 年联合国千年首脑会议制定了“千年发展目标”（MDGs），以引导和衡量全球发展进程，并成为国际发展合作的重要框架。千年发展目标涉及经济、社会、环境等领域，包括八个方面：消灭极端贫穷和饥饿，普及初等教育，促进两性平等和赋予妇女权利，降低儿童死亡率，改善孕产妇保健，与艾滋病病毒/艾滋病、疟疾和其他疾病作斗争，确保环境的可持续性，建立全球发展伙伴关系。其中，多数具体目标指标以 1990 年为基准年，2015 年为完成时限，是目前世界上最全面、最权威、最明确的发展目标体系（中华人民共和国外交部等，2013）。

千年发展目标实施以来，在大多数领域都取得了重要进展。一些重要的目标已经实现或将于 2015 年实现。潘基文在联合国《2013 年千年发展目标报告》序言中写道，“千年发展目标已成为历史上最成功的全球反贫困推动力。在实现多项具体目标方面已取得了重大的实质性进展”。但是该报告也同时指出许多领域仍需要更加快的进展和更有力的行动，包括环境可持续性受到严重威胁，资源严重减少，森林、物种和鱼类资源不断流失，全世界已在经受气候变化的影响，需要更深层次的全球合作；不平等现象阻碍进一步的改进，需要引起关注，城乡差距依然存在；到 2015 年成功实现千年发展目标仍是全球首要任务（联合国，2013）。

2012 年 6 月 22 日，在巴西里约热内卢召开的联合国可持续发展大会（简称“里约+20”）明确提出要制定一套全球可持续发展目标（SDGs），并将其纳入“2015 年后联合国发展议程”，接替即将到期的千年发展目标。这将对引导和推动全球可持续发展进程产生广泛而深远的影响，具有十分重要的意义。

未来 15 年，全球可持续发展迫切需要构建一个新的框架，调动各方力量应对各种新的挑战。根据联合国秘书长潘基文（2013）提交的报告《人人过上有尊严的生活：加快实现千年发展目标并推进 2015 年后联合国发展议程》，新愿景涉及几个关键要素：普遍性（动员起所有发达国家和发展中国家）；可持续发展（应对世界面临的各种相互关联的挑战，包括消除一切形式的极端贫穷）；确保体面工作的包容性经济转型（以可持续技术为支撑，转向可持续消费与生产模式）；和平与治理（作为发展的关键成果和推进手段）；新的全球伙伴关系（承认共同利益、不同需求和相互责任，确保有实施上述新愿景的承诺和资源）；切合目的（确保国际社会具备适当的机构和工具，以应对在国家一级执行可持续发展议程的各种挑战）等。

目前，其他一些国际组织和机构也在积极地探讨 2015 年后联合国发展议程的优先领域和目标。如联合国可持续发展行动网络（SDSN）领导委员会以“里约+20”可持续发展愿景的四个维度为基础，提出十个可持续发展的关键挑战领域，包括：消除包括饥饿在内的极端贫困；实现不损害环境的发展和增长；为所有儿童和青年人提供有效学习机会，保障其生活与生计；实现所有人的性别平等、社会包容和人权；确保所有年龄人的健康和福利；以环境可持续的方式提高农业生产效率，确保粮食安全和农村繁荣；提高城市的生产效率和环境的可持续发展；使用可持续能源，减少人为因素导致的气候变化；保护生态系统，完善自然资源的管理体系；优化治理系统，保持商业行为与可持续发展目标的一致（可持续发展行动网络领导委员会，2013）。

高级别名人小组（2013）在2015年后联合国发展议程报告中，提出了2015年后联合国可持续发展12大类目标，包括：消除贫困；赋予女童和妇女权力并实现两性平等；提供接受素质教育和终身进修的机会；保证健康的生活；确保食品安全和优质营养；实现饮用水和卫生设施的普及；保护可持续能源；创造就业机会、可持续生机和公平增长；可持续管理自然资源资产；确保良好的管理和有效的制度；确保社会安定和平；创造有利的全球环境并促进长期资金融通等。

2012年，联合国环境规划署在最新的全球环境展望5（GEO5）中，基于1992年的里约宣言和千年发展目标，也提出了2050年世界可持续发展目标和愿景(UNEP，2012)。

总体来看，千年发展目标也存在不足，它主要侧重于发展，对于资源节约、环境保护等领域的约束力相对较弱，包括对发达国家影响力有限。而且多年来国际可持续发展领域诸多行动进展缓慢也与缺乏清晰、平衡、可行的可持续发展目标体系有关，因此从这个角度来看，制定全球可持续发展目标对深入推进全球可持续发展十分必要（孙新章等，2012）。

2. 中国实施千年发展目标进展状况

自改革开放以来，中国经济增长的幅度和速度创造了人类历史上空前的经济发展奇迹（胡鞍钢，2013），在30余年里保持了年均9.8%的GDP增长速度，使中国由1978年的世界第十位一跃成为第二位，跨入中等收入国家行列，也成为世界经济增长的巨大引擎。与此同时，中国也创造了人类发展的奇迹。根据联合国开发计划署《2013年人类发展报告》（UNDP，2013），中国人类发展指数（HDI）从1980年的0.407上升到2012年的0.699（图3.1），并且从2011年开始超过世界平均水平，实现了从低人类发展水平到中人类发展水平的跨越。尽管中国HDI的最新排名为101位，与高人类发展水平的国家存在不小的差距，但是从1980年至今，HDI的增长速度位于全球前列。

截至2012年，中国实施千年发展目标取得了巨大的成就。在具有明确规定的15个子目标中，中国已经提前实现了7个子目标，其他目标除了生物多样性外，基本上可以或可能实现，为全人类发展做出了重要贡献（中华人民共和国外交部等，2013）。尽管中国在经济和社会发展方面创造了世界奇迹，但是中国仍是一个发展中国家，发展不平衡、不协调、不可持续问题依然突出。

我国目前的收入差距较大，基尼系数超过0.40的国际警戒水平。根据国家统计

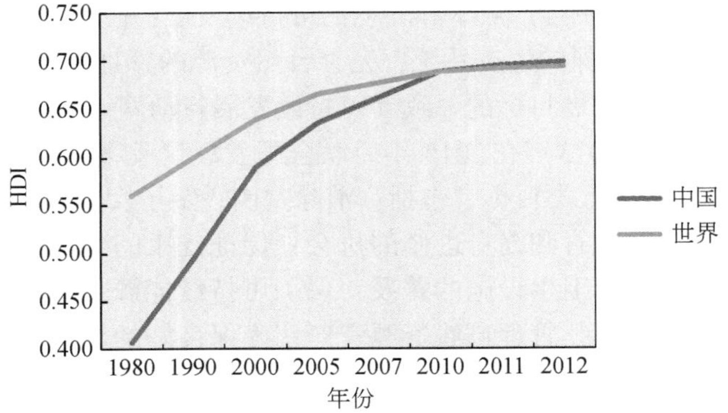

图 3.1　中国与世界人类发展指数趋势比较（1980～2012 年）

资料来源：UNDP，2013

局公布的居民收入基尼系数，自 2003 年以来，我国居民收入基尼系数从 2003 年的 0.479 一路走高至 2008 年的 0.491，后逐步回落至 2013 年的 0.473（图 3.2）。可以预期，随着十八届三中全会提出的国家治理体系和治理能力现代化逐步推进，社会公平正义和人民福祉将进一步得到提升，发展成果也将更多、更公平地惠及全体人民，居民收入差距也必将不断缩小，社会更加文明、和谐、有序。

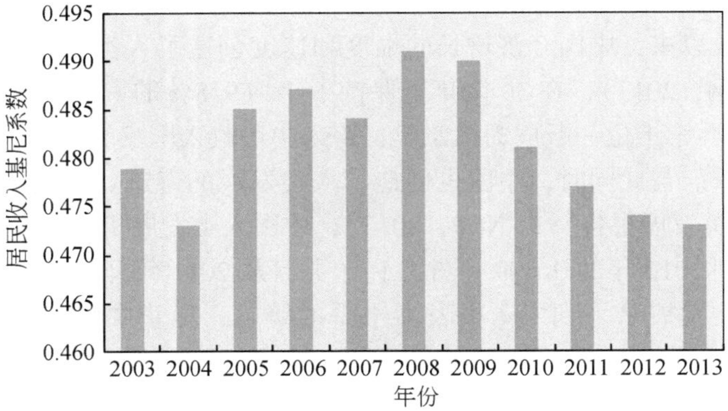

图 3.2　我国居民收入基尼系数变化趋势（2003～2013 年）

资料来源：根据杨文彦（2013）整理

（二）中国生态文明建设相关目标的国际地位和作用

可持续发展涉及经济、社会、环境三个维度，涵盖的范围较广，但是无论未来全球可持续发展目标如何设定，资源、能源的可持续利用及环境的可持续性始终是不能避开的议题，因为它们关系到整个人类的长远生存和发展。今后中国的生态文明建设不仅将惠及全球最大规模的人口，而且必将对全球可持续发展进程产生巨大的影响。

虽然总体目标具有一致性，但中国发展目标的制定及其路径选择还具有其特殊性，西方发达国家的工业化、城市化发展过程和规律在中国身上并不完全适用。作为当今世界第二大经济体，中国正以全球最多的人口，经历着最大规模的工业化和城镇化进程，成为世界资源消耗和污染排放大国，对全球的资源和环境产生着不容忽视的影响。

依据联合国机构及世界银行等国际组织的数据库和公开出版物，以及权威学者的研究成果，我们对近年来中国和世界的主要资源消耗和污染物排放量进行了比较全面的统计，以体现中国在国际上的地位，具体如表 3.1 所示。

表 3.1　中国主要资源消耗和污染物排放在世界上的地位

GDP 及主要资源消耗或污染物排放类别		中　国	世　界	中国占世界比重/%	在世界排位
GDP 总量/百万现价美元（2012 年）[1]		8227102.6	72440448.8	11.4	2
人口总量/亿人（2012 年）[1]		13.5	70.6	19.2	1
能源消费	一次能源消费/百万吨油当量（2012 年）[2]	2735.2	12476.6	21.9	1
	其中：石油/百万吨（2012 年）[2]	483.7	4130.5	11.7	2
	天然气/百万吨油当量（2012 年）[2]	129.5	2987.1	4.3	4
	煤炭/百万吨油当量（2012 年）[2]	1873.3	3730.1	50.2	1
	核能/百万吨油当量（2012 年）[2]	22.0	560.4	3.9	6
	水电/百万吨油当量（2012 年）[2]	194.8	831.1	23.4	1
	可再生能源/百万吨油当量（2012 年）[2]	31.9	237.4	13.4	2
钢材消费	粗钢/(当量，千吨)（2012 年）[3]	687580	1537274	44.7	1
	成品钢材/千吨（2012 年）[3]	660060	1432182	46.1	1
铁矿石消费	铁矿石表观消费量/千吨（2012 年）[3]	1026234	1851917	55.4	1
	铁矿石进口量/千吨（2012 年）[3]	745434	1206288	61.8	1
水泥消费	水泥消费量/百万吨（2010 年）[4]	1851	3294	56.2	1
	水泥产量/亿吨（2012 年）[5]	21.5	37	58.1	1
	水泥消费量/万吨（2012 年）*	220079			1

续表

	GDP 及主要资源消耗或污染物排放类别	中 国	世 界	中国占世界比重/%	在世界排位
有色金属消费	常用有色金属（7 种）消费总量/千吨）（2012 年）[6)]	40202.6	90591.01	44.4	1
	其中：精炼铜消费量/千吨（2012 年）[6)]	8840.1	20418.8	43.3	1
	精炼铝消费量/千吨（2012 年）[6)]	20274.5	45284	44.8	1
	锌锭消费量/千吨（2012 年）[6)]	5396.2	12328.2	43.8	1
	精炼铅消费量/千吨（2012 年）[6)]	4672.7	10427.8	44.8	1
	精炼镍消费量/千吨（2012 年）[6)]	837.3	1755.3	47.7	1
	精炼锡消费量/千吨（2012 年）[6)]	176.4	360.9	48.9	1
	精炼镉消费量/吨（2012 年）[6)]	5407	16005.8	33.8	1
	水银产量/吨（2012 年）[6)]	1347	1778	75.8	1
纸和纸板消费	纸和纸板消费量/千吨（2012 年）[7)]	101102.86	398926.9	25.3	1
	回收纸/千吨（2012 年）[7)]	74742.7	213302.5	35.0	1
木质品消费	原木/千立方米（2012 年）[7)]	364791.4	3528480.0	10.3	1
	工业用原木/千立方米（2012 年）[7)]	180374.7	1661121.5	10.9	2
	木质燃料/千立方米（2012 年）[7)]	182011.4	1867358.5	9.7	2
	锯材/千立方米（2012 年）[7)]	75856.5	408939.0	18.5	2
	人造木质纤维板/千立方米（2012 年）[7)]	104878.0	298876.7	35.1	1
	木浆/千吨（2012 年）[7)]	24800.3	172758.8	14.4	2
水资源使用	年度淡水取用量/10 亿立方米（2011 年）[8)]	554.1	3893.8	14.2	2
	农业用水量/10 亿立方米（2011 年）[8)]	360.2	2725.7	13.2	2
	工业用水量/10 亿立方米（2011 年）[8)]	127.4	700.9	18.2	2
	生活用水量/10 亿立方米（2011 年）[8)]	66.5	467.3	14.2	2
化肥施用	化肥施用量/$N+P_2O_5+K_2O$ 营养物吨（2011 年）[9)]	56429780	183813135	30.7	1
	氮肥施用量/N 营养物吨（2011 年）[9)]	38098094	112349464	33.9	1
	磷肥施用量/P_2O_5营养物吨（2011 年）[9)]	10542267	41101280	25.6	1
	钾肥施用量/K_2O 营养物吨（2011 年）[9)]	7789419	30362391	25.7	1
农药施用	农药施用量/万吨（2012 年）[10)]	180.6			1
	耕地或永久作物用地活性成分/（吨/千公顷）（2010 年）[11)]	17.81			

续表

	GDP及主要资源消耗或污染物排放类别	中国	世界	中国占世界比重/%	在世界排位
渔业生产与消费	渔业生产量/吨（2010年）[12]	52153182	148476426	35.1	1
	其中：捕捞量/吨（2010年）[12]	15418967	88603826	17.4	1
	水产养殖量/吨（2010年）[12]	36734215	59872600	61.4	1
	渔产品表观消费量/吨（2009年）[12]	42532680	125344414	33.9	1
消耗臭氧物质消费	消耗臭氧物质消费量/ODP吨（2012年）[13]	21522	43901.37	49.0	1
污染物和温室气体排放	人为SO_2排放量/千吨（2005年）[14]	32673.4	115507.1	28.3	1
	化石燃料燃烧CO_2排放量/百万吨CO_2（2011年）[15]	7954.55	31342	25.4	1
	能源消费CO_2排放量/百万吨（2011年）[16]	8715.307	32578.645	26.8	1
	CO_2排放量/千吨（2012年）[17]	9863876	34453427	28.6	1
	温室气体排放总量/百万吨CO_2e（2010年）[17]	11181.76	50101.41	22.3	1
	甲烷排放总量/千吨CO_2e（2010年）[8]	1642258	7515150.3	21.9	1
	一氧化氮（N_2O）排放量/千吨CO_2e（2010年）[8]	550296.8	2859833.5	19.2	1
	其他温室气体排放（包括HFC，PFC，SF6）/吨CO_2e（2010年）[8]	249362	1015443	24.6	2
	农业温室气体排放（CO_2e）/千兆克（2010年）[18]	664302.8	4689940.9	14.2	1
	农业甲烷排放（CO_2e）/千兆克（2010年）[18]	298271.01	2714324.20	11.0	2
	农业N_2O排放（CO_2e）/千兆克（2010年）[18]	366031.77	1975616.68	18.5	1
	氮氧化物（NO_x）排放量/千兆克（模型估算，2008年）[13]	21684	106422.37	20.4	1
	二氧化硫排放量/千兆克（模型估算，2008年）[13]	41566	116978.99	35.5	1
	非甲烷挥发性有机物（NMVOC）排放量/千兆克（模型估算，2008年）[13]	22745	158981.29	14.3	1

续表

	GDP 及主要资源消耗或污染物排放类别	中　国	世　界	中国占世界比重/%	在世界排位
土地退化	人为导致的土地退化面积/千平方千米（20 世纪 90 年代中期）[19]	6886	88841	7.8	3
	荒漠化土地面积/万平方千米[20]	262.2（1994 年）	3618.4（20 世纪 90 年代初期）	7.2	
	年土壤侵蚀量/亿吨[21]	45.2		20（左右）	
	年土壤侵蚀量/亿吨[22]	45.2	240	18.8	
	陆生生态系统年土壤侵蚀量/亿吨[23]	55.0	750	7.3	2**
	平均土地退化度/度（1991 年）[7]	7.87	2.11		1
	平均土壤侵蚀度/度（1991 年）[7]	0.49	0.85		94
水足迹	国家生产的水足迹/（千兆立方米/年）（2010 年）[13]	883.4			2
	国家生产的蓝水足迹/（千兆立方米/年）（1996 ~2005 年）[13]	141972	1024406.99	13.9	2
	国家生产的绿水足迹/（千兆立方米/年）（1996 ~2005 年）[13]	705662	6681628.23	10.6	3
	国家生产的灰水足迹/（千兆立方米/年）（1996 ~2005 年）[13]	359758	1377699.75	26.1	1
生态足迹	生态足迹总量/百万全球公顷（2010 年）[24]	2959.2	17995.6	16.4	1
	其中：作物用地生态足迹总量/百万全球公顷（2010 年）[24]	707.5	3903.7	18.1	1
	草地生态足迹总量/百万全球公顷（2010 年）[24]	152.8	1395.1	11.0	2
	林地生态足迹总量/百万全球公顷（2010 年）[24]	197.9	1910.2	10.4	2
	渔场生态足迹总量/百万全球公顷（2010 年）[24]	164.0	725.8	22.6	1
	碳足迹总量/百万全球公顷（2010 年）[24]	1612.6	9634.4	16.7	2
	建设用地生态足迹总量/百万全球公顷（2010 年）[24]	124.4	426.3	29.2	1
生态承载力	总生物生产力/百万全球公顷（2010 年）[24]	1307.2	11895.9	11.0	2

续表

	GDP 及主要资源消耗或污染物排放类别	中　国	世　界	中国占世界比重/%	在世界排位
总物质消费	国内物质消费总量/亿吨（2008 年）[25]	225.8	705.6	32.0	1
受威胁物种	受威胁哺乳类物种/种（2011 年）[26]	75	3105	2.4	5
	受威胁哺乳类物种/种（2013 年）[8]	75	3125	2.4	5
	受威胁鸟类/种（2011 年）[26]	86	3401	2.5	5
	受威胁鸟类/种（2013 年）[8]	87	3822	2.3	6
	受威胁鱼类/种（2011 年）[26]	113	6213	1.8	6
	受威胁鱼类/种（2013 年）[8]	121	6404	1.9	6
	受威胁高等植物/种（2011 年）[26]	374	10987	3.4	6
	受威胁高等植物/种（2013）[8]	475	12670	3.7	4

资料来源：

1）世界银行 . 2013 . http://data.worldbank.org/indicator/NY.GDP.MKTP.CD，http://data.worldbank.org/indicator/SP.POP.TOTL

2）BP. BP Statistical Review of World Energy，June 2013

3）World steel Association. Steel Statistical Yearbook 2013，Brussels，2013

4）International Cement Review. The Global Cement Report（9th Edition），2011

5）中企顾问网 . 2013. 2012 年全球水泥市场分析报告 . http://www.cction.com/info/201303/90490.html

6）World Bureau of Metal Statistics. World Metal Statistics Yearbook2013，1st May 2013.

7）FAO. 2013. ForesSTAT. http://faostat.fao.org/site/626/default.aspx#ancor. 其中，中国数据为中国大陆数据

8）The World Bank. 2013. World Development Indicators 2013. International Bank for Reconstruction and Development / The World Bank.

9）FAO. FAOSTAT. http://faostat.fao.org/site/575/default.aspx#ancor. 其中，中国数据为中国大陆数据

10）国家统计局农村社会经济调查司 . 2013. 2013 中国农村统计年鉴 . 中国统计出版社

11）FAO. 2013. FAOSTAT . http://faostat3.fao.org/faostat-gateway/go/to/download/R/RF/E

12）FAO Fisheries and Aquaculture Department. 2013. http://www.fao.org/fishery/statistics/en

13）UNEP. GEO DATA PORTAL，2013. http://geodata.grid.unep.ch/mod_ table/table.php

14）Smith，Steven J，J van Aardenne，Z Klimont，R Andres，AC Volke，and S Delgado Arias. Anthropogenic Sulfur Dioxide Emissions：1850-2005. 2010. submitted to ACP.

15）IEA. Key World Energy Statistics 2013. http://www.iea.org

16）U. S. EIA. International Energy Statistics. http://www.eia.gov/cfapps/ipdbproject/IEDIndex3.cfm? tid = 90&pid = 44&aid = 8

17）European Commission, Joint Research Centre（JRC）/PBL Netherlands Environmental Assessment Agency. Emission Database for Global Atmospheric Research（EDGAR）, release version 4.2. http://edgar.jrc.ec.europe.eu, 2011

18）FAO. 2013. FAOSTAT. http://faostat3.fao.org/faostat-gateway/go/to/browse/G1/*/E

19）FAO. Statistical Databases - FAOSTAT-Agriculture/ fertilizers 2002; Statistical Databases - TERRASTAT/ Land Resource Potential and Constraints at Regional and Country Levels, 2000

20）慈龙骏等．中国的荒漠化及其防治．高等教育出版社，2005

21）孙鸿烈．2011．我国水土流失问题与防治对策．中国水利（6）：16

22）Crosson P. 1997. Will erosion threaten agricultural productivity? Environment, 39（8）: 4-9, 29-31. 中国的土壤侵蚀数据来自文献 21）

23）David Pimentel, Nadia Kounang. 1998. Ecology of Soil Erosion in Ecosystems. Ecosystems（1）: 416-426

24）计算自：Global Footprint Network, 2013. The Ecological Footprint Atlas 2010, http://www.footprintnetwork.org/atlas

25）West J, Schandl H, Heyenga S and Chen S. 2013. Resource Efficiency: Economics and Outlook for China. UNEP, Bangkok, Thailand. 其中，国内物质消费包括生物质、化石燃料、金属、工业和建筑材料

26）The World Bank. 2012. World Development Indicators 2013. International Bank for Reconstruction and Development / The World Bank

*系作者根据国家统计局《中国统计年鉴 2013》公布的水泥生产数据和来自生意社（http://cement.100ppi.com/imex/）的水泥进出口数据计算

**此排位是基于文献 23）提供的数据，印度为 66 亿吨，中国为 55 亿吨，美国为 40 亿吨。该文作者认为文献 22）的 240 亿吨全球土壤侵蚀量偏小，即使是 750 亿吨也是保守估计

表 3.1 显示了中国 GDP、人口总量和主要的资源、环境指标占世界的比重。目前，中国的 GDP 占全球的 11.4%，但一次能源消费（包括煤炭和水电）、钢材和铁矿石、水泥、常用有色金属（包括精炼铜、精炼铝、锌锭、精炼铅、精炼镍、精炼锡）、纸和纸板、原木和人造纤维板、化肥、渔产品、国内物质消费量（DMC），以及主要污染物排放量（包括二氧化硫、氮氧化物）、来自化石燃料燃烧的二氧化碳、其他温室气体（如甲烷）、生态足迹总量等均居世界首位。这些比重大多超过中国人口占世界人口的比例（2012 年 19.2%）。尽管不少物品的终端消费不在国内，但中国已成为名副其实的资源消耗和污染排放大国。

据联合国环境规划署于 2013 年发布的报告《中国资源效率：经济学与展望》，中国物质利用的快速增长轨迹已经融入全球进程中。1970 年，中国物质消费总量为 17 亿吨，约占当年世界总量的 7%，排在第三位。到 2008 年，中国物质消费量达到 226 亿吨，占世界总量的 32%，成为世界上最大的原材料消费国，几乎是排名第二的美国的四倍。中国人均原材料消费量已经从 1970 年占世界平均水平的 31% 增加到 2008 年占世界平均水平的 162% 以上。即使在极具活力的亚太地区，中国人均国

内物质消费量的增速也非常突出，1970～2008 年年均增长 5.6%，几乎是该地区平均增速的两倍。

该报告还显示，中国的资源消费和污染排放格局与国际贸易格局和国际分工有着很大的联系，尽管中国对能源资源尤其是石油及工业矿产（如铁矿石）等原材料的进口依存度节节攀升，但是目前中国有大约 20% 的物质消费和 25% 左右的温室气体排放实际上是来自为世界其他地区提供消费产品（West et al.，2013）。

联合国副秘书长、联合国环境规划署执行主任阿齐姆·施泰纳先生在为该报告撰写的前言中写道，“考虑到中国对全球市场及可持续性的影响，在某种程度上可以说，中国的发展路径也是世界的发展路径”。这意味着中国的命运已经与世界可持续发展的命运紧密地联系在一起，甚至未来将决定和主导世界的可持续发展进程和方向。

地球只有一个。其资源环境承载力的有限性不可能也不允许无限地承受中国资源消耗和污染物排放的增长。可以预期，中国如果不尽早及时地控制资源消耗和污染物排放规模及增长速度，将不得不面临和承受越来越大的国际压力，无疑也从侧面凸显了中国生态文明建设和可持续发展的世界意义。

二　中国资源环境问题的发展态势及其阶段性演变

（一）中国资源环境的态势分析

新中国成立以来的 60 余年里，中国基本上走的是粗放型的经济增长道路，许多资源消费增长速度超过了 GDP 增长速度，因此与资源开采、加工和利用相联系的环境压力也剧烈增加，大大超出了环境承载力，使得中国的社会经济发展付出了沉重的资源环境代价，这种发展是不可持续的。

1. 中国资源消耗的变化情况

1978～2012 年，中国 GDP 增长了 23 倍，相应地，施肥量增长了 5.6 倍，能源消费增长了 5.3 倍，铜增长了 20.7 倍，铝增长了 44.4 倍，钢材增长了 26 倍，水泥增长了 35.3 倍，纸和纸板增长了 19.7 倍，货运量增长了 15.5 倍，货运周转量增长了 16.7 倍。农业部门的物质消费速度大多快于农业总产值增长速度（表 3.2）。改革开放后，尽管一些资源消费增长幅度看似比改革开放前小得多，但是由于基数巨大，资源消耗的规模效应十分惊人，对环境的影响则大得多。

从资源效率角度看，中国提高资源效率的成效非常显著，甚至在某些方面位居全球最佳行列，在一定程度上缓解了中国的资源环境压力。例如，1970～2009年，中国的能源效率以年均 3.9% 的名义增长率提高，超过全球将近 0.7% 和整个亚太地区 0.13% 的平均增幅，也快于世界任何地区（West et al.，2013）。遗憾的是，这些资源效率的改善不足以抵消人口和人均收入增加而导致的新增资源需求，使得资源环境压力呈现出强劲增长的势头，特别是能源、钢材、水泥、有色金属消费等。

中国重要矿产资源消费的迅猛增长，不仅加剧了国内的供需矛盾，也对国际市场造成了冲击。中国多数矿产探明储量将难以满足 2020 年需求，矿产资源从个别矿种对外依存转向全面对外依存（王安建，2012）。石油对外依存度已由 2000 年的 30.2% 飙升至 2012 年的 57.8%。铁矿石进口量已经占到全球的 61.8%（表 3.1）。中国石油和矿产资源等资源的大量进口大大影响了国际资源市场的价格。

2. 中国污染物排放的变化情况

改革开放后，中国才开始进行环境统计。从表 3.2 来看，随着我国环保力度的不断加大，一些常规污染物排放增速减缓，部分污染排放指标趋于下降，如工业废水排放量、COD、工业氨氮、重金属排放量、烟粉尘、工业固体废物排放量等实现了负增长。特别是从“十五”计划到现在的“十二五”规划均纳入了有关资源消耗和污染物排放控制指标，使得 COD、二氧化硫等污染物排放总量近年来实现了较大幅度的下降。然而碳排放量、工业废气排放量、工业固体废弃物产生量还在以较大的幅度增加。

在工业污染减排取得明显成效的同时，生活类的资源消耗或污染物排放凸显，并呈刚性增长态势。随着城乡居民生活水平的快速提高和消费结构的不断升级换代，生活领域的资源消耗或污染物排放也在迅速增长（表 3.3）。例如，生活污水排放量已经占到我国废水排放的 68% 左右，生活氨氮排放量占到氨氮排放总量的 57%，生活化学需氧量排放量占化学需氧量排放总量的 38%。长期以来我国的污染防控主要集中在生产领域，而对消费领域的污染防治重视不够。随着生活类资源消耗或污染物排放增加，污染防控向源头的消费领域延伸也将成为必然趋势。

表 3.2 新中国成立以来主要资源消耗或污染物排放的变化状况

类别	1949～2012 年			改革开放前			改革开放后		
	分析时段	增长倍数/倍	年均增长/%	分析时段	增长倍数/倍	年均增长/%	分析时段	增长倍数/倍	年均增长/%
GDP（1978 年价）	1952～2012 年	113.3	8.2	1952～1978 年	3.7	6.2	1978～2012 年	23.2	9.8
农业总产值（1978 年价）	1952～2012 年	13.5	4.6	1952～1978 年	1.1	2.8	1978～2012 年	6.0	5.9
工业增加值（1978 年价）	1952～2012 年	654.8	11.4	1952～1978 年	15.9	11.5	1978～2012 年	37.7	11.4
化肥施用量	1952～2012 年	747.6	11.7	1952～1978 年	112.3	20.0	1978～2012 年	5.6	5.7
农机总动力	1952～2012 年	5572.9	15.5	1952～1978 年	637.6	28.2	1978～2012 年	7.7	6.6
农村用电量	1952～2012 年	15015.9	17.4	1952～1978 年	505.2	27.1	1978～2012 年	28.7	10.5
农用柴油使用量	1993～2012 年	1.3	4.4				1993～2012 年	1.3	4.4
农用塑料薄膜使用量	1990～2012 年	3.9	7.5				1990～2012 年	3.9	7.5
农用地膜使用量	1993～2012 年	2.5	6.8				1993～2012 年	2.5	6.8
农膜使用量（塑料薄膜+地膜）	1993～2012 年	2.4	6.7				1993～2012 年	2.4	6.7
农药施用量	1990～2012 年	1.5	4.2				1990～2012 年	1.5	4.2
渔业捕捞量	1978～2012 年	4.2	4.9				1978～2012 年	4.2	4.9
能源消费量	1953～2012 年	65.9	7.4	1953～1978 年	9.6	9.9	1978～2012 年	5.3	5.6
钢材消费量	1953～2012 年	346.4	10.4	1953～1978 年	11.9	10.8	1978～2012 年	26.0	10.2
十种有色金属产量	1952～2012 年	498.5	10.9	1952～1978 年	12.5	10.5	1978～2012 年	36.1	11.2
常用有色金属消费总量	1980～2012 年	28.6	11.2				1980～2012 年	28.6	11.2
其中：铜消费量	1953～2012 年	245.2	9.8	1953～1978 年	10.4	10.2	1978～2012 年	20.7	9.5
铝消费量	1953～2012 年	3435.4	14.8	1953～1978 年	74.8	18.9	1978～2012 年	44.4	11.9
铅消费量	1953～2012 年	285.7	10.1	1953～1978 年	10.6	10.3	1978～2012 年	23.7	9.9
锌消费量	1953～2012 年	533.3	11.2	1953～1978 年	18.2	12.6	1978～2012 年	26.8	10.3

续表

类别	1949～2012 年			改革开放前			改革开放后		
	分析时段	增长倍数/倍	年均增长/%	分析时段	增长倍数/倍	年均增长/%	分析时段	增长倍数/倍	年均增长/%
水泥消费量	1953～2012 年	615.5	11.5	1953～1978 年	16.0	12.0	1978～2012 年	35.3	11.2
原木消费量	1961～2012 年	0.15	0.28	1961～1978 年	0.28	1.5	1978～2012 年	~0.1	~0.3
其中：工业原木消费量	1961～2012 年	4.3	3.3	1961～1978 年	1.1	4.6	1978～2012 年	1.5	2.7
纸和纸板消费量	1952～2012 年	145.1	8.7	1952～1978 年	6.1	7.8	1978～2012 年	19.7	9.3
水土流失面积	1973～2005 年	0.3	0.9	1973～1978 年	0.01	0.12	1978～2005 年	0.3	1.0
用水总量	1957～2012 年	2.0	2.0	1957～1979 年	1.3	3.9	1979～2012 年	0.3	0.8
其中：农业用水量	1997～2012 年	−0.01	−0.07				1997～2012 年	−0.01	−0.07
工业用水	1997～2012 年	0.3	1.6				1997～2012 年	0.3	1.6
生活用水	1997～2012 年	0.4	2.2				1997～2012 年	0.4	2.2
城市建成区面积	1981～2012 年	5.1	6.0				1981～2012 年	5.1	6.0
城市建设用地面积	1981～2012 年	5.8	6.4				1981～2012 年	5.8	6.4
废水排放总量	1980～2012 年	1.2	2.5				1980～2012 年	1.2	2.5
其中：工业废水排放量	1980～2012 年	−0.05	−0.16				1980～2012 年	−0.05	−0.16
生活污水排放量	1980～2012 年	4.7	5.6				1980～2012 年	4.7	5.6
重金属排放量（按毒性系数折算）	1981～2012 年	−0.9	−8.4				1981～2012 年	−0.9	−0.8.4
COD 排放总量	1998～2012 年	−0.16	−1.3				1998～2012 年	−0.16	−1.3
其中：工业 COD 排放量	1986～2012 年	−0.53	−2.89				1986～2012 年	−0.53	−2.89
氨氮排放量（工业+生活）	2001～2012 年	0.5	3.4				2001～2012 年	0.5	3.4
工业氨氮排放量	2001～2012 年	−0.23	−2.3				2001～2012 年	−0.23	−2.3
生活氨氮排放量	2001～2012 年	0.7	5.1				2001～2012 年	0.7	5.1
碳排放量	1952～2012 年	75.9	7.5	1952～1978 年	10.4	9.8	1978～2012 年	5.8	5.8

续表

类别	1949～2012 年			改革开放前			改革开放后		
	分析时段	增长倍数/倍	年均增长/%	分析时段	增长倍数/倍	年均增长/%	分析时段	增长倍数/倍	年均增长/%
工业废气排放量	1983～2012 年	9.1	8.3				1983～2012 年	9.1	8.3
二氧化硫排放量（工业+生活）	1980～2012 年	0.3	0.9				1980～2012 年	0.3	0.9
其中：工业二氧化硫排放量	1985～2012 年	0.4	1.4				1985～2012 年	0.4	1.4
生活二氧化硫排放量	1985～2012 年	0.04	0.14				1985～2012 年	0.04	0.14
地区烟粉尘排放量	1981～2012 年	~0.6	~2.9				1981～2012 年	~0.6	~2.9
其中：工业烟粉尘排放量	1985～2012 年	-0.6	-3.3				1985～2012 年	-0.6	-3.3
生活烟尘排放量	1998～2012 年	-0.5	-4.6				1998～2012 年	-0.5	-4.6
氮氧化物排放量	2006～2012 年	0.1	1.8				2006～2012 年	0.1	1.8
其中：工业氮氧化物排放量	2006～2012 年	0.1	1.4				2006～2012 年	0.1	1.4
生活氮氧化物排放量	2006～2012 年	-0.9	-31.7				2006～2012 年	-0.9	-31.7
工业固体废弃物产生量	1985～2012 年	5.8	6.2				1980～2012 年	5.8	6.2
工业固体废弃物排放量	1985～2012 年	-1.0	-11.6				1985～2012 年	-1.0	-11.6
环境突发事件数	1983～2012 年	-0.8	-5.2				1983～2012 年	-0.8	-5.2
货运量	1952～2012 年	129.1	8.5	1952～1978 年	6.9	8.3	1978～2012 年	15.5	8.6
货运周转量	1952～2012 年	227.1	9.5	1952～1978 年	11.9	10.3	1978～2012 年	16.7	8.8
客运量	1952～2012 年	154.2	8.8	1952～1978 年	9.4	9.4	1978～2012 年	14.0	8.3
客运周转量	1952～2012 年	133.6	8.5	1952～1978 年	6.0	7.8	1978～2012 年	18.2	9.1

数据来源：

1）中华人民共和国国家统计局．1996～2013．中国统计年鉴 1995～2013．北京：中国统计出版社

2）国家统计局国民经济综合统计司．2010．新中国六十年统计资料汇编．北京：中国统计出版社

3）国家统计局农村社会经济调查司．2009．改革开放三十年农业统计资料汇编 1978～2007．北京：中国统计出版社

4）FAO．2013．FAOSTAT．http://faostat.fao.org

5）Carbon Dioxide Information Analysis Center（CDIAC）．2013．Fossil-Fuel CO_2 Emissions．http://cdiac.ornl.gov/trends/emis/meth_ reg.html

表 3.3　2012 年生活类资源消耗和污染物排放所占比例

类别	全国总计	生活消费	生活消费所占比例/%
能源消费/万吨标准煤（2011 年）[1]	348002	37410	10.7
用水总量/亿立方米[1]	6141.8	728.8	11.9
建设用地面积/平方公里[2]	45750.67	14283.43*	31.2
废水排放总量/亿吨[3]	684.76	462.69	67.6
化学需氧量（COD）/万吨[3]	2423.73	912.75	37.7
氨氮排放总量/万吨[3]	253.59	144.63	57.0
二氧化硫排放总量/万吨[3]	2117.63	205.66	9.7
氮氧化物排放总量/万吨[3]	2337.76	39.31	1.7
烟粉尘排放总量/万吨	1234.31	142.67	11.6

*为居住用地

资料来源：1）中华人民共和国国家统计局．2013．中国统计年鉴2013．中国统计出版社

2）中华人民共和国住房和城乡建设部．2013．中国城市建设统计年鉴2012．中国计划出版社

3）《中国环境年鉴》编辑委员会．2013．中国环境年鉴2013．《中国环境年鉴》编辑部

尽管污染排放速度总体上明显趋缓或总量下降，但是我国的社会经济发展仍然在生态环境赤字上高位运行。污染物排放量远远超出环境容量的范围，环境问题呈现“集中性、结构性、复杂性”特征，环境污染和生态退化加剧的趋势仍未得到根本性的遏制，环境质量在局部有所改善的同时，总体仍在继续恶化。

2012 年，我国二氧化硫排放总量为2117.63 万吨，超出环境容量（我国空气中二氧化硫浓度达到国家二级标准的最大允许排放量）的76.4%；COD 排放总量为2423.73 万吨，超出环境容量（我国地表水全部达到国家Ⅲ类水质标准时 COD 最大允许排放量）的203%；氨氮排放总量为253.59 万吨，超出环境容量的7 倍左右。高强度的排放导致复合型污染日渐显现，灰霾频繁发生；流域水污染形势依然严峻；新的环境问题包括汞污染、持久性有机污染物（POPs）、持久性有毒污染物（PTS）、挥发性有机化合物（VOCs）等日趋突出（中国科学院可持续发展战略研究组，2013）。另外，耕地污染也十分严重。我国约1.5 亿亩耕地受到污染（环境保护部数据），根据最新的第二次全国土地调查结果，中重度污染耕地在5000 万亩左右。这些问题直接或间接地威胁到社会经济发展及人民群众的身体健康，也随之带来外交问题。

（二）中国环境与发展关系的阶段性演变

1. 中国环境与发展关系的演变及阶段判断

深刻认识我国经济发展与资源环境的演变特征是开展生态文明制度安排、政策

工具的选择和设计、资源利用和污染减排目标制定的前提和基础。第二章从情景分析的角度探讨未来发展阶段，本章则主要通过实证分析的方法来研究环境与发展的阶段演化及未来趋势判断。

环境与发展之间的动态演化关系通常总结为环境库兹涅茨曲线（EKC）或“倒U形”关系，即在经济发展的最初阶段，环境污染或退化随着人均收入的增加而加重，当达到一定的临界值后，则随着人均收入的增加而改善（Dinda，2005）。尽管EKC作为一种假说提出，学术界对其存在性开展了大量的理论和实证研究，但众说纷纭，缺乏统一的结论。也有不少学者将其视为经济发展过程的一种普遍规律。

有学者基于环境影响方程（IPAT方程）进行实证研究，认为从长期看，环境影响（可以用资源消耗和污染物排放来表征）随着经济发展或时间的演变一般依次遵循三个倒U形曲线演变规律，即环境影响强度的倒U形曲线、人均环境影响的倒U形曲线和环境影响总量的倒U形曲线。根据三个倒U形曲线峰值点，可以将该演化过程划分为四个阶段，即环境影响强度高峰前阶段、环境影响强度高峰到人均环境影响量高峰阶段、人均环境影响量高峰到环境影响总量高峰阶段，以及环境影响总量稳定下降阶段（陈劭锋等，2010）。

在环境与发展演变的不同阶段，环境影响变化的驱动力也有所不同。在环境影响强度高峰前阶段，资源消耗或污染排放增长更多地由资源或污染增加型技术进步驱动；在环境影响强度高峰到人均环境影响量高峰阶段，经济增长对资源消耗或污染物排放增长起着主导作用；在人均环境影响量高峰到环境影响总量高峰阶段及环境影响总量稳定下降阶段，资源节约或污染减排技术进步对资源消耗或污染物的排放起主导作用。这种情形也决定了在环境演变不同阶段，应对资源环境问题的重点和目标也应有所不同。即对于一个国家或地区而言，在较低的发展阶段下，应注重提高资源环境效率，而在较高的发展阶段下，应把控制资源消费、污染排放总量或人均量作为主要的努力方向。

虽然资源消耗或污染排放三个倒U形曲线规律不可逾越，但是不同倒U形曲线高峰之间经历的时间可以缩短，不同高峰的峰值可以降低。通过制度安排、结构转型、技术进步乃至社会行为的调整，完全可以在促进经济发展和满足人们自身需求的同时，以较低的资源环境代价，尽早实现资源消耗和污染物排放高峰的跨越。当然，这种调整和转型同样需要投入直接和间接的经济成本或产生相应的社会经济损失。

为了全面揭示中国资源环境演变的阶段性特征，我们运用三个倒U形曲线理论，在表3.2的基础上，选择中国主要的资源消耗和污染物排放指标，对新中国成立以来环境与发展的演化关系进行实证分析，结果如表3.4所示。

表 3.4　新中国成立以来主要资源消耗或污染物排放的演化趋势

资源消耗或污染物排放类别	分析时段	资源消耗或污染物排放强度		人均资源消耗或污染物排放量		资源消耗或污染物排放总量	
		变化趋势	峰值时间	变化趋势	峰值时间	变化趋势	峰值时间
化肥施用量	1952～2012 年	倒 U 形	1991 年	上升	无	上升	无
农机总动力	1952～2012 年	多峰形	1980 年/1989 年	上升	无	上升	无
农村用电量	1952～2012 年	上升	无	上升	无	上升	无
农用柴油使用量	1993～2012 年	反 N 形	2004 年（第一峰值）	上升	无	上升	无
农用塑料薄膜使用量	1990～2012 年	倒 U 形	2003 年	上升	无	上升	无
农用地膜使用量	1993～2012 年	倒 U 形	2004 年	上升	无	上升	无
农膜使用量（塑料薄膜+地膜）	1993～2012 年	倒 U 形	2002 年	上升	无	上升	无
农药施用量	1990～2012 年	倒 U 形	1995 年	上升	无	上升	无
渔业捕捞量	1978～2012 年	反 N 形	1998 年（第一峰值）	N 形	1998 年（第一峰值）	N 形	1999 年（第一峰值）
能源消费量	1953～2012 年	驼峰形	1960 年/1977 年	上升	无	上升	无
钢材消费量	1953～2012 年	驼峰形	1985 年/2009 年？	上升	无	上升	无
十种有色金属产量	1952～2012 年	N 形	1972 年（第一峰值）	上升	无	上升	无
常用有色金属消费总量	1980～2012 年	U 形	1994 年	上升	无	上升	无
其中：铜消费量	1953～2012 年	N 形	1973 年（第一峰值）	上升	无	上升	无
铝消费量	1953～2012 年	N 形	1972 年（第一峰值）	上升	无	上升	无

续表

资源消耗或污染物排放类别	分析时段	资源消耗或污染物排放强度		人均资源消耗或污染物排放量		资源消耗或污染物排放总量	
		变化趋势	峰值时间	变化趋势	峰值时间	变化趋势	峰值时间
铅消费量	1953～2012年	驼峰形	1970年/2009年	上升	无	上升	无
锌消费量	1953～2012年	多峰形	1970年/1981年/2010年?	有倒U形趋势，但不明朗	2011年?	有倒U形趋势，但不明朗	2011年?
水泥消费量	1953～2012年	多峰形	1995年/2006年/2011年?	上升	无	上升	无
原木消费量	1961～2012年	下降	无	下降	无	驼峰形	1977年/2011年?
其中：工业原木消费量	1961～2012年	倒U形	1963年	多峰形	1985年/1996年/2011年?	波动上升	无
纸和纸板消费量	1952～2012年	倒U形	1992年	上升	无	上升	无
水土流失面积	1973～2005年	下降	无	倒U形	1996年	倒U形	1996年
用水总量	1957～2012年	下降	无	N形	1979年（第一峰值）	上升	无
其中：农业用水量	1997年～2012年	下降	无	正U型	2003年（最低值）	正U形	2003年（最低值）
工业用水	1997年～2012年	下降	无	接近倒U形	2011年?	接近倒U形	2011年?
生活用水	1997～2012年			上升	无	上升	无
城市建设用地面积	1981～2012年	下降	无	上升	无	上升	无
废水排放总量	1980～2012年	下降	无	上升	无	上升	无
其中：工业废水排放量	1980～2012年	下降	无	驼峰形	1985年/2007年	驼峰形	1988年/2007年
生活污水排放量	1980～2012年			上升	无	上升	无

续表

资源消耗或污染物排放类别	分析时段	资源消耗或污染物排放强度		人均资源消耗或污染物排放量		资源消耗或污染物排放总量	
		变化趋势	峰值时间	变化趋势	峰值时间	变化趋势	峰值时间
重金属排放量（按毒性系数折算）	1981～2012 年	下降	无	下降	无	下降	无
COD 排放总量	1998～2012 年	下降	无	波动下降	无	波动下降	无
其中：工业 COD 排放量	1986～2012 年	下降	无	下降	无	倒 U 形	1998 年
氨氮排放量（工业+生活）	2001～2012 年	下降	无	倒 U 形	2005 年	倒 U 形	2005 年
工业氨氮排放量	2001～2012 年	下降	无	倒 U 形	2005 年	倒 U 形	2005 年
生活氨氮排放量	2001～2012 年	下降	无	N 形	2006 年（第一峰值）	上升	无
碳排放量	1952～2012 年	驼峰形	1960 年/1977 年	上升	无	上升	无
工业废气排放量	1983～2012 年	U 形	1999 年（最低点）	上升	无	上升	无
二氧化硫排放量（工业+生活）	1980～2012 年	下降	无	倒 U 形	2006 年	倒 U 形	2006 年
其中：工业二氧化硫排放量	1985～2012 年	下降	无	驼峰形	1989 年/2006 年	倒 U 形	2006 年
生活二氧化硫排放量	1985～2012 年			倒 U 形	1991 年	倒 U 形	1997 年
地区烟粉尘排放量	1981～2012 年	下降	无	反 N 形	1998 年（第一峰值）	反 N 形	1998 年（第一峰值）
其中：工业烟粉尘排放量	1985～2012 年	下降	无	反 N 形	1998 年（第一峰值）	反 N 形	1998 年（第一峰值）
生活烟尘排放量	1998～2012 年			反 N 形	2009 年（第一峰值）	反 N 形	2009 年（第一峰值）
氮氧化物排放量	2006～2012 年	下降	无	倒 U 形	2010 年	倒 U 形	2010 年

续表

资源消耗或污染物排放类别	分析时段	资源消耗或污染物排放强度		人均资源消耗或污染物排放量		资源消耗或污染物排放总量	
		变化趋势	峰值时间	变化趋势	峰值时间	变化趋势	峰值时间
其中：工业氮氧化物排放量	2006～2012 年	反 N 形	2011 年（第一峰值）	反 N 形	2011 年（第一峰值）	反 N 形	2011 年（第一峰值）
生活氮氧化物排放量	2006～2012 年			反 N 形	2009 年（第一峰值）	反 N 形	2009 年（第一峰值）
工业固体废弃物产生量	1985～2012 年	U 形	2003 年	上升	无	上升	无
工业固体废弃物排放量	1985～2012 年	下降	无	驼峰形	1985 年/1998 年	驼峰形	1987 年/1998 年
环境突发事件数	1983～2012 年	下降	无	倒 U 形	1987 年	倒 U 形	1988 年
货运量	1952～2012 年	多峰形	1962 年/1980 年	上升	无	上升	无
货运周转量	1952～2012 年	N 形	1980 年（第一峰值）	上升	无	上升	无
客运量	1952～2012 年			上升	无	上升	无
客运周转量	1952～2012 年			上升	无	上升	无

注：能源、碳排放强度出现明显的驼峰形曲线，即存在两个比较明显的峰值点，这与中国经历“大跃进运动”和“文化大革命”两个特殊时期有关，长期看，可以近似认为是倒 U 形曲线的特殊情形。COD、SO_2、氨氮、氮氧化物总量控制已成为中国政府的“十二五”规划约束性指标。农业资源消耗强度均为单位农业产值的资源消耗量或排放量。工业资源消耗或污染物排放强度为单位工业增加值的资源消耗量或污染物排放量。其他强度均为单位 GDP 的资源消耗量或污染物排放量。问号“？”表示为近年来最高值，但有待于进一步考察。生活领域污染排放、客运量和客运周转量等指标未计算强度

数据来源：

1）中华人民共和国国家统计局．1996～2013．中国统计年鉴 1995～2013．中国统计出版社

2）国家统计局国民经济综合统计司．2010．新中国六十年统计资料汇编．中国统计出版社

3）国家统计局农村社会经济调查司．2009．改革开放三十年农业统计资料汇编 1978～2007．中国统计出版社

4）FAO. 2013. FAOSTAT. http://faostat. fao. org

5）Carbon Dioxide Information Analysis Center（CDIAC）．2013．Fossil-Fuel CO_2 Emissions．http://cdiac. ornl. gov/trends/emis/meth_ reg. html#

从表 3.4 中的实证分析结果来看，可以初步形成以下几方面判断。

1）从总体来看，中国主要资源消耗和污染物排放随经济发展变化趋势大体符合三个倒 U 形曲线演变规律。尤其在环境保护领域，一些常规污染物排放，如 COD、氨氮、二氧化硫、氮氧化物等，已经出现了三个倒 U 形曲线，这在很大程度上应归功于我国节能减排约束性指标的成效。而资源消耗类指标虽然个别跨越了强度倒 U 形曲线高峰，但其人均量和总量仍保持增长态势。少数资源消耗和污染物由于历史或统计时间较短等因素没有出现明显趋势甚至出现异常。例如，有色金属消费、工业废气排放和固体废物产生量强度呈现正 U 形。一些资源或污染物趋势呈现 N 形（即“增—减—增”）或反 N 形（即“减—增—减”）、驼峰形或多峰形，说明其趋势出现波动或反弹，但从长期来看并不影响资源消耗或污染排放变化趋势的总体判断。一些资源或污染物排放强度、人均量或总量下降，可以视为已经跨越了倒 U 形曲线高峰，正处于倒 U 形曲线的右侧。

2）从强度变化趋势来看，根据三个倒 U 形曲线规律，如果资源或污染物强度不能实现稳定下降，就不用说人均量和总量下降，从这个意义上说提高资源环境效率是实现人均量和总量控制的前提和基础。就资源强度而言，由表 3.4 可知，我国的农用化肥施用量、农用柴油、塑料薄膜、地膜、农药、渔业捕捞量、原木包括工业原木、纸和纸板、用水总量（包括农业和工业用水）、城市建设用地总体上呈现下降或倒 U 形趋势，但是其中一些资源强度尚未出现平稳下降态势，部分年份又出现了反弹现象，如能源消费强度 2003 年后曾一度出现反弹。钢铁、水泥等大宗物质、有色金属消费量强度及货运和货运周转量强度仍未出现明显强度拐点。就污染排放量强度而言，除工业废气、工业固体废物产生量外，基本均出现了下降趋势。只有资源消耗或污染排放量强度总体上实现稳定下降后，才有望跨越人均量或总量的倒 U 形曲线高峰。

3）从人均量变化来看，对于那些消耗或排放强度尚未呈现明显下降的资源或污染物，如农机总动力、农村用电、钢材、水泥、常用有色金属、废气排放、货运量和货运周转量等，其人均资源消耗量增长幅度更大。而对于其消耗或排放强度比较稳定下降的资源，其人均量或呈明显上升，如人均化肥、农用柴油、农用塑料薄膜和地膜、农药、能源、用水量、纸和纸板消费、城市建设用地等；或呈现下降或波动中下降趋势，如人均原木。而对于大多数常规污染物，其人均量基本跨越人均量高峰而处于下降状态。但人均废水排放（包括生活污水和碳排放量）仍处于较快速的增长状态。

4）从总量变化来看，目前中国的化肥、农机总动力、农村用电、农用柴油、农膜、农药、能源、钢材、水泥、有色金属、纸和纸板、用水总量、城市建设用地面积、废水排放、工业废气排放、二氧化碳排放、固体废弃物产生量、货运量和周转量等，上升势头还比较强劲。这些均与我们正处于快速的城镇化和工业化进程密切相关。

总之，目前中国的主要常规污染物排放基本实现了三个倒 U 形曲线的跨越，进入倒 U 形曲线右侧的下降阶段，这也是我国长期以来努力保护环境的结果。一些主要的资源消耗强度基本上跨越了强度倒 U 形曲线高峰，但是由于受到工业化中期阶段经济结构或消费结构快速调整及快速推进的城镇化等因素的影响，有相当部分资源消耗强度一度出现反弹，尚未形成明显的稳定下降态势，导致这些资源消费快速增长。甚至钢铁、水泥和有色金属等少数资源强度大体上仍呈现出增长态势，使得这些资源人均量和总量消费增长势头更加强劲。

尽管常规污染物基本实现了人均量和总量倒 U 形曲线高峰的跨越，但中国总体上仍未完全进入资源消耗强度稳定下降的阶段，充其量正处于从资源消耗强度倒 U 形曲线高峰向人均或总量倒 U 形曲线高峰的过渡时期，也就是说正处于经济增长主要驱动资源消耗或污染物排放增长的黑色发展向绿色发展过渡阶段。同时，消费领域的资源消费和污染物刚性增长态势，也对污染防治提出了更高的要求。由于污染物排放是资源配置或利用不当的结果，没有上游的资源高效利用和有效控制，仅仅依靠下游的环境末端或被动治理，不仅要付出高昂的代价，而且在环境质量的改善上难以取得根本性、实质性结果，这些同时也说明中国要在短期内实现人均环境影响和环境影响总量高峰的跨越有相当大的难度。因此，无论是制度设计，还是生态文明目标选择，都需要充分考虑和结合中国资源环境与发展演变的阶段性特点。

2. 中国资源环境未来趋势综合判断

结合三个倒 U 形曲线规律和第二章的情景分析结果及综合相关的研究成果（中国科学院可持续发展战略研究组，2013；王安建，2012），我们对中国未来的资源环境形势进行如下分析和预判。

1）根据目前的节能减排约束性指标，现有的强度降低水平难以在短期内实现能源和碳排放的零增长。如果中国要实现资源消耗和污染物排放总量稳定目标，则资源消耗或污染物排放强度减少应至少与 GDP 增长速度持平。“十二五”规划针对 COD、二氧化硫、NO_x 和氨氮等主要污染物，都采用总量控制目标，而对工业用水、能源和碳排放都采用的是强度约束性指标，且下降速度都低于 GDP 的计划增长目标。

以“十二五”GDP 年均增长 7% 和能源强度降低 16% 的规划目标来看，这意味着能源消耗至少还将以年均约 3.8% 的速度增长。照此趋势，如果到 2020 年，经济增长还将以 6% ~7% 的速度增长，那么我国的资源消耗类指标仍将保持较快的增长速度。特别是在“十二五”乃至今后相当一段时间内，推进城镇化作为中国的经济增长点将会进一步带动和刺激基础设施建设，从而持续、快速地拉高钢材、水泥、有色金属、建设用地等资源的消费需求。能源和资源消费的快速增长也同时会对生态环境造成巨大的压力，包括能源消费过程中产生的二氧化硫、氮氧化物和颗粒物等。

2）从三个倒 U 形曲线规律及我国环境演变过程来看，三个倒 U 形曲线的依次出现暗示了跨越三个曲线高峰的难易程度不同。强度高峰的跨越相对容易，而人均量和总量高峰则相对较难。而且从强度高峰到人均总量高峰的跨越一般短期内难以完成。如果强度高峰尚未完全实现，人均量和总量高峰短期内也不可能实现。而人均量和总量高峰之间的时间间隔相对短得多。例如，水泥行业协会有关专家认为，我国 2017 年或 2018 年将迎来水泥消费需求拐点 25 亿吨（刘玉飞，2013），但是其消费强度目前仍未实现下降，从此角度来看，我国 2020 年前要实现钢材、水泥、有色金属消费拐点的可能性不大。就水资源而言，工业用水零增长有望在近期来临。据有关研究表明，大宗矿产资源，如铝的需求高峰将在 2020 年出现，铜资源的需求高峰在 2025 年出现（中国科学院可持续发展战略研究组，2013）。

关于发展进程中的资源消费规律，存在人均资源需求与人均 GDP 的 S 形规律、能源与矿产资源消费强度变化的倒 U 形规律及能源与矿产资源需求的波次递进规律等。通过研究这些规律，发现资源消费或需求的转折点是工业化的成熟期与产业转型期，而能源消费或需求零增长点则对应于从工业化社会进入后工业化社会的转变点。据此判断在未来 10 ~15 年，若干大宗矿产资源的资源需求将陆续达到峰值，如中国人均粗钢消费的拐点大致在 2015 年前后，人均能源消费的拐点在 2030 ~2035 年（王安建，2012）。由于按现行生育政策，我国人口将在 2030 年前后接近零增长，因此可以认为人均能源消费高峰与能源总量高峰的时间大体重合。

3）就碳排放而言，《2009 中国可持续发展战略报告——探索中国特色的低碳道路》（中国科学可持续发展战略研究组，2009）对世界上主要发达经济体碳排放的历史分析表明，从碳排放强度高峰到人均碳排放量高峰所经历的时间大体在 24 年与 91 年之间，平均为 55 年左右。而从人均碳排放量高峰到碳排放总量高峰所经历的时间则短得多，甚至不少已经跨越碳排放高峰的发达经济体是同时实现了人均碳排放量高峰和碳排放总量高峰的跨越（中国科学院可持续发展战略研究组，2009）。由于历史的特殊性和中国的国情，中国大约在 1977 年跨越了碳排放强度高峰，所以根据国际经验，中国人均碳排放高峰或总量高峰大致出现在 21 世纪 30 年代，这与第二章不同政策组合下中国 CO_2 排放高峰达到时间比较吻合。

值得注意的是，历史上发达经济体能源或碳排放高峰的出现基本上并非社会经济技术发展自然演变的结果，而往往是受到政治危机、经济危机等非正常因素强烈冲击的结果。例如，1973 年和 1979 年发生的两次能源危机是导致许多发达经济体出现能源或碳排放高峰的主要原因。这种情形在一定程度上反映了中国实现能源或碳排放高峰的难度，也同时对能源系统的全方位变革和创新提出了很高的需求。

三 生态文明建设相关目标进展及存在问题

（一）我国推进生态文明建设目标的进展

自 2007 年生态文明建设正式上升到国家战略以来，各级政府部门从各自的角度对生态文明理念和内涵进行解读，并提出相应的目标和指标体系，制定配套的政策和行动，推动中国生态文明建设的实践，并取得如下主要进展。

1. 把生态文明建设相关目标纳入国家和地方五年规划中

从“九五”计划开始，我国将资源环境保护目标指标纳入国家和地方五年计划或规划中付诸实施，进一步增强了环境保护和生态建设力度。例如，“九五”计划就提出污染物排放总量控制的要求，还提出工业污染控制、城市环境整治和生态保护方面的目标指标；“十五”计划则提出了更加具体的目标和指标，包括城市环境基础设施建设、二氧化硫和化学需氧量减排，以及生态保护（森林覆盖率和新增自然保护区），但是二氧化硫和化学需氧量减排目标未能实现。

“十一五”规划强化了约束性指标，并在保留了森林覆盖率、二氧化硫和化学需氧量总量减排等指标的基础上，增加了单位 GDP 能耗、单位工业增加值用水量指标，以及耕地保有量、农业灌溉用水有效利用系数、工业固体废物综合利用率等指标，并且这些指标都基本上得到实现。

“十二五”规划在延续“十一五”规划资源环境保护目标指标的基础上，进一步强化环境保护力度，包括增加了非化石能源消费占能源消费总量比重、单位 GDP 二氧化碳排放量、氨氮和氮氧化物总量减排、森林蓄积量等约束性指标，以及资源产出率和单位 GDP 建设用地等指标。由此可见，五年规划越来越强化可持续发展原则，更加关注经济增长的质量和社会全面发展。各级地方政府也都把资源环境保护目标整合到其相应的五年规划中。

2. 将生态文明建设相关目标内化到国家、部门和地区相关专项规划和行动

1）循环经济领域。2005 年 7 月，国务院下发的《国务院关于加快发展循环经济的若干意见》，提出了“力争到 2010 年，我国消耗每吨能源、铁矿石、有色金属、非金属矿等十五种重要资源产出的 GDP 比 2003 年提高 25% 左右”的节材目标。

2007 年，国家发展和改革委员会、国家统计局等有关部门根据循环经济“减量化、再利用、资源化”原则，结合我国国民经济和工业园区的运行特点，构建了“循环经济评价指标体系”。

该指标体系包括宏观层面和工业园区层面。宏观层面指标用于对全社会和各地发展循环经济状况进行总体的定量判断，由资源产出指标、资源消耗指标、资源综合利用指标、再生资源回收利用指标和废物处置降低指标五大部分构成；工业园区指标用于定量评价和描述园区内循环经济发展状况，由资源产出指标、资源消耗指标、资源综合利用指标、废物处置指标四大部分构成。

国务院通过的《“十二五”循环经济发展规划》，还提出到 2015 年资源产出率提高 15% 的循环经济发展目标。地方层面包括广东、陕西、四川、内蒙古等省、自治区也都出台了相应规划并提出各自的发展目标指标。

2）环境保护领域。环境保护部在制定的《国家环境保护“十二五”规划》中，除化学需氧量、氨氮、二氧化硫、氮氧化物排放总量减排指标外，还增加了地表水国控断面劣Ⅴ类水质的比例、七大水系国控断面水质好于Ⅲ类的比例、地级以上城市空气质量达到二级标准以上的比例等目标指标。2013 年，环境保护部印发了《国家生态文明建设试点示范区指标（试行）》的通知，制定了包括生态经济、生态环境、生态人居、生态制度和生态文化等内容的生态文明建设试点示范区指标体系，并准备推进生态保护红线划定等工作。

早在 1995 年，国家环保局就开展了生态示范区建设试点工作，并于 2000 年在全国组织开展生态示范区建设，制订了生态示范县（市、省）建设指标，并且进行了多次修订。1997 年，国家环保局还启动了创建国家环境保护模范城市（简称“创模”）活动。模范城市考核指标先后经过五次修订，其中 2010 年 1 月 1 日开始实施的《国家环境保护模范城市指标体系（修订稿）》，对模范城市提出了更高的要求。“十一五”国家环境保护模范城市考核指标（修订）有 26 项，涵盖了总量减排，水、气、声、固体废物污染防治工作等环境保护方面的工作。

截至 2012 年年底，中国生态市县建设数为 287 个，其中国家级生态市 4 个、国家级生态县（区）51 个、省级生态市 45 个、省级生态县（区）187 个；农村生态示范建设数 1797 个，其中国家级生态乡镇 1559 个、国家级生态村 238 个；国家有机食品生产基地 138 个（《中国环境年鉴》编委会，2013）。

在海洋环境保护方面，国家海洋局印发《关于建立渤海海洋生态红线制度的若干意见》，提出了渤海总体自然岸线保有率、海洋生态红线区面积占渤海近岸海域面积的比例、到 2020 年海洋生态红线区陆源入海直排口污染物排放达标率，以及到 2020 年海洋生态红线区内海水水质达标率等目标指标。

3）水资源可持续利用领域。2006 年 12 月，国家发展和改革委员会、水利部等部门联合发布了首部节水型社会建设“十一五”规划，提出“十一五”期间节水型社会建设的目标指标包括单位 GDP 用水量、农田灌溉水有效利用系数、单位工业增加值用水量、城市供水管网漏损率等。

2012 年，国务院发布了《关于实行最严格水资源管理制度的意见》，确立了水资源管理的三条红线：水资源开发利用控制红线、用水效率控制红线、水功能区限制纳污红线。2013 年，水利部下发《水利部关于加快推进水生态文明建设工作的意见》，要求把落实最严格水资源管理制度作为水生态文明建设工作的核心，抓紧确立三条红线，建立和完善覆盖流域和省、市、县三级行政区域的水资源管理控制指标，纳入各地经济社会发展综合评价体系。

4）林业生态建设领域。2007 年国家林业局提出，在未来一段时期通过做好七项工作推进现代林业生态文明建设，并提出相应的目标体系应包括林地红线、森林覆盖率、全国森林、野生动物等类型自然保护区和国家重点保护野生动植物种群数量等目标指标。2013 年，国家林业局印发《推进生态文明建设规划纲要（2013—2020 年）》，按照中央提出的“要把发展林业作为建设生态文明的首要任务”的要求，制定了相应的目标，包括到 2020 年的森林覆盖率、森林蓄积量、湿地保有量、自然湿地保护率、新增沙化土地治理面积、义务植树尽责率等，并且要求科学划定并严格守住生态红线，推进生态用地可持续增长。

5）国土资源可持续利用领域。2009 年 3 月，国土资源部、国家发展和改革委员会、国家统计局联合发布《单位 GDP 和固定资产投资规模增长的新增建设用地消耗考核办法》，采用单位 GDP 耗地下降率、单位 GDP 增长消耗新增建设用地量、单位固定资产投资消耗新增建设用地量指标，对省、自治区、直辖市政府部门进行评价考核。“十二五”规划也制定了单位 GDP 建设用地下降 30% 的目标任务。当前国土资源部也在着手划定国土空间开发管制“生存线”、“生态线”和“保障线”三条底线，并将“三条底线”理念纳入《全国国土规划纲要（2013—2030 年）》。

6）绿色低碳发展领域。国务院发展研究中心、国家发展和改革委员会等六部门提出构建“中国低碳功能区动态评价指标体系”。该研究将以碳强度作为主要指标，辅以其他指标，建立中国主要行业及城市低碳动态评价指标体系、低碳功能区的动态评价指标体系。低碳标准的制定将以中国39个主要行业的低碳评价指标与低碳功能区的动态评价指标为基础。此外还有各级政府提出的相关低碳发展指标体系。

7）城市可持续发展领域。2011年，住房和城乡建设部、财政部、国家发展和改革委员会制定了《绿色低碳重点小城镇建设评价指标（试行）》；同年，住房和城乡建设部还印发了《低碳生态试点城（镇）申报管理暂行办法》，要求明确提出交通、市政基础设施、建筑节能、生态环境保护等方面的发展目标、发展策略和控制指标。2013年年底，国务院印发《全国资源型城市可持续发展规划（2013—2020年）》，提出资源城市资源产出率、森工城市森林覆盖率、历史遗留矿山地质环境恢复治理率、单位国内生产总值能源消耗、主要污染物排放总量（包括化学需氧量、二氧化硫、氨氮、氮氧化物等）等目标指标，并要求研究制定资源开发与城市可持续发展协调评价办法。

3. 通过制定专门指标体系推进生态文明建设试点示范

2011年8月，国家发展和改革委员会联合财政部、国家林业局制定了《关于开展西部地区生态文明示范工程试点的实施意见》，提出了到2015年，试点市县林草覆盖率、城镇污水处理率和垃圾无害化处理率、绿色及无公害农产品种植面积的比重、工业固体废物综合利用率、万元GDP能耗、农业灌溉用水有效利用系数、主要污染物排放强度等目标指标。

2012年1月，国家海洋局下发《关于开展“海洋生态文明示范区”建设工作的意见》，就推动沿海地区海洋生态文明示范区建设提出了明确意见和目标，包括建成10～15个国家级海洋生态文明示范区等目标指标。

2013年3月，水利部下发《关于加快开展全国水生态文明建设试点市工作的通知》，并提出了研究制定科学合理的水生态文明建设评价指标体系等要求。

2013年5月，环境保护部发布了《国家生态文明建设试点示范区指标（试行）》，该指标体系在延续生态示范区已有指标体系中基本条件和建设指标的框架基础上，强调了生态文明建设中的主体功能区规划。在指标设置上，更强调资源利用效率和污染物排放强度，如资源产出增加率、单位工业用地产值、单位工业增加值新鲜水耗、碳排放强度、主要污染物排放强度等。

2013年12月，国家发展和改革委员会联合财政部、国土资源部、水利部、农业部、国家林业局制定了《国家生态文明先行示范区建设方案（试行）》，推出国家生态文明先行示范区建设目标体系。该指标体系包括经济社会发展质量、资源能源节约利用、生态建设与环境保护、生态文化培育与体制机制建设。在具体指标设置上，加入了总量控制指标，形成了效率与总量控制相结合的指标体系。总量指标包括土地保有量、用水总量、能源消费总量、林地保有量、湿地保有量、主要污染物排放总量等；效率指标包括单位建设用地生产总值、万元工业增加值用水量、GDP能耗、GDP 二氧化碳排放量、资源产出率等。

4. 地方政府部门纷纷出台生态文明建设目标及相应指标体系

目前，国内已有多个省（市）编制了生态文明建设规划，或专门针对生态文明建设的指标体系。这些指标体系涉及资源、环境、生态、经济等方方面面，大同小异。例如，浙江省生态文明综合评价指标体系有生态效率指数、生态行为、生态协调、生态保护四个子系统，共 20 个指标生成生态文明总指数；厦门市生态文明指标体系以城镇为评价对象，围绕资源节约、生态安全、环境友好和制度保障四大系统，包含了发展生态经济、改善生态环境、提高生态意识、建设生态伦理、实现生态善治等五个领域的 30 个评价指标；贵阳市生态文明城市指标体系以城市为评价对象，从生态经济、生态环境、民生改善、基础设施、生态文化、廉洁高效等六个方面，共 33 项指标，构建了贵阳市建设生态文明城市监测指标体系。

5. 积极推进制定包含生态文明建设目标的政绩考核评价指标体系

我国的生态环境恶化与传统的以 GDP 增长论英雄的政绩考核制度密不可分。改革政绩考核制度、追求发展质量是新时代的必然要求。在十八届三中全会后不久，中央组织部印发《关于改进地方党政领导班子和领导干部政绩考核工作的通知》，要求完善干部政绩考核评价指标，根据不同地区、不同层级领导班子和领导干部的职责要求，设置各有侧重、各有特色的考核指标，把有质量、有效益、可持续的经济发展和民生改善、社会和谐进步、生态文明建设、党的建设等作为考核评价的重要内容，加大资源消耗、环境保护、消化产能过剩、安全生产等指标的权重，更加重视科技创新、教育文化、劳动就业、居民收入、社会保障、人民健康状况的考核。

此外，加强对政府债务状况的考核，把政府负债作为政绩考核的重要指标，强化任期内举债情况的考核、审计和责任追究，防止急于求成、以盲目举债搞“政绩工程”；注重考核发展思路、发展规划的连续性，把积极化解历史遗留问题，是否存在“新官不理旧账”、“吃子孙饭”等问题，作为考核评价领导班子和领导干部履职尽责的重要内容。这些无疑将对强化地方政府资源环境保护主体责任、建设美丽中国发挥强有力的作用。

（二）现有生态文明建设目标体系存在的主要问题

从过去五年规划实施情况和当前生态文明建设目标体系制定情况来看，当前的生态文明建设目标体系主要存在如下问题。

1. 目标体系的科学性问题

生态文明建设以人与自然的相互作用为纽带，以促进人与自然的和谐为主线，其内涵和外延十分广泛，目前仍缺乏公认的理论框架支撑，因此各级政府部门在生态文明建设的科学内涵和本质的认识上极不统一，从而为这些部门从各自不同角度解读预留了空间（中国科学院可持续发展战略研究组，2013），导致现有的目标或指标体系普遍只关注或侧重局部而忽视生态文明的综合性与整体性。有的指标体系把工作目标、阶段目标或过程目标与效果目标相提并论，甚至将效率目标和总量目标等同处理。此外，许多部门都在提出红线控制指标，但对红线的科学基础研究不足，容易产生诸如不同红线指标选择的科学依据不一致、不同红线指标之间的关系不清楚、红线指标设定的宽严标准难统一等问题，导致红线目标的针对性不强或缺乏可操作性，甚至在一定程度上脱离了生态文明建设的本意。

2. 目标体系的适应性问题

现有的规划目标体系只局限在有限的几种资源和环境目标中，并且将这些目标层层分解到基层，难以灵活适应不同地区、行业和部门应对解决多样化的资源环境问题的需求。就环境规划目标而言，中国区域分异明显，环境问题的多样性和严重性不同。而现有的规划目标主要关注四类污染物总量减排，并且自上而下分配环境目标，使得地方政府满足其具体目标而忽视其他环境挑战，从而形成制度的锁定效应而削弱不同地方应对其地域最迫切环境问题的能力（Liu et al.，2012）。例如，太湖需要营养物控制而不是 COD，城市应对 PM2.5 的影响可能比削减二氧化硫更为重要。

与此同时，资源环境目标的层层分解和执行过于简单和刚性，普遍存在“一刀切”现象，没有考虑环境问题的区域性、流域性特征；灵活性较差，对不同地方发展阶段的差异考虑不足，发达地区和落后地区“一视同仁”，在一定程度上影响发展的公平性。例如，西藏地区环境容量大，污染物排放总量小，而按照目标分解的要求，也必须承担总量减排的任务，无疑给地方工作增加不少压力。

3. 目标体系的有效性问题

目前，我国的各类规划目标的制定及执行基本采取自上而下的、以命令-控制型政策为主的方式。因此，只有目标简单、清晰和突出重点，才容易取得效果。可是，这些经过简化了的目标（如节能减排约束性指标）虽然有可能取得短期效果，但却存在两方面问题，一是有可能不计成本或忽视协同效应而使整体效果不佳，二是因短期的、简单的污染物控制投入而忽视长期的成本有效性。

现存生态环境治理体系不完善，容易造成目标制定要么过高、超前或脱离实际而落空，要么过低而牺牲环境质量和资源，或者目标实现建立在过度管理的基础上，即使目标实现了，但目的却没达到，效果不好甚至代价过大。例如，“十一五”规划实施过程中，一些地方在行政问责和行政处罚等手段的高压下，为了达到能耗目标而采取拉闸限电等简单粗暴做法，直接影响到企业正常经营和群众的日常生活。一些地方环境总量控制目标达到了，但环境仍在恶化等。另外，一些目标的制定对社会和企业的不同诉求了解或反映不够，甚至因缺乏配套的技术方法支撑而导致目标难以执行或可操作性差。

4. 目标体系间的相互冲突问题

生态文明建设涉及多个政府部门，需要政府部门之间的有效分工、通力合作和加强协调。然而，目前已有的生态文明建设目标体系之间却存在着一定程度的矛盾冲突或重复现象，这也是部门利益强化和延伸的表现，无疑会削弱国家和地方环境保护的合力和效果。

在生态文明建设试点示范上，现在有多个部门都在分别布置各自的试点示范工作。例如，环境保护部出台的《国家生态文明建设试点示范区指标（试行）》，下发到各省、自治区、直辖市环境保护厅（局）、新疆生产建设兵团环境保护局执行。而国家发展和改革委员会等六部委制定的《国家生态文明先行示范区建设方案（试行）》，下发到各省、自治区、直辖市发展和改革委员会、财政厅（局）、国土资源厅（局）、水利厅（局）、农业厅（局）、林业厅（局）执行。此外，还有国家发展和改革委员会等三部委制定的《关于开展西部地区生态文明示范工程试点的实施意见》、水利部的《关于加快开展全国水生态文明建设试点市工作的通知》、国家海洋局的《关于开展“海洋生态文明示范区”建设工作的意见》也都分别下发给有关部门执行。这样的结果必然是缺少统筹协调，造成重复工作甚至矛盾冲突，无法很好地落实生态文明建设的要求。

另外，在确定生态红线上，国家发展和改革委员会、环境保护部、国土资源部、水利部和国家林业局都提出要开展生态红线划定工作。这种多头管理、政出多门、各行其道的做法无疑也给地方或部门造成很大困惑，给执行造成很多障碍。

此外，目标体系还存在与国际接轨问题。环境问题的关联性把地方、区域、国家和全球紧密地结合在一起。在中国深度融入全球可持续发展的进程中，如何把中国特色的生态文明建设目标体系与正在制定的将得到各国普遍认可的全球可持续发展目标结合起来，并承担与自身能力相适应的责任和义务，为全人类的可持续发展做出应有的贡献，也是我们值得思考的问题。

四 新时期生态文明建设的战略目标体系

（一）新时期生态文明建设目标转变的方向和原则

我国环境与发展的关系正在发生重大变化。面对新的国内外形势，在新的历史时期和新的历史起点上，中国生态文明建设的目标体系也需要发生历史性转变，以适应中国乃至全球可持续发展的需求。

1. 生态文明建设目标方向从追求弱可持续性向强可持续性转变

强可持续性和弱可持续性是可持续发展的两种范式，是由以皮尔斯等为代表的伦敦学派所提出的。弱可持续性把保持人造资本和自然资本总存量恒定或非减性作为可持续发展的基本准则。该范式的假定是人造资本和自然资本在一定程度上可以替代，只要自然资本利用带来的收益足够大，也就是说追求资本总量的增加允许以牺牲自然资本为代价。由于自然资本中的许多要素向经济系统提供不可替代的服务如调节气候等，所以该学派又提出了强可持续性原则，即把维持关键自然资本（critical natural capital）存量不递减或恒定作为迈向可持续发展的准则和必要条件。

有生态经济学者倾向于把自然资本总存量维持在当前水平或之上作为确保可持续性的、审慎的、最低必要条件，因为社会在具有很大不确定性和如果决策错误将带来不利后果的情况下，不允许自然资本的下降（Costanza et al.，1992）。而要维持自然资本总存量也是很困难的，因为作为自然资本的组成部分——不可再生资源如石油，其储量是有限的，它们必然会因不断使用而减少。要保持不变的自然资本存量就必须零开采，除非允许可再生资源和不可再生资源之间的替代。

作为弱可持续性的支持者，世界银行多年来一直采用一种弱可持续性方法——调整的国民储蓄率（真实储蓄率）来衡量各国可持续发展状况。其本质是在对国民总储蓄扣减固定资本消费并且增加教育支出基础上，进一步扣减自然资本总消耗（包括森林、能源和矿产资源的消耗以及二氧化碳、PM10 损害）而形成的。如果储蓄率为零则是不可持续的底线。这种方法对中国的评价结果如图 3.3 和表 3.5 所示。

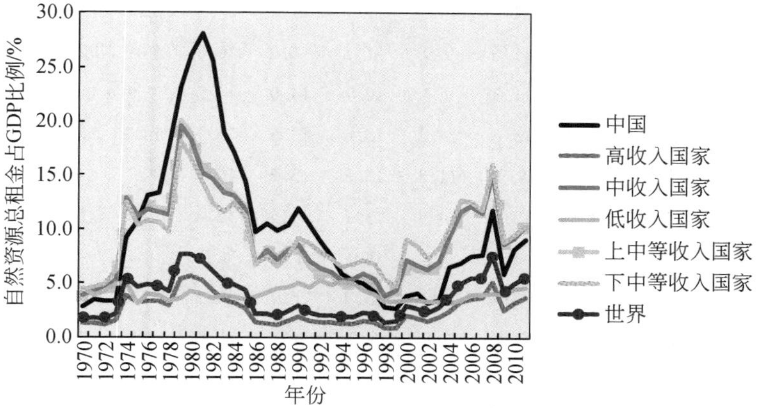

图 3.3 各国自然资源总租金占 GDP 比例（1970 ~ 2011 年）

资料来源：世界银行数据库

表 3.5 世界银行关于中国与部分国家真实储蓄率比较（1990 ~ 2008 年）

（单位：%）

国家	1990 年	1995 年	2000 年	2001 年	2002 年	2003 年	2004 年	2005 年	2006 年	2007 年	2008 年
奥地利	10.6	12.1	14.3	12.2	11.7	11.7	11.1	11.3	12.2	15.2	15.0
澳大利亚	14.1	10.9	11.7	10.6	12.5	11.9	12.8	13.4	14.0	15.0	17.6
比利时	13.9	12.8	12.6	10.7	10.5	9.8	13.5	13.6	15.0	15.8	..
巴西	10.7	8.0	4.1	4.0	5.0	6.1	8.5	7.6	7.6	7.4	5.2
加拿大	9.9	10.2	12.9	11.0	10.4	9.9	11.3	10.3	11.5	8.7	7.6
中国	**20.0**	**30.2**	**23.7**	**24.4**	**27.5**	**31.0**	**31.6**	**36.3**	**38.5**	**38.1**	**35.1**
芬兰	12.3	11.2	18.4	18.6	17.8	15.2	16.6	15.2	16.1	16.7	16.0
法国	13.6	12.4	13.9	13.2	11.9	11.8	11.5	10.8	11.3	11.7	9.8
德国	13.1	9.8	8.7	8.1	8.2	8.4	11.8	12.4	13.9	15.7	..
希腊	5.9	7.6	2.2	3.0	1.7	3.9	4.8	3.1	3.5	-1.5	-4.8
印度	11.4	14.4	14.6	14.5	16.0	18.4	20.8	21.5	23.0	25.0	24.2
以色列	11.2	5.1	9.7	10.2	7.9	8.4	12.4	14.7	16.4	15.2	11.3
意大利	9.5	11.3	9.5	10.1	9.7	8.9	9.2	8.0	8.4	8.6	8.5

续表

国家	1990 年	1995 年	2000 年	2001 年	2002 年	2003 年	2004 年	2005 年	2006 年	2007 年	2008 年
日本	21.2	14.2	10.7	9.1	8.1	7.8	8.3	8.9	9.1	10.6	15.3
韩国	27.8	26.9	21.3	19.5	19.7	21.7	24.3	22.0	20.7	20.8	21.1
科威特	-9.1	5.8	11.6	2.9	-5.5	-0.2	10.8	13.7	21.5	19.8	9.7
墨西哥	6.9	8.0	11.3	9.3	10.1	14.0	14.8	9.9	10.9	11.0	9.0
荷兰	14.6	15.4	15.6	14.2	13.6	13.5	15.1	14.2	17.8	18.6	-1.2
新西兰	8.0	11.5	8.3	11.8	12.8	13.2	10.8	8.7	7.2	..	..
挪威	5.6	9.6	12.8	14.9	13.3	11.4	12.4	14.6	16.8	18.0	16.2
俄罗斯	5.8	8.4	-1.2	2.6	3.9	1.2	4.8	1.7	-0.4	2.3	1.5
新加坡	30.4	39.2	33.4	26.6	23.7	26.7	29.5	32.8	35.0	34.6	34.7
英国	6.8	7.3	8.1	8.8	9.2	9.2	8.8	7.9	7.4	8.6	3.9
美国	7.3	7.9	9.4	7.1	5.6	4.6	5.0	4.7	6.1	5.5	0.9

资料来源：世界银行数据库

从以上图表可以看出，真实储蓄率是采用价值来计算的。中国的资源租金在GDP中所占的比例虽然低于中等收入和上中等收入国家的平均水平，但明显高于世界和高收入国家平均水平。再从历史趋势来看，中国资源租金占GDP的比例在20世纪80年代初达到顶峰后逐渐下降，但1998年后又波动上升，到2008年之后才有所下降。而真实储蓄率则在近年来保持30%以上，位居世界前列。以此来衡量，中国和世界自20世纪90年代以来一直在弱可持续性的轨道上行进，而且中国应该具有较强的可持续发展能力。

显然，这种评价结果是中国的高速经济增长掩盖了资源环境的代价所致。这与中国的资源环境实际情况（包括资源消耗、污染物排放的增长态势、资源的供需矛盾，以及人们对环境污染的感受）有很大偏差，同时也反映了弱可持续性范式的极大缺陷。因此，中国的生态文明建设目标需要更多考虑强可持续性的价值取向。

向强可持续性方向转变的焦点在于关键自然资本存量的识别和确定，这也与我国划定生态红线工作密切相关，是生态环境保护最基本的要求和必须坚持的防护底线。关键自然资本对应于总资本存量中最小份额的环境资源，它必须反映出那些对于维持人类现在和未来福利非常重要的自然资本要素（Turner，1993）。英国自然委员会（English Nature）建议关键自然资本可以用以下四个指标衡量：包含的资本存量水平或质量水平应具有很高的价值、对人体健康非常重要、对于生命支持系统的功能发挥起着重要作用、不可替代或不能替代所有实用的目的；也有学者认为关键自然资本强调的是生态系统功能的初级价值，而不是从利用这些生态系统中获得的次一级价值（MacDonald et al.，1999）。因此，可以对上述衡量指标进行修正和补充，即自然资本不仅对人类健康非常重要，也应反映出生态系统健康的需求；对生命支持系统功能的有效发挥起着重要作用；在实践中不可替代；环境过程的不可逆性或存量的变化对代际公平产生影响。据此将关键自然资本分为大气、土壤、水，以及自然植物群和动物群四个类型。

可持续发展观念本身的演变过程和精神内核始终蕴涵着临界的概念，包括承载力。早在1991年，Herman Daly就提出了维持可持续性的三条原则：①使用可再生资源的速度不超过其再生速度；②使用不可再生资源的速度不超过其可再生替代物的开发速度；③污染物的排放速度不超过环境的自净容量（张坤民，1997）。

围绕这些可持续性基本原则的细化和关键自然资本的厘定，廓清资源利用和生态系统的多维临界阈值，不仅构成资源环境承载力监测预警的前提和基础，而且成为生态文明建设的基本准则和依据，同时又为实物型自然资源资产负债表的探索和编制提供了一定的理论基础。在总结国内外相关研究成果的基础上，我们提出了制定新时期生态文明建设目标的九大基本原则。

原则一：在强化污染物总量减排的基础上，力争把污染物排放量严格限制在环境容量范围内。

环境容量在很大程度上是一种可再生资源，它对污染物的吸纳能力存在着临界阈值。原则上要求污染物的排放量应控制在环境自净容量的范围内。正如前面所述，我国的一些常规污染物排放总量虽然在下降，但环境质量仍未好转，从根本上来说是由于这些污染物和其他未列入约束清单的污染物（如VOCs、O_3等）的排放总量仍远超出环境容量范围，也只有把所有主要污染物排放量都严格限制在环境容量范围内，中国的环境质量才能得到根本性好转。根据环境构成要素的特征，可以将环境容量分解为大气环境容量、水环境容量和土壤环境容量，这些环境容量分别对应着不同功能区的大气环境质量标准、水环境质量标准和土壤环境质量标准。

原则二：在优先提高水资源效率和开展水资源节约的前提下，将水资源开发利用量约束在自然生态系统承载力的范围内。

水资源的紧缺已成为限制发展的主要因子之一，这在中国的北方地区尤为突出。水资源的开发利用不仅要考虑社会经济发展的需求，也要考虑生态系统正常运转的用水需求。通常，一个地区的水资源允许开采量构成了该地区水资源可持续利用的上限。水资源的开发利用量总体上要低于该地区的允许开采量。其中，涉及三个临界约束。一是地下水资源的开采临界即地下水抽取量不超过地下水的安全抽取量，以避免引发地面沉降等生态问题。二是流域水资源利用的安全临界。采用国际上公认的水资源开采指数（WEI）即水资源开采量与流域水资源量的比值来衡量，如果该指数低于20%则处于低压力状态，高于40%则处于高压力状态（West et al.，2013），则会对该地区的生态环境产生不良影响。通常把20%作为流域水资源安全临界值。三是生态需水临界即必须保留维持生态系统良性循环所需要的水量——生态需水量，否则生态系统的功能将会受到影响。联合国通常把地表水折合径流深150毫米作为生态用水的下限。河流也需要保持合适的生态流量。除了考虑水资源临界约束，还应注重水的各项功能在不同类型流域内的优化组合与配置。我们需要关爱河流健康和生命，贯彻“为河流让出空间”、“为湿地让出空间”、“建立河流绿色走廊”的理念（中国科学院可持续发展战略研究组，2007）。

原则三：在坚守耕地保有量红线的同时，提高耕地的质量以维持持久生产力。

我国在“十一五”和“十二五”规划中提出了18亿亩耕地保有量红线，但这仅是保护耕地的数量，还应提高耕地的质量。而培育和改善土壤的肥力、防止土壤污染则是土地生产能力和耕地质量的关键，也是保障我国粮食安全和食品安全的重要基础。耕地的肥力也存在一定的临界。一是土壤允许侵蚀极限，即在区域特定条件下，可以承受的最大土壤侵蚀强度，即最大侵蚀模数。人为因素导致的加速侵蚀如果超过土壤允许侵蚀极限，则会降低土壤的天然肥力，造成自然生产力的下降。大多数土壤学家认为每英亩（1英亩=0.404686公顷）每年流失5吨土壤以上，生产力就会下降。目前，美国采用的允许侵蚀极限值为500～1250吨/（千米^2·年），而我国许多地区土壤侵蚀模数都远高于土壤允许流失量。另外，耕地的坡度与水土流失强度之间也存在一定的临界，在25°与30°之间，因此，25°以上的坡耕地应坚持退耕还林还草，小于15°适宜耕作区域应采取坡改梯、节水灌溉、作物改良等水土保持综合措施。二是土壤肥力临界。维持持久的土壤生产力在于关注土壤临界肥力、保持土壤营养物平衡，即保持自然过程形成养分、人为补充进土壤的养分与植物所带走的养分之间的平衡。如果只用不养即粗放经营，将造成地力消耗、耕地质量退化、作物生产力下降。反过来，如果对营养物（如N、P、K等）的投入过多，则会破坏营养元素的合理配比，使营养物富集或滞留积累而污染环境，对生态系统产生诸多不利影响。我国目前单位耕地面积的施肥量大大超出发达国家设置的225公斤/公顷的安全上限，单位面积的农药使用量是世界平均水平的2倍以上，导致农业面源污染突出，同时不少耕地因污水灌溉等原因重金属污染严重，直接影响到人民的健康和粮食生产安全。

原则四：因地制宜扩大植树造林面积，在不减少森林生态资产存量的原则下维系森林采伐量与蓄积量之间的动态平衡。

植树造林、退耕还林还草要因地制宜，遵循自然地带性规律。这就意味着森林覆盖率存在着合理阈值范围。根据中国的自然地理条件，适宜的森林覆盖率约为28%，这也规定了中国植树造林的上限。在实现森林数量增长的同时，也要不断提高森林质量。然而，目前在我国的生态环境建设包括水土保持过程中，林草植被建设存在着比较严重的违背地带性规律、树草种单一、成活难成林甚至难成活、生态效益低等问题，或者急于求成，追求短期利益，违背综合治理的基本原则，缺乏长远战略（中国科学院可持续发展战略研究组，2007）。同样，在干旱半干旱地区，由于水资源的限制，草原、绿洲不可能无限制地扩大，同样存在着边界或临界。

森林资源的采伐量原则上不应超过其净生长量，否则会减少现有的森林资源存量，削弱森林的生态服务功能。确定合理的采伐量和采伐率也是森林可持续经营和森林生态系统管理的基本要求。但是中国不少地区的森林砍伐量都超过限额采伐量。位居发达国家之列的瑞典，虽然地处高纬度，树木生长的自然条件并不理想，而且生长周期长，但是该国却拥有丰富的森林资源，森林工业极其发达，不仅是目前西欧最大的木材生产国和出口国，而且是仅次于加拿大和美国的世界第三大纸浆生产国和出口国。其除了有一套行之有效的森林法规和林业政策外，还规定全国森林的砍伐量不得超过森林生长量的70%（陈劭锋等，2001）。

原则五：在遵循自然规律稳定草原生态资产存量和功能的同时，合理调节草原牧养量与可载畜量之间的动态平衡。

同森林维持临界平衡一样，草原作为另一类重要的可再生资源，具有其生产力上限即通常的最大承载能力。原则上，草原资源的可持续利用要求牲畜饲养量不超过其承载能力，否则会导致草原资源的退化和破坏，削弱畜牧业赖以生存的资源基础和存量。由于过度放牧等因素，全国90%以上的可利用天然草原不同程度地退化，草原生产能力不断下降，给牧区的生产、生活、生态带来巨大的威胁。因此，这种情形迫切需要在优先加强草原生态建设、提升草原生态资产存量和功能的同时，兼顾牧区人民的生产和生活，把草原的放牧量控制在草原合理的承载力范围内。

原则六：在加强水生生物资源养护力度的同时，把渔业资源的捕捞量限制在其再生能力范围内。

水生生物资源养护关系到渔业资源的可持续利用、国家的食物安全、人民的健康乃至国际形象。原则上，渔业资源的捕获量不超过其再生能力或最大可持续产量，否则会导致渔业资源存量的下降和萎缩。这也是渔业资源利用的生物准则。据专家评估，我国现有海洋捕捞能力超过资源可承受能力30%以上；过度利用导致渔业资源趋于衰退或严重衰退；目前，渤海海域的生产力水平已经不足20世纪80年代的1/5；长江流域年捕捞产量已从20世纪50年代的40多万吨下降到目前的10万吨左右，白鳍豚或已功能性灭绝，中华鲟、江豚等珍稀水生野生动物濒危程度加剧（孙政才，2009）。

原则七：在科学认识和厘定生态系统阈值和服务功能基础上，加强生态保护力度并且促进形成生态安全大格局。

科学认识和厘定生态系统阈值和服务功能是开展自然保护与管理的理论基础，也是我国生态红线管理、建立生态补偿机制、构建生态安全大格局的主要依据。生态阈值是生态系统中普遍存在的现象，一旦超过临界，生态系统的功能、结构或过程将发生快速的质变甚至不可逆转的变化，其中包括生物多样性临界、气候变化临界、人类活动干扰临界等（赵慧霞等，2007）。

（1）生物多样性临界

生物多样性作为生态系统的主体，维系着生态系统过程的正常运转和生态功能的有效发挥，也是人类持续从自然获得各种有价值生态服务的来源和载体。任何层面上（物种、生态系统、基因和景观）的生物多样性降低或丧失，都会降低自然和社会系统对环境变化作出响应的能力（Costanza et al.，1992）。生态系统存在着物种多样性阈值，超过此阈值，生态系统的服务功能就会减弱。虽然物种灭绝本身是一种正常自然现象，但是由于人类活动的影响和干扰加剧，物种灭绝速度远远高于自然界“本底灭绝速率”（10 种/年），价值损失难以估量。

中国目前物种的受威胁程度高于世界平均水平 10% ~15%，野生高等植物濒危比例达 15% ~20%。从表 3.1 中也可以看到，在 2011 ~2013 年短短的三年里，中国受威胁鸟类增加了 1 种，鱼类增加了 8 种，高等植物增加了 101 种。因此，保护生物多样性非常迫切。要保护生物多样性，原则上要使其灭绝的速度不超过自然演化的速度。

人类活动导致的栖息地破碎化是导致物种灭绝的直接原因。栖息地破碎规模或大小与生物多样性之间也存在着阈值。体现在保护生物多样性方面就存在着至少保护多大栖息地面积才可遏止生物多样性减少的问题。国际上对该阈值的确定也存在着很大的争议。以 IUCN 为代表的主流派建议是把每个国家或生态系统总陆地面积的 10% ~12% 留出用以保护（Inamdar et al.，1999）。中国目前这一比例在 15% 左右，即使达到了世界自然保护联盟（IUCN）的推荐标准，但由于高强度人类活动等因素，仍难以满足生物多样性保护的需要。因此，制定相关法律，加强执法力度，提高保护质量是关键。

（2）气候变化对生态系统的影响临界

生态系统对气候变化的适应和调节能力存在着阈值。如果气候变化幅度过大、胁迫时间过程超出了生态系统的调节和弹性阈值，则生态系统的结构、功能和稳定性就会遭到破坏而发生不可逆转的演替。目前，国内外就气候变化对农业生产、林业、水资源、自然灾害甚至人类健康等诸多领域的影响已经开展了大量的研究。1992 年联合国气候变化框架公约提出，将大气中温室气体的浓度稳定在防止气候系统受到危险的人为干扰的水平上，从而使生态系统能够自然地适应气候变化，确保粮食生产免受威胁并使经济发展能够可持续。

针对该公约提出的“危险水平”问题，欧盟于 1996 年首次提出 2℃升温控制目标，即把地球平均温度控制在比工业化前水平高 2℃范围内，并被写入 2009 年的《哥本哈根协议》。根据政府间气候变化专门委员会（IPCC）第四次评估报告，2℃升温对应的最大可能的大气中温室气体浓度是 450ppm（$1\text{ppm}=10^{-6}$），如果超过这一阈值，其负面影响有可能显著增加。中国是世界第一大温室气体排放国，也是受气候变化影响较大的国家，包括中国在内的亚洲有可能成为世界上受气候变化影响最严重地区。无疑凸显了中国控制温室气体排放的责任和紧迫性。

（3）人类活动对生态系统的干扰临界

生态系统承受人类活动干扰的强度（承载力）存在着临界值。人口密度通常被用来表征人类活动的强度。中国干旱地区的人口密度远远超过国际公认的 7 人/千米^{2}的标准，这意味着我国人类活动对旱区生态系统造成巨大的压力。对于草原生态系统而言，如果牲畜取食量不超过可利用面积的 5%，则草原生态系统可以自我维持并保持相对稳定，这既可以作为草原供应牲畜取食的阈值，也为确定天然草原放牧强度的生态阈值提供了依据（赵慧霞等，2007）。

对于人为造成的退化生态系统，要控制人类活动强度，包括封山育林、退耕还林、退田还草、退田还湖等，加大生态系统修复力度和自然恢复速度，让透支的生态系统逐步休养生息，从而将生态环境从人类的干预中或高强度人类活动压力下解放出来。

原则八：在全方位深度发掘不可再生资源节约利用潜力的条件下，寻求自然资源的理性需求与可持续安全供给之间的动态平衡。

不可再生自然资源的赋存是有限的，决定了其不可能无限地供给，也就是其承载力的有限性。如果任由中国的能源矿产资源消费需求规模以目前的速度增长下去，不仅国内的供给无法满足，国际市场也难以承受。未来一段时期，中国应把资源约束趋紧和环境赤字加重的危机感转化为优先提升资源效率和全面开展资源节约的内在动力，实现以需定供向供需双向调节再到以供定需的方向转变，以保障资源安全和能源安全。

积极推进能源和资源生产、消费及效率革命（如五倍、十倍提升），充分发挥和发掘结构、技术、政策、管理的资源节约作用和潜力，通过调整和优化经济、贸易与资源结构，绿化生产技术和产品，强化政策引导和监督管理，推动生产和消费方式的全方位变革，发展循环经济等途径，加快可再生能源、资源的替代速度，从而大幅降低能源、矿产资源、土地消耗强度，控制能源、资源总量增长幅度乃至实现零增长或负增长，彻底减轻社会经济活动对自然生态系统的破坏和压力，并使之降低到生态系统承载力的范围内。

原则九：在强化技术、结构、政策、制度和治理创新的前提下，尽早实现碳排放总量高峰的跨越，承诺与能力相适应的减排责任。

目前，中国是世界第二大经济体和最大的碳排放国。2012 年，中国的二氧化碳排放量约占全球 1/4。虽然中国在提高能源效率、发展清洁能源、优化调整能源结构、推进节能减排、提升能源科技水平等方面成效显著，但是由于中国正处在工业化和城镇化的加速发展阶段，能源禀赋结构以煤为主、经济高速增长、消费结构快速升级、能源技术水平整体较为落后、能源利用效率相对低下、经济增长方式相当粗放、能源管理体制机制和政策体系不健全等原因，导致能源需求刚性增长趋势明显，与此同时，能源消费产生的二氧化碳排放量也呈强劲的增长势头，面临着日益增加的巨大国际压力。

根据之前讨论的碳排放历史规律，碳排放要依次经历排放强度、人均量和总量三个倒 U 形高峰。碳排放强度的下降是实现人均量和总量高峰的前提和基础。中国目前的能源强度下降速度趋缓，这意味着碳排放的人均量和总量仍然将保持快速增长。虽然中国在国际上承诺到 2020 年实现二氧化碳排放强度下降 40% ~45% 目标，但是未来一段时期内，碳排放总量还会较大幅度增加、国际份额不断上升。面对地球温升 2 °C 目标下有限的全球温室气体排放空间，中国必须充分论证未来可能的碳排放峰值、实施路径及配套政策，既要实现国家发展的战略目标，又要谋求合作共识，争取公平的发展权利，积极承担能力所及的国际义务。

2. 生态文明建设目标治理从刚性管理向适应性治理方向转变

与生态文明建设目标方向的转变相适应，生态建设目标治理也要发生相应的根本性转变。

（1）环境污染防治目标从污染物总量控制向环境质量控制方向转变

污染物总量控制是环境质量改善的前提。但是环境质量的彻底改善则要求把污染物的排放量限制在环境容量范围内。尽管目前很多地区实现了规划中的污染物总量减排目标，但依然没有扭转环境恶化趋势，其主要原因除了所规定的污染物种类涵盖范围有限外，还有污染物的排放量仍远高于环境容量。因此，环境污染治理应从追求污染物总量控制向更严格的环境质量控制方向转变。按照不同功能区和不同环境要素的质量要求，实施环境质量控制目标。

（2）资源节约利用目标从注重强度控制向强度和总量双控制再到全方位资源消费总量零增长或负增长控制方向转变

提高资源效率是抑制资源消费过快增长、打破资源约束的前提和基础。“十五”计划、“十一五”规划均在能源节约方面制定了能源强度控制目标。“十二五”规划则不仅在能源强度控制目标基础上，提出要控制能源消费总量，意在形成倒逼机制，迫使地方政府转变发展方式，而且还提出要“全面实行资源利用总量控制、供需双向调节、差别化管理”。从目前看，我国总量控制目标只针对能源消费领域，实行的是能源消费强度和能源消费总量双控制，而在资源领域，只提出了资源产出率目标。鉴于环境污染是资源利用不当的结果，因此，要从根本上控制污染，必须控制前端的资源利用规模和速度。目前我国的能源消费总量目标控制本质上是控制能源消费增长幅度，仍然为能源消费保留了一定的增长空间。未来的资源节约利用目标需要在促进社会经济发展的同时，通过能源和资源的生产、消费和效率革命，不仅实现从控制能源消费总量增长速度向促进化石能源消费总量零增长甚至负增长方向转变，而且需要实现其他关键资源消费总量实现零增长甚至负增长。在此意义上，目前能源消费强度和总量的双控制只是一种中间过渡形式。

（3）生态建设目标从注重数量向数量、质量、结构和功能“四位一体”提升的方向转变

尽管1998年以来，我国的生态建设工作发展迅速，实施了大规模生态工程，取得了有目共睹的成绩，但是在生态建设过程中，重数量轻质量，重经济效益轻生态效益的问题比较突出，只强调提高植被覆盖率，而忽视生态功能和生态系统服务的恢复；植树造林、种草成活率较低，并且树草种结构单一；森林生态系统结构趋于简单化，呈现数量增长和质量下降的局面；热衷于营造各种经济林，而轻视营造生态林；倚重工程建设修复，而对自然恢复重视不够等。因此，未来的生态建设目标要从重数量增加向数量增加、质量提升、结构优化、功能增强“四位一体”的方向转变，遏制生态退化和破坏趋势，提供良好的生态系统服务。

（4）目标治理模式从刚性的目标责任制管理向柔性的适应性治理方向转变

中国的资源环境管理模式脱胎于计划经济体制，主要强调政府的作用，基本上采用自上而下的决策机制和管理方式。这种体制虽然在集中解决环境问题上有行政优势，但在环境保护政策、计划和方案的具体制定过程中，往往缺乏公平和效率考虑，难以适应环境问题的多样性和复杂性，以及利益主体的多元化诉求，容易削弱或降低政策和方案的成本有效性。另外，政府部门内部之间部门分割、协调不力的封闭式决策管理模式也对政策合力产生很大的负面影响。

针对传统自上而下的环境管理模式的缺陷和弊端，通过建立健全相关法律制度，

强化政府在资源环境与可持续发展领域提供有效的公共服务职能。通过顶层设计，促进政府职能转变和部门之间的协调合作，实现封闭分割式管理模式向部门综合协调治理模式转变，有效提升政策制度的整合力和调控力；通过自上而下的变革与自下而上的社会创新过程的相互作用（UNEP，2012），建立上下级政府之间强有力的制衡机制，促进自上而下的管理模式向上下互动的治理模式转变，有效增强政策制度的适应力和执行力；通过制度体系建设，建立更加广泛的社会化网络制衡机制，促进政府绝对主导、单向推动的管理模式向包括政府、企业和社会公众在内的主体多元化合作治理模式转变，有效增进政策制度的平衡力、凝聚力和包容力。

（5）目标实现手段从过分倚重行政命令式手段向注重市场激励型手段方向转变

生态文明建设目标的实现不仅有赖于目标制定和分解的科学性，也有赖于目标的可操作性和可执行性。因此，政策和规划目标的制定和实施不能过分依靠政府的行政力量自上而下高压推动，而更需要结合各地区的具体情况和特殊性实行有弹性的分区分类分级管理，减少硬性指标约束，增强指导性和强化服务监督职能，以调动和发挥地方、企业及社会公众的主动性和积极性，参与到生态文明建设的实践中。政策目标的制定要倾听地方政府、科学界、非政府组织（NGO）和社会公众的声音，并且鼓励其参与到决策过程中。

政策目标的实现也要通过建立和完善一系列相关的法律、制度、机制（如考核评价机制）和政策手段来加以保障，特别是政策工具要从过分倚重行政命令式工具向注重运用市场激励型工具方向转变，包括财政补贴、资源税、环境税、生态补偿、排污权交易等手段和工具，从而最大限度凝聚社会资源，激发更大范围的社会力量，推动实现生态文明建设的各项目标。

（二）新时期生态文明建设的战略目标体系

依据国际可持续发展的基本趋势、中国资源环境演变的阶段性特征和未来情景分析，结合中国生态文明建设目标转变方向和原则，提出来新时期中国生态文明建设的战略目标体系，包括环境污染防治战略目标、资源节约利用战略目标、生态环境保护战略目标，以及能源与气候战略目标。

1. 总体目标

通过技术创新、结构创新、政策创新、制度创新、治理方式和治理体系创新等全方位的系统变革与创新，把生态文明建设融入经济建设、政治建设、文化建设、社会建设各方面和全过程，积极推动能源、资源生产、消费和效率革命，努力促进社会经济发展与污染物排放总量、化石能源和资源消费总量及二氧化碳排放总量的强脱钩，为2050年实现美丽中国及经济社会可持续发展而奋斗。

到2020年，资源节约型、环境友好型社会建设取得重大进展。主体功能区布局基本形成，资源循环利用体系初步建立。单位GDP能源消耗、资源消耗和二氧化碳排放大幅下降，主要污染物排放总量显著减少。森林覆盖率提高，生态系统服务增强，人居环境明显改善。生态文明制度体系架构基本形成。

到2030年，基本建成资源节约型、环境友好型社会，有序实现社会经济发展与污染物排放总量、煤炭消费总量、矿产资源消费总量、总用水量及建设用地的强脱钩，主体功能区布局比较完善，资源循环利用体系运转良好，资源效率大幅提升，环境质量全面改善。生态安全格局基本形成，生物多样性逐步恢复，生态系统服务显著增强。建成系统完备、科学规范、运行有效的生态文明制度体系。

到2040年，资源节约型、环境友好型社会更加健全，主体功能区布局臻于完善，资源循环利用体系高效运行，实现经济社会发展与化石能源消费总量和二氧化碳排放总量的绝对脱钩，生态恶化趋势得到根本遏制，生态环境全面好转，生态安全格局趋于稳定，生物多样性明显恢复。

到2050年，生态文明高度发达，生态系统进入良性循环的轨道，全面建成美丽中国，实现人与自然的和谐发展。

2. 具体领域目标

（1）环境污染防治战略目标

实现环境污染治理目标从污染物总量控制向环境容量或质量控制方向转变，常规污染物排放大幅削减，非常规污染物实现有效控制，环境恶化势头得以扭转，各类环境指标达到不同环境功能区的环境质量标准，环境质量全面好转，为实现美丽中国奠定环境质量基础。

到2020年，资源节约型、环境友好型社会建设取得重大进展。所有污染物排放强度全面下降，主要污染物排放总量显著减少，实现社会经济发展与污染物排放总量的强脱钩；工业污染排放持续下降，农业面源污染基本得到控制，人居环境明显改善。

到2030年，主要污染物排放总量进一步控制在环境容量范围内，土壤重金属、持久性有机物、PM2.5等污染得到有效控制，主要城市灰霾问题基本解决，环境质量全面好转，并且达到各类环境功能区的环境质量标准。

（2）资源节约利用战略目标

通过资源生产、消费和效率革命，大幅提升资源产出率和资源循环利用率，到

2050 年资源效率在 2010 年基础上实现 10 倍跃进，建立起资源高效利用的经济体系、技术体系和资源可持续利用的制度保障体系。

在水资源节约利用方面，2015 年前后，实现工业用水零增长。2020 年实现农业用水零增长，全国年用水总量力争控制在 6300 亿立方米以内，城乡供水保证率显著提高，万元 GDP 和万元工业增加值用水量明显降低，城乡居民饮水安全得到全面保障。2030 年全国用水总量控制在 6500 亿立方米峰值以内；用水效率达到或接近世界先进水平，万元工业增加值用水量降低到 40 立方米以下，农田灌溉水有效利用系数提高到 0.65 以上；主要污染物入河湖总量控制在水功能区纳污能力范围之内，水功能区水质达标率提高到 95% 以上。

在矿产资源节约利用方面，到 2020 年，主要资源消耗强度实现稳定下降，矿产资源产出率在 2010 年基础上提高 30% 以上，资源循环利用体系初步建立，矿产资源消费增长速度趋缓，资源约束趋紧状况得以缓解。到 2030 年，铁矿石、钢材、水泥、有色金属先后达到峰值，实现社会经济发展与矿产资源消费总量的强脱钩。到 2050 年，资源效率在 2010 年基础上提高 10 倍跃进，建立起资源高效利用的经济、技术和制度保障体系。

在土地资源节约集约利用方面，到 2020 年，单位 GDP 建设用地在 2010 年基础上下降 60% 左右，建设用地规模增长速度明显趋缓，土地产出效益显著提升。到 2030 年，建设用地规模趋于稳定，实现城市摊大饼式粗放型发展模式向高效集约利用土地资源方向转变。

（3）生态环境保护战略目标

实现生态保护建设从重数量扩张向数量、质量、结构和功能全方位提升方向转变，在加强生态建设、修复退化生态系统的同时，也要注重发挥自然恢复功能，从而建立起美丽中国的生态安全格局。

到 2020 年，主体功能区布局基本形成；森林覆盖率提高，生态系统稳定性增强；城市建成区绿地覆盖率和人均公园绿地面积稳定增加；全国累计草原围栏面积达到 1.5 亿公顷，改良草原 6000 万公顷，人工种草面积达到 3000 万公顷，60% 的可利用草原实施轮牧、休牧、禁牧措施，天然草原家畜超载率控制在 10% 以下，天然草原基本实现草畜平衡，草原植被明显恢复，草原生产能力显著提高。

到 2030 年，主体功能区布局比较完善，生态安全格局基本形成；荒漠化面积治理达到 4000 万公顷；全国 60% 以上适宜治理的水土流失地区得到不同程度整治，生物多样性逐步恢复，森林覆盖率达到 23% 以上，形成比较完备、稳定的森林生态系统，森林蓄积量达到 186 亿立方米。

到 2040 年，主体功能区布局臻于完善，实现生态退化零增长，生态安全格局趋于稳定，生态用地占国土面积的比例达到50%以上，生物多样性明显恢复，生态系统服务全面提升。

到2050年，全面实现美丽中国，森林覆盖率达到26%以上，生物种群数量全面恢复和增加，人为造成的水土流失和退化草原得到普遍治理，湖泊、湿地得到充分的休养生息，生态系统迈入良性循环的轨道，实现人与自然的和谐发展。

（4）能源与气候战略目标

通过大力提高能效、发展非化石能源、强化能源科技创新，推动能源生产、消费和效率革命，综合考虑我国人口、资源、环境与经济社会发展情景，提出科学合理的碳减排目标，以及具体的实施路径、配套政策和一揽子解决方案，尽早实现三个碳排放高峰的跨越，完成低碳转型和发展的各项任务。

从“十三五”规划期间（2016～2020年）开始，实施阶段性煤炭总量控制；希望再经过5～10年的时间，到“十五五”规划期间（2026～2030年），实现煤炭消费总量的零增长。

争取在“十六五”规划期间（2031～2035年），实现碳排放总量峰值的跨越；并争取在各项条件具备的情况下，探索在2030年尽早实现碳排放零增长的可行性，实现社会经济发展与碳排放总量的绝对脱钩。

争取在2040年前后，实现化石能源消费总量达到高峰，实现社会经济发展与化石能源消费总量的绝对脱钩。

2050年，争取二氧化碳排放量回到2020年的排放水平；二氧化碳排放强度降到2020年的20%左右；非化石能源占能源消费的比重在2020年基础上增加20个百分点以上。

需要指出的是，上述峰值目标需要与实施路线图、配套政策和措施，以及国际合作共识整合在一起才有望完整实现。当然，需要针对不同地区和行业特点区别对待，低碳试点省市及东部发达地区可率先到达排放峰值。鉴于我国的快速增长、转型和结构性变化，在具体实践中应根据具体情况对目标、手段和优先领域进行动态调整，以提高政策措施的成本有效性。

参考文献

陈劭锋，牛文元，杨多贵．2001．可持续发展的多维临界．中国人口·资源与环境，11（1）：25-29.

陈劭锋，王毅，邹秀萍，等．2010．1949年以来中国环境与发展关系的演变．中国人口·资源与环境，20（2）：43-48.

高级别名人小组．2013．2015年后联合国发展议程报告——新型全球合作关系：通过可持续发展消除贫困并推动经济转型 . http://www. un. org/zh/sg/management/HLP% 20Report_ Chinese. pdf [2013-10-31] .
可持续发展行动网络领导委员会 . 2013. 可持续发展行动议程 . http://unsdsn. org/wp-content/uploads/2014/02/2013-0609-可持续发展行动议程_ 最终版 . pdf [2013-06-30] .
胡鞍钢 . 2013. 解读中国发展奇迹的奥秘 . 见：鄢一龙 . 2013. 目标治理——看得见的五年规划之手 . 北京：中国人民大学出版社 .
李雪姣 . 2013. 报告称空气污染致中国部分地区人口寿命缩短五年 . http://gb. cri. cn/42071/2013/07/09/5892s4176093. htm [2013-07-10] .
联合国 . 2013. 2013 年千年发展目标报告 . http://www. un. org/zh/mdg/report2013/pdf/Chinese2013. pdf [2013-11-20] .
刘扬，陈劭锋，张云芳 . 2008. 能源 Kuznets 曲线：发达国家的实证分析 . 中国管理科学（增），16：648-653.
刘玉飞 . 2013. 水泥消费五年内将达峰值拐点 . http://info. ccement. com/news/content/4417197851190. html [2014-01-08] .
潘基文 . 2013. 人人过上有尊严的生活：加快实现千年发展目标并推进 2015 年后联合国发展议程. 第六十八届会议临时议程（A/68/150），项目 118，千年首脑会议成果的后续行动 . http://www. un. org/zh/documents/view_ doc. asp? symbol = A/68/202 [2013-11-14] .
孙新章，张新民，夏成 . 2012. 对全球可持续发展目标制定中有关问题的思考 . 中国人口 · 资源与环境，22（12）：123-126.
孙政才 . 2009-04-19. 加强水生生物资源养护，推进生态文明建设 . 人民日报，06.
王安建 . 2012. 认识资源消费规律，把握国家资源需求 . http://www. sciencenet. cn/skhtmlnews/2012/2/1680. html [2013-12-25] .
王尔德 . 2014. 陈竺：中国每年因空气污染导致早死 35 万 ~ 50 万人 . http://jingji. 21cbh. com/2014/1-7/5MMDA2NTFfMTAzMTE5Mg. html [2014-01-10] .
王振堂，盛连喜 . 1994. 中国生态环境变迁与人口压力 . 北京：中国环境科学出版社 .
鄢一龙 . 2013. 目标治理——看得见的五年规划之手 . 北京：中国人民大学出版社 .
杨文彦 . 2013. 国家统计局首次公布 2003 至 2012 年中国基尼系数 . http://politics. people. com. cn/n/2013/0118/c1001-20253603. html [2013-11-08] .
张坤民 . 1997. 可持续发展论 . 北京：中国环境科学出版社 .
赵慧霞，吴绍洪，姜鲁光 . 2007. 生态阈值研究进展 . 生态学报，27（1）：338-345.
《中国环境年鉴》编委会 . 2013. 中国环境年鉴 2013. 北京：中国环境年鉴社 .
中国科学院可持续发展战略研究组 . 2007. 2007 中国可持续发展战略报告——水：治理与创新 . 北京：科学出版社 .
中国科学院可持续发展战略研究组 . 2009. 2009 中国可持续发展战略报告——探索中国特色的低碳道路 . 北京：科学出版社 .
中国科学院可持续发展战略研究组 . 2013. 2013 中国可持续发展战略报告——未来 10 年的生态文

明之路．北京：科学出版社．

中华人民共和国外交部，联合国驻华系统．2013. 中国实施千年发展目标进展情况报告（2013 年版）．http://www.fmprc.gov.cn/mfa_chn/zyxw_602251/P020130922680037847744.pdf［2013-11-23］．

EP 环保网．2012-03-19. 纽约将对节水马桶进行补贴．http://www.epchina.com/2012/0319/32565.shtml［2014-01-10］．

Costanza R, Daly H E. 1992. Natural capital and sustainable development. Conservation Biology, 6（1）:37-46.

Dinda S. 2005. A theoretical basis for the environmental Kuznets curve. Ecological Economics, 53: 403-413.

Gleick P H. 2001. Making everydrop count. Scientific American, 284（2）: 41-45.

Global Footprint Network. 2013. The Ecological Footprint Atlas 2010. http://www.footprintnetwork.org/atlas［2013-12-20］．

Hough A. 2010. Britain facing food crisis as world's soil'vanishes in 60 years. http://www.telegraph.co.uk/earth/agriculture/farming/6828878/Britain-facing-food-crisis-as-worlds-soil-vanishes-in-60-years.html［2013-01-05］．

Inamdar A, de Jode H, Lindsay K. 1999. Capitalizing on nature: Protected area management. Science, 283（5409）: 1856-1857.

Liu L X, Zhang B, Bi J. 2012. Reforming China's multi-level environmental governance: Lessons from the 11th Five-Year Plan. Environmental Science & Policy, 21: 106-111.

MacDonald D V, Hanley N, Moffatt I. 1999. Applying the concept of natural criticality to regional resource management. Ecological Economics,（29）: 73-87.

Musters C J M, de Graaf H J, ter Keurs W J. 2000. Can protected areas be expanded in Africa? Science, 287（5459）: 1759-1760.

Soulé M E, Sanjayan M. 1998. Conservation targets: Do they help? Science, 279: 2060-2061.

Turner R K. 1993. Sustainable Environmental Economics and Management: Principles and Practice. London: Lhaven Press.

UNDP. 2013. Human Development Report 2013. http://hdr.undp.org/en/content/human-development-report-2013［2013-12-28］．

UNEP. 2012. Global Environmental Outlook-5（GEO5）．http://www.unep.org/geo/geo5.asp［2013-12-23］．

West J, Schandl H, Heyenga S, et al. 2013. Resource Efficiency: Economics and Outlook for China. Bangkok, Thailand: UNEP.

Yang D, Kanae S, Taikan Oki, et al. 2003. Global potential soil erosion with reference to land use and climate changes. Hydrol. Process, 17: 2913-2928.

第四章

生态文明建设的体制改革与法律保障*

党的十八大报告提出了生态文明建设的总体方向和目标，十八届三中全会《中共中央关于全面深化改革若干重大问题的决定》（简称《决定》）更明确提出了到2020年深化生态文明体制改革，加快生态文明制度建设，健全国土空间开发、自然资源节约利用、生态环境保护体制机制的阶段性目标。深入和持久地推进生态文明体制改革和制度建设，完善相关的法律体系，在资源和生态环境领域形成有效的国家治理体系和治理能力，将对推动中国发展转型，最终实现经济社会可持续发展、资源可持续利用和环境质量改善，发挥决定性作用。

一 发展转型与生态文明制度建设

中国30多年来高速的经济增长和工业化、城市化进程，使其短期内出现各种资源和生态环境问题，并呈现明显的压缩型、结构型和复合型特征。中国面临的资源

* 本章由王凤春执笔，作者单位为全国人大环境与资源保护委员会法案室。

与生态环境问题可以说是前所未有的，要在工业化和城镇化过程中同步应对好各类资源与生态环境问题的挑战，其任务复杂性和艰巨性也是世所罕见的。

应对这些复杂而艰巨的挑战，实现可持续发展，单靠传统的资源与生态环境管理体制机制是远远不够的，需要不断改革、创新。从发达国家历史经验来看，它们基本都是在经济增长趋于稳定的工业化和城市化中后期，启动了较大范围和规模的自然资源保护和环境污染治理过程，并通过产业技术和产业结构转型及产业布局调整，建立和实施严格的法律措施，逐步形成政府、企业、公众共治的治理结构，才逐步使各种能源、资源的利用效率大幅度提高，能源、资源消耗总量趋于稳定或下降，污染物排放大幅度减少，并最终实现了环境质量和生态状况的显著改善。当然，随着气候变化问题的加剧，全球正面临新一轮产业技术和产业结构调整过程，新的应对气候变化的法律措施正在逐步建立和形成，这一转变过程还远未完结。

20 世纪 80 年代以来，虽然中国逐步建立了资源与生态环境保护法律和管理体系，实施了大规模退耕还林、退田还湖、退牧还草和天然林保护等生态工程，在“三河三湖”等重点流域和区域实施了大规模污染治理，但由于以下三个层面的体制性、结构性问题，资源与生态环境保护难以取得显著的进展和效果。

一是持续的高速经济增长和从沿海到中西部全面、快速的工业化和城市化进程，使能源、资源消费继续处于快速增长的过程，相应带来一系列伴生的环境污染和生态破坏问题，形成所谓的增长过程和发展阶段性问题。

二是市场经济改革和政府转变职能不到位，财税体制不合理，党政干部考核偏重经济增长指标，导致政府过度追求经济增长速度，追求上高增加值项目，以不当方式干预市场，以低价供地、减免税收、放松环保要求等方式招商引资，形成所谓的经济和政治体制机制性问题。

三是资源与生态环境管理体制机制存在一系列重大缺陷，政府、企业、公众环境保护方面的权利义务不明确，特别是各级政府及其有关部门的资源与生态环境保护公共责任不落实，对政府经济决策缺乏有效的资源与生态环境约束机制，对企业的资源与生态环境保护法律规定和标准常常变成“软约束”，公众参与缺乏制度性保障，独立监管体制没有确立，形成所谓的资源与生态环境管理体制机制性问题。

这些问题带来的直接后果是经济发展方式转型缓慢，水、土地、能源和各种矿产资源消耗量过快增长，“边治理、边污染”和“边保护、边破坏”的现象广泛存在，特别是污染物种类和排放量不断增加，覆盖的地域、流域不断扩展，各地区面临的环境风险显著增大，地区性和全国性的生态环境安全问题凸现，生态环境总体状况趋于恶化，实际上远未实现在工业化、城镇化过程中同步防治环境污染和生态破坏的规划和政策目标，最终走上了类似其他工业化国家“先污染后治理”、“先破坏后修复”的道路。

从中国可持续发展总体形势和未来情景的各种研究来看，一个基本的共识是只有在今后 20 ~ 30 年内完成工业化、城镇化基本任务，实现一系列重大的体制机制变革，逐步跨越三个峰值或转折点，中国资源与生态环境保护的总体状况才能够出现根本性转变。这三大高峰一是人口总量逐步达到高峰并处于稳定状态，二是化石能源、水和其他矿物资源等消费量逐步达到高峰并进入稳定或下降状态，三是各种主要污染物（包括温室气体等）排放量逐步达到峰值并进入稳定或下降状态，使经济增长能够同资源消耗和污染排放逐步脱钩，为全面改善资源利用和生态环境的状况创造必要的前提条件。

按照当前各种发展情景的研究分析，要想尽快实现上述峰值跨越，显然不能完全依靠自发产生，必须要有一系列重大的体制机制变革和政策调整，即所谓的“绿色发展情景”或“可持续发展情景”。这其中有两个关键环节，一是逐步解决上述政治和经济方面的体制机制问题，二是有效解决资源与生态环境管理方面的体制机制问题。只有通过全面深化改革，建立健全生态文明制度体系，才能够有效推动各个领域的发展转型，包括人口增长和结构的转型，生产技术和生产结构的转型，经济体制和公共管理的转型，消费方式和文化观念的转型，才有可能实现人口稳定、资源安全、环境改善和可持续发展的长期目标。

面对这一多重的发展转型和体制机制变革过程，我们必须超越传统的行政管理视角去考察资源与生态环境管理体制改革与制度建设。例如，借助资源与生态环境行政管理方面各种“强硬”的管制措施，严格控制建设用地总量、煤炭消费总量、用水总量和排污总量，来倒逼技术创新和产业调整，“优化”技术结构和产业结构。这是推动上述转型的一个非常重要的途径和手段。但从国际国内可持续发展和生态文明建设的总体趋势来看，为了在工业化和城镇化过程中有效控制资源与生态环境问题，需要从以下三个方面入手。

第一，改变现行经济、政治、文化和社会制度体系中各种助长资源浪费与环境破坏的因素，包括上述的政府过度和不合理干预市场配置，扭曲各类自然资源和能源价格，设置鼓励自然资源使用的税费制度、补贴政策等。

第二，从《决定》中有关完善现代市场体系、转变政府职能、改革财税体制、推进法治建设的各项要求出发，深入研究分析经济、政治、文化、社会等领域涉及生态文明的体制机制问题，研究建立有利于生态文明建设的各项公共管理体制和政策措施，包括涉及宏观调控、市场体系、政府职能、财税体制、城乡发展、行政执法和司法、社会发展等领域的各项公共管理体制和相关制度。

第三，需要从十八大报告有关生态文明建设“融入经济建设、政治建设、文化建设、社会建设各方面和全过程”的指导方针出发，从《决定》有关“加快生态文明制度建设”的总体部署出发，深化生态文明体制改革，加快建立和形成完整的生态文明制度体系。同时，根据生态文明制度建设的要求，需要深入研究法律体系和法律制度的“生态化”问题，研究并推进在宪法、民法、刑法、经济法、行政法及民事诉讼、刑事诉讼、行政诉讼等诸多法律中纳入生态文明的理念、原则和规范，建立健全资源与生态环境保护的法律法规体系，为推进生态文明建设奠定比较完备的法律和制度基础。

二　我国资源与生态环境管理体制及法律体系

（一）现行资源与生态环境管理体制及存在问题

1. 管理体制及职能的演变

改革开放以来，经过30多年的发展，中国逐步形成了一套多部门分管、多层次决策实施、行政管理主导的资源与生态环境管理体制机制。在历次经济体制和行政体制改革中，资源与生态环境管理体制基本上沿着三个路径发展变化。其中，资源与生态环境保护综合规划和经济政策制定基本归属综合经济部门；自然生态和资源保护职能则分散在环保、国土、农业、水利、林业、海洋等部门；污染防治的行政监督管理相对集中于环境保护部和各级地方政府的环境保护行政机构。中央及省级主要负责政策、规划制定和审批、监督等事项，市县级主要负责具体的实施和监管。自然资源资产管理及其市场机制开始形成，但产权主体不明晰，资产管理和行政管理没有区分，各种使用权复杂多变，有待进一步改革完善。具体的管理职能逐步演变过程如下。

（1）改革和调整国家的计划和经济管理职能

在20世纪80年代以后的历次行政改革中，计划、经贸和财政等综合经济部门逐步确立和扩展了资源与生态环境保护方面的规划协调、政策指导和预算安排等方面的职能，如逐步建立了综合部门对资源与生态环境保护领域规划和综合经济政策的拟定和管理职能，把资源与生态环境保护纳入国民经济与社会发展规划编制过程，纳入相关区域、产业规划和区域、产业政策的编制和拟定过程，纳入财政预算编制过程，并加强了综合部门对资源与生态环境保护领域技术、产业发展的规划指导和政策协调，如在1998年的机构改革中将原国家环保总局的环境保护产业政策和发展规划的职能交给国家经济贸易委员会（现已并入国家发展和改革委员会）。特别在组建国家发展和改革委员会后，扩展了其在主体功能区规划管理、循环经济发展、节能减排和应对气候变化等方面的综合规划、政策指导及其实施方面的职能。

地方省、市各级综合经济部门也具有类似的规划、政策拟定和管理方面的职能。

(2) 转变政府在自然资源开发和保护方面的职能

国土、农业、林业、水利、海洋等部门加强了资源保护和生态环境保护的公共管理职能，并随土地、矿产等领域自然资源有偿使用和市场化改革进程，形成了多种形态的自然资源资产管理职能。

经过 20 世纪 80 年代以后的历次行政改革，国土管理部门建立和强化了土地用途管制和耕地保护（特别是基本农田保护）、地质勘探采矿选矿等开发活动的监督管理、地质环境保护和矿山生态环境修复等方面的职能；农业部门建立和强化了农业生态环境监测和管理、生态农业建设和农业废弃物循环利用、草原生态和水生生态系统保护等方面的职能；林业部门建立和强化了森林和湿地生态系统及野生动植物保护和管理、沙漠化防治等方面的职能；水利部门建立和强化了水资源统一规划和管理、水资源保护和水土保持等工作的职能；海洋管理部门建立和强化了海域使用、海岛保护和海洋环境调查、监测、监督管理及海洋资源保护、海洋工程污染防治等方面的职能。

国土部门通过在地方派驻 9 个土地督察局，水利部门通过在各重点流域水利委员会设立水资源保护局，海洋管理部门通过在沿海各地设置的北海、东海和南海分局及海警队伍（包括海监、渔政等方面资源管理职能），建立和形成了海洋资源与生态环境监察和行政执法能力。地方政府在省、市、县三级普遍设立了国土（一般包括土地和矿产）、农业、水利、林业、海洋渔业等管理机构和监察、监测机构，部分省市在乡镇一级也设立了资源管理和保护的派出机构和专职管理人员。

国土、农业、水利、林业、海洋等自然资源管理部门依照法律规定，对各种自然资源财产权的确立、出让和转让进行管理，代表国家收取资源有偿使用费，并逐步区分自然资源行政管理和自然资源资产管理职能，建立和形成了土地、林地、草原、海域、矿产等不动产资源的登记体系，对纳入市场的资源资产建立了市场交易平台和相应的管理体系。例如，到 2012 年，国土资源部门在全国建立了 31 个省级矿业权交易机构，国土资源部还于当年 3 月发布试行了《矿业权交易规则》，明确规定矿业权出让交易必须在矿业权交易机构提供的固定交易场所或互联网交易平台进行。

(3) 强化环境保护领域的公共管理职能

核心是组建兼有综合协调和行政监督职能的环境保护行政管理机构。1982 年组建城乡建设环境保护部，内设环境保护局并实行计划单列，1988 年组建国家环境保护局，1998 年组建国家环境保护总局，2008 年组建环境保护部，在强化环境保护行政监督职能的同时，逐步扩展了综合管理和规划、政策协调的职能。2008 年后环境保护部的主要职能范围包括：负责建立健全环境保护基本制度；负责重大环境问题的统筹协调和监督管理；承担落实国家减排目标的责任；负责提出环境保护领域固定资产投资规模和方向、国家财政性资金安排的意见；承担从源头上预防、控制环境污染和环境破坏的责任；负责环境污染防治的监督管理；指导、协调、监督生态保护工作；负责核安全和辐射安全的监督管理；负责环境监测和信息发布；开展环境保护科技工作；开展环境保护国际合作交流；组织、指导和协调环境保护宣传教育工作等。

2006 年开始组建环境保护的区域管理机构，在华东、华南、西北、西南、东北、华北 6 个区域组建了环保督查中心，其监管范围覆盖了内地 31 个省、直辖市、自治区。同年，分别组建东北和西北核与辐射安全监督站，扩建了北方、上海、广东、四川四个核与辐射安全监督站，承担所辖区域内的核与辐射安全监督管理工作。环境保护部对省环境保护行政主管机构实行以地方政府为主的双重领导，在一些省已经实行了市环境保护行政主管机构对县环境保护行政主管机构的直接管理。地方政府在省、市、县三级普遍设立了环境保护机构和监察、监测机构，部分省市在乡镇一级也设立了环境保护的派出机构和专职管理人员。一些地方还在污染物总量控制的基础上，设立了排污权交易的管理机构和机制。

2. 管理体制存在的问题

从 30 多年来体制改革进程来看，当前中国资源与生态环境管理体系还存在以下主要问题。

（1）政府职能转变没有到位

对市场经济活动干预的职能过多、权力过大、预算支出过多，如用于经营性国有资产的投资比重太大；相比而言，在监管市场公平竞争秩序、实施社会和环境保护等公共管理、提供社会和环境保护等基本公共服务方面，政府发挥的职能作用不够，预算支出偏低。总之，政府的公共管理职能配置中经济管理的职能过强、过大，资源与生态环境保护的职能过弱、过小。在政府各部门职能配置中，对经济发展具有重大决策权力的综合经济部门所承担的资源与生态环境保护职责也不明确，不能有效发挥其综合决策和协调职能。在中央和地方的行政决策和执行机制中，各级地方政府主要领导决策权力过大，在资源与生态环境方面难以形成独立监管的体制机制，很多情况下资源与生态环境保护机构很难正常履行法律规定的管理职责。

（2）资源与生态环境领域政府和市场关系尚未理顺

自然资源的公共行政管理职能和资产市场运行管理没有分离，土地、草原、林地、海域、矿产等各种国有自然资源所有权代理的法律规定过于原则，通常原则规定由国务院代理，但实际上分属各级政府特别是地方政府的各资源行政部门管理。各级政府的自然资源管理部门既履行自然资源行政管理职能，又代行自然资源资产的运行管理职能，既有资源开发和经营管理的职能，又有资源保护和生态建设的职能，这些职能之间可能潜藏着很多矛盾冲突。一些情况下地方政府及其有关部门为了获取资产收益有意忽视资源与生态环境保护，一些情况下又借行政权力干预正常的资产出让和转让过程，损害了国家所有权人、使用权人的权益和社会公共利益，这些职能在行政管理部门内很难相互平衡和制约。因此，这种体制可能产生的后果是既没有很好地保障国有自然资源所有者和利用者的资产权益，也没有很好地实现资源与生态环境保护的公共功能。

（3）利益相关部门的职能交叉

综合经济部门、自然资源管理部门和环境保护部门在资源与生态环境保护的规划、政策、标准等制定、监管和实施上职能重叠交叉。机构重复设置和能力重复建设等问题比较突出，多头管理，各自为政，标准各异，缺乏有效的协调机制（注释专栏 4.1）。据中国环境科学研究院 2013 年在全国人大环境与资源保护委员会的报告，在中央政府 53 项生态环境保护职能中，环境保护部门承担了 40%，其他 9 个部门承担了 60%；在环境保护部门承担的 21 项职能中，环境保护部门独立承担的占 52%，与其他部门交叉的占 48%，其中比较突出的表现在水资源保护与污染防治、生物多样性保护与自然保护区管理等领域。另外，综合经济部门在推进各种协调经济发展和资源与生态环境保护方面的职责和作用不足，包括资源税、环境税等在内的综合性经济制度与政策的制定和调整进展迟缓。

注 释 专 栏 4.1

环境监测网缺乏统一规划，低水平重复建设

依照有关法律、法规和部门职责规定与管理需要，环保、国土、住建、水利、农业、卫生、海洋等部门多年来独立建立了部门所属的各类环境监测网络，如环保部门建立了国家、省、市、县四级监测站组成的环境监测网，国土部门建立了地下水质监测网，水利部门建立了水文水质监测网，海洋部门建立了海洋污染监测网，气象部门建立了酸雨监测网，农业、林业、海洋、气象所属机构和中国科学院分别建有生态监测或研究网络。各部门的环境监测网在覆盖范围、监测内容、质量控制等方面具有互补性，但因缺乏统一规划和布局，各监测网基本都依

据自身需要进行设施设备建设和人员配备，不仅加重各级财政负担，而且造成严重的低水平重复建设。同时，各部门除共同执行少部分国家标准外，基本上都制定了各自的部门监测技术规范和监测数据报告制度，在监测技术路线、点位布设、监测内容、时间频次、设备选型、评价指标与方法等方面均存在较大差异，监测数据和信息无法进行整合，上报和发布的数据和信息重复、交叉和不一致，在一定程度上影响了对环境状况的科学评价，混淆了社会视听。

资料来源：中国工程院等，2011

（4）中央地方事权划分不清

突出表现在地方政府履行资源与生态环境职责得不到财政支出保障。目前，各级政府之间资源与生态环境保护方面的事权划分主要依据法律法规和政府部门“三定”方案，但中央事权、中央和地方共同事权和地方事权并没有清楚的界定和划分。地方政府对所辖区域环境质量负责的法律规定同地方环境保护的事权和支出责任不匹配，虽然近年来中央政府通过提供一般性转移支付和专项转移支付，提高了地方环境治理能力，但多数地方尚难有同法律规定相应的财力。中央政府和地方政府的资源与生态环境保护部门之间基本上是行政业务指导关系，尽管可以通过设置地区督察机构（如环境保护部的区域环保督查中心和国土部的地区土地督察局）、加强流域水资源保护机构职能、对地方各级环境保护部门领导干部实行双重领导（以地方党委管理为主）等措施，强化中央对地方资源与生态环境保护工作的引导和监督，但在中央部门对地方部门行政指导关系为主的制度框架下，尚难发挥有效作用，在处理跨行政区域的区域性、流域性重大环境问题时也缺乏有约束力的体制机制安排。

（5）社会基层的资源与生态环境保护治理能力薄弱

目前，县级和乡镇基层政府资源与生态环境保护的管理能力薄弱，行政执法受地方政府的严重制约，同时缺乏广泛和有效的公众参与和社会治理的体制安排，缺乏基层村镇和社区的自治体制和机制，从全国来看在县乡及基层社区尚未形成完整、有效的资源与生态环境保护的治理体系和治理能力。在现有国家、省、市、县四级政府体系下，不同层级政府之间的职能部门设置基本上层层对应，导致政府职能部门众多，中间行政、内部行政过多。其中，层级越低，管理对象越具体，越需要专业管理人才和能力，但实际上层级越低，相应的财政支出和人员配备越少，管理能力越差。虽然近年来各级政府加强了基层专业执法和技术人员队伍，加强了专业监测装备的配备，基层能力建设有很大提升，但很多地区特别是中西部地区基层管理和执法能力依然非常薄弱，加之这些机构和人员直接受同级政府领导，很多情况下形成管不好、不愿管和不能管的局面，成为执法的主要瓶颈。另外，现行社会团体管理制度不完善，公众难以有效组建民间公益组织参与资源与生态环境保护，总体上看公众参与水平较低。同时，在一些村镇和城市社区开始了一些环境保护自治的试点和示范，但由于基层相关的自治组织制度尚未建立，基层资源与生态环境保护自治体系基本上是空白，极大地削弱了中国县乡及以下地方的资源与生态环境的国家治理能力。

（二）现行资源与生态环境保护法律体系及存在问题

1. 资源与生态环境保护法律体系

改革开放 30 多年来，中国先后修改或制定了《宪法》、《民法通则》、《物权法》、《侵权责任法》、《刑法》等基本法律，设置了一系列有关资源与生态环境保护的法律规定，如《刑法》以专章形式规定了“破坏环境资源保护罪”，《民法通则》和《物权法》等对国家和集体所有自然资源的所有权和各种用益物权做出了比较具体和完备的规定，为保护自然资源财产权和保障自然资源合理利用制定了基本的法律规范；制定了《土地管理法》、《森林法》、《水法》、《草原法》等 20 部有关自然资源和生态保护的法律，以及《环境保护法》、《环境影响评价法》和《循环经济促进法》等 10 部有关环境保护的法律，初步形成了资源与生态环境保护的法律制度体系，在推进资源有效利用与保护、环境污染防治和生态保护方面发挥了显著的作用。

但总体来看，资源与生态环境保护法律的行政主管部门本位特征明显，过多强调行政管理权力和行政手段，各种法律制度存在重叠交叉，加大了资源与生态环境管理的行政成本和社会负担，降低了管理的效能和效率。因此，在立法过程中，全国人大常委会、国务院及其有关机构力图通过加强立法过程的公开性，广泛征求社会各方意见，更全面考虑社会各方面关切，平衡社会各方面利益，努力扭转“部门立法”的色彩，但受立法体制和行政管理体制制约，有关立法的部门利益色彩依然较为浓厚。在现阶段中国，资源与生态环境行政管理体制塑造了相关的法律及其制度体系，此后法律又强化了行政管理机构及其行为。现行的行政管理体制及对应的法律体系如图 4. 1 所示。

2. 资源与生态环境法律体系存在的问题

管理部门分立、行政主导的立法体制安排，使得相关资源与生态环境保护法律

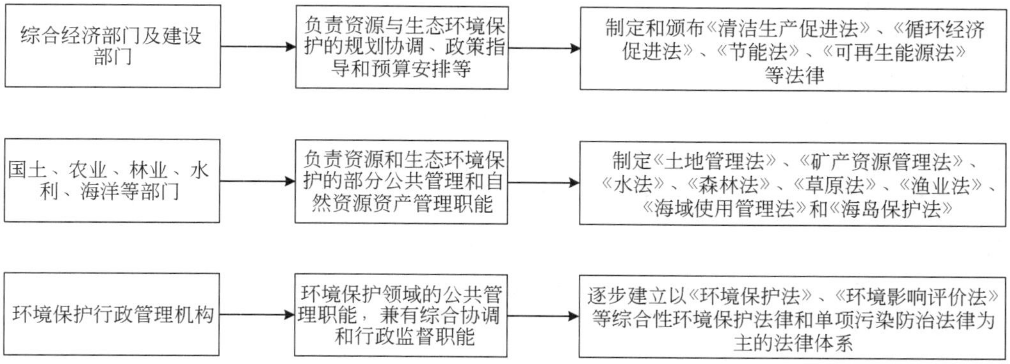

图 4.1　资源与生态环境保护管理体制及法律体系

制度在形成过程中，产生了一系列问题和后果。

1）缺乏资源与生态环境保护同经济发展综合决策的制度安排，各级政府制定政策、编制规划时，资源和环境统一评价的机制尚未有效建立；各种自然资源功能分区和分类管理的体系复杂多变，商业用途和公共用途界定不够清晰，商业用途的自然资源要素市场不健全，对一些可以纳入市场并采取市场定价的自然资源及其产品，仍然采取政府定价的方式，导致工业用地、水资源、能源等领域价格扭曲现象长期存在，助长了资源浪费和环境破坏；以增值税为主的税制结构和预算管理制度，刺激了地方发展高投资、高消耗项目，鼓励了地方圈地卖地；过度偏重经济增长指标的干部考核制度，鼓励了各级地方政府追求经济增长率，地方政府公司化倾向严重，充当产业项目的投资主体，片面强调环境保护要为经济增长保驾护航。

2）资源与生态环境领域产权制度不健全，政府自然资源的公共管理职能同自然资源资产市场的运营机制尚未明确区分，政府和市场关系尚未理顺。法律上各类自然资源国家和集体所有权的代理规定过于原则，没有明确规定国有自然资源资产由哪级政府和哪个部门代理或托管，法律上自然资源资产缺乏明确的主体代表。虽然确立了公共用地和公益林等分类管理制度，但依照各种自然资源资产公共性、公益性和商业性等属性及对其进行界定、分类及实行用途管制的制度仍未形成，同样对于生态用地、生态用水、生态林的界定、分类的相关规定和程序也不明确，对公共性、公益性资源资产使用和保护的监管不够严格，对完全可以纳入市场交易的商业性资源资产尚未完全依照市场规则运营管理。一方面用行政审批和监督手段管理这些自然资源资产。另一方面又过度追求部门和地方资源收益，如一些地方热衷于圈地卖地，对风景名胜区包装上市等；缺乏自然资源资产管理的基础制度和管理平台，包括缺乏土地、草原、林地、海域等各种自然资源资产统一登记体系和资产评估、资产核算体系等。

3）资源与生态环境管理法律体系呈现较为突出的部门化和碎片化特点，交叉重叠严重。具备生态环境整体性、系统性的法律制度被管理部门人为切割，如把一系列功能相同或相互联系的水资源保护制度和水污染防治制度人为划分开来：有水功能区，也有相近的水环境功能区；有流域综合规划和水资源保护规划，也有流域水污染防治规划；有水体纳污能力指标，也有水环境容量和总量指标。部门内部管理制度人为分割和碎片化现象也比较突出，如在环境保护部环境数据信息管理制度上，就有分属不同司局的环境监测、环境统计、排污申报及核定、污染物减排和污染源普查五套数据信息体系，各套数据信息的收集、处理、上报、审核和最终生成也分别在各司局内部进行，不同数据渠道之间存在明显的交叉且不一致的现象。各部门相互“学习借鉴”，建立了一系列相同或相近、内容互有交叉的制度，特别是在规划、功能区划、项目管理等方面，相互重叠和交叉管理的情况比较突出，给有关部门和单位造成不必要的行政负担，如从建设项目的环境影响评价制度，衍生出了建设项目的防洪评价、水土保持评价、节能评价、节水评价等制度，迫使项目的业主重复进行一系列项目技术论证，反复接受各行政部门的审查审批，实际上它们完全可以纳入一个评价体系进行管理。

4）在资源与生态环境管理过程中，行政管制的手段和措施多，市场调节、社会管理的手段和措施少，没有形成良好的公共管理或治理结构所需要的制度体系。目前，在实际管理过程中，除国有土地使用权、矿业权出让和转让中市场机制作用相对较强外，以行政规划、行政许可、行政检查、行政强制等为主的行政管制制度和措施占有压倒性的地位和作用，各种财政、税费、价格、信贷、产业、贸易等方面的制度和措施还比较零散，对资源与生态环境利用行为的调节作用不大，如排污收费、资源费和资源税基本上只是起着筹集政府财政收入的作用，在调节资源与生态环境利用行为方面的作用微不足道，并且在一些情况下因费率税率过低，助长了污染环境和浪费资源的行为，为各方所诟病。在排污总量控制和用水总量控制尚不完善的情况下，部分地方试行的排污权、水权交易的作用十分有限。社会参与资源与生态环境管理的行政、司法程序化规定还很少，参与渠道不畅通，很多情况下借上访、群体事件和各种媒体来影响政府有关部门的决策。

5）缺乏政府部门之间、地区之间及各级政府之间相互协调的制度和程序安排，缺乏中央监督地方执法的监督手段和措施。在中央政府行政部门对地方政府行政部门基本保持业务指导关系的体制下，中央政府有关部门对地方政府及其有关部门实施法律、政策和规划等尚缺乏有效的行政管理和财政调控手段。近年来虽然通过加强对地方的规划和项目审批管理（如环境保护部实施的环境影响评价区域限批制度）和专项资金转移支付，推行区域大气污染联防联控，强化了对地方资源与生态环境保护的引导和监督，但尚未形成配套的和规范的行政监督和财政引导的制度安排，特别是在处理跨行政区域的区域性、流域性重大资源与生态环境问题时只能依靠行政手段。

三　生态文明制度建设的任务和问题

（一）生态文明制度建设的关键环节与任务

十八届三中全会《决定》提出 14 个领域的改革措施，对于当前资源与生态环境保护领域存在的各种问题，特别是在体制改革和重大制度建设方面，一是从深化改革的总体构架上，通过制度安排把生态文明建设融入经济建设、政治建设、文化建设、社会建设的各方面和全过程；二是对生态文明建设本身，从体制和重大制度建设两个层面，在源头严防、过程严控、后果严惩各个环节，提出一系列解决当前资源与生态环境领域制度性问题的改革措施。当前有必要对《决定》有关生态文明体制改革和重大制度建设的各项规定进行深入研究和整体谋划，并积极鼓励各地各部门进行试点示范。

从《决定》所规定的内容来看，生态文明体制改革和重大制度安排主要包括以下四个方面的任务。

1. 健全自然资源资产产权制度和用途管制制度

要形成自然资源资产管理与自然资源监管既相互分离又相互独立的所谓“一分离、两独立”的制度保障，必须健全自然资源资产产权制度和用途管制制度。

1）自然资源资产产权制度。目前《宪法》、《物权法》和各类资源保护法已普遍确立了自然资源国家所有和集体所有及多种形式的使用权制度，确立了国家所有权由国务院代理的规定，对各资源领域普遍确立了不动产登记制度和资源有偿使用制度，在土地、矿产等领域引入了比较完整的资源出让和转让的市场交易制度，初步形成了自然资源资产产权制度体系。

但现行的自然资源所有权代理或托管的法律规定过于原则，法律上产权归属不清、权责不明的情况在各种资源领域都不同程度地存在着，统一登记体系刚刚开始设立，资产核算和监管体系没有建立，独立、完整的自然资源资产管理体系尚未形成。

当前，需要针对各资源领域存在的产权制度上的突出问题，按照归属清晰、权责明确、监管有效的要求，补充完善有关自然资源资产产权的法律规定，明确规定国有自然资源资产由哪一级或哪些机构代理，明确规定自然资源资产实行统一确权登记，并建立配套的自然资源资产评价和核算制度、资源资产有偿使用和交易制度，以及有关资产运营、资产审计和监管等制度和措施。在此基础上，把归属各自然资源行政部门管理的资源资产管理职能从这些部门剥离出来，或者从其行政管理的职能中剥离出来，按照统一的国有自然资源资产管理和经营原则，建立和形成完整的自然资源资产管理体制。

2）自然资源用途管制制度。在现行的主体功能区规划及各项资源与生态环境法律所规定的规划和功能区划制度、自然保护区制度中已经初步确立了用途管制，如土地管理法中规定了土地用途管制制度，依据土地利用总体规划规定的土地用途，将土地分为农用地、建设用地和未利用地，并规定使用土地的单位和个人必须严格按照土地利用规划确定的用途使用土地，主要目的是控制建设用地总量，对耕地实行特殊保护，严格限制农用地转为建设用地。自然保护区及其核心区、缓冲区和实验区的分区制度，也具有类似的用途管制功能。

除土地领域外，普遍实施用途管制存在的主要障碍是主体功能区规划的法律地位不明确，资源与生态环境保护领域的各种规划和区划互不一致、交叉重叠，统一的国土空间规划体系尚未形成。主体功能区规划空间划分比较明确，分类管理的原则也基本确定，但对不同功能区域各种资源与生态环境资产的社会经济属性，特别是其公共性和公益性属性的界定并不完善，如缺少生态用地的分类，尚不足以为有效的用途管制提供良好的制度保障。当前需要通过修改相关法律法规，完善相关规划、区划制度，确立主体功能区的法律地位，建立统一的国土空间规划体系，按其划定的生产、生活、生态空间开发管制界限，落实用途管制和配套财税制度，建立统一行使所有国土空间用途管制的自然资源监管体制，并根据生态保护整体性、系统性的要求，由一个部门负责领土范围内所有国土空间用途管制职责。

2. 明确划定生态保护红线

从国土空间开发限制和资源环境承载能力两个方面划定严格的保护界限，为严格控制各类开发活动逾越生态保护红线奠定科学的基础。

目前，生态保护红线在各项资源与生态环境保护法律及其配套的行政法规和技术规范中已经有所规定，如依照土地管理法划定的基本农田保护区，依照有关环境保护法等法律法规划定的自然保护区，均从国土空间上明确划定了严格的保护界限；依照水法及配套规定确定的用水总量指标，依照有关污染防治法律规定确定的排污总量和水功能区纳污指标等，从资源与环境承载力要求出发，规定了资源使用和污染物排放的总量限值。此外，主体功能区规划也从空间规划的角度，明确划定了禁止开发和限制开发的界限。

但从有关法律和规划实施情况来看，上述规定真正落实并不容易，需要一整套严格的用途管制和总量控制措施加以保障。从当前中国资源与生态环境保护的严峻形势来看，进一步明确划定生态红线非常必要，其中一个重要步骤是逐步建立健全有关国土空间规划的法律制度，研究制定国土规划法，把主体功能区规划等纳入相关的资源与生态环境保护的法律规定中，明确其法律地位，严格按照主体功能区规划和相关国土规划的定位实施区域开发和保护；并加强资源与生态环境承载力的研究，制定分区、分级、分类标准，逐步完善自然资源消耗总量和排污总量控制制度和环境质量限期达标制度，对超总量区域和不达标区域实行限制开发的措施。

同时，完善法律和主体功能区规划中禁止开发区域的管理体制和相关制度，包括统一规范自然保护区、风景名胜区、地质公园和森林公园等，按照统一的分级、分类原则和技术规范建立形成国家公园体制；根据主体功能区规划和相关的空间规划，调整和完善不同区域的行政考核制度、补偿标准和财税政策，如对限制开发区域和生态脆弱的国家扶贫开发工作重点县取消地区生产总值考核，探索编制自然资源资产负债表，对领导干部实行自然资源资产离任审计，建立生态环境损害责任终身追究制等。

3. 实行自然资源有偿使用制度和生态补偿制度

自然资源有偿使用制度和生态补偿制度是资源与生态环境保护领域两项基础性的经济制度。目前，在各项资源与生态环境保护法律中已经普遍确立了自然资源有偿使用的法律制度，对生态补偿制度也有一些零散的法律规定。

自然资源有偿使用制度主要表现为三种类型，一是把有关自然资源（如国有建设用地使用权、探矿权和采矿权）纳入交易市场，出让或转让价格通过市场确定；二是对占有和使用自然资源（如水资源、海域使用权）按规定的标准收取费用，收费高低同自然资源市场价格有直接或间接的联系；三是对占有和使用自然资源征收资源税或环境税费，是否与资源市场价格有关并不确定。

生态补偿制度是对无法或难以纳入市场的生态系统的服务功能进行经济补偿的制度措施，主要有两种类型的补偿方式：一是对生态系统服务功能进行核算并通过受益者付费或公共财政补贴方式进行补偿；二是对因保护生态系统在经济上受损者给予财政补贴。

从目前有关法律及其配套规定内容和实施情况来看，有偿使用制度尚存在很多缺陷，包括一些资源与生态环境领域尚未纳入有偿使用范围，应由市场定价的尚保留政府定价，定价方式不合理，没有全面反映市场供求、资源稀缺程度、生态环境损害成本，依照主体功能区规划及有关规划和区划划定的重要生态功能区的生态补偿机制还未全面落实。从当前来看，应结合自然资源要素市场改革、自然资源价格形成机制改革和财税制度改革，扭转一部分资源定价过低（如工业用地、农业用水等）现象；逐步扩大资源税征收范围，调整征收标准；逐步建立和形成同主体功能区规划相适应的财政一般转移支付和专项转移支付制度，加大中央财政对自然保护区等禁止开发区域的支出责任；完善资源与生态环境保护法律中有关排污总量控制、用水总量分配和节能减排的法律规定，逐步推动排污权、水权、碳排放权等交易制度的发展，并通过特许经营、特许保护、第三方治理等方式吸引社会资本进入专业环境保护市场。

4. 改革生态环境保护管理体制

在建立和形成自然资源资产管理体制与自然资源监管体制的同时，建立和完善严格监管所有污染物排放的管理制度，并独立进行环境监管和行政执法，其目的应当是在完整、严格的污染防治制度体系框架下形成独立监管和执法的体制机制。其中，独立执法和独立监管是最为核心的要素。这是摆脱各级地方政府及其有关部门制约环境保护法律的有效实施，干预环境保护部门依法监督污染环境行为的体制机制保障。

从目前资源与生态环境保护的各项法律规定来看，在环境保护领域实行的是环境保护行政管理部门统一监督管理和分部门管理相结合的体制，地方政府对环境质量负责，地方政府环境保护部门及其有关部门承担法律实施的职责；海洋环境保护分属环境保护行政管理部门和海洋行政管理部门监督管理。如何在这种体制框架下建立对所有污染物排放进行监管的管理制度，并独立监管和执法，建立陆海统筹的生态系统保护修复和污染防治区域联动机制，尚待深入研究和探索，并在条件成熟时适时修改相关的法律规定。

目前，有关环境信息公开、公众参与、排污总量控制、排污许可、损害赔偿等制度在环境保护法律、《侵权责任法》、《刑法》中已有规定，全国人大常委会审议环境保护法修改草案也拟将补充完善有关的制度，今后需要尽快完善相关的配套行政法规和规章，强化各级政府及其环境保护行政部门实施有关法律制度的力度。

从西方发达国家资源与生态环境管理的历史过程来看，政府对自然资源的行政管理主要是伴随 19 世纪开始兴起的自然资源保护和 20 世纪兴起的环境保护运动而出现并逐步发展起来的。由于这些国家以土地私有为核心，传统上国家并不直接介入自然资源管理，更不干预自然资源资产的使用和经营管理。19 世纪这些国家自然资源保护的行政管理职能主要通过两种方式实施，一是为公共目的保留一部分自然资源为政府所有，二是对自然资源的利用方式实行一定的行政限制和管制措施。政府的资源管理职能是比较清楚的。美洲新大陆开发历程中，政府将一部分政府所有的土地保留下来用于建立国家公园等保护地体系，并在其上建立和形成了一些自然资源功能分区、分类管理和用途管制制度，如美国联邦政府在联邦所有的土地及其自然资源的管理方面，就建立和采取了类似的制度（注释专栏 4.2）。

注释专栏 4.2

美国联邦土地分类和用途管理

从19世纪末开始，美国联邦政府出于保护自然资源的目的，把主要分布在西部和阿拉斯加的土地，保留为联邦政府所有的土地，并建立了由内政部和农业部所属的行政机构管理的四个主要管理系统：国家森林系统（The National Forest System）1.9亿英亩（1英亩≈4046.86平方米），由森林服务局管理；土地管理局公地（The BLM Public Lands）2.7亿英亩，由土地管理局（BLM）管理；国家野生生物保护系统（The National Wildlife Refuge System）0.9亿英亩，由鱼类和野生生物服务局管理；国家公园系统（The National Park System）0.8亿英亩，由国家公园服务局管理。保存地（The Preservation Lands）1亿多英亩，分布在上述四个系统内，由上述四个机构管理。按照有关联邦法律，对这些系统分别适用不同的管理原则。对国家森林系统和土地管理局公地的土地及附属各类自然资源实行多功能利用原则，要求保持对各种用途——经济开发、娱乐、环境保护等的最优综合利用，具体用于什么方面联邦管理机构被赋予很大的自由裁量权，在管理这些自然资源时对供经济开发的自然资源基本按照市场原则出让自然资源使用权并决定其价格。对其他系统的各种自然资源，则出于保护环境和自然资源的目的，以娱乐和保护功能为主，不实行多功能利用原则，由联邦管理机构实施严格的行政管制，基本不纳入市场，不供私人经济开发利用，不采用市场手段管理，历史上已经许可的一些开发活动（如采矿）也受到严格的行政限制。在联邦所有土地利用上，环境保护团体（主要集中在东部各州）同西部各州及相关自然资源产业集团存在很大争议，前者主张进一步扩大保护范围，限制私人的经济开发利用，但受到后者的抵制。这种争议可能会强化对联邦所有土地及其自然资源的环境保护规定，限制其进入市场的过程，但基本不会改变分类管理和利用的格局。

资料来源：王凤春，1999

（二）当前生态文明体制改革和制度建设需要解决的几个问题

《决定》提出的生态文明体制改革和制度建设的目标和任务是十分复杂和艰巨的。特别是对《决定》所提出的自然资源“一分离、两独立”的政资分开改革思路，在资源与生态环境领域是否可以普遍适用，业内人士尚存在一定疑虑。因此，在自然资源自然属性和社会属性复杂多样的情况下，深化生态文明体制改革和制度建设，需要认真研究和处理好以下五个问题。

1. 处理好自然资源行政监管和资产管理的关系，明确其各自的适用范围

一般而言，自然资源（包括公共环境资源）具有使用价值和价值的双重属性，相应也具有资源和资产双重属性。在传统的公有制和计划经济体制下，自然资源为国家所有和集体所有，分别归国有和集体组织占有和使用，自然资源管理和资产管理的界限是不存在的，在管理上也没有必要区分。随着社会主义市场经济的发展，在宪法规定的自然资源国家所有和集体所有的基本制度规定基础上，所有权和占有、使用及收益权逐步分离，形成了复杂的财产权体系。在这种情况下，国家依照公权力和行政权力行使的自然资源行政管理，同国家依照财产权行使的自然资源资产管理逐步分离开来。

但自然资源财产权及其资产属性的构成十分复杂，暂且不考虑不具备排他性的大气环境、公共水体环境等公共环境资源，仅从《宪法》规定的土地、矿藏、水流、森林、山岭、草原、荒地、滩涂等各种自然资源的财产权及其资产属性来看，各级政府及其有关部门依照有关法律和规划、功能区划，在土地、林地、水域等各自然资源领域逐步建立了多种自然资源分区、分类管理及相应的用途管制体系，形成了十分复杂的自然资源类型，如划定了自然保护区等禁止开发区域、重点生态功能区等限制开发区域，把土地划分为农用地、建设用地和未利用地，建设用地又分为国有建设用地和集体建设用地，城镇国有建设用地再分为居住用地、工业用地、教科文卫体用地、商业旅游娱乐用地和综合用地等。

依照自然资源用途和功能分区，形成了具有不同公共性、公益性和商业性属性的自然资源类型，相应形成不同的财产权及其资产属性。有些自然资源公共性、公益性很强，以提供公共的生态产品和服务为主，商业性利用受到十分严格的限制，几乎被排除在市场之外，如自然保护区核心区和缓冲区的土地及其各种地上和地下资源；有些商业性比较强，以提供市场产品为主，商业性利用受到的限制不多，具备较为完整的占有、使用、收益和处分权，如地下矿藏的矿业权和城市商业性住宅

建设用地的使用权；有些以商业性生产利用为主，但因国家安全和公共利益受到比较严格的用途管制，如耕地及其中的基本农田。

这些不同属性和用途的自然资源，基本上适用不同的管理原则和管理制度与措施，如公共性、公益性的自然资源，一般以资源的保存、保护和可持续利用为目标，一般采取公共行政管理手段加以管理，以行政管理部门管理为主；商业性的自然资源，通常作为商业性资产，一般采用市场机制手段加以管理和运营，可以由独立的、以确保资产价值和收益为核心职能的资产管理机构来管理和运营；兼具两者性质的需要采取多功能利用的管理目标和原则，采取公共行政和市场机制混合的手段加以管理和运营，可以由行政管理部门管理，也可以由资产管理机构管理。

2. 处理好自然资源用途管制和自然资源财产权及资产管理的关系，明确行政管制和市场机制的合理边界

在现行法律和规划区划体系下，除地下矿藏外，各种自然资源的用途分类及管理同自然资源财产权及实现是密切相关的，用途分类和管理不同，财产权构成及其现实价值大小就不同，用途的严格管制实际上等于对自然资源财产权构成及价值实现的严格限制，用途管制越严格，自然资源的市场可实现的资产价值可能就越小。

在这种情况下，自然资源的用途管制同财产权保护和资产管理改革措施可能是有冲突的。根据国家整体和长远利益，在哪些情况下要严格坚持用途管制，在哪些情况下根据市场化原则放开自然资源商业性利用，提高其商业性资产价值，保障所有者权益，均需认真加以研究考虑。不能认为空间规划和用途管制等越广泛越严格就越好，因为通常并不能保证空间规划具备足够的科学性，并保证其长期不变，以及用途管制不变。在这里，需要建立科学的、动态调整的国土空间规划及配套的自然资源资产分类管理体系，在国土空间上把各种自然资源基本按其自然属性和社会经济属性，明确区分为公共性、公益性或商业性的，并对不同属性和用途的自然资源采取不同的管理原则和管理制度与措施。

在有些领域，如具有重要生态功能价值的自然保护区和耕地中的基本农田，坚持严格的空间规划和用途管制就十分必要，但把商业性建设用地区分为国有建设用地和集体建设用地，并进一步划分不同功能类型严格实施空间规划和用途管制，就可能属于过度的行政干预措施了。在深化改革中，需要通过空间规划、用途管制和市场机制的合理配置，明确自然资源管理中行政管制和市场机制的合理范围和界限，使之既能有效实现所有权人的权益，又达到保护自然资源和环境的目的。

3. 处理好自然资源所有权和代理权、经营权的关系，明确自然资源资产监管和市场运营的边界

这是同上两个问题密切相关的问题，是指如何通过合理设置自然资源资产管理体制，明确资产所有权代理、托管同资产经营的关系，把自然资源资产的政府监管同市场运营进一步区别开来，以更有效地保护和实现国有自然资源资产的权益。

在现行自然资源国家和集体所有的基本制度下，明确的代理权或托管权是所有权实现的重要环节，代理权或托管权规定过于原则和模糊，所有权人的权益就可能被各种地方利益、部门利益和小集团及个人的利益所取代。

为改变这种局面，首先需要建立完整和明确的资源所有权、代理权或托管权制度体系，把全民所有或国有的各种资源与生态环境具体归属哪级政府、哪个部门或机构代理的具体制度明确下来，改变其在法律上模糊不清的局面。目前，对多数自然资源法律只作了由国务院行使代理权的规定，过于宽泛，形同虚设。其次，要明确自然资源资产监管和资产市场运营的关系。目前，多数国有自然资源资产由相关行政部门监管和运营，没有建立明确的政府代理和专业机构运营制度及相应的考核、审计制度，对其中的商业性资产也没有依照明确的市场规则运营资产，政资不分、政企不分的情况还比较严重，资产运营绩效也不得而知。

因此，需要按照“政资分开、政企分开”的基本原则，研究探索在商业性自然资源资产领域把政府资产监管和企业资产运营职能区分开来，建立比较完整的资产代理、资产监管和资产市场运营的管理和制度。另外，加强自然资源资产的统一管理，主要体现为对社会经济属性和用途相同的自然资源采取统一的管理原则和管理制度与措施，如对商业性建设用地实行统一的市场交易规则，不一定表现为要建立统一的资产管理机构。

4. 处理好自然资源属性多样性和生态系统整体性的关系，明确统一管理和专业分工的合理界限

自然资源具有多样的自然和社会属性，相互之间又构成完整的生态系统。从自然属性来看，陆地、海洋、河流及其附着的各种可再生和不可再生资源均有其特征和属性；从社会属性来看，各种资源具有不同财产权形态，具有不同公共性、公益性和商业性属性。属性不同，管理的目的和方式也相应不同。

近代国家形成以来，随着科学技术的发展和产业分工，政府的专业化行政管理体系也逐步形成，在资源和环境领域也形成专业化管理体系。可以说没有专业化行政管理，就没有现代化国家的治理体系和治理能力。但是，专业化管理也带来部门

职能重叠、多头管理、行政效率低下的“官僚主义”弊病。

随着生态学研究和环境保护运动的兴起，各国日益认识到资源和生态环境问题的整体性和系统相关性，资源与生态环境领域政府部门重组成为新的趋势。但这种重组是有限度的，模式是多样的，很多国家是把污染防治职能组合起来，但自然资源管理保留了多部门分治的格局。

一般而言，资源与生态环境保护部门已从专业技术部门发展为更带综合决策职能的部门，兼具专业性部门和综合性部门的特点。是建立综合性的“大部门”，还是建立专业性的独立监管机构，有赖于各国的体制及其历史沿革。从各国资源与生态环境保护和公共管理的历史发展来看，处理好这种统一管理和专业化分工问题，关键并不是设置超级部门，而是真正形成职责明确的政府机构体系和有效的行政协调与综合决策机制。

5. 处理好中央政府职责和地方政府职责的关系，划定中央政府和地方政府各自职责

处理好中央政府和地方政府关系，是深化生态文明体制改革最为复杂的一项任务，其难度大于中央政府内部的部门职责调整。

目前，世界上主要大国多为联邦制国家，中央政府和地方政府在资源与生态环境方面的事权划分相对比较明确，除全国性和跨区域性问题外，其他基本归属地方政府管理；中央政府也有具体的行政控制和财政控制手段，调控地方政府实施法律及中央政府指令和行动计划，如设立一些相应机构如区域规划、流域委员会或监管机构去协调、监督地方政府的行为。

中国法律上属于单一制国家，但地方政府拥有相对较大的权力，中央政府有关部门对地方政府及其有关部门基本上是行政业务指导关系。很多方面哪些是中央事权，哪些是地方事权，哪些是中央和地方共享事权，划分不清，特别是在共享事权上各自职责和支出责任更是划分不清，加之缺乏有效引导和监督体制机制，极大地制约了国家管理的效能和效率。由于中国是一个超大规模国家，资源与生态环境问题地区性和跨区域性都比较强，在这方面可以借鉴联邦制国家体制，除保留全国性重大事项和跨区域、流域的事项管辖权外，其他事务归属地方管理，并建立起引导和监督地方政府有效实施法律、规划和计划的行政监督、财政预算体制机制与相关制度安排。

另外，处理好政府管理和社会参与的关系，对在资源与生态环境领域形成有效的国家治理体系和治理能力关系重大，需要深入研究探讨。而社会组织和基层自治则是社会参与的前提和基础。

总体来看，上述五个方面的问题如不加以逐步解决，并在转型过程中处理好改革和法律的关系，《决定》中所提出的“一分离、两独立”的体制及配套制度，是难以有效建立起来的。

四 生态文明体制改革和重大制度构建的基本路径

《决定》提出的深化生态文明体制改革和加快生态文明制度建设的总体思路，大大突破了传统行政体制改革的局限，在完善基本经济制度、完善现代市场体系、转变政府职能、改革财税体制、推进法治建设等方面深化改革的大背景下，重构了资源与生态环境保护体制改革的目标和框架，即通过相关制度安排，清除“政资不分、政企不分、政事不分、政社不分”的传统体制障碍，划清自然资源管理中政府和市场界限，构建统一的自然资源资产管理体制和统一的自然资源行政监督管理体制，并使两者形成相互独立、相互配合、相互监督的二元管理体制架构，并在生态环境保护领域建立统一保护和修复、独立监管和行政执法的体制机制，有效实施各项资源和生态环境保护法律，全面提高资源与生态环境保护的国家治理能力和效能。

在深化生态文明建设的制度体系构建过程中，体制改革和重大制度建设互为表里、密不可分。深化体制改革是载体，加强制度建设是实质内容，两者相互结合、相互配套，深化改革的目标才有可能达到，效果才有可能显现。只有建立和形成统一的自然资源资产登记、核算和市场交易制度，统一的空间规划和用途管制制度，才能为建立和形成相互独立的自然资源资产管理和自然资源行政监管体制，并在两者之间形成相互配合、相互监督的制度机制，奠定良好的制度基础。相反，只有这两种生态文明体制逐步建立和形成了，各项生态文明制度才能具备有效实施的体制机制，才能够有效发挥作用。

（一）生态文明体制改革的基本路径

现行资源与生态环境体制是新中国成立以来经过长期发展而形成的。30 年来经过多次调整和改革，从中央到地方，形成了十分复杂的体制机制，各种利益盘根错节，特别是涉及资源占有、使用和收益的财产权及其管理，决定了社会各方在资源利用中的利益分配，关系到经济秩序和社会稳定大局。当前，各部门、各地方对生态文明体制改革的认识尚不统一，很多体制改革的基础性工作尚未展开，需要通过深入研究和试点示范，为全面推进生态文明体制改革奠定基础。

从《决定》提出的生态文明体制改革的基本目的和内容来看，主要包括三个改革的基本路径：一是改革自然资源资产管理体制、健全国家自然资源资产管理体制的路径，核心内容是建立统一行使全民所有自然资源资产所有权人职责的体制。二是改革自然资源行政监管体制、完善自然资源监管体制的路径，核心内容是建立统一行使所有国土空间用途管制职责的行政部门，并使其同前者形成一种相互独立、相互配合、相互监督的管理体制架构。三是改革生态环境保护管理体制的路径，核心是建立独立监管和行政执法的体制（图4.2）。

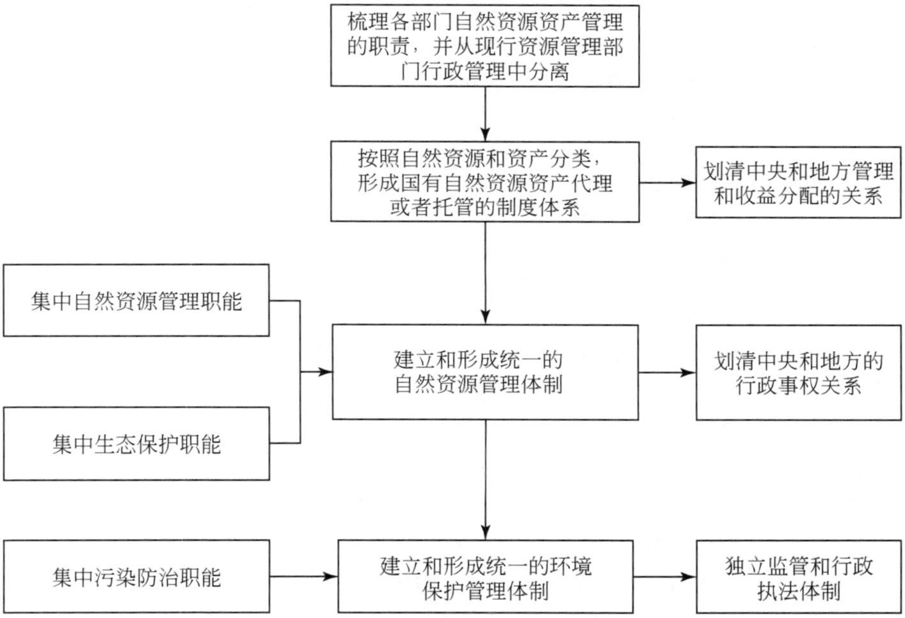

图4.2 生态文明体制改革的基本路径

这三个生态文明体制改革的路径不是简单的平行或并行的改革路径，它们之间有着密切的相互联系，处理好了可能顺畅进行，处理不好就可能在一定环节形成“肠梗阻”。从现行法律规定和各级政府有关部门的职能来看，合理的改革步骤至少包括以下四方面内容。

1. 梳理各部门自然资源资产管理的职责，并从现行的资源管理部门行政管理中相对分离开来

依照《民法通则》、《物权法》和各类资源与生态环境保护法律的规定及有关部门“三定”方案的职责规定，目前各有关资源与生态环境保护管理部门都有相应的行政管理和资产的管理职能，其中资产管理主要包括资产用途规划分类、资产登记、确权发证（包括核发取水许可证等）、统计核算、出让转让、收取出让金或使用费等，相当于行使国有资源的代理权和集体资源的监管权（表4.1）。

表 4.1　各部门资源与生态环境保护领域行政管理和资产管理方面的职能

部门	主要职责
发展改革和经贸部门	行政管理职能：区域规划和管理，主体功能区规划和管理，循环经济发展、气候变化应对、节能减排等方面的规划和政策实施，土地、资源和环境保护等规划编制的协调和审查管理等 资产管理职能：资源价格管理、碳权交易
环境保护部门	行政管理职能：重大环境问题的统筹协调和监督管理，环境污染和环境破坏预防、控制和监督管理，生态保护工作指导、协调、监督，核安全和辐射安全的监督管理等 资产管理职能：排污权交易
国土资源部门	行政管理职能：土地用途管制和耕地保护（特别是基本农田保护），地质勘探采矿选矿等开发活动的监督管理，地质环境保护和矿山生态环境修复等 资产管理职能：国有和集体土地产权登记和证书核发，集体土地征收，建设用地出让转让；探矿权、采矿权登记和证书核发，探矿权、采矿权出让转让
农业部门	行政管理职能：耕地保护、农业生态环境监测和管理，生态农业建设和农业废弃物循环利用，草原生态和水生生态系统保护等 资产管理职能：农村土地（包括草原）承包经营合同管理，渔业资源管理
水利部门	行政管理职能：水资源统一规划和管理，水资源保护和水土保持的规划和管理等 资产管理职能：取水许可管理和水资源费征收管理，水价管理、水权交易
建设部门	行政管理职能：污水处理厂、垃圾处理场等城市环境基础设施规划、建设和管理，建筑和工程施工环境污染防治，风景名胜区管理 资产管理职能：房地产登记（正在转归国土资源部门统一登记），自来水水价和污水处理费
交通部门	行政管理职能：铁路机车、机动车船、民用航空器的环境污染防治 资产管理职能：道路工程用地征收管理
林业部门	行政管理职能：森林、湿地生态系统和野生动植物保护和管理、沙漠化防治等 资产管理职能：林权登记（正在转归国土资源部门统一登记）和核发证书，农村林地承包经营合同管理，国有林地和森林资源管理
海洋部门	行政管理职能：海洋功能区划、海域使用、海岛保护和海洋环境调查、监测、监督管理，以及海洋资源保护、海洋工程污染防治等 资产管理职能：海域使用权登记和核发证书，海域使用权审批和出让，海域使用金征收管理；无居民海岛使用权出让，使用金征收管理

目前，在各部门内部，自然资源资产的管理活动有些是同自然资源的行政管理和监管相对分离开的，由不同的职能部门和机构管理，如资产登记、确权发证、出让转让、收取出让金或使用费；有些是同行政管理和监督密切职能密切结合在一起的，如资产分类是按照规划或区划确定的，取水许可是按照计划和水量分配方案确定的。前者资产管理职能分离相对容易，后者分离起来就比较困难。

另外，根据自然资源规划用途分类，对各类自然资源资产均有不同的管制措施，如对基本农田和生态公益林，对其利用有严格的监管措施，行政管制的特征比较突出；对商业性建设用地和用材林、经济林等，对其利用施加的监管相对较少，行政管制的特征就不显著。对前者进行资产管理职能的分离就比较困难，对后者则相对容易。

针对这两方面情况，可能需要建立健全统一的国土空间规划和功能分区体系，并根据其公共性、公益性与商业性等属性，对自然资源资产进行分类，把公共性、公益性资产同商业性资产区分开来，基本上明确哪些归属公共性、公益性资产，哪些归属商业性或收益性资产。在此基础上，首先把自然资源资产管理同行政管理区分开来，再把商业性资产管理同公共性、公益性资产管理区分开来，为下一步建立统一的自然资源资产管理体制奠定基础。

2. 按照自然资源和资产分类，建立和形成明确的国有自然资源资产代理或托管的制度体系，划清中央和地方管理和收益分配的关系

目前，各项资源保护法律普遍规定自然资源国家所有权由国务院代理，实际上授权国务院行使国有自然资源资产的占有、使用、收益、处分等各项管理权。改革自然资源资产管理体制，可以在现行有关国务院代理的法律规定基础上，按照归属清晰、权责明确、监管有效的要求，按照自然资源和资产的空间规划和用途分类，对各类资产明确代理或托管主体，明确规定各类国有自然资源资产由哪一级或哪些机构代理，建立和形成具体可操作的代理或托管体制。这里如何合理设置代理或托管体制，关键是如何对自然资源资产进行合理的分类，明确其目的和功能定位及其管理原则。

从国家角度来看，对用于商业目的自然资源资产，基本目的是促进相关产业发展并获取相应的公共收益，包括直接出让资产的收益和相关产业发展带来的税收收入；对公共公益目的的资产，基本目的是提供基础性、公共性生态服务，保障国家的生态安全和经济安全。对前者显然要按照商业资本经营原则管理，主要考核其资产价值增值和净收益增长状况；对后者显然要用公共管理的原则管理，主要考核自然资源资产、生态服务质量的状况及成本控制。

从当前各种自然资源管理体制的实际情况来看，可以先把国有商业性自然资源资产管理分离出来，并统一按国有收益性资产管理的原则进行管理和考核，对公共性和公益性很强的自然资源资产，如自然保护区、森林公园、国有公益林等，是从行政部门分离出来统一按国有公益性资产管理的原则进行管理和考核，还是发挥资源管理部门的专业管理能力保留在部门内进行管理，各有利弊，可能还需要进行深入研究和评估。在这里，关键并不在于是用一个部门管还是用两个部门管，关键是要把公共性、公益性资产同商业性资产区分开来，按照不同目标和原则管理，统一性主要体现对公共性、公益性资产要统一按国有公益性资产管理的原则进行管理和考核，对商业性资产要统一按国有收益性资产管理的原则进行管理和考核。

对自然资源资产管理，有各种不同的方案，包括设置专门的自然资源资产管理委员会，在资源管理部门内设独立的资产管理机构，或者设置专业资产管理公司。但从目前自然资源资产管理和收益分配的现状来看，绝非是简单地设置独立的资产管理机构或经营机构。

目前，建设用地等商业性资产的管理和运营收益多在地方市县一级，且成为地方政府收入的主要组成部分，在保留地方管理和运营收益的基本格局下，在中央一级设立资产监管机构，主要职能是对自然资源资产实行统一登记、核算，对资产营运实行统一监督和考核。在地方分别设立专业性或区域性资产监管机构和资产运营机构或经营公司，体制转换和改革的难度相对较小。

自然保护区、公益林等公共公益性的资产，其效益主要体现在全国性、区域性公共生态服务效益上，且财政支出的责任比较大，可以适当上收管理权，在国务院有关自然资源管理或环境保护部门下建立全国性统一的管理体系，如逐步整合各类自然保护区、森林公园、地质公园、风景名胜区等，组建统一的国家公园管理体系。

3. 建立和形成统一的自然资源管理体制，划清中央和地方的行政事权关系

在适当分离自然资源资产管理职能的基础上，以统一的国土空间规划和用途管制职能为核心，重组自然资源与生态环境保护管理体制。目前，自然资源与生态环境保护的管理职能分散在各个部门，按照优化政府机构设置和职能配置，理顺部门职责关系，积极稳妥实施大部制的行政体制改革的总体思路，对这些部门适当合并和重组势在必行。

近年来，各方已经提出了一些方案，如中国工程院和环境保护部联合组织的中国宏观战略研究，就提出了整合环境、资源和生态保护等职能的大环境部的方案（表 4.2），相近的也有历次行政体制改革中屡次提出的大国土资源部方案。目前，资源与生态环境领域的部分专家赞同污染防治和生态保护组合方案；部分专家则赞成资源保护和生态保护组合方案；也有部分专家赞同环境、资源和生态保护组合的方案，但这一超级部门方案调整范围过大，综合管理和专业化管理的矛盾比较突出，部门合并带来的行政协调成本下降可能会被内部行政协调成本的上升所抵消。

表 4.2　中国环境宏观战略研究关于环境管理体制的构想

改革时期	改革总体思想	改革具体思路	国务院环境保护行政主管部门的职能和内设机构
近期（2008～2020年）	1. 污染治理的“大部制”改革思路； 2. 水、空气、固体污染防治； 3. 环境保护主管机构执法能力加强； 4. 信息、协调和监督系统的统一	1. 整合水污染防治，实行城市、陆地、海洋的水污染防治协同治理； 2. 整合固体污染物治理； 3. 加强环境保护部在气候变化应对中的作用	1. 强化污染防治的整合职能； 2. 强化执法职能； 3. 强化环境保护部门综合决策的职能； 4. 强化信息发布和监督职能； 5. 加强环境要素司局的建设，加强执法和信息、监督的建设
中期（2020～2030年）	1. 生态保护与污染防治的“大部制”改革思路； 2. “生态保护”与“污染防治”的协调与统一； 3. 环境保护在横向和纵向的协调	1. 整合分散在各部委的生态保护职能，并对国家环保部门进行调整，使得生态保护与污染防治相统一； 2. 相应改革国家环保部门的内设机构，带动环境保护与生态保护的纵向协调； 3. 进一步加大国家环保部门在环境事务方面对其他部委的协调职能，使得其他部委的决策能够符合环境保护的要求	1. 继续保持环境污染的防治和执法职能； 2. 强化生态保护的职能； 3. 监督地方政府在环境保护中的力度； 4. 推动环境保护主管机构内部的决策、执行和监督的适度分开，从而推动决策科学化，执行的有效化和监督的民主化
长期（2030～2050年）	1. 资源、生态保护和污染防治的“大部制”改革思路； 2. 大生态、大资源、大环保思路； 3. 资源可持续利用和发展； 4. 实现资源、环境和生态的有机统一	1. 整合与环境、生态相关的重要资源； 2. 利用可持续发展和生态环境保护的思路促进资源的使用和开发； 3. 促进农业部门、土地部门等其他资源部门的生态保护和环境保护意识	1. 建立资源的定价机制和可持续利用机制； 2. 加强对资源利用和开发的监管，使其符合生态和环境保护的要求； 3. 继续推进污染的防治； 4. 继续推进生态的保护； 5. 对国务院有关职能和机构进行整合，促进资源、环境和生态的协调统一

资料来源：中国工程院等，2011

从近期来看，污染防治职能适当集中和自然资源管理职能适当集中的方案比较可行，关键是相关的生态保护职能如何配置，是放到自然资源管理部门还是环境保护部门，还需要认真研究论证。从生态系统和污染防治的整体性来看，两个方面都与生态保护密切相关，但从现有部门职能和能力而言，自然资源管理部门可能更具专业能力来行使领土范围内国土空间用途管制职责，对山水林田湖进行统一保护、统一修复。

4. 在上述体制改革措施基础上，梳理各部门污染防治方面的管理职责，研究设置独立监管和行政执法体制，包括跨行政区域污染防治和流域污染防治的独立监管和行政执法体制

从目前环境保护体制机制来看，缺乏对污染防治的独立监管和行政执法职责及相应能力是一个重大体制弊端。为了强化独立监管和行政执法的职责与能力，环境保护部门一直试图构建"国家监察、地方监管、单位负责"的监管体制。但从当前生态文明体制改革的方向来看，至少需要做好四方面的基础工作。

一是进一步整合各部门污染防治方面的职能，把目前仍然分散在各部门的环境污染防治的行政监管职能进一步整合到环境保护部。

二是以环境保护部门为主，在统一技术规范与标准、统一规划和布局的前提下，整合各部门环境监测和信息网络，建立统一服务于各级政府和社会公众的环境监测和信息网络平台。

三是建立和健全中央政府监督地方政府实施法律和国家规划的体制机制，包括进一步强化现有的区域环境保护督查机构，增强其协调处理跨行政区域污染防治的职能。根据环境污染的区域性特征，建立和强化省际联合、部门联动的联防联控体制，研究探索划定跨行政区域的空气质量控制区或管理区，由中央政府相关部门同有关地方政府负责人组成管理委员会或领导小组，担负区域规划和重大问题的决策、协调和监督职能，着力构建区域"统一规划、统一监测、统一监管、统一评估、统一实施"的体制机制；重组流域管理机构，组建由中央政府有关部门、地方政府组成的流域委员会，担负流域规划和重大问题的决策、协调和监督职能，把现有隶属水利部的流域委员会改组为其执行机构，真正建立"统一规划、统一监测、统一监管、统一评估、统一实施"的流域综合管理体制机制。

四是按照"权责匹配，重心下移"原则，合理划分中央政府和地方政府在污染防治方面的职责，凡属全国性法律法规、标准、政策和规划制定，国际条约履行，跨越区域、流域污染防治，以及危害较大和影响较深的环境问题处理（如核污染防治），保留为中央政府职责，其他都应下放地方政府管理并保留中央政府监督的权力。

目前，这四面的体制调整和改革都相当复杂和困难，但只有做好这四方面的工作，才能为所有污染物的全面监管和独立监管与行政执法创造必要的体制机制基础。

从长远发展看，强化政府自然资源保护部门统一监管和环境保护部门独立监管与行政执法的职能和能力，在建立和形成资源与生态环境保护的国家治理体系和治理能力，实现真正的良治方面，是有很大局限性的。从当前来看，需要进一步公开政府信息，建立健全社会组织与公民个人参与政府行政决策和监督政府行政行为的制度，增强各类非政府组织和基层自治组织参与资源与生态环境管理的能力，逐步建立和形成社会治理体制机制，并与政府部门形成相互配合、相互监督的“协同治理”的格局，使政府的自然资源保护统一监管和环境保护的独立监管和行政执法真正发挥出其效能。

（二）构建生态文明重大制度的基本路径

生态文明的重大制度安排与上述体制改革相互结合、相互配套，同样有三个方面的基本路径：一是改革自然资源资产管理制度的路径，其中产权制度改革是核心，产权统一登记、资产核算制度等是基础；二是改革自然资源行政监管制度的路径，其中用途管制是核心，空间规划、生态红线、有偿使用制度等是基础；三是改革生态环境保护制度的路径，其中独立监管制度是核心，排污总量控制、排污许可、损害赔偿制度等是基础。

目前，依照分部门、分领域管理的体制机制设计，在各资源与生态环境领域及相应的法律中已经规定形成了复杂的法律规定和管理制度体系（表4.3），这些现存的制度安排既为生态文明制度建设奠定了基础，也为今后的制度调整和重构制造了一定的障碍。为此，需要结合生态文明管理体制改革，按照加快生态文明制度建设的总体思路，在地方试点经验的基础上，逐步修改完善现行的各项法律规定和制度，构建新的制度体系。总体来看，至少应实现以下三大步骤。

表4.3 现行自然资源和环境保护制度

部门	主要制度
国土保护和空间规划	主体功能区规划制度、区域规划制度、城乡规划制度等
环境保护	环境保护规划和流域污染防治规划制度、环境权和公众参与制度、环境标准制度、环境监测制度、环境状况公报制度、环境影响评价制度、现场检查制度、跨行政区污染协调制度、地方人民政府环境质量责任制度、“三同时”制度、排污申报登记制度、排污总量控制制度、排污许可制度、限期淘汰制度、排污收费制度、限期治理制度、污染事故应急制度、禁止产生严重污染的设备转移制度、污染损害赔偿制度等

续表

部门	主要制度
水资源保护	水资源国有和取水许可与有偿使用制度、水资源规划及流域规划制度、水功能区制度、饮用水源保护区制度、水供求规划及水量分配制度、用水总量控制和定额管理制度等
土地资源保护	土地利用总体规划制度、土地用途管制制度、占用耕地补偿制度、基本农田保护制度、土地复垦制度、土地有偿使用和出让转让制度等
森林资源保护	森林限额采伐制度、育林费或育林基金制度、森林生态效益补偿基金制度，采伐许可证制度
矿产资源保护	探矿、采矿权及有偿转让制度、采矿许可证制度、采矿复垦制度、资源税和矿产资源补偿费
草原资源保护	限制和禁止开垦制度、以草定畜制度
海洋资源保护	海洋环境保护规划制度、海洋功能区划制度、海域使用权及有偿使用制度、排污总量控制制度、海洋自然保护区、船舶油污损害和保险、基金制度等
水土保持、防沙治沙	水土保持规划制度、建设项目水土保持方案制度、水土保持补偿费制度、防沙治沙规划制度等
生物多样性保护	野生动物国家所有制度、重点保护野生动植物名录制度、特许猎捕证和采集证制度、禁止和限制经营制度、自然保护区制度

1. 建立和完善自然资源产权制度，形成符合基本经济制度、现代市场体系和政府职能转变方向，促进生态文明建设的制度体系

建立和完善自然资源产权制度是一个极为复杂的任务，涉及中央和地方在自然资源利用方面的权利义务和利益分配，涉及企业和公众在自然资源利用方面的权利义务和利益分配。

根据深化改革和生态文明建设的总体要求，需要在稳定和保护好现有合法的自然资源产权，特别是稳定和保护好农村土地（包括林地、草地等）承包经营权的基础上，通过比较广泛的地方试验和试点示范，逐步修改完善现行法律有关国有和集体所有资源的产权制度规定，形成相对完整规范的制度体系。从现行自然资源产权的实际情况来看，至少要抓好五个方面制度建设工作。

一是落实物权法不动产统一登记的法律规定，修改完善现有相关法律有关自然资源资产登记的法律规定，把分散在各部门的土地、林地林权、草原、海域等自然资源资产的确权登记纳入不动产统一登记制度体系。

二是在现有的自然资源调查和评价制度基础上，逐步建立完整的自然资源资产的调查、评价和核算制度体系，包括自然资源的实物核算和价值核算制度体系。

三是修改完善国有自然资源国务院代理的规定，建立具体、完整的国有和集体自然资源资产代理或托管及其经营管理的制度体系，明确规定各类国有自然资源资产具体的代理或托管机构，明确相应的经营管理主体。

四是改革完善现有的资源资产有偿使用和市场交易制度，逐步建立统一规范的自然资源资产市场交易制度体系，包括明确规定可出让转让和市场交易的自然资源资产范围、适用的市场交易规则及国有自然资源资产收支管理。

五是改革完善现行自然资源行政监察和国有资产监管制度，逐步建立完整统一的自然资源资产监管制度体系，包括监管主体及其职责，资产经营活动考核、资产核算和审计等制度和措施。

2. 建立健全国土空间规划体系，明确划定生态红线，根据空间规划和生态红线实施相应的用途管制和配套的资源有偿使用与生态补偿制度措施

在统一的国土空间规划体系基础上，以用途管制为核心，重塑自然资源行政管理的制度体系。在当前部门分割、重叠交错的制度迷宫中，实际上要同时完成两项看似矛盾的任务：一是顺应政府职能转变，取消或下放一系列涉及建设项目和经营活动的行政审批权，减少对市场活动的行政干预；二是强化节能、节地、节水、污染防治等方面的标准及其监管措施，加强对市场活动的行政管制。

其实，从现实的法律制度、配套措施及其实施情况来看，推进上述两个方面工作有很大的一致性，并要在以下四个领域加强整合。

一是清理、合并各种规划和区划，并通过修改相关法律，修改完善现行相关的规划、区划制度体系，确立主体功能区的法律地位，建立适应生态环境保护要求和市场经济规范的统一空间规划体系，理顺主体功能区规划同国土规划、城乡规划及各种专业规划之间的关系，在市县层面基本实现“多规合一”。这也可有效减少规划不一、重复交叉对经济社会活动的不当干扰。

二是梳理各种涉及资源与生态环境的标准和评价制度体系，根据对公众健康、生态环境危害与风险大小，根据国家粮食安全和能源安全等非传统国家安全领域的要求，建立和形成相对统一的、科学的、定量化的标准和评价体系，为合理编制空间规划和划定生态保护红线，落实用途管制，奠定必要的科学基础。

三是梳理各种自然资源、生态保护和污染防治的监测、统计制度和规范，根据生态整体性、系统性的要求，建立和形成相对统一、相互协调的监测、统计制度和规范，为建立形成国家统一的资源与生态环境监测和信息平台提供良好的制度保障。

四是整合各类环境影响评价、生态保护评价、自然资源和能源利用评价、核安全评价等管理制度，减少规划和建设项目审批、审核过程中重复评价、多头管理的局面。

只有这样，才能为建立和形成统一行使国土空间用途管制的自然资源监管体制，奠定必要的制度保障。同时，根据主体功能区规划和相关空间规划及其确定的生态保护红线，实施用途管制制度，是对区域开发和资源利用的一种严格行政限制和管制措施，需要配套实施相应的资源有偿使用制度和生态补偿制度，在经济上弥补由此带来的地区发展不平衡和公共服务差异大的问题。

在资源有偿使用制度上，改革资源定价机制，解决用地、用水和部分能源价格过低的情况，扩大资源税征收范围，调整征收标准，使资源提供者和资源所在地分享更多的收益。在生态补偿制度上，逐步建立和形成同主体功能区规划和空间规划相适应的财政一般转移支付和专项转移支付制度，扩大中央财政对自然保护区等禁止开发区域的支出责任。

3. 建立和完善污染防治的管理制度体系，包括各种行政管制、经济激励和社会参与的制度与措施，为发挥政府部门独立监管和行政执法效能，发挥市场调控和社会管理的作用，提供有效的制度保障

建立和完善污染防治的管理制度体系涉及行政管制、经济激励和社会参与的各方面制度与措施。从行政管制制度领域来看，一是需要建立公共健康和生态系统风险评价制度及相关环境基准体系，对所有已知的毒害污染物进行必要的风险评价，确立优先监测和防控的环境污染物清单和管理目标与标准，改变目前仅关注几种国家规定的约束性污染物的管控，忽略其他重要污染物管控的情况；二是整合各项环境污染行政许可和报告制度，建立完整有效的排污许可证制度和管理体系，切实发挥排污许可证作为综合行政手段的作用，减少重复管理和多头管理的现象；三是把重点污染物防治的责任真正落实到企事业单位，包括把各项污染物总量控制指标及其法律责任明确落实到企事业单位；四是完善损害赔偿和责任追究的法律制度，使造成制度环境损害的单位和个人切实承担相应的行政、民事和刑事责任。

在经济激励和社会参与方面，当前需要在完善污染物排放标准和总量控制指标的基础上，加快环境保护费改税步伐，加快在重点区域和流域试行主要污染物排污交易制度，总结环境保险制度的试点经验，并逐步向全国推广；进一步完善环境保护信息的公开制度，构建在环境保护规划、环境行政许可、环境管理监督等各决策管理环节公众参与的制度和程序，完善环境保护的公益诉讼制度，完善社团登记和管理的制度，培育和扶持各种基层环境保护社区组织和民间组织，形成政府引导、市场推动、企业实施、公众广泛参与的环境保护新模式、新机制，有效改变长期以来环境保护滞后于经济发展的局面。

五　生态文明建设的法律保障

（一）生态文明建设和法律体系的“生态化”

《决定》在生态文明建设的立法方面提出了一系列需要深入研究的课题和任务。其涉及范围大大超出了现行资源与生态环境保护法律的范围，涉及宪法和宪法相关法、民法商法、行政法、经济法、社会法、刑法、诉讼与非诉讼程序法等各个相关法律领域。

我国已形成了以宪法为统帅，以上述七个法律领域的法律为主干，由法律、行政法规、地方性法规等多个层次的法律规范构成的法律体系，国家经济建设、政治建设、文化建设、社会建设及生态文明建设的各个领域基本上都制定和形成了相应的法律制度体系和配套的行政、技术规范体系，为依法推进国家各项事业建设提供了基本的法律保障。

在生态文明建设领域，也形成了比较完整的资源与生态环境保护法律制度体系和行政、技术规范体系。但从总体上看，中国的法律体系，特别是资源与生态环境保护法律体系，同生态文明体制改革和制度建设所提出的各项要求相比，还有很大的差距。从各国的经验来看，对于资源与生态环境法律的有效实施，相关法律有至关重要的作用。从法律体系而言，如果相关法律存在相冲突的或不一致的地方，将极大地妨碍资源和生态环境法律的有效实施。

当前，需要根据加快生态文明建设和实现可持续发展的总体要求，根据生态文明建设“融入经济建设、政治建设、文化建设、社会建设各方面和全过程”的指导方针，根据从生产和消费全过程防控环境风险和危害的总体思路，研究探索法律体系的“生态化”，即把生态文明建设和可持续发展的理念、原则和规范纳入宪法、民法商法、行政法、经济法、社会法、刑法、诉讼与非诉讼程序法等诸多法律中。这是政府、企业和公民在经济建设、政治建设、文化建设、社会建设过程中履行生态文明建设方面职责在法律上的体现，是促使各级政府及其有关部门在研究制订经济发展规划、政策和实施监督管理的过程中同步综合考虑生态文明建设目标和要求在法律上的体现。

其中，需要根据中共中央决定有关加快生态文明制度建设的各项规定和要求，深入研究和论证修改《宪法》有关经济建设和资源与生态环境保护的规定，增加有关建设生态文明和实施可持续发展的内容；需要根据完善自然资源产权制度、生态环境损害赔偿制度的要求，深入研究和论证修改《民法通则》、《物权法》、《农村土地承包法》、《担保法》、《侵权责任法》等相关法律的规定；需要根据强化生态环境损害刑事责任追究的要求，深入研究和论证修改《刑法》，修改完善相关的司法解释；需要根据建立和完善资源有偿使用和生态补偿制度的要求，加快制定《环境保护税法》，研究和论证修改财政、税收和价格管理方面的相关法律；需要根据建立国土空间规划和实施主体功能区规划等方面的要求，研究和论证制定《国土规划法》及修改《城乡规划法》等；需要根据严格生态环境损害赔偿和责任追究，加强公众监督等要求，修改完善各项诉讼法律的规定。

（二）建立健全资源与生态环境保护法律体系

落实《决定》有关生态文明制度建设的改革措施，需要相应修改完善现行的资源与生态环境保护法律，研究制定一些新的法律及其制度措施。从今后一定时期来看，需要结合十二届全国人大常委会立法规划有关资源与生态环境保护立法任务，以加快生态文明制度建设为核心，做好各项资源与生态环境法律的制定和修改工作。

在立法目标上，需要从有效保护公众身体健康、维护生态环境质量和国家资源与生态环境安全的总体要求出发，从生态系统的整体性和系统相关性出发，从传统的单项资源、生态要素的保护和单项常规污染物的防治，转向资源和生态系统的整体保护和修复，转向污染物全面防治和区域、流域环境质量改善，转向国家资源与生态环境安全的保障。

在立法体系框架上，需要在现行资源与生态环境法律基础上，重新研究和论证资源与生态环境法律的体系框架。在自然资源和生态保护领域，研究修改《土地管理法》、《矿产资源法》、《森林法》、《草原法》、《水法》、《海域使用管理法》等法律，研究制定有关自然资源资产管理、国土空间规划，自然资源用途管制、自然保护区保护（或国家公园保护）等方面的法律；在环境保护和污染防治领域，加快修改《环境保护法》、《大气污染防治法》、《水污染防治法》等，研究制定土壤污染防治、有毒有害化学物质管理法、环境损害赔偿法等方面的法律；研究制定和完善促进经济发展和产业转型的专项法律，包括修改完善现行的《循环经济促进法》、《清洁生产促进法》、《可再生能源法》等法律，使保护环境和促进绿色新兴产业发展的法律制度在具体的法律中有机结合起来。

在总体框架上，消除现行各单行法之间存在的重叠和矛盾冲突，逐步形成由资源与生态环境保护的基本法或政策框架法、单项实体法和程序法等构成的完整法律框架，并在条件具备的情况下，逐步研究探索编纂资源和生态环境方面的法典。

在具体法律制度上，需要研究和整合各项资源与生态环境保护法律中规定的各项制度措施，特别要研究和整合各种规划、评价和许可制度，消除法律制度间的不协调，围绕自然资源产权和资产管理，自然资源行政监管，主体功能区规划、空间规划和用途管制，自然资源有偿使用和生态补偿，资源和环境承载力与生态红线，排污许可和排污总量控制，公众参与和社会监督，生态环境损害赔偿和责任追究等重大制度，建立和形成比较完整的资源与生态环境法律制度体系，为逐步形成政府调控、市场引导、公众参与的“协同治理”的国家治理体系和治理能力奠定必要的法律制度基础。

目前，国际上资源与生态环境保护法律的发展存在以下趋势与特征：①在法律中确立新的生态环境基本价值观或伦理观，包括生态文明和可持续发展的价值观，以人为本和以环境为本的价值观；②确立同生态系统的整体性和关联性相对应的法律制度体系的整体性与关联性，并把资源、环境和生态系统的综合管理确立为重要的立法原则；③把法律确立在严谨的生态学和环境科学基础之上，立法中要把科学决策和科学评估确立为重要的原则；④法律手段适用于更为广泛的社会经济领域，如环境影响评价适用于各种社会经济政策、规划和项目，实现环境与发展的综合决策；⑤法律要适应传统文化的基本价值观，要在法律中体现传统价值观中保护环境的理念和原则；⑥法律要充分体现资源和废物全面循环利用的理念和原则，建构相应的法律制度和措施；⑦在法律中形成政府、企业和公民各方面共担环境责任和共同管理的“共治”性的法律制度体系。这些趋势和特征，同生态文明制度建设所提出的法律体系和制度建设的基本内容，在很多方面是基本一致的，具有重要的借鉴作用。

（三）当前资源与生态环境保护立法的紧迫任务

2013 年，经中共中央批准，全国人大常委会发布了“十二届全国人大常委会立法规划”，共有立法项目 68 件，其中直接涉及资源与生态环境保护的法律有 11 部，包括修改《土地管理法》、《森林法》、《矿产资源法》、《环境保护法》、《大气污染防治法》、《水污染防治法》和《野生动物保护法》，制定《土壤污染防治法》、《核安全法》、《深海海底区域资源勘探开发法》和《海洋基本法》等。这 11 项立法任务在整个立法规划中占有重要的地位。

从当前资源和生态环境保护的形势来看，修改《环境保护法》、《大气污染防治法》、《水污染防治法》和制定《土壤污染防治法》广为社会各界所关注，任务最为紧迫。从这四项立法的总体目标来看，需要从生态文明建设的视角，重新思考立法目的和思路，调整现行的以环境污染排放浓度达标和总量控制为核心的法律制度体系，加快建立起以保护公众身体健康和实现区域、流域环境质量达标为导向的法律制度体系，进一步明确和落实政府、企业和公众的环境保护权利和义务，强化有关产业结构调整和资源、能源利用方面的调控措施，增补环境经济管理制度和措施，加大环境污染的行政处罚力度，完善有关污染损害赔偿和责任追究的规定，有效解决“守法成本高、违法成本低”的问题，为扭转环境质量继续恶化的局面，创造必要的法律制度保障。

1）《环境保护法》修改。目前，修改草案已在全国人大常委会进行了三审，现有草案已对《环境保护法》做出了比较全面的修改，增加了有关推进生态文明建设、促进经济社会可持续发展、环境保护基本国策、经济社会发展与环境保护相协调等原则规定，进一步明确了政府、企业和公众的环境权利与义务，增补了有关经济、技术政策环境影响评价，区域、流域污染联合防治，环境保护目标责任制和考核评价制度，区域、流域限期达标，生态保护补偿机制，污染物排放总量控制，排污许可证，环境保护强制措施，环境信息公开和公众参与，按日连续处罚等一系列重要制度，对依法推进生态文明建设和强化环境保护工作，具有重要意义和作用。目前虽然在公益诉讼等方面仍然存在很大争议，但是由于《决定》提出了生态文明建设的一些新的制度，如国土空间规划、用途管制、生态红线、环保市场机制、独立监管等，这些内容尚未纳入草案。因此，有必要根据当前加快生态文明制度建设及环境保护工作的紧迫要求，抓住机遇，重新整合和修改相关制度规定，并进行充分讨论，争取把《环境保护法》修改好，使其成为落实生态文明建设最重要的制度保障。

2）《大气污染防治法》修改。面对不断恶化的大气污染形势，加快修改《大气污染防治法》成为当前极为紧迫的立法任务。2006 年，国家环保总局启动了《大气污染防治法》的第四次修改工作，2008 年，《大气污染防治法》修改列入了十一届全国人大常委会立法规划，属一类任期内应当提请审议的立法项目。2009 年年底，环境保护部将修订草案送审稿送交国务院，但在国务院各部门之间未达成一致意见，修改思路和修改方案几经反复。

目前，环境保护部正在结合《大气污染防治行动计划》，抓紧进行修改草案的起草工作，其基本思路包括：把改善大气质量、保护公众的身体健康确立为立法的基本目的，建立有效的大气环境质量管理体系；进一步理顺管理体制，明确各级政府及其有关部门在大气环境质量管理中的职责，并建立严格的考评制度，强化环保部门的监督管理职能；把大气污染防治和大气质量保护相结合，推进大气质量限期达标，有效应对重污染天气；把全面推进和突出重点相结合，近期目标和远期目标相结合，增强法律的现实针对性和可操作性；把区域污染控制和行业污染控制相结合，着力抓好重点区域和重点行业的污染控制；把行政监管和市场调控手段相结合，有效应用各种市场调控机制；进一步完善大气污染防治的基本法律制度，包括环境准入、总量控制、排污许可、排污交易、联防联控、区域限批、应急预警等方面的基本法律制度，尽快完善有关燃煤、工业、移动源、扬尘大气污染等措施，构建刚性的、强约束的大气污染防治制度体系。

近期全国各地屡遭恶性大气污染事件，造成严重的不良社会影响，损害公众身心健康。国务院有关部门和机构亟待加快法律修改进程，按照立法规划和计划要求，及时将修改草案提请全国人大常委会审议，为全面实施《大气污染防治行动计划》及各主要区域的行动计划提供有力的法律保障。

3）《水污染防治法》修改。修改《水污染防治法》，有效保护水环境质量，保障公众饮用水安全，也同样是当前一件紧迫的立法任务。目前，国务院正在研究制定“水污染防治行动计划”，环境保护部及有关部门正以有效保护水体水质、优先保护饮用水水源为重点，开展水污染防治法修改的研究论证。

从现行《水污染防治法》主要内容来看，需要强化“预防为主”、“保护优先”的制度措施，明确提出优良水体水质不得退化的法律规定，加强对现有优良水体水质的保护力度；进一步修改完善流域水污染防治的规划和管理制度，强化流域水污染防治和水环境质量达标的监督管理体制，补充配套的流域和水源地生态补偿政策；完善饮用水水源保护区管理制度，严格水源保护区规划审批和管理，适度上收重要水源地保护区划定的审批权限，补充完善水源保护区规划实施的管理措施；修改完善有关地下水污染防治和农业面源污染防治的管理制度，强化对有关地下水水源地和分散式饮用水水源地的管理措施；完善风险评估和预警管理制度，防范可能出现的重大水环境污染事件；强化法律责任追究，加大违法惩处力度。

4）《土壤污染防治法》立法。土壤污染问题已经成为继大气污染、水污染问题之后又一个引起社会各界高度关注的问题。目前，我国土壤污染防治立法基本上处于空白状态，只在有关环境保护与污染防治、土地管理、农业与农产品等法律中有一些零散的原则性规定，远远不能适应土壤污染防治的实际需要。

当前，需要通过立法，明确政府、企业和公众的权利和义务，落实各级政府的公共责任和污染者的治理责任；确立有效的监督管理体制机制，明确各有关部门的职责分工；建立有效保护和改善土壤质量，防控土壤污染健康与环境损害，修复污染土地的法律制度与管理措施，以及配套的财税、金融等方面的措施，为有效防控耕地、水源地周边土地、生活居住地和其他生态保护区域不受污染，为有重点、有计划地修复受污染土地，提供有力的法律制度保障。

参考文献

本书编写组. 2013.《中共中央关于全面深化改革若干重大问题的决定》辅导读本. 北京：人民出版社.

国务院法制办公室. 2011. 法律法规全书. 第九版. 北京：中国法制出版社.

国务院法制办公室. 2011. 中华人民共和国环境保护法典. 北京：中国法制出版社.

李金昌，等. 1995. 资源经济新论. 重庆：重庆大学出版社.

毛如柏，威廉·瑞利，阿兰·劳埃德. 2008. 加强中国环境监管能力建设的建议书. http://www.efchina.org/csepupfiles/workshop/200811652755959.219799709296.pdf/White%20Paper_CN.pdf [2013-12-01].

汪劲. 2011. 环保法治三十年：我们成功了吗. 北京：北京大学出版社.

王凤春. 1996. 试论我国自然资源立法的几个问题. 中国人口·资源与环境，(4)：56-58.

王凤春. 1999. 美国联邦政府自然资源管理与市场手段的应用. 中国人口·资源与环境，(2)：95-98.

中国工程院，环境保护部. 2011. 中国环境宏观战略研究（战略保障卷）. 北京：中国环境科学出版社.

第五章

构建促进绿色创新的保障制度*

一 生态文明建设与绿色创新

（一）生态文明建设和创新驱动发展

为应对严峻的资源环境挑战并确保经济的持续增长，中国需要尽快摒弃以要素投入为主驱动的粗放型经济增长方式，转变为以创新驱动为主的绿色经济增长方式。党的十八大和十八届三中全会提出的“创新驱动发展战略”和“大力推进生态文明建设”的战略决策，为我国转变经济发展方式、实现绿色发展提供了战略支撑。

党的十八大报告明确提出要实施创新驱动发展战略，强调科技创新是提高社会生产力和综合国力的战略支撑，必须摆在国家发展全局的核心位置。党的十八届三中全会通过的《中共中央关于全面深化改革若干重大问题的决定》（简称《决定》）指出要深化科技体制改革，并提出了国家实施创新驱动发展战略的制度安排。

---

* 本章由黄宝荣、郝亮、张静进、张梦执笔，前三位作者单位为中国科学院科技政策与管理科学研究所，第四位作者单位为中国科学院大学中丹学院。

党和国家领导人高度重视创新在引领我国产业革命、转变经济发展方式、克服资源环境制约中的重要作用。2013 年 9 月 30 日，习近平总书记在中共中央政治局第九次集体学习中强调："实施创新驱动发展战略决定着中华民族前途命运。全党全社会都要充分认识科技创新的巨大作用，敏锐把握世界科技创新发展趋势，紧紧抓住和用好新一轮科技革命和产业变革的机遇，把创新驱动发展作为面向未来的一项重大战略实施好。"

2014 年 1 月 10 日，李克强总理在国家科学技术奖励大会上的讲话中指出："必须依靠科技创新，才能有力推动产业向价值链中高端跃进，提升经济的整体质量；才能更多培育面向全球的竞争新优势，使我国发展的空间更加广阔；才能有效克服资源环境制约，增强发展的可持续性。我国已到了必须更多依靠科技创新引领、支撑经济发展和社会进步的新阶段。"

创新驱动发展和生态文明建设是我国转变经济发展方式、实现可持续发展不可或缺的两大重要战略。创新驱动发展战略对我国提高全要素生产率、优化产业结构、实现绿色发展具有重大意义（世界银行和国务院发展研究中心联合课题组，2012）。生态文明建设是关系人民福祉、民族未来的长远大计，是实现建设美丽中国的必然要求。在我国创新乏力、生态文明建设任务艰巨的形势下，创新驱动发展战略和生态文明建设能够相互促进、相互支撑。创新驱动发展能够为生态文明建设提供动力机制，通过创新克服我国生态文明建设过程中面临的一系列科学技术难题，从而加速生态文明建设目标的实现。而生态文明建设能够为创新驱动发展提供目标和约束机制，为创新驱动发展指明方向。与传统制造技术相比，推动绿色技术创新更有望使我国成为引领全球产业转型和绿色发展的重要力量。

（二）生态文明建设必须依靠绿色创新

尽管绿色创新在不同背景下被赋予了不同含义，但都强调通过创新降低产品全生命周期的环境影响（Rennings，2000；OECD，2009；European Commission，2011）。绿色创新对环境目标的追求与我国生态文明建设的战略目标相契合，也是我国生态文明建设的必然要求。

1. 绿色创新是破解我国严峻资源环境危机的必然要求

严峻的资源环境危机是我国生态文明建设面临的最突出的问题。破解这一危机的关键在于发展绿色经济，促进经济增长与资源环境的脱钩。能源的清洁利用、可再生能源开发利用、智能电网、工业清洁生产、绿色建筑、绿色交通、现代通信、

3D 打印等领域的绿色技术是绿色经济发展的重要支柱（Mckinsey & Company，2008；中国绿色科技组织，2009；气候组织，2010；联合国，2011；Copenhagen Cleantech Cluster，2012）。但目前我国在这些绿色技术领域的自主创新能力还很薄弱，关键领域的核心技术依然落后于世界先进水平，先进技术严重缺乏，落后工艺和技术大量存在，使我国资源环境效率远低于发达国家水平；支撑绿色发展的重大设备仍严重依赖进口，并受制于国外的技术垄断和知识产权壁垒（气候组织，2009；中国绿色科技组织，2011；国务院，2012；国家发展和改革委员会，2012；任东明，2013），使我国经济绿色发展需要支付较高的技术成本。只有培育我国绿色自主创新能力，大幅提升我国绿色技术水平，才能以更快的速度、更低的成本推动我国经济的绿色转型，从而破解我国面临的严峻的资源环境危机。

2. 绿色创新能够为生态文明建设提供新的经济增长动力

支撑生态文明建设的产业结构调整、制定各类生态红线和总量控制制度，在促进我国经济的绿色转型同时，也有可能削弱我国经济增长的动力。而在绿色创新支撑下的绿色经济有望成为我国新的经济增长点。

全球资源环境危机的解决和绿色消费意识的不断提升孕育着巨大的潜在消费市场。2012 年德国联邦环境部在其发布的《绿色技术德国制造 3. 0》中指出，自 2007 年开始全球绿色环境技术市场规模以年均 11. 8% 的速度增长，2012 年已达到 2 万亿欧元，预计到 2025 年，将达到 4. 4 万亿欧元（Roland Berger Strategy Consultants，2012）。中国在绿色低碳产品和服务等领域的商业投资和经济机会雏形渐显，巨大的市场潜力有待激发（气候组织，2009）。据中国绿色科技组织（2009）预测，中国绿色科技的市场价值每年可达 5000 亿甚至 1 万亿美元，约占中国 2013 年 GDP 的 15% 。

与此同时，全球新技术、新产业的迅猛发展，正在孕育着新一轮以绿色、智能和可持续为基本特征的产业革命。美国著名未来学家杰里米 · 里夫金（2013）预言，建立在互联网和新能源相结合基础上的第三次工业革命即将来临，支撑这次工业革命长达 40 年的基础设施建设将创造无数的商机和就业机会。更为重要的是这次工业革命所包含的智能制造、能源互联网及新一代信息技术的技术创新为我国加速经济结构的调整和发展方式的转变带来了重要的契机，也为我国突破能源环境的束缚创造了有利的条件（李泊溪，2013）。尽管目前对第三次工业革命是否真的来临尚存争议，但当下一系列技术突破和变革所带来的影响毋庸置疑。

只有大力推动绿色创新，我国才有可能抓住全球庞大的绿色技术和绿色产业市场所孕育的巨大机遇，才能抢占全球绿色发展的制高点，提高绿色技术和产品在全球市场中所占份额，为我国经济的绿色转型和生态文明建设目标的实现提供新的经济增长动力。

3. 绿色创新有望提升我国的国际竞争力和加速产业转型

欧美国家高度重视绿色创新，力图保持其在绿色技术领域的领先地位。一些国家利用绿色技术优势，在国际贸易中制造绿色壁垒，给我国对外贸易造成很大影响（戴立恒，2013）。如果应对不当、贻误时机，我国在新技术和新兴产业领域与发达国家的差距有可能进一步拉大，并坐失引领第三次工业革命的良机。相反，如果将创新驱动发展战略和生态文明建设这一战略任务有效地结合起来，建立完善绿色创新保障制度和配套的政策体系，那么，我国就有望成为世界绿色创新的中心和领导者，有望大幅提升我国绿色技术和产业的国际竞争力，从而加速经济绿色转型和生态文明建设目标的及早实现。

1）应对资源环境危机方面的迫切需求。中国解决资源环境问题的迫切需求，促使政府将生态文明建设和绿色、低碳、循环发展放在日益重要的位置，并着力推动相关制度和政策的制定，这些工作将为绿色创新提供良好的制度和政策环境。

2）丰富的可再生能源。中国在可再生能源方面的地位有如沙特在石油产业中的地位，每平方米的可再生能源潜力要远高于世界大多数其他国家（杰里米·里夫金，2013）。中国拥有世界上最丰富的风力资源，有研究表明，只要中国政府提高补贴和改善输电网络，至 2030 年风力发电就可以满足中国所有的电力需求（McElroy et al.，2009）。中国也是世界上太阳能资源最丰富的国家之一，年辐射总量相当于 110 ~ 250 千克标准煤/平方米。丰富的可再生能源使中国成为推动绿色能源技术革命的绝佳场所。

3）庞大的消费市场。中国有望五年内超过美国，成为全球最大的消费品市场。庞大的消费市场可以为我国快速地完善产业链提供良好条件，绿色创新的市场化和商业化更为容易。而且随着民众绿色消费意识的日益提升，中国也有望成为全球最大的绿色产品和技术的消费市场，使绿色创新在中国充满商机。

4）强有力的政府。受市场需求及回报率的不确定性的影响，企业自主推动绿色创新的积极性往往不高。这时需要发挥政府的主导作用。中国政府在制定绿色创新和发展政策、推动绿色创新投资和绿色技术的产业化等方面，可以强有力地履行公共职能。

5）已具备的制造能力。中国高中低端俱全、较完整的产业链和雄厚的产业基础，有可能使中国成为吸引全球绿色技术产业化的洼地，一项技术在中国创新更容易实现产业化（刘世锦，2012），这对企业开展绿色创新具有很大的吸引力。

6）潜在的人才优势。由于我国不断完善的教育体系，以及未来中国市场对世界人才的吸引，未来中国将有可能拥有世界一半的工程师，他们将为中国技术创新提供强大的智力支持（气候组织，2009）。

（三）绿色创新需要制度保障

尽管绿色创新具有美好的前景，但是面临着比传统创新更多的障碍。这些障碍包括过高的初始投入成本、不确定的市场需求和投资回报率、不成熟的绿色消费市场、绿色创新人才的缺乏、创新系统和商业模式的路径依赖等（Foxon et al.，2008；Diamond，2009；OECD，2009；中国科学院可持续发展战略研究组，2010；Kemp，2011）。如果缺乏制度保障和配套的政策支撑，企业往往缺乏绿色创新的积极性，市场融资也面临巨大的困难，国家绿色创新能力难以提升。

因此，只有建立促进绿色创新的保障制度和配套的政策体系，破除制约绿色创新的各类障碍，健全绿色创新的市场导向机制，激发企业绿色创新活力，才能有效提升我国绿色创新能力，为我国转变经济发展方式、破解资源环境危机、实现绿色发展提供必要的支撑。

二 各国（组织）推动绿色创新的战略措施和制度安排

当今世界各国尤其是发达国家竞相将绿色创新作为未来的重点战略。美国、欧盟、日本和韩国等纷纷着手进行规划，把绿色技术等作为未来发展的重点。Ethical Markets Media（2011）报道，2007～2011 年，全球层面总计有 2.4 万亿美元的累积投资在绿色创新上，到 2020 年，这样的累积投资预计能达到 10 万亿美元。

（一）欧盟

1. 绿色创新战略和计划

欧盟是绿色创新最重要的支持者和实践者，并在诸多领域处于领先地位。据估计，欧盟大约占有世界上 30% 的环境技术与服务营业额，40% 的可再生能源营业额，50% 的循环工业营业额（Barsoumian et al.，2011）。欧盟在绿色创新方面所取得的成就与其长期将绿色创新作为重要发展战略并投入巨资开展绿色技术研发密不可分。

2000 年，欧洲理事会里斯本峰会制定了欧盟第一个十年发展战略——“里斯本战略”（Lisbon Strategy）。该项战略以建设包容性社会、振兴经济、可持续发展作为三大支柱。由于“里斯本战略”实施初期效果不佳，2005 年欧盟重启“里斯本战略”，指出应该通过环境技术、绿色创新及自然资源的可持续管理，使环境政策对经济增长和就业产生积极贡献。继“里斯本战略 ”之后，欧盟委员会于 2010 年 3 月公布第二个十年发展战略“欧盟 2020 战略”。该战略强调通过科技创新和发展绿色经济为欧洲经济发展注入新的活力，并实现可持续发展（European Commission，2010）。

欧盟研发框架计划（EU Research Framework Programme）为绿色创新提供了数额庞大的资金支持。欧盟第一框架计划就把环境领域列为该计划的重要领域，其经费总额达 2.6 亿欧元；在第六框架计划中，有 21 亿欧元优先用于发展可再生能源、环境与交通；第七框架计划预计有 100 亿欧元用于发展环境技术（Kemp，2011）。2011 年 11 月公布的 2014 ~ 2020 年的研究与创新框架计划——“地平线 2020”设定了三个战略目标：卓越的科学（预算 246 亿欧元）、产业界的领袖（预算 179 亿欧元）和应对社会的挑战（预算 317 亿欧元）。“应对社会的挑战”战略所关注的六大挑战中有三大挑战直接与绿色创新有关，包括：①安全、清洁和高效能源；②智能、绿色和集成交通；③气候行动、资源效率和原材料。

在两个十年发展战略和研发框架的支撑下，欧盟启动了一系列绿色技术领域的项目和行动计划，促进欧盟及各成员国的绿色创新。

2004 年，欧盟开始实施“环境技术行动计划” （Environmental Technologies Action Plan，ETAP），旨在挖掘环境技术的潜力，改善环境的同时提升欧盟的竞争力。ETAP 主要集中在三大领域：促进技术研究与市场需求的紧密结合；改善市场条件；全球层面的行动。

2006 年，欧盟启动“竞争力与创新框架项目”（Competitiveness and Innovation framework Programme，CIP）（2007 ~ 2013 年）。其中，设立“绿色创新评估项目”（Measuring Eco-innovation，MEI），负责建立绿色创新指标，促进成员国间有关绿色创新的理解与交流，随后又启动了“绿色创新观测平台项目”（Eco-innovation Observatory），为欧盟乃至全球的绿色创新交流提供集成化平台。为了进一步促进“环境技术行动计划”，2007 ~ 2013 年，“竞争力与创新框架项目”共投入 36 亿欧元促进绿色创新，重点关注气候变化、能源与资源的使用效率、健康与人口变化。

2007 年 11 月，欧盟委员会通过“战略性能源技术计划”（The European Strategic Energy Technology Plan，SET-Plan）（European Commission，2009），确定了未来十年欧盟需要重点攻克的关键能源技术，以及为了实现 2050 年远景目标，欧盟未来十年必须攻克的关键技术。2009 年 10 月，“战略性能源技术计划”正式出台，计划在原有投入的基础上增加两倍资金，即每年投入 80 亿欧元用于能源技术研究。

为了应对金融危机，2008 年 12 月，欧盟各成员国一致同意，发起了“欧洲经济复苏计划”，将绿色技术作为经济复苏计划的有力支撑。所筹 50 亿欧元经费中的一半用来资助低碳项目。2009 年 3 月，欧盟宣布，在 2013 年前出资 1050 亿欧元支持“绿色经济”，促进就业和经济增长，保持欧盟在“绿色技术”领域的世界领先地位。

为落实“欧盟 2020 战略”目标，2011 年 12 月，欧盟启动新的“绿色创新行动计划”（Eco-innovation Action Plan，EcoAP），旨在占领绿色技术制高点、保持绿色创新世界领先水平，以及提升绿色工业世界竞争力。该行动计划提出了促进欧盟绿色创新的七项关键行动，包括：①通过制定环境政策与立法促进绿色创新；②通过支持示范项目、公私合作伙伴项目，推动极具前景但尚未有效进入市场的环境技术的市场化；③制定和修订新的标准，扩大绿色创新市场需求；④调动金融工具和服务支持中小企业的绿色创新；⑤促进国际合作，推动欧盟各国绿色创新研究的整合，推动全球统一的绿色市场和有效的监管体系的建立；⑥支持绿色技术相关的课程培训和能力建设，满足绿色创新对劳动力市场的需求；⑦继续强化欧洲创新伙伴关系，促进绿色创新知识的转移及转化（European Commission，2011）。

2. 推动绿色创新的制度和政策

在绿色创新战略的支撑下，欧盟的绿色创新已落实到一系列制度、政策文件和项目。欧盟从四个领域推动绿色创新：从研发到市场；改善市场环境；全球行动；面向未来。欧盟成员国分别从这四个领域采取措施、建立制度、制定政策促进绿色创新。调查显示，欧盟各成员国都制定了相关政策促进绿色创新（Kemp，2011）。各成员国采取的所有政策放在一起是包含 28 项具体政策的政策矩阵。这些政策又可以分为四类：命令/控制型政策工具（研发计划、法律法规、规划等）、市场型政策工具、信息型政策工具及混合型工具（表 5.1）。其中，以市场型和信息型政策工具为主。但加强环境技术的研发、示范和推广，促进绿色产业的发展，培育商业和消费者意识是现阶段各成员国采用的最普遍的政策措施。

表 5.1　欧盟成员国采用的主要绿色创新制度和政策

领域	具体政策措施	政策类型
从研发到市场	1. 加强环境技术的研究、示范和推广	命令/控制型
	2. 建立技术平台	信息型
	3. 建立欧洲环境技术测试、绩效认证和标准化网络	信息型
	4. 制定欧盟环境技术分类数据库和目录	信息型
	5. 确保新建标准和标准的修订考虑到资源环境绩效	命令/控制型

续表

领域	具体政策措施	政策类型
改善市场环境	6. 制定关键产品、过程和服务的绩效标准	命令/控制型
	7. 使用金融工具分担环境技术的投资风险	市场型
	8. 公私伙伴关系	市场型
	9. 开拓新的商业领域	市场型
	10. 促进可再生能源和能效技术发展的政策工具	混合型
	11. 支持生态产业发展的措施	混合型
	12. 促进社会和环境责任投资	市场型
	13. 金融机构最佳实践的传播	市场型
	14. 识别整合环境技术的机会	信息型
	15. 审视结构化基金的运作标准	市场型
	16. 审视国家援助指南	命令/控制型
	17. 通过市场工具促进环境成本的内部化	市场型
	18. 取消对环境有害的补贴	市场型
	19. 鼓励购买环境技术	市场型
	20. 促进全生命周期成本核算	信息型
	21. 技术采购调查	信息型
	22. 提高商业和消费者的环境意识	信息型
	23. 提供有针对性的培训	信息型
全球行动	24. 协助提高发展中国家环境技术水平	市场型
	25. 促进在发展中和经济转型国家进行负责任的投资并使用环境技术	市场型
面向未来	26. 定时审查行动计划	命令/控制型
	27. 欧洲环境技术委员会	信息型
	28. 开放式协调方法	信息型

（二）美国

1. 绿色创新战略和计划

美国从1993年开始制定并于1995年发布“国家环境技术战略”，其目标为：至2020年地球日时，将废弃物减少40%～50%，每套装置消耗原材料减少20%～

25%。1994 年发布的《面向可持续发展的未来技术报告》，反映了美国政府对环境技术的空前重视。奥巴马上台以来，接连推出了以清洁能源和新能源汽车为核心的绿色新政，致力于美国在未来全球绿色经济中占据主导地位。

1）对清洁能源创新投资。十年内用 1500 亿美元投资支持清洁能源技术的研发和示范，其中包括可再生能源、绿色建筑、高能效照明、储能、碳捕获和封存、抗扩散核反应堆等。

2）支持发展先进车辆技术。主要措施包括拨款 20 亿美元，推动私营部门加快投资步伐，建立具有全球竞争力的汽车电池和电动车配件产业；提供高达 7500 亿美元的税收抵免，鼓励消费者购买电动车；投资 4 亿美元启动交通电气化配套设施建设；设立 250 亿美元贷款基金，支持汽车厂商发展先进车辆技术。

3）支持研发新一代生物能源，减少石油消费，降低温室气体排放。美国政府在《2009 美国复苏和再投资法案》中设立了 8 亿美元资助基金和 5 亿美元贷款担保金，加速发展纤维素和藻类等生物燃料清洁技术。

4）促进能效产业的发展。《2009 美国复苏和再投资法案》与国家能源政策将促进提高能效的新技术、新工艺、新工作的大幅增长。为“绿化”联邦政府建筑拨款 45 亿美元，并为支持州和地方政府的可再生能源、能效和节能工作拨款 63 亿美元。

5）支持下一代清洁能源创新人才的培养。2009 年，美国政府提出了“重塑美国能源科学与工程学优势”教育计划，旨在通过提供奖学金、设立跨学科研究生课程，以及学术机构和创新公司结成伙伴关系等措施，鼓励学生从事清洁能源工作。

2011 年 3 月，美国政府发布《能源安全未来蓝图》，要求以创新方式走向能源未来：“在清洁能源领域成为世界领袖是强化美国经济、赢得未来的关键。为了实现这个目标，我们要为已有的创新技术营建市场、资助开发下一代技术的前沿基础研究。”

2012 年 3 月，美国能源部联合商务部宣布投资 1200 万美元启动 i6 绿色挑战计划，提供给其国内最具创新观念的六个团队，推动技术商业化和产业发展，支持绿色创新经济的发展。

2013 年 3 月，奥巴马在其连任后的首次能源政策讲话中，宣布未来十年投入 20 亿美元到计划创立的能源安全信托基金中，强调“不能坐等中国等国在相关领域追赶上美国”。

2013 年 6 月，美国能源部宣布，通过竞争性招标，由克莱斯勒、福特及通用汽车共同组织并管理的美国先进电池联盟将在未来五年内获得 1250 万美元拨款，加快发展高效、高性价比的电池技术与电动汽车。其中能源部的投资将与私营部门 1∶1 匹配。

2. 绿色创新的管理制度

美国政府在推动绿色创新中发挥了十分重要的作用，许多联邦机构通过合作推动绿色创新（表 5.2）（OECD，2008）。

表 5.2 美国推动绿色创新的相关部门及其职责

部门	职责与行动
环保局	• 环保局的《战略计划 2006 ~ 2011》包含了三个交叉主题。其中之一是创新与合作，旨在提升环境合作的意识，分担应对环境挑战的责任 • 2002 年，实施全面战略促进环境领域创新。环境创新战略基于以下的判断：未来的环境保护体系将更少依赖技术，更多依赖整体设施、社区，或者工业部门的协同战略 • 设立创新行动委员会。它是制定创新工作计划的高级别政策论坛，负责创新过程的监督和报告 • 通过环境创新国家中心协调与提升创新，保护环境，强调环境保护，而非仅仅控制污染。注重运用系统方法解决环境问题
能源部	• 能源部是美国能源技术发展的重要推动力；能源部实施十个项目，目标都是发展可商业化的能源技术；能源部主管的国家实验室在技术研发方面也起到了重要作用 • 能源部也与其他机构、大学和风投公司合作，采取了一系列措施减小投资者的风险，如商业化基金和贷款抵押等 • 国家可再生能源实验室致力于研究、开发、商业化和部署可再生能源和能源效率技术
国防部	• 国防部在环境与可持续方面采取了有力行动，包括建筑与节能汽车 • 实施战略环境研究和发展项目，与能源部、环保局开展全面合作，研发环境技术支持军队训练，解决当前及未来国内外行动所造成的环境问题
农业部	• 农业部在可再生能源、生物燃料和生物产品方面的绿色创新发挥了重要作用，积极与环保局和能源部合作密切 • 农业部重视绿色创新与技术的传播，并依据技术的成熟度采取相应的手段。此外，农业部也重视原料研发与替代，财政补贴和税收收返是目前的有效手段，市场手段也发挥重要作用
国家科学基金会	• 设有环境研究和教育部门，负责提供绿色创新资金，提高群众绿色创新意识

3. 绿色创新制度和政策

美国已经建立了十分完备的保护环境和促进绿色创新的制度和政策体系，包括研发、技术验证、环境绩效标准与立法、融资、市场工具、采购、环境意识与培训、全球行动等（表 5.3）。

表 5.3 美国绿色创新制度和政策

研发	环保局研究与发展办公室	支持环境技术的所有环保局项目
	能源部：国家实验室	能源部管辖的实验室系统
	国家研发计划	技术孵化器、国家研发投入基金、清洁能源基金、加州公共利益能源研究计划
	环境质量理事会	技术平台、气候变化技术平台、智能公路运输合作伙伴、氢燃料计划
技术认证	环保局	环境技术验证（Environmental Technology Verification，ETV）项目
环境绩效标准与立法	国家法规	能源独立与安全法案、洁净水法案、清洁空气法案、绿色工作法案、企业平均燃料经济性条例
	环保局	国家环境绩效追踪
	能源政策法规	联邦可再生燃油标准、家电/照明最低效率标准
	自愿性标准	能源之星、天然气之星
	联邦设施的节能效果	能源政策法案、行政命令第 13423 号
融资	能源政策法规	能源政策法案、再生能源税收减免
	生物燃料	生物乙醇汽油税收减免
市场工具	联邦交易政策	含铅汽油排放权交易、硫的排放权交易、水权交易政策
	补贴	参照世贸组织的相关标准
采购	国家采购项目	环境责任采购项目、车辆与燃油标准
	能源政策法规	联邦机构能源消耗递减目标、提高联邦设施的节能效果、发展太阳能
提升环境意识与培训	绿色创新的机构与项目	环境创新国家中心、环境绩效追踪
	环境教育	环保局负责实施的环境教育项目、环境教育北美协会
全球行动	政府部门：海洋局、环保局	协调环境与科学的国际政策
	国际发展署	负责并实施国际环境项目
	技术协议	亚太伙伴关系、甲烷市场化、创未来、全球核能伙伴关系、再生能源和能效伙伴关系等

资料来源：OECD，2008

风险投资是美国资本市场最活跃的因素。20 年代 90 年代后期，随着清洁技术的深入人心，风险投资将清洁技术和替代能源作为新的投资领域（表 5.4）。据 Money Tree 报告显示，清洁技术成为风险投资成长最快的领域之一，2004 年清洁技术为第七大风投领域，次年超过半导体，成为第五名。资金量也由 2004 年的 400 万美元增加到 2008 年的 4100 万美元，增长了近 10 倍。

表 5.4　1995～2009 年美国清洁技术风险投资

年份	清洁技术投资/百万美元	清洁技术交易数量/项	每项交易的平均投资/百万美元
1995	76.7	36	2.1
1996	146.7	46	3.2
1997	147.4	47	3.1
1998	123.3	37	3.3
1999	216.9	39	5.6
2000	606.6	48	12.6
2001	346.0	56	5.9
2002	375.1	68	5.5
2003	261.5	63	4.2
2004	434.1	86	5.0
2005	502.4	92	5.5
2006	1597.4	147	10.9
2007	2701.2	247	10.9
2008	4116.0	290	14.2
2009	2170.4	209	10.4

资料来源：USEPA，2010

（三）中国

在建设资源节约与环境友好型社会、节能减排、生态文明建设等战略的支撑下，我国绿色科技研发的投入大幅增加。“十一五”期间，国家科技计划累计安排节能减排研发经费超过 100 亿元（科技日报，2010）；围绕环境保护公益行业科研专项支持的经费达到 7.8 亿元；水体污染控制与治理科技重大专项投入资金 112.66 亿元（环境保护部，2011）。“十二五”期间，我国将进一步提高绿色科技领域的财政投资，环境保护科技领域的中央财政投资预算为 220 亿元（环境保护部，2011），是

“十一五”期间60亿元的3倍多；水专项计划总经费141.3亿元，其中，中央财政经费预算51.5亿元，地方配套89.8亿元。

1. 促进绿色创新的相关战略和计划

尽管我国没有提出明确的绿色创新战略，但在可再生能源、坚强智能电网、战略性新兴产业、绿色建筑、新能源汽车等方面的战略安排，能够有效地开拓相关领域的绿色技术市场，从而促进绿色创新和绿色技术的产业化。

（1）可再生能源发展

2005年2月，我国颁布《可再生能源法》，确定了可再生能源发展的法律地位。2007年国家发展和改革委员会印发《可再生能源中长期发展规划》，确定了可再生能源发展的中长期目标和重点领域。这两个法律法规的实施促进了我国可再生能源产业的快速发展和相关技术的进步。2010年4月，《可再生能源法(修正案)》开始实施，明确实行可再生能源发电全额保障性收购制度，并设立可再生能源发展基金促进可再生能源的发展。2012年8月，国家能源局印发《可再生能源发展“十二五”规划》，大幅提升了中长期规划中关于并网风电、太阳能发电、太阳能热水器等的开发利用目标，并明确了可再生能源开发的重点任务和各类可再生能源开发布局和发展重点。

为了促进相关规划目标的实现，我国制定了一系列配套政策促进可再生能源的开发利用。中国是第一个建立风电行业上网电价的非欧盟国家。为了推动可再生能源发电全额保障性收购，2007年7月，国家电监会发布《电网企业全额收购可再生能源电量监管办法》。为了应对太阳能光伏制造业产能过剩，2009年，我国开始实施“金太阳示范工程”和“太阳能屋顶计划”补贴项目。我国还通过提供低息贷款和激励机制，支持国内可再生能源公司，帮助它们扩大生产能力并向国际市场进军。国家开发银行给各类可再生能源公司提供了巨大的授信额度（中国绿色科技组织，2011)。

在上述法律、规划和政策的支撑下，中国可再生能源投资大幅增加，2004～2012年累计投资达2573亿美元，2012年新增投资660亿美元，成为全球最大可再生能源投资国（图5.1)。根据《可再生能源发展“十二五”规划》预算，“十二五”期间，我国可再生能源投资总需求为1.8万亿元（国家能源局，2012)。

国家科技计划对可再生能源技术的创新给予了大力支持。《国家中长期科学和技术发展规划纲要（2006—2020)》将可再生能源低成本规模化开发利用作为重点领域的优先主题。《国家“十二五”科学和技术发展规划》也将可再生能源作为未来科技投入的重点领域。2012年3月，科学技术部印发《太阳能发电科技发展“十

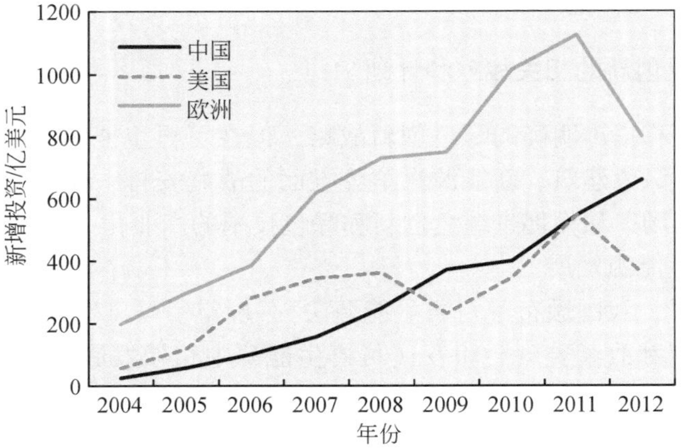

图 5.1　2004 ~ 2010 年中国、美国、欧洲可再生能源投资比较

资料来源：UNEP，2013

二五”专项规划》和《风力发电科技发展“十二五”专项规划》，明确了“十二五”期间，太阳能和风能发电科技发展的目标和重点任务。

（2）建设坚强智能电网

能效目标、国家能源结构中可再生能源比重的上升、发电与需电间的远距离输电、电动汽车充电基础设施的发展等，均对现有的电网带来了很大的挑战。为应对这一情况，我国政府于 2009 年通过了国家电网公司的《坚强智能电网规划》，计划在 2020 年前建设一个完整、可靠、高效的智能电网。国家电网公司发布了投资总额为 3.45 万亿元的 11 年投资计划，用于建设坚强智能电网。该计划侧重改进整个产业链，尤其是建设特高压骨干电网。投资计划分试点、建设和产业化三个阶段。第一阶段（2009 ~ 2010 年）重点制定发展规划和各种技术方案标准，并开展试点工作。2010 年 6 月，《智能电网关键设备（系统）研制规划》和《智能电网技术标准体系规划》相继发布，对坚强智能电网技术的发展进行了统筹规划与标准设定。2011 年，国家电网开始了建设阶段（2011 ~ 2015 年），包括城市和农村地区的超高压（UHV）线路和配电网络，远程监控、双向沟通和电动汽车充电设施。

南方电网也将建设坚强智能电网作为重要的战略目标。南方电网公司着眼于从国家的层面来解决急需的关键技术，将解决规模化间歇性能源与分布式电源接入问题作为“十二五”科研问题的一个主线。南方电网未来十年大概分两个阶段，第一个阶段是规划、研究和示范，第二个阶段是示范、推广和完善。2013 年 11 月，南方电网公司与中国移动公司续签战略合作框架协议，欲借助4G技术打造高效可靠的智能电网。

坚强智能电网的建设需要突破一系列技术难题，如大规模集中接入间歇式能源并网技术、大容量储能系统、智能配电与用电技术等。通过智能电网建设，将推动我国在这些技术领域的创新，并且可以为支撑第三次工业革命的能源互联网的建设储备必要的技术。

（3）发展战略性新兴产业

2010年9月，国务院常务会议审议并通过了《国务院关于加快培育和发展战略性新兴产业的决定》，明确重点培育和发展节能环保、新一代信息技术、生物、高端装备制造、新能源、新材料、新能源汽车七大战略性新兴产业。基本发展目标是到2015年，战略性新兴产业形成健康发展、协调推进的基本格局，对产业结构升级的推动作用显著增强，增加值占国内生产总值的比重，力争达到8%左右，到2020年，达到15%左右。随后，各省市也相继出台战略性新兴产业规划，并制定配套政策促进战略性新兴产业的发展。《国民经济和社会发展第十二个五年（2011—2015年）规划纲要》明确提出“把战略性新兴产业培育发展成为先导性、支柱性产业”。2012年7月，国务院印发《“十二五”国家战略性新兴产业发展规划》，明确了发展目标、重点方向和发展路线图。

《国家“十二五”科学和技术发展规划》将“大力培育和发展战略性新兴产业”作为单独一节重点论述，并指出必须把突破一批支撑战略性新兴产业发展的关键共性技术作为科技发展的优先任务。2011年3月，中国科学院发布《支撑服务国家战略性新兴产业科技行动计划》，希望围绕七大战略性新兴产业，加大投入，调动全院相关科技力量，开展产业关键技术和前沿技术研究，开展技术集成创新、工程化示范，为战略性新兴产业培育和发展提供科技支撑与服务。

（4）推动绿色建筑发展

“十一五”期间，我国绿色建筑评价标准和标识制度的建设已经为绿色建筑的发展奠定了基础。2006年，建设部颁布的《绿色建筑评价标准》成为我国第一部绿色建筑国家标准；2007年8月，出台《绿色建筑评价标识实施细则（试行）》、《绿色建筑评价技术细则（试行）》。2008年6月，住房和城乡建设部修订《绿色建筑评价标识实施细则（试行）》，并编制出台《绿色建筑评价标识使用规定（试行）》和《绿色建筑评价标识专家委员会工作规程（试行）》，这标志着我国绿色建筑评价标识制度正式启动实施。

“十二五”以来，我国开始大力推动绿色建筑的发展。2012年4月财政部、住房和城乡建设部出台《关于加快推动我国绿色建筑发展的实施意见》，明确绿色建筑的发展目标和要求，并提出了高星级绿色建筑财政政策激励措施。2012 年 5 月，住房和城乡建设部印发《“十二五”建筑节能专项规划》，提出要大力推动绿色建筑发展，实现绿色建筑普及化。同期，科学技术部印发《“十二五”绿色建筑科技发展专项规划》，要求在“十二五”期间，依靠科技进步，推进绿色建筑规模化建设，显著提升我国绿色建筑技术自主创新能力。2013 年 1 月，国务院办公厅 1 号文件转发《绿色建筑行动方案》，制定了宏伟的绿色建筑发展目标，提出城镇新建建筑严格落实强制性节能标准，在“十二五”期间，完成新建绿色建筑 10 亿平方米；到 2015 年末，20% 的城镇新建建筑达到绿色建筑标准要求；同时还对“十二五”期间绿色建筑的方案、政策支持等予以明确。

（5）新能源汽车

2007 年 11 月 1 日，《新能源汽车生产准入管理规则》开始实施，标志着我国新能源汽车市场化的开始。2007 年 12 月，国家发展和改革委员会发布的《产业结构调整指导目录（2007 年本)》将新能源汽车纳入鼓励范围，享受鼓励政策。2009 年 1 月，国务院原则通过《汽车产业振兴规划》，紧跟其后的是《节能与新能源汽车示范推广财政补助资金管理暂行办法》和《关于开展节能与新能源汽车示范推广试点活动的通知》，以及在 13 个城市正式启动的电动汽车“十城千辆”项目。2012 年 6 月，国务院印发《节能与新能源汽车产业发展规划（2012—2020 年)》。该规划设定的新能源汽车的产业化目标是：到 2015 年，纯电动汽车和插电式混合动力汽车累计产销量力争达到 50 万辆；到 2020 年，纯电动汽车和插电式混合动力汽车生产能力达 200 万辆、累计产销量超过 500 万辆，燃料电池汽车、车用氢能源产业与国际同步发展。2013 年 7 月，国务院常务会议要求政府公务用车、公交车率先推广使用新能源汽车，并同步完善配套设施；8 月初，国务院发布《关于加快发展节能环保产业的意见》，提出政府普通公务用车要择优选用纯电动汽车，并扩大公共服务领域新能源汽车示范推广范围。

自 2009 年启动新能源汽车市场化进程以来，新能源汽车销量不断增加。但占市场销量比重仍然偏低，与《节能与新能源汽车产业发展规划（2012—2020 年)》设定到 2015 年 50 万产销量的目标相去甚远，2013 年新能源汽车销售量与美国有很大的差距，也低于日本。性能不佳、初始成本较高、充电设施不足、商业模式不成熟等阻碍了电动汽车在中国的推广。未来新能源汽车的市场前景取决于电池技术进步(包括成本下降)、商业模式创新、基础设施建设和政策扶植力度，其中技术进步是市场拓展最为关键的因素。

2. 我国促进绿色创新制度建设的现状与问题

（1）制度建设现状

由于缺乏明确的绿色创新战略，我国还没有专门的促进绿色创新的制度安排。但已有的一系列环境保护制度对绿色创新和发展具有一定的支撑作用。

我国建立了系统的环境保护法律法规和标准体系，如《节约能源法》、《可再生能源法》、《环境保护法》、《循环经济促进法》、《清洁生产促进法》等，对企业的行为规范具有一定的约束性，能够在一定程度上促进企业进行绿色创新。

建立了比较完善的基于政府规制的环境管理制度，如节能减排目标责任制、排污申报登记与排污许可证制度、排污收费制等。这些规制制度被证明能够在一定程度促进企业的绿色创新（Lin et al.，2013；李婉红等，2013）。

初步建立基于市场机制和基于信息的管理制度，如环境标志和能效标识制度、节能环保产品政府采购制度、环境污染企业和上市公司环境信息披露制度等。基于市场机制和基于信息的管理制度被认为是促进绿色创新的最有效的制度，但目前我国这类制度还较少。

（2）面临的问题

相对于欧美国家建立的系统完备的包括法律法规、环境标准和标识制度、环境技术验证制度、排污权交易制度、碳交易制度、资源税费等有利于绿色创新的制度体系，我国促进绿色创新的保障制度建设严重滞后，在促进绿色创新的各个环节均面临制度缺失和不完善的问题。总体而言，目前我国环境管理制度以政府规制制度为主，基于市场和信息的制度还十分缺乏，而且已有的制度不完善，不能有效发挥市场在优化配置绿色创新资源中的作用。

1）绿色创新资源分散，没有形成协同创新机制。目前，我国还没有制定专门的促进绿色创新的制度，而是将绿色创新纳入到科技、环境、能源、工业、建筑、交通等领域的制度中。绿色技术创新的投入和管理部门分散在科学技术部、环境保护部、国家发展和改革委员会、工业和信息化部、国土资源部、财政部、国家自然科学基金委员会等部门。不同部门投入的创新资源零散地分布于大中型企业、高校和科研院所，存在交叉重复、统筹协调难、使用效率不高等问题，尚未形成系统有效的产学研协同创新机制。

2）绿色标准和标志制度不完善。目前，我国环境标准和能效标准面临着标准偏低、更新慢、缺乏法律约束力等问题。环境标志产品认证过程中主要考虑制造生产过程对环境的影响，对产品的全生命周期环境性能考虑较少；环境标志的社会认知度和信任度也较低。能效标识有两套等级划分方法，有的产品则划分为 5 个等级，有的则划分为 3 个等级，容易使消费者混淆，而且造成了一些企业的投机行为。

3）缺乏绿色技术验证制度。环境技术验证制度通过对具有商业化潜力、创新的环境技术进行第三方科学、公正的测试和评价，获取环境技术的性能数据和技术特征，编制技术验证报告，供技术的潜在购买者在进行决策时参考。经过认证的技术在项目立项、融资、扩大市场方面更容易得到认可，能够有效推动绿色新技术的市场化。目前，我国还没有建立环境技术验证制度，对绿色技术的验证和评价主要是通过召开专家评审会或函审的形式进行，且以定性评价为主，评价结果的客观性和公正性受到影响。

4）缺乏完善的知识产权制度保护绿色技术创新。目前世界上大多数绿色低碳核心技术的知识产权都掌握在欧美等发达国家手中，从而也使其成为规则的制定者，并轻而易举地占据了全球绿色低碳经济市场的制高点。我国不仅需要花费巨资，购买大量的欧美国家的绿色低碳技术装备，而且很多技术遭遇知识产权壁垒，需要为一些技术支付巨额的专利费，制约着我国绿色产业的发展。而且，绿色知识产权制度的缺乏，使绿色技术创新主体的权益得不到保障，影响其绿色创新的积极性。

5）企业环境信息披露制度不完善。重点污染企业和上市公司环境信息披露制度仍缺乏强制性和法律保障，缺少对环境信息公开主体的责任的规定，企业信息披露的范围、内容、格式和信息生成的方法缺乏统一的规范和要求。很多企业在披露信息时产生降低信息披露质量的行为，不仅披露的信息量较少、资料不全面，而且存在刻意隐瞒关键信息或披露虚假信息的问题。

6）绿色消费激励制度不完善。长期以来，我国的制度建设和政策制定更加重视生产端的清洁生产和绿色发展，而忽视消费端的消费者行为的规范和引导。公众的绿色消费意识普遍不高，对绿色产品的需求低，使生产者缺乏投入资金进行绿色创新并生产绿色的产品的积极性。我国还缺少明确的法律条文推动绿色消费。国家各部委也没有下设专门部门推动绿色消费。除了节能环保产品政府采购制度外，还没有建立其他的促进绿色消费的制度。而且，节能环保产品政府采购制度自身还有待完善。

7）缺乏绿色创新和绿色产业发展监测、统计和评价制度。绿色创新和绿色产业发展统计制度的缺乏使我国难以准确跟踪绿色创新和绿色产业发展动态，无法诊断绿色创新和绿色发展面临的问题和障碍，不利于相关制度和政策的制定和改进；也使我国针对绿色创新和绿色产业发展的评估十分困难，难以对地方政府和企业的绿色创新和绿色产业发展提供监督和激励。

三 我国绿色创新战略及其制度构建

（一）促进我国绿色创新的总体思路和战略

1. 战略目标

建立、完善促进我国绿色创新的保障制度和配套政策，为我国绿色创新营造良好的制度和政策环境。健全绿色创新的市场导向机制，发挥市场对绿色创新资源要素的优化配置和驱动作用。培育、健全繁荣稳定的绿色消费市场，激发我国绿色技术和产品的市场活力。建立政产学研协同绿色创新机制，强化企业在绿色创新中的主体地位，激发企业绿色创新活力。大幅增加绿色创新投入，加强绿色战略前沿领域研究，抢占全球绿色技术制高点，力争在10~15年内将我国建设成世界绿色创新的中心和绿色创新强国。推动绿色设计理念在大中小型企业中的普及，大幅提升我国企业的绿色设计能力。在支撑绿色发展和第三次工业革命的战略前沿技术领域取得一系列重大突破，掌握一批具有主导地位和自主知识产权的关键核心技术，部分技术跻身国际先进行列。大幅提升我国绿色技术在国际专利中的份额，制定一批国际领先的绿色技术标准，提高我国在全球绿色技术市场的话语权和领导力。通过绿色创新促进我国绿色产业的快速发展，大幅提升我国绿色产业国际竞争力，为我国经济转型升级、生态文明建设和中国梦的实现提供支撑。

2. 战略措施

（1）系统整合，优化配置，重视绿色创新的系统解决方案

首先，绿色创新本身是一种系统性创新。绿色创新的内涵不仅包括绿色技术创新，还包括生产工艺、产品、服务、商业模式，以及相关的制度和政策创新。从世界范围来看，绿色创新呈现出由单项技术、工艺、产品和过程改进或增量创新向大规模、集成化、深层次的激进式系统创新方向转变。绿色技术创新对推动经济绿色发展十分重要，但如果缺乏配套的绿色制度、政策和商业模式的支撑，绿色技术创新将难以有效执行，新的技术也难以实现产业化发展（Cheng et al.，2011；Horbach et al.，2012）。而且制度和政策创新往往比绿色技术创新本身更能驱动经济的绿色发展。

其次，绿色创新与其他科技的创新有着密不可分的关系。绿色创新需求将带动广泛领域的科技创新，而新的科技又将引发新的绿色创新需求。这意味着绿色创新

投资应该鼓励更为广泛的技术研发战略，如新材料、纳米技术、生命科学、信息通信技术、3D 打印技术等。可以将能源与环境技术创新作为一段时期内推动绿色产业发展的重点，但也不能忽视邻近学科领域的创新。OECD（2011）通过专利拥有量衡量影响绿色技术创新的学科领域，发现材料科学、化学、物理、工程学、化学工程学等学科领域比能源和环境科学在绿色技术创新中发挥更重要的作用。

最后，绿色创新需要一体化解决方案。一体化解决方案是技术、产品和服务的组合，比单独技术的应用能够实现更大的环境效益和经济效益。可靠的一体化解决方案通常包括捆绑技术产品和服务，它们涵盖了从规划、设计、施工到运营和维护的不同阶段，并基于不同的商业模式为所有商业利益相关者产生经济效益。这确保了解决方案在整个资产生命周期内具有长期可行性（中国绿色科技组织，2013）。

（2）制度配套，政策组合，为绿色创新提供全方位支撑

绿色创新的复杂性使促进绿色创新的制度建设和政策制定面临很大的挑战。绿色创新的管理部门涉及科学技术部、环境保护部、国家发展和改革委员会、工业和信息化部、住房和城乡建筑部、交通运输部、水利部、国土资源部等多个部门，绿色创新制度的建设需要统筹考虑各部门的责任、权力和利益，没有哪个部门能够单独推动绿色创新，也难以找到某个单一的制度能够促进绿色创新。绿色创新政策的边界也介于创新政策、产业政策、能源政策、环境政策、建筑政策、交通政策之间（Barsoumian et al.，2011）。绿色创新制度和政策的制定需要协调各种制度、各类政策间的关系，避免冲突。

因此，促进绿色创新需要重视制度的组合和政策的配套。识别我国绿色创新的制约因素，从绿色创新的投入端到需求端，理顺各部门间的关系，明确各部门的责任，建立规范各部门和各利益相关方行为的制度体系和配套政策，避免制度间、政策间的冲突，为我国绿色创新提供全方位支撑和最优的制度和政策环境。

（二）战略任务和重点

1. 推动国家绿色发展的制度建设和政策创新

深入调查、研究制约我国绿色创新和绿色产业发展的体制机制障碍，分析目前的制度和政策对绿色创新和绿色产业发展的影响，在此基础上，明确我国绿色发展制度和政策建设的重点和方向，开展绿色发展制度和政策体系建设。在借鉴发达国家推动绿色发展的相关制度和政策的同时，结合中国的国情及在推动绿色发展方面的优劣势，开展国家绿色发展制度和政策创新。

2. 建立健全绿色创新的市场导向机制

市场机制在优化资源配置方面有计划体制无可比拟的优势，能够避免政府过度干预所造成的市场扭曲和资源错置。因此，有必要进一步通过制度建设，健全绿色创新的市场导向机制，发挥市场对绿色技术研发方向、路线选择、要素价格、各类创新要素配置的导向作用；进一步强化企业在绿色创新中的主体地位，国家绿色创新投入应尽可能地向企业倾斜；进一步健全绿色技术转移机制，加快推动创新成果产业化；加大绿色技术交易平台建设，积极发展绿色技术市场，鼓励技术开发、技术转让、集成化服务等技术交易；促进绿色金融的发展，引导金融机构加大对绿色创新的信贷支持，鼓励发展绿色知识产权和股权质押贷款。

3. 加强绿色创新投资，推动绿色关键技术的研发

不断加大公共财政在企业绿色技术创新方面的投入力度，减轻企业开展绿色技术创新的资金压力。建议在国家科技计划中增加绿色技术创新项目经费比例，可以增设“中国绿色创新计划项目”，用于资助企业、高校、科研院所及创新联盟开展绿色技术研究，并在一些重点前瞻性的研究领域加大资助力度；增设“绿色技术示范项目”，联合相关部委，开展有可能具有较高的环境和商业潜力，但尚未经过实际检验的绿色新技术的示范；在相关业务主管部门，如国家发展和改革委员会、工业和信息化部等，增设“绿色技术产业化项目”，促进具有巨大节能减排和商业化潜力的成熟绿色技术的产业化。除了直接投资外，还需设立“绿色创新专项补助资金”，对于开展绿色技术创新并取得经验证的创新成果的企业给予补贴，降低企业进行绿色技术创新的成本。

同时，根据国际绿色技术前沿、我国对绿色技术的需求、绿色技术自身潜在的环境绩效和商业化潜力、绿色技术在未来国际竞争中的战略地位及可能带来的变革性影响，编制优先资助技术目录，确定我国目前亟待攻克的绿色技术，并加大财政支持力度。

4. 促进成熟绿色技术的规模化发展

大量成熟的绿色技术已经在中国和国际上经过测试并商品化，可以在中国迅速大规模地应用，以加快我国的绿色发展进程。政府部门有必要跟踪监测国内外相关绿色技术进展，评估技术的绿色性、成熟度和商业化潜力，明确优先推广的绿色技术类别，建立优先推广技术目录，并设置专项资金，加强技术推广。近期，可重点推动能够解决我国突出环境问题的绿色技术的规模化发展，如能源清洁利用、可再

生能源、工业节能和清洁生产、绿色建筑、绿色交通等技术领域。

在能源清洁利用领域，可以重点推动 600℃超超临界燃煤发电技术的大规模应用，以及整体煤气化联合循环技术（IGCC）从示范走向应用。在帮助解决煤炭燃烧所造成的环境问题上，600℃超超临界发电技术较为成熟，而 IGCC 具有极大的长期发展潜力。国外的研究进展和发展趋势表明，IGCC 正走向商业化，将是未来火电系统的核心技术之一。中国的 IGCC 的成本远低于发达国家，是发展这项技术的理想之地（中国绿色科技组织，2011）。接下来十年，中国可以逐步从示范项目扩展开来，采用渐进的模式扩大建设规模。

在可再生能源领域，需要重点推广先进成熟的间隙式可再生能源发电并网技术和分布式能源和微网相结合技术的应用。我国在可再生能源并网方面已有一批较为成熟的技术，目前需要做的是制定激励政策，促进这些技术的推广应用。分布式能源在中国仍处于起步阶段，但其他国家的经验表明，采用分布式能源一体化解决方案可以加快清洁能源的商业可行性（中国绿色科技组织，2013）。分布式能源和微电网技术可极方便地解决偏远或人口稀少地区能源供应问题。

在工业领域，重点推动钢铁、有色、水泥、化学工业等行业的节能减排、清洁生产、固废综合利用等成熟技术的推广应用。

在建筑领域，推动成熟、可复制、可测量的绿色建筑技术的推广应用；总结各地成熟、可复制、可测量的绿色建筑技术、整体解决方案和商业模式，并加以推广；通过测量、验证并向社会公布大型建筑的节能和环境性能，促进绿色建筑的发展。

5. 推动商业模式的创新

发展有利于所有利益相关者多赢的商业模式，可以克服绿色技术商业化面临的障碍。多赢的商业模式有两个重要特征：一是必须设计出包括产品的生产、销售、使用、维护、回收在内的全生命周期的一体化解决方案；二是必须在一体化解决方案的全生命周期内为所有利益相关者提供足够的经济激励机制。例如，中国的太阳能公司为从太阳能的全球萧条中恢复过来，正在推出创新性的商业模式，为住宅、商业和工业建筑业主提供整合了太阳能产品、融资和服务的解决方案。在这一商业模式下，太阳能制造商、金融服务公司、电网公司、政策制定者和最终用户都将受益，而不是只有最终用户承担全部的前期投入和持续的运营维护成本（中国绿色科技组织，2013）。

重视基于生态效率服务（eco-efficiency services）的商业模式的推广。节能服务公司（ESCO）模式是基于生态效率服务的商业模式的一种，是被广泛证明了的成功商业模式之一。我国的合同能源管理便是一种典型的 ESCO 模式。经过多年的发展，合同能源管理在我国已粗具规模。但我国合同能源管理项目以工业节能构成为主。相比之下，面向区域的综合性节能服务具有很大的市场潜力，但尚未被开发。应鼓励基于整体解决方案的区域性节能减排商业模式的发展，由节能服务公司提供区域节能减排整体性解决方案和服务，而由政府购买这一服务。在继续推广合同能源管理的同时，进一步推广其他类型的基于生态效率服务的商业模式的发展，如节水服务、节材服务等。

在推动绿色技术的产业化过程中，产品服务系统（Product- Service Systems，PSS）是一种值得推广的商业模式。PSS 通过对有形的产品和无形的服务进行设计和组合，以满足客户的不同需求。PSS 将服务融入产品中，延伸了产品的价值，有助于企业提升其价值链。PSS 用非物质的服务取代传统经济模式下的物质产品，能够减少物质流和环境影响。PSS 能够实现企业价值获取、满足消费者的功能需求。

6. 绿色创新人才和技能培养

加强我国绿色创新人才的培育，在高校、科研机构增设能源清洁利用、可再生能源开发利用、绿色建筑、绿色交通等领域的博士、硕士学位点，培养更多的绿色技术研发人才。加强绿色产业技能培训机构的建设，提供绿色技术、技能培训，为我国绿色产业的发展培养熟练的产业工人。加强政府绿色管理能力建设和管理人才的培养。建立政府绿色管理能力建设和管理人才培养机制，提升政府部门绿色发展理念和绿色发展管理能力，培养大量的绿色发展管理人才。

（三）促进中国绿色创新的制度建设

根据我国绿色创新面临的体制机制障碍，以及制度建设现状和存在的问题，我国需要从下述八个方面建立完善促进我国绿色创新的制度保障，形成“政府推动”和“市场拉动”相结合的促进绿色创新的制度体系。

1. 建立国家绿色发展“政产学研”协同创新联盟

建立国家绿色发展“政产学研”协同创新联盟，可以作为一个有效的协同创新平台，汇聚各种创新资源，通过有效的合作、协调和互动，充分发挥政府部门在统筹、投资和配套政策制定方面的优势，高等院校和科研院所在技术、人才及科研基础设施方面的优势，企业在生产和市场化方面的优势，以及中介机构在融资和信息方面的优势，联合开展绿色创新政策的制定、绿色技术的研发和市场化，可以极大地提高绿色创新效率。

发挥政府部门对绿色创新的支持与引导作用。政府是绿色创新及其产业化制度和政策的制定者、执行者，需要发挥其对绿色创新的支持和引导作用，推动重点领域绿色发展协同创新联盟的建立。政府制定绿色创新制度和政策时，需要调动大学、科研机构、企业及行业协会的力量，通过多方协商，为绿色创新和绿色产业的发展营造最有利的制度和政策环境。

发挥企业绿色技术创新的主体作用。企业是各类绿色新兴技术的主要受益者，能够及时洞悉市场需求和变化，并及时调整发展战略。把企业作为绿色技术创新的主体，能够释放市场配置科技创新资源的决定性力量。目前，我国企业对绿色技术创新的认识不够，企业自身的绿色技术创新内在动力与能力不足。需要通过教育、宣传和能力建设，让企业认识到在资源环境约束日趋加剧、环境标准日益严格、公众环境意识日益提升的背景下，开展绿色技术创新在节约生产成本、提升企业品牌、开拓新的市场、创造新的利润空间方面的重要意义。

发挥高校和科研机构的知识、技术、人才和科研基础设施的支撑作用。高校和科研机构是绿色创新理论、知识、技术、人才的重要源泉，也储备了大量的开展绿色技术创新所需的基础设施，可以根据企业需求，开展绿色技术的研发，也可以作为企业开展绿色技术研发的平台，进行协同创新。同时，高校和科研机构也需要调整学科设置，承担培养高质量的绿色技术创新人才的重任。

发挥中介机构的协同服务支持作用。咨询机构可以为企业提供市场、行业等方面的有效、实时信息；金融机构可以为企业的绿色创新提供信贷服务；法律事务所可以为企业提供法律咨询；会计事务所可以为企业提供专业的财务分析。这些中介机构的服务能够弥补企业开展绿色创新时面临的融资困难、信息匮乏、管理散漫等不足，有助于降低绿色技术创新风险、提高创新效率。

由于绿色技术涉及的学科领域和政府主管部门较多，在全国层面可以建立多个国家级的绿色发展“政产学研”协同创新联盟，如环境技术协同创新联盟、新能源与节能技术协同创新联盟、绿色建筑技术协同创新联盟、绿色交通技术协同创新联盟等。同时，鼓励地方政府推动地方各类绿色技术创新联盟的建设。

2. 完善绿色标准和标识制度

政府部门需要发挥主导作用，引导产学研各方面共同推进国家重要绿色技术标准的研究、制定或更新。通过制定国际领先或国内领先水平的标准，促进优胜劣汰，激励绿色创新，提高绿色产品的整体水平。除了建立全国统一的基础性绿色标准外，还需要考虑不同地区环境容量和环境功能区划的要求，制定分区标准，确保绿色标准的统一准确性和分类指导性。此外，各相关部门还要组织专家积极参与国际环境、能效、碳排放等领域标准的制定，推动我国绿色技术标准的国际化，抢占全球绿色技术话语权。

推动绿色标志立法，将环境标志和能效标识认证标准及程序以法律的形式固定下来，提升标志制度的法律地位。改进绿色标志认证程序，切实体现获得环境标志产品和能效标识产品在全生命周期各个阶段环境性能的优越性。除了为环境标志制度提供法律、组织机构保障之外，还需要在财政、金融、工商、税务等方面制订相应的倾斜政策，支持环境标志制度推行。譬如：给予申领环境标志的企业优惠的贷款条件、政府采购优先考虑等经济政策扶持；对清洁生产、环境保护做出突出贡献的环境标志企业，予以奖励，帮助企业树立良好的环保形象。

3. 建立绿色技术验证制度

我国可以借鉴欧美国家环境技术验证制度建设方面的经验，建立以政府为主导，验证评估机构、专家小组、技术持有方等共同参与的绿色技术验证制度。政府部门主要负责技术验证的指导、监督、审计和审批，确保认证过程和数据的可信性；验证评估机构的主要职责是制定验证计划、开展验证并编制验证报告，在全国层面可设立多家验证评估机构以引入竞争和淘汰机制；专家小组由验证技术对应的行业专家组成，可以建立专家库，从专家库中选择，并分别代表技术开发者、技术购买者、行业协会、地方政府等的利益主体，主要负责审议技术文件并提出建议；技术供应商提出验证申请并配合验证工作。

绿色技术涉及的面广、技术种类多。绿色技术验证制度的建设需要多个部门、多个行业协会、多个验证机构和多领域专家结合。结合我国政府部门的职能和绿色技术的分类特征，可以建立多个技术验证中心。例如，环境技术验证中心，由环境保护部作为主管部门，开展清洁生产、污染物检测、污染治理等方面的技术验证；能源和低碳技术验证验证中心，以国家发展和改革委员会作为主管部门，开展可再生能源、清洁能源、节能、低碳等领域的技术验证。

为了保证验证制度的科学化和规范化，需要制定支撑绿色技术验证的配套的指南、程序、标准、规范，并建立绿色技术验证的激励机制，如在绿色技术验证制度建设的初期，验证费用可以由政府承担，待制度成熟后，再由受益方承担相关费用。同时，为了提高我国绿色技术的话语权，避免今后可能面临的国际绿色贸易壁垒，应尽早加入环境技术验证国际工作组，参与环境技术验证制度国际化和标准化工作。

4. 强化知识产权保护，制定绿色产业专利战略

强化知识产权保护，制定绿色产业专利战略，是促进我国绿色技术自主创新及自主知识产权的创造、运用、保护和管理，提升我国绿色产业未来竞争力和发展权益的基本制度保障。在专利方面，可以借鉴世界知识产权局国际专利分类修订工作组发布的“环境友好型”技术的国际专利分类索引列表，结合我国的实际情况，建立我国绿色技术专利分类号，引导创新主体开展绿色技术创新。在我国专利法的授予专利权的条件中，增加“绿色性”要求，将“绿色性”作为专利授权的条件之一。同时在一些可能对资源环境造成重大影响的技术领域，研究制定技术的“绿色标准”，作为专利授权与否的强制标准。构建绿色知识产权公共服务平台和绿色技术专利数据库，提供国际绿色技术专利动态信息，以及绿色关键技术和产品专利检索、分析和预警服务，使技术需求方和公众可以轻松地从知识产权局的网站中检索出感兴趣的绿色技术专利。另一方面，围绕行业发展需求，探索多种方式，提供务实的服务，引导市场主体强化专利信息利用，促进专利的转化应用。

5. 建立企业环境信息强制披露制度

建立完善企业环境信息强制披露机制。建议在《环境保护法》修正案中增加企业环境信息强制披露方面的条文，规定上市公司和纳入国家重点污染源监控企业名单的企业必须披露环境信息，对于拒不披露环境信息和披露不规范和虚假信息的企业，明确惩罚措施；在《会计法》中增加环境会计核算和监督方面的条文，确定环境会计的地位和作用。为了确保企业环境信息披露的规范性，建议由环境保护部牵头制定《国家重点污染源监控企业环境信息披露管理办法》，由环境保护部和证监会共同制定《上市公司环境会计信息披露管理办法》，明确各类企业环境信息披露的内容、指标、格式和信息生成方法；对于纳入国家重点污染源监控企业的上市公司，按照重点污染源监控企业的管理办法要求其披露相关信息；建立企业环境信息披露的审核机制，对上市公司进行经济审计的同时，对于披露虚假信息的企业予以严惩。为了提高国家重点污染监控企业和上市公司环境信息报告的透明度，发挥公众和舆论监督的作用，建议建立全国性的重点污染监控企业和上市公司环境信息报告数据库和网络平台，所有的重点污染企业和上市公司的环境信息报告都必须在这一平台公布，方便监督部门的监控，以及公众和 NGOs 的监督。

6. 推动绿色供应链管理体系建设

绿色供应链是当前欧美国家盛行的一种绿色企业策略，是一种在整个供应链中综合考虑环境影响和资源效率的创新管理模式，其主要机制是依托企业自身出于环境保护的意识需求，来实现对供应链上的各级供应商的环境行为约束和促进，从而整体提升产品链的环境绩效，强化产品市场竞争力。

建议在环境保护部和商务部安排专门部门推动我国的绿色供应链管理体系的建设，包括推动《绿色供应链管理规范》和《绿色供应链行业评价标准》建设；推动企业绿色供应链认证制度的建设；推动绿色供应链管理自愿性制度的建设；在长江三角洲和珠江三角洲率先开展绿色供应链管理区域试点和企业试点工作，通过试点不断优化绿色供应链管理规范、标准、认证制度和自愿性制度；建设“绿色供应链网络平台”，鼓励供应链上下游企业在网络上共享企业及产品环境信息；建立“绿色供应链发展基金”，对开展绿色供应链管理试点的区域给予一定的资金支撑，对有效实施绿色供应链管理的企业给予一定的激励。

7. 建立绿色创新和绿色产业发展监测与评估体系

建议工业和信息化部联合环保部、国家统计局及相关科研机构，开展绿色创新和绿色产业发展监测与评价指标体系研究，建立《绿色技术创新监测和评价指标》和《绿色产业发展监测与评价指标》，并将绿色创新和绿色发展关键指标纳入国家统计局的统计制度。由国家权威研究机构开展绿色创新和绿色产业发展年度评估，评估全国和区域绿色创新和绿色产业发展情况，发布《国家绿色创新评估报告》和《国家绿色产业发展评估报告》，评估并发布全国及各省市绿色创新和绿色产业发展进展，为全国和区域绿色创新和绿色产业发展政策的调整提供支撑。

8. 建立和完善绿色消费制度

完善绿色消费机构设置，在各相关部委设立专门的绿色消费推动机构。如可以在国家发展和改革委员会资源节约和环境保护司下增设绿色消费处，统筹我国的绿色消费推动工作；在环境保护部宣传教育司增设绿色消费宣传教育处，负责绿色消费的宣传教育工作；在财政部经济建设司增设绿色消费处，负责绿色消费补贴政策的制定和实施；在商务部市场运行和消费促进司增设绿色消费处，负责推动绿色消费品的市场化等。

完善政府绿色采购制度，发挥政府部门在绿色消费中的引领和示范作用。相对于庞大的政府采购规模，目前我国节能环保产品政府采购比重依然较低。我国已经建立政府强制采购节能产品制度，但环境和低碳标志产品尚未纳入政府强制采购清单。建议修订完善我国的《政府采购法》，补充绿色采购的内容及要求，明确责任主体及其权力和责任，推动政府绿色采购的法制化。并将一些类别的环境标志和低碳标志产品纳入政府强制采购清单，大幅提高节能、低碳、环保产品在政府采购中的比重。充分发挥节能、环境和低碳标志标准的作用，推动进入公共采购平台的企业实施绿色供应链管理。

加强绿色消费宣传，完善激励机制，提高民众绿色消费的积极性。通过公益广告，大力宣传环境标志、能效标识、低碳标志，使这些绿色标志获得民众的广泛认可。建立绿色消费积分制，凡是购买环境、节能和低碳标志产品的消费者，按照产品的节能、环保和低碳性能，可以获取相应的积分，可以用这个积分购买公交卡、缴纳电费等，提高民众购买绿色标志产品的积极性。

参考文献

戴立恒 . 2013. 我国对外贸易面临的绿色壁垒与应对策略研究 . 经营管理者，(1)：13-14.

国家发展和改革委员会 . 2007. 可再生能源发展中长期规划 . http：//www. sdpc. gov. cn/zcfb/zcfbtz/2007tongzhi/t20070904_ 157352. htm［2013-11-20］.

国家发展和改革委员会 . 2012. 可再生能源发展“十二五”规划 . http：//www. sxdrc. gov. cn/xxlm/xny/zhdt/201212/W020121213355346043230. pdf［2013-11-15］.

国务院 . 2012. 国务院关于印发节能与新能源汽车产业发展规划（2012—2020 年）的通知 . http：//www. gov. cn/zwgk/2012-07/09/content_ 2179032. htm［2013-01-12］.

环境保护部 . 2011. 关于印发《国家环境保护“十二五”科技发展规划》的通知 . http：//www. zhb. gov. cn/gkml/hbb/bwj/201106/t20110628_ 214154. htm［2013-12-26］.

杰里米·里夫金 . 2013. 第三次工业革命——新经济模式如何改变世界 . 张体伟，孙豫宁译 . 北京：中信出版社 .

科技日报 . 2010. 国家科技计划 5 年投入 100 亿支持节能减排项目研发，科技创新推动“低碳发展”转型 . http：//www. most. gov. cn/ztzl/syw/sywmtbd/201011/t20101101_ 83062. htm［2013-12-30］.

科学技术部 . 2012. “十二五”绿色建筑科技发展专项规划 . http：//www. most. gov. cn/fggw/zfwj/zfwj2012/201206/W020120608553810621092. doc［2013-10-20］.

李泊溪 . 2013. 我国生产力发展思考——第三次工业革命对发展生产力启示 . 经济研究参考，(28)：12-17.

李禾 . 2013.《清洁空气研究计划》启动，5 年投入经费 10 亿元 . http：//www. wokeji. com/lvse/hb/201309/t20130930_ 306082. shtml［2013-12-29］.

李婉红，毕克新，曹霞 . 2013. 环境规制工具对制造企业绿色技术创新的影响——以造纸及纸制品企业为例 . 系统工程，238（10）：112-122.

联合国 . 2011. 2011 年世界经济和社会概览：绿色技术大改造（概述）http：//www. un. org/en/development/desa/policy/wess/index. shtml［2013-12-29］.

刘世锦 . 2012. 中国绿色发展的机遇与挑战 . 低碳世界，(1)：12-13.

气候组织 . 2009. 中国清洁革命Ⅱ——低碳商机 . http：//www. theclimategroup. org. cn/uploads/publications/2009-08-Chinas_ Clean_ Revolution2. pdf［2013-12-03］.

气候组织 . 2010. 中国清洁革命Ⅲ——城市 . http：//www. theclimategroup. org. cn/uploads/publications/2010-12-Chinas_ Clean_ Revolution3. pdf［2013-12-03］.

任东明 . 2013. 我国可再生能源开发面临的问题和障碍 . 太阳能，（4）：18-21.

世界银行和国务院发展研究中心联合课题组 . 2012. 2030 年的中国 . 北京：中国财政经济出版社 .

中国科学院可持续发展战略研究组 . 2010. 2010 中国可持续发展战略报告——绿色发展与创新 . 北京：科学出版社 .

中国绿色科技组织 . 2009. 中国绿色科技报告 2009. http：//www. china-greentech. com/report ［2013-12-01］ .

中国绿色科技组织 . 2011. 中国绿色科技报告 2011：中国——崛起中的全球绿色科技领军者 . http：//www. china-greentech. com/report ［2013-12-01］ .

中国绿色科技组织 . 2013. 中国绿色科技报告 2013：站在十字路口的中国 . http：//www. china-greentech. com/report ［2013-12-01］ .

Barsoumian S，Severin A，van der Spek T. 2011. Eco-innovation and national cluster policies in Europe：A qualitative review. http：//www. clusterobservatory. eu/index. html #！ view = documents； mode = one； sort=upload； uid=fcc9f732-b34e-4a6f-b190-22dd791bf955 ［2013-11-10］ .

Cheng C C J，Yang C L，Sheu C. 2011. The link between eco-innovation and business performance：A Taiwanese industry context. Journal of Cleaner Production，64 （1）：81-90.

Copenhagen Cleantech Cluster. 2012. The global cleantech report 2012. http：//www. cphcleantech. com/home/publications/reports/global-cleantech-report-2012 ［2013-11-16］ .

Diamond D. 2009. The impact of government incentives for hybrid- electric vehicles：Evidence from U. S. states. Energy Policy，37 （3）：972-983.

Ethical Markets Media. 2011. Green transition scoreboard. http：//www. greeneconomycoalition. org/glimpses/green-transition-scoreboard ［2013-11-08］ .

European Commission. 2009. The European strategic energy technology plan. http：//ec. europa. eu/energy/technology/set_ plan/set_ plan_ en. htm ［2013-11-20］ .

European Commission. 2010. Europe 2020—A European strategy for smart，sustainable and inclusive growth. http：//www. eunec. eu/sites/www. eunec. eu/files/attachment/files/europe_ 2020. pdf ［2013-11-20］ .

European Commission. 2011. Eco-innovation Action Plan. http：//ec. europa. eu/environment/ecoap/index _ en. htm ［2013-11-20］ .

Foxon T，Pearson P. 2008. Overcoming barriers to innovation and diffusion of cleaner technologies：Some features of a sustainable innovation policy regime. Journal of Cleaner Production，16 （S1）：S148-S161.

Horbach J，Rammer C，Rennings K. 2012. Determinants of eco- innovations by type of environmental impact—The role of regulatory push/pull，technology push and market pull. Ecological Economics，78：112-122.

Kemp R. 2011. Ten themes for eco-innovation policies in Europe. http：//sapiens. revues. org/1169 ［2013-11-20］ .

Lin H，Zeng S X，Ma H Y，et al. 2013. Can political capital drive corporate green innovation? Lessons from China. Journal of Cleaner Production, 64: 63-72.

McElroy M B, Lu X, Nielsen C P. 2009. Potential for wind generated electricity in China. Science, 325 (5946): 1378-1380.

Mckinsey&Company. 2008. China's green revolution: Prioritizing technologies to achieve energy and environmental sustainability. http://www.mckinsey.com/Search.aspx? q = china% 20green% 20revolution [2014-01-25].

OECD. 2008. Eco-innovation policies in the United States. http://www.oecd.org/unitedstates/44247543.pdf [2013-11-25].

OECD. 2009. Eco-innovation in industry: Enabling green growth. http://www.oecd.org/sti/inno/eco-innovationinindustryenablinggreengrowth.htm [2013-11-25].

OECD. 2010. Taxation, innovation and the environment, OECD green growth studies. Paris: OECD publishing.

OECD. 2011. Fostering innovation for green growth, OECD green growth studies. Paris: OECD Publishing.

Rennings K. 2000. Redefining innovation-eco-innovation research and the contribution from ecological economics. Ecological Economics, 32: 319-332.

Roland Berger Strategy Consultants. 2012. GreenTech made in Germany 3.0. http://www.rolandberger.com/press_ releases/512-press_ archive2012_ sc_ content/Green_ tech_ atlas_ 3_ 0.html [2013-12-20].

UNEP. 2013. Global trends in sustainable energy investment 2013. http://fs- unep- centre.org/publications/global-trends-renewable-energy-investment-2013 [2013-12-25].

USEPA. 2010. Renture capital 101: A resource guide for commercializing environmental technology. http://www.scgcorp.com/services.aspx [2014-01-20].

第六章

生态文明建设相关实践效果评估*

一 生态文明建设相关实践发展概况

（一）生态文明建设相关实践发展沿革

党的十七大正式提出建设生态文明的理念，并把它与形成节约环保的产业结构、增长方式、消费模式结合起来。党的十八大报告则进一步把生态文明建设融入中国特色社会主义事业“五位一体”的总体布局。这充分说明“生态文明建设”是一项涉及经济、政治、文化、社会等各个方面，带有全局性、系统性和协同性特点的工作，需要在实践中不断探索和积累经验。

实际上，十八大报告提出的生态文明建设所涉及的主要任务，包括优化国土空间开发格局、全面促进资源节约、加大自然生态系统和环境保护力度、加强生态文明制度建设等，也并不是从今天才开始的。回顾中国40年环保历程，20世纪90年

---

* 本章由谭显春、顾佰和、曾元、董乐乐执笔，作者单位为中国科学院科技政策与管理科学研究所。

代中后期开始，把可持续发展确定为国家基本战略，大规模开展生态建设和环境治理；21 世纪初又相继提出发展循环经济、建设资源节约型和环境友好型社会（简称两型社会）、制定节能减排的约束性指标及绿色低碳发展等一系列先进理念，并开展了大量卓有成效的试点示范工作。尽管还存在很多问题，但取得的成绩不容置疑。这些都是践行“生态文明建设”的实际行动，并应该得到很好的总结和评估，使之成为进一步加快生态文明建设的宝贵财富。

在当前的经济、技术和社会发展阶段，还未找到与经济社会发展和资源环境相协调的、现成的、系统的解决方案，因此在过去的实践过程中，在探索相关的发展目标、实现路径、规章制度、运行模式、管理体制机制方面，可持续发展、循环经济、低碳经济、两型社会等领域都以试点为载体来寻找相应的发展手段、组织方式和管理措施。例如：

1）从 1997 年我国将社会发展综合实验区更名为可持续发展实验区起，我国的可持续发展实验区逐渐壮大，不断完善体制机制、规章制度，明确了发展思路、目标和工作任务。

2）在循环经济发展领域，以国务院 2005 年发布的《国务院关于加快发展循环经济的若干意见》为标志，我国循环经济工作由起步阶段进入全面试点阶段。

3）为应对气候变化，我国的低碳发展从 2007 年发布《中国应对气候变化国家方案》起，到提出碳强度降低目标，再到 2010 年确定“五省八市”的试点范围，经历了“概念—目标—试点”的发展过程。

4）针对我国资源环境面临的严峻形势，2005 年国务院发布 21 号文《关于做好建设节约型社会近期重点工作的通知》，紧接着“十一五”规划又提出要“建设资源节约型、环境友好型社会”。2007 年，国家批准武汉城市圈和长株潭城市群作为两型社会综合配套改革试验区，开展综合性试点工作。

除此之外，环保、住建、发改委等部门也相继开展了生态省市县、低碳生态城镇、生态文明示范工程等试点示范工作。通过我国开展的多种形式的试验、试点与示范工作的进程可以看出，以各种类型的试点为载体，采用自下而上和自上而下相结合的探索模式，并以“试点实验—摸索经验—政策完善—示范推广”的方式，通过试点区域对生态文明建设相关的新的制度法规、体制机制等先行先试，检验其结果与成效，是推进我国生态文明建设的重要途径和有效的实践方式。

（二）基于试点示范的生态文明制度建设发展现状

随着生态文明建设理论与实践在我国的不断发展与推进，我国政府及社会各界围绕着经济建设、社会发展、资源开发和环境保护等领域进行了卓有成效的探索，相继提出并实施了国家可持续发展实验区、国家循环经济示范城市、低碳省区和低碳城市试点、两型社会综合配套改革实验区等一系列与生态文明建设实践相关的试点与示范。试点和示范区建设的重要意义和价值在于：因地制宜，在认识和解决不同时期区域生态文明建设的重点、难点问题方面改革创新、先行先试，探索有益的新做法、新机制、新模式。国家和地方政府通过综合规划、重点突破、科技引导、机制创新、政策激励等形式，探索了不同类型区域实现生态文明建设的制度、政策体系、发展模式和路径、管理体制机制，对推广各类生态文明建设具有重要的示范意义。

1. 国家可持续发展实验区发展现状

国家可持续发展实验区是1986年由原国家科学技术委员会同原国家计划委员会和原国家经济体制改革委员会等政府部门共同推动的一项地方性可持续发展综合示范试点工作，最开始叫做“社会发展综合实验区”，旨在依靠科技进步、机制创新和制度建设，全面提高地方可持续发展能力，探索不同类型地区的经济、社会和资源环境协调发展的机制和模式，为不同类型地区实施可持续发展战略提供示范。

1997年12月29日，在社会发展综合实验区工作汇报会议上，将原有的社会发展综合实验区更名为可持续发展实验区，以突出可持续发展实践活动，全面提高地方可持续发展能力，并于1997年后在全国不同类型地区开始建立国家可持续发展实验区。

经过近30年的建设和发展，实验区从试点开始，从机制、模式、组织管理、能力建设到先进示范，逐步扩展，截至2013年12月，已建成国家级实验区156个（含先进示范区13个），省级实验区100余个，覆盖全国30个省、市、自治区，按行政区划和建制可分为大城市城区型、中小城市型、县域型、城镇型及跨行政区划型等5种实验区，形成了资源型城市转型、生态保护和修复、社会发展、循环经济、城乡一体化、小城镇建设等6种类型的主题实验区，为推动我国可持续发展进程提供了良好示范。

（1）可持续发展实验区的管理法规和制度

经过近30年的建设和发展，根据可持续发展实验区的内涵及特点，国家可持续发展实验区管理办公室联合科学技术部制定了国家可持续发展实验区及先进示范区的管理办法、工作指南、规划大纲等三类指导性规章制度，科学技术部还制定出台了《国家可持续发展实验区“十一五”建设与发展规划纲要》、《“十二五”国家可持续发展实验区建设与发展规划纲要》两部重要规划纲要，同时各地方政府也为各自区域的实验区制定出台了可持续发展实验区的相关规划和实施意见。

1）规范的管理程序与工作指南。国家实验区办公室陆续出台了《国家可持续发展实验区工作指南》、《国家可持续发展管理办法》、《国家可持续发展实验区验收管理暂行办法》等指导性规章制度，这些文件明确规定了实验区建立的目标与方法、工作原则与任务、工作内容与措施，以及实验区组织管理的具体内容（如申报审批、工作组织与实施、验收等），还确立了“分期实施、年度报告、中期检查、最终验收”的实验区建设工作管理和监督程序，实现了对实验区的工作组织和实施进行程序化、规范化管理，使实验区的申报、审批、建设、评估和验收有章可依。

对于先进示范区的管理，科学技术部组织制定了《国家可持续发展先进示范区管理办法》、《国家可持续发展先进示范区建设规划编制指南》，指出示范区是在实验区建设基础上进一步深化的可持续发展示范试点，明确规定了示范区建设的目标、主要任务、申报程序、组织管理办法及规划方法。

2）规划纲要。在国家层次上，国家实验区办公室发布了《国家可持续发展实验区规划大纲》，明确了实验区可持续发展规划的要求、内容和工作程序。在规划大纲的指导下，各实验区都编制了相应的规划文本。

2007 年和 2012 年，科学技术部分别制定出台了《国家可持续发展实验区“十一五”建设与发展规划纲要》、《“十二五”国家可持续发展实验区建设与发展规划纲要》两部重要规划纲要，分别对 2006 ~ 2010 年、2011 ~ 2015 年实验区的建设发展做了总体的规划和部署，着重强调了实验区要积极倡导和推动绿色低碳发展方式，探索不同主体功能区经济发展模式，以及加强人口健康和社会保障领域的实验示范。上述规范的管理程序和规划纲要保障了实验区建设和发展的有序进行。

（2）“上下联动”的可持续发展实验区管理体制机制

实验区作为区域可持续发展能力建设平台，其建设的基本机理是一种自下而上的推动机制，即以“问题—对策—响应”为基础，针对限制当地可持续发展能力建设的因素寻找对策及解决途径，通过创新、探索、总结形成响应机制。而实验区建设的深层次目的和任务在于将实验区的前瞻性实践成果和具体做法上升到国家层面和政策层面，实现机制化和主流化，最终指导同类型地区实现可持续发展能力的提升。所以，实验区的建设及管理通过“试点—经验—区域”的上下联动过程，走了一条“实践—理论—再实践”的螺旋上升之路（图 6.1）。

1）已形成多部门共同参与、多层次上下联动的良性互动的综合管理机制。经

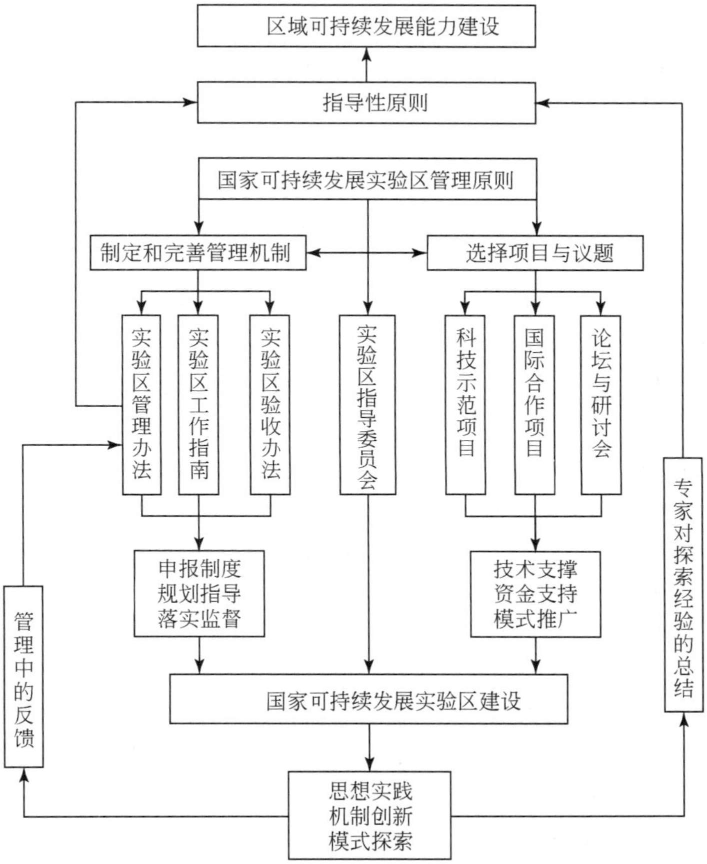

图 6.1　国家可持续发展实验区的上下联动机制示意图

资料来源：科学技术部社会发展科技司和中国 21 世纪议程管理中心，2007

过近 30 年的实践，根据行政管理和部门参与的特点及不同实验区建设发展的特殊环境，可持续发展实验区的管理由科学技术部和国家发展和改革委员会牵头，20 多个国家部委共同参与，形成了“国家管理—省市协调—地方组织实施”的多层次综合管理机制，以及地方需求与中央部门行政能力之间有效结合的上下联动的良性互动机制，基本上构成了一套规范的管理程序，使实验区的申报、审批、建设、评估和验收有章可依，保障了实验区建设和发展的有序进行。

2）已形成健全有效的组织管理体制。包括制度化的科学决策机制、多方参与的合作共建机制、成效显著的“经济—环境”良性互动机制、多元化的资金投入机制、科技引导的示范机制、多方面的监督保障机制、推动国家战略实施的作用机制等可持续发展实验区建设体制机制。

3）建立健全可持续发展工作的领导体制和管理机构。实验区建设伊始，各实验区就成立了以党政一把手为组长、相关部门负责人为成员的实验区工作领导小组，将实验区工作纳入党委、政府整体工作部署。领导小组下设实验区管理办公室，负责指导、协调、管理和服务。形成了“党委、政府总体抓，管理办公室协调抓，科技部门突出抓，相关部门联合抓”的领导机制，为实验区建设提供了有力的组织保证。

4）制度化的科学决策机制。各实验区在申报时都制定了科学、完整的《实验区可持续发展规划》，通过规划任务和项目的实施引导实验区建设，按照规划的目标、项目设置和任务实施情况进行实验区工作检查和验收。此外，在实验区规划的制定和实施过程中，各实验区成立了专家指导委员会，形成了专家全过程参与指导实验区建设的有效机制，吸引知识资源参与谋划，为领导决策提供参考。

5）多方参与的合作共建机制。实验区逐步建立起“政府组织、专家指导、企业支持、公众参与”的联动共建机制，而且各方尽职尽责、相互配合，有力地推进了实验区各项事业的发展。

6）成效显著的“经济—环境”良性互动机制。通过不断实践，实验区探索出一种新的发展机制，即经济社会发展与环境保护的良性互动机制。在发展经济的同时，采取有效措施治理环境，提出拒绝和控制污染，在项目引进和建设中，未雨绸缪，以不损害环境和生态平衡为前提，一定程度上扭转了以往“先破坏、后修复，先污染、后治理”的做法，实现了资源环境与经济的双赢。

7）多元化的资金投入机制。实验区建设没有国家财政专项拨款，也没有具体的优惠政策，有的只是改革开放的实验权和可持续发展的探索权。在建设过程中，各实验区积极拓宽思路、广开门路，运用公共财政理念和市场手段，尝试建立了多元化的资金筹集机制。

8）科技引导的示范机制。在推进实验区建设过程中，坚持以科技进步为先导，以具有较高科技含量的示范项目、示范工程为切入点，以示范项目带动可持续发展工作，为各部门开展可持续发展建设工作提供了经验。

9）多方面的监督保障机制。强化监督，建立和完善相关规章制度是实验区建设工作有序推进的制度保障。为此，各实验区进行了积极的探索并形成了一套有效的办法，如目标责任管理制度、干部考核制度、实验区考核验收制度及监督管理制度等。

10）推动国家战略实施的作用机制。对于可持续发展战略的实施，并没有可以借鉴的国外经验，其创新程度和特点更为突出。因此，实验区作为探索新体制、新机制和新模式的“试验田”，可以为其他地区实施可持续发展战略提供经验，承担我国可持续发展模式与机制创新“孵化器”的作用，这是一个重要的举措，是一个伟大的创举。

（3）可持续发展实验区的发展成效

在实验区建设过程中，根据管理办法和工作指南等政策文件，国家可持续发展实验区按照“实验主题”进行探索。各实验区为此确立了自己的“实验主题”，并围绕着经济建设、社会发展、资源开发和环境保护等领域进行了卓有成效的探索。我国现有的国家可持续发展实验区的“实验主题”主要有资源型城市转型、生态保护和修复、社会发展、循环经济、城乡一体化、小城镇建设等六种类型，典型实验区类型见表 6.1。

表 6.1　国家可持续发展实验区类型及代表区域

主题	典型实验区
资源型城市转型	陕西榆林、黑龙江大庆、辽宁本溪、内蒙古元宝山、新疆克拉玛依、河北迁安
生态保护和修复	广西恭城、浙江安吉、青海海南、宁夏中卫、黑龙江海林、重庆北碚、贵州清镇、山东黄河三角洲、山西右玉、福建东山、西藏林芝、吉林临江、内蒙古鄂尔多斯、甘肃敦煌、重庆万州、湖南资兴、湖南韶山、北京怀柔、上海崇明、江苏大丰、江西婺源、安徽毛集
社会发展	沈阳沈河、武汉江岸、贵州毕节、浙江温岭、沈阳铁西、湖北钟祥、北京西城、江苏常州
循环经济	安徽铜陵、青海海西、黑龙江肇东、山东牟平、山东日照、河北平泉、云南曲靖、山西长治、山西泽州、河北正定、四川广汉、江西崇义、江西贵溪
城乡一体化	成都金牛、福建龙岩、江苏江阴
小城镇建设	天津东丽、河南竹林、东莞清溪、浙江杨汛

资料来源：何革华等，2012

据不完全统计，通过上述六种发展模式，2005～2012 年，实验区人均 GDP 从 2.90 万元增长到 3.97 万元（2005 年不变价），年均增长达到 4.58%。2012 年，实验区人均 GDP 是全国平均水平的 1.99 倍。与此同时，实验区的财政收入出现大幅度增长，为实验区可持续建设事业提供了强有力的经济支撑。

2. 循环经济发展现状

循环经济发展是生态文明建设的重要途径，是以提高资源产出率为目标，以减量化、再利用、资源化为原则，以低消耗、低排放、高效率为基本特征的经济增长模式和资源利用方式，实质是解决资源永续利用和源头减少、污染问题。

（1）循环经济相关立法和政策体系建设

经过十年探索，我国循环经济从理念变成了行动，在法律法规、发展规划、技术支撑、示范推广、政策机制等方面形成了比较系统、完整的体系。

1）循环经济发展的法律法规体系逐步完善。我国与循环经济发展紧密相关的法律法规主要有《清洁生产促进法》、《环境影响评价法》、《水污染防治法》、《大气污染防治法》、《固体废物污染环境防治法》和《环境保护法》等。此外，于2008年颁布并在2009年开始实施的《循环经济促进法》，是我国出台的首个以促进循环经济发展为目的的宏观法律文件。它要求国家制定全国循环经济发展规划，同时各地也要因地制宜，制定本区域的循环经济发展规划，确定发展循环经济的重点领域、重点工程和重大项目，为社会资金投向循环经济指明方向，减少社会投资的政策风险，它使我国发展循环经济融资难的问题得到解决，确立了循环经济发展的基本管理制度和政策框架，对发展循环经济的战略地位、遵循原则、实施原则等做出了明确的法律界定，是发展循环经济的基本法律依据。

2）循环经济发展制度建设逐渐成体系。2005年7月，国务院先后颁布了《国务院关于做好建设节约型社会近期重点工作的通知》（国发〔2005〕21号）、《国务院关于加快发展循环经济的若干意见》（国发〔2005〕22号）。这两个文件是我国发展循环经济的纲领性文件，均强调坚持资源开发与节约并重，坚持以企业为主体，政府调控、市场引导、公众参与相结合，减少废物的产生和排放，形成有利于促进循环经济发展的政策体系和社会氛围。2013年，国务院印发《循环经济发展战略及近期行动计划》（国发〔2013〕5号），对工业、农业、服务业及社会层面各行业部门构建循环经济发展体系进行了详细规划，并给出了各行业循环经济发展的基本模式图，提出了我国实施循环经济“十百千”示范行动计划，即实施循环经济十大示范工程，创建百个循环经济示范城市（县），培育千家循环经济示范企业（园区），以实现技术突破和管理创新、推动循环经济形成较大规模。

3）逐步调整支持循环经济发展的财税、投资、资源保障体系。从2004年开始，根据《清洁生产促进法》的规定，我国设立了清洁生产专项基金和节能技术改造财政奖励资金，对企业开展资源综合利用实行税收优惠。2010年，国家发展和改革委员会、中国人民银行（简称央行）、中国银行业监督管理委员会（简称银监会）和中国证券监督管理委员会（简称证监会）联合发布了《关于支持循环经济发展的投融资政策措施意见的通知》。2011 年，财政部发布《关于 2011 年开展再生资源回收利用体系建设有关问题的通知》（财办建〔2011〕8 号），对循环经济试点城市探索城市再生资源回收利用的新型模式给予重点财政支持。同年，国家发展和改革委员会联合财政部发布《循环经济发展专项资金支持餐厨废弃物资源化利用和无害化处理试点城市建设实施方案》（发改办环资〔2011〕1111 号），安排循环经济发展专项资金支持餐厨废弃物资源化利用和无害化处理试点城市建设，以助于从源头解决食品安全、生态安全和环境卫生等问题。

（2）循环经济试点和示范建设的管理体制机制

循环经济试点和示范基地建设是我国循环经济领域的工作重点之一。国家发展和改革委员会于 2005 年和 2007 年组织开展了两批循环经济示范城市（县）创建工作，涉及省市、行业、园区和企业层面，预计到 2015 年，将选择 100 个左右城市（区、县）开展国家循环经济示范城市（县）创建活动。此次国家循环经济试点示范城市（县）的创建，将以提高资源产出率为目标，根据自身资源禀赋、产业结构和区域特点，实施大循环战略，把循环经济理念融入工业、农业和服务业发展及城市基础设施建设。上述试点和示范基地在建设过程中，探索了循环经济发展的管理体制机制相关建设内容，为我国循环经济工作管理体制机制发展奠定了良好基础并积累了丰富经验。

1）部门联动体制机制。国务院建立健全发展循环经济组织协调机制，研究有关重大问题，部署重大任务，把握实施进度和效果，进行定期监督检查。各级人民政府和有关部门切实履行职责，扎实开展工作，确保完成各项目标任务。

2）市场化管理机制。研究建立强制回收产品和包装物、重点再生利用产品、汽车零部件等再制造产品的标识管理制度。研究建立循环经济认证认可体系。鼓励专业化服务公司采用市场化模式对企业和园区进行循环化改造。研究试行手机、充电器、饮料瓶等废旧产品押金回收制度。

3）循环经济技术遴选、评定及推广机制。加快先进适用技术推广应用，加强循环经济技术推广体系建设，发布国家鼓励的循环经济技术、工艺、设备名录。探索通过政府买断的方式对先进适用技术进行推广应用。实施循环经济“走出去”战略，加快具有竞争力的循环经济关键技术装备的出口。

4）投融资政策激励机制。发展循环经济既要充分发挥市场机制的作用，又要强调政府的主导作用，需要政府综合运用规划、投资、产业、价格、财税、金融等政策措施，建立一个良性的、面向市场的、有利于循环经济发展的投融资政策支持体系和环境，形成有效的激励机制，引导社会资金投向循环经济，有效解决发展循环经济投入不足的问题。

5）反映资源稀缺程度、环境损害成本的价格机制。鼓励实施居民生活用水阶梯式水价制度，合理确定再生水价格，提高水资源重复利用水平。合理调整污水和垃圾处理费、排污费等收费标准，鼓励企业实现“零排放”。通过调整价格和完善收费政策，引导消费者使用节能、节水、节材和资源循环利用产品，引导社会资金向对循环经济项目的投入。

（3）循环经济试点和示范的建设成效

国家发展和改革委员会副主任解振华在 2013 年 11 月中国循环经济协会成立大会上的讲话中指出，近年来，我国循环经济从理论到实践取得了重大进展，制定并实施了《循环经济促进法》、循环经济发展战略及近期行动计划，开展循环经济试点示范，中央财政设立了循环经济专项资金，组织开展矿产资源综合利用示范基地、资源综合利用“双百工程”、园区循环化改造、城市矿产示范基地建设、再制造产业化示范、再生资源回收体系示范、餐厨废弃物资源化利用和农作物秸秆综合利用等八大工程，出台了投融资支持政策，发布了一批循环经济典型模式案例等。在试点示范基础上，形成规划指导、政策支持、法规规范、工程支撑、技术进步、传播推广等工作思路，推动循环经济在各层面和生产、流通、消费各环节的发展。

据有关行业协会统计（解振华，2013），2012 年我国废钢铁、废有色金属等八大品种再生资源回收总量约为 1. 6 亿吨，节能 1. 7 亿吨标准煤，减少废水排放 112. 7 亿吨、二氧化硫排放 374. 6 万吨、固体废弃物排放 33. 9 亿吨，其中再生铜产量约为 275 万吨，占我国铜产量的 45%。另外，2012 年农业秸秆综合利用量达 6 亿多吨，餐厨废弃物综合利用量达 110 多万吨。中国的循环经济实践充分表明，通过发展循环经济，可以实现资源利用可循环、经济发展可持续的良性互动。

3. 低碳经济发展的试点示范政策和行动措施

低碳经济发展是关于低碳产业、低碳技术、低碳生活等经济形态的集合，是从高碳能源时代向低碳能源时代演化的一种经济发展模式。发展低碳经济，本质上就是要调整传统经济结构、提高能源利用效率、发展新兴工业、建设生态文明。国家发展和改革委员会于 2010 年和 2012 年，先后确定了两批共“6 省 36 市”低碳试点省市及 7 个碳交易试点，遵循试点、示范、推广的指导思想，旨在建成我国低碳经济发展的先行区和实验区，试图透过地方试点创新探索有效的低碳转型路径、政策和制度，积累在不同地区因地制宜推动绿色低碳发展的有益经验，在我国应对气候变化方面发挥引领示范作用。

（1）完善低碳经济发展的顶层设计和体制机制

近年来，中国加强了应对气候变化重大战略研究和顶层设计，进一步完善了应对气候变化的管理体制和工作机制，使其在国民经济社会发展中的战略地位显著提升。

1）完善领导机构。2013 年 7 月，国务院对国家应对气候变化工作领导小组组成单位和人员进行了调整，李克强总理任领导小组组长，并增加了部分职能部门。目前，中国已经初步建立了国家应对气候变化领导小组统一领导、国家发展和改革委员会归口管理、有关部门和地方分工负责、全社会广泛参与的应对气候变化管理体制和工作机制。全国各省（自治区、直辖市）均成立了以政府行政首长为组长的应对气候变化领导机构，建立了部门分工协调机制，明确了应对气候变化职能机构，部分城市也成立了应对气候变化或低碳发展办公室。

2）建立碳强度下降目标责任制。国家对“十二五”单位国内生产总值二氧化碳排放下降目标进行分解，确定了各省（自治区、直辖市）单位国内生产总值二氧化碳排放下降指标，并建立了目标责任评价考核制度。2013 年，国家发展和改革委员会同有关部门制定了考核办法，对省级人民政府 2012 年度控制温室气体排放的目标完成情况、任务与措施落实情况、基础工作与能力建设情况等进行了试评价考核。

3）建立公众参与机制。各试点省市还通过宣传动员、政府垂范、社区示范、完善低碳生活服务体系及机制等方式促进公众低碳生活方式的形成和发展。

4）建立以低碳排放为特征的科技支撑机制。试点地区结合当地产业特色和发展战略，加快低碳技术创新，推进低碳技术研发、示范和产业化，积极运用低碳技术改造提升传统产业，加快发展低碳建筑、低碳交通，培育壮大节能环保、新能源等战略性新兴产业。同时，密切跟踪低碳领域技术进步最新进展，积极推动技术引进消化吸收再创新或与国外的联合研发。

5）建立低碳产业发展运行机制。试点地区发挥应对气候变化与节能环保、新能源发展、生态建设等方面的协同效应，积极探索有利于节能减排和低碳产业发展的运行机制，实行控制温室气体排放目标责任制，探索有效的政府引导和经济激励政策，研究运用市场机制推动控制温室气体排放目标的落实。

6）建立专项资金支持机制。首批试点省市对各自区域设有低碳专项资金，以支持低碳产业科技研究、制度建设、能力建设，各试点省市低碳专项资金设立和使用情况如表 6.2 所示。

表 6.2 各低碳试点省市低碳专项资金设立和使用情况

地区	年份	资金名称及具体内容
		直接服务于低碳试点政策的低碳专项资金
广东	2011	低碳发展专项资金。资金额度为3000万元/年，用于支持低碳发展基础性研究、低碳应用技术研发、低碳产业建设等内容。省发展和改革委员会会同省建设厅根据低碳发展重点每年发布项目申请通知，根据项目实际情况，采取无偿补助、以奖代补等支持方式，项目试行合同管理
湖北	2011	低碳发展专项资金。总额1.7亿元，由节能、淘汰落后产能、建筑节能、低碳试点和新能源建设5项组成，低碳试点专项资金为2000万元。其中，新增的低碳试点和新能源建设专项资金，按自力性转移支付的方式管理，奖励给各级政府统筹使用，发挥资金最大效益
云南	2011	省级低碳发展引导专项资金。2011～2015年，省级财政每年安排3000万元资金，设立省级低碳发展引导专项资金，主要用于温室气体排放清单编制、统计及考核指标体系、碳汇交易试点、低碳认证等能力建设，以及低碳技术推广及应用、先行先试示范项目和推进低碳社区及生活等方面
		其他主要与低碳相关的专项资金/基金
南昌	2011	五年内投资817.39亿元打造超低碳城市
陕西	2012	陕西省环保产业发展专项资金
云南	2010～2012	节能减排专项资金（2010年），战略性新兴产业发展专项资金（2012年）
重庆	2011～2015	市级节能专项资金
天津	2012	提出设立推进天津市低碳城市建设的专项资金
深圳	2012	循环经济与节能减排专项资金
厦门	2012	修订“环保专项资金”管理办法（2012年）
杭州	2010～2012	太阳能光伏发电推广专项资金（2010年），低碳产业基金（2010年），生态建设专项资金（2012年），提出建立低碳城市专项资金
贵阳	2011	市级循环经济发展专项资金
保定	2006	“中国电谷”新能源产业发展基金（2006年）
辽宁	2011～2012	提出建立辽宁省创业投资引导基金（如设立新能源和低碳产业投资基金）（2012年），推动设立辽宁新能源和低碳产业投资基金（2011年）

（2）推动低碳经济发展立法、规划编制和政策体系建设

1）推动气候变化立法。国家发展和改革委员会、全国人大环境与资源保护委员会、全国人大法制工作委员会、国务院法制办公室和有关部门联合成立了应对气候变化法律起草工作领导小组，加快推进应对气候变化法律草案起草工作，目前已初步形成立法框架。山西省、青海省先后出台了《山西省应对气候变化办法》和

《青海省应对气候变化办法》，四川省、江苏省应对气候变化立法正在稳步推进。2012 年 10 月，深圳市人大通过《深圳经济特区碳排放管理若干规定》，加强对深圳市碳排放权交易的管理。

2）形成了“1+4+X”的低碳规划体系。在中国独特的行政体制下，规划是实现经济和社会各项发展目标的主要步骤，在各项战略实施过程中具有重要地位。从应对气候变化到建设低碳试点，低碳试点省市根据中央要求并结合地方特点形成了“1+4+X”的低碳规划体系，如图 6. 2 所示，“1”指的是将低碳发展纳入地区性的国民经济和社会发展的“十二五”规划，“4”指的是 4 项低碳发展相关的总体规划方案，“X”指的是低碳发展的相关专项规划。

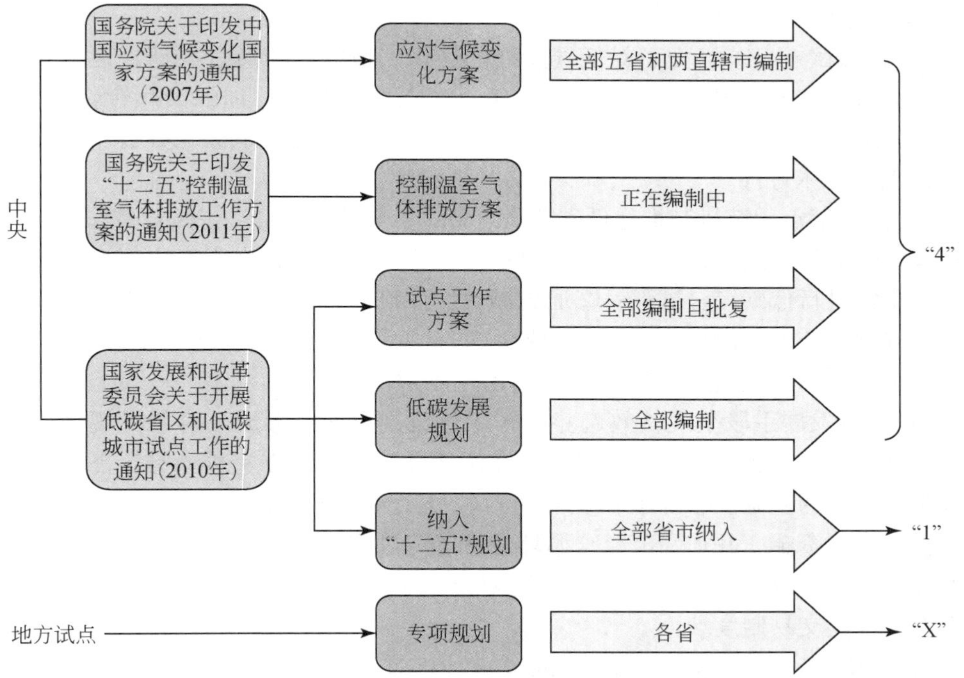

图 6. 2　低碳试点省市响应中央政府要求形成的规划体系

资料来源：齐晔，2013

3）完善支持低碳绿色发展的政策体系。2012 年，国务院办公厅印发了《“十二五”控制温室气体排放工作方案重点工作部门分工》，对方案的贯彻落实工作进行全面部署。中央政府发布了一系列应对气候变化相关政策性文件，包括《工业领域应对气候变化行动方案（2012—2020 年）》、《“十二五”国家应对气候变化科技发展专项规划》、《低碳产品认证管理暂行办法》、《能源发展“十二五”规划》、《“十二五”节能环保产业发展规划》、《关于加快发展节能环保产业的意见》、《工业节能“十二五”规划》、《2013年工业节能与绿色发展专项行动实施方案》、《绿色建筑行动方案》、《全国生态保护“十二五”规划》等，应对气候变化政策体系得到进一步完善。

同时，从各试点的低碳发展工作安排看，主要包含了产业结构调整、能源结构调整、低碳交通、低碳建筑、低碳生活、碳汇建设等，覆盖了低碳发展相关主要政策体系和保障措施。试点地区要发挥应对气候变化与节能环保、新能源发展、生态建设等方面的协同效应，积极探索有利于节能减排和低碳产业发展的体制机制，实行控制温室气体排放目标责任制，探索有效的政府引导和经济激励政策，研究运用市场机制推动控制温室气体排放目标的落实。

（3）低碳试点工作成果和特点

1）低碳试点显著提升了对低碳发展的认识。地方政府通过申请试点、制订方案、确立目标、编制规划、成立领导小组、建立低碳智库、加强国际合作等工作，一方面鼓励和引导企业和公众参与低碳建设，另一方面通过低碳化办公、公共建筑节能等工作身体力行。

2）内部试点示范机制推进低碳建设。各试点省市基本都在内部开展试点建设，采取以点带面的模式。试点示范工作包括四个方面：①通过在省市内部选取市县区等下级单位进行低碳综合试点；②通过城区、园区、社区等聚集区域进行低碳示范建设；③通过技术、能源、建筑、交通等重点工程和项目带动全面发展；④企业、机关、学校等团体也通过低碳建设起到示范带动作用。

3）低碳发展手段呈现长效趋势。在工作机制方面，形成政府领导规划、部门分工行动和目标任务分解及考核机制；在法律保障方面，在完善原有节能减排、循环经济等法规的基础上，探索低碳和应对气候变化方面的法规；在资金支持方面，设立低碳专项资金，并加强节能、循环经济等专项资金；在落实技术基础方面，初步开展温室气体统计监测工作；在机制创新方面，提出建立低碳认证和标准标识、碳汇补偿和碳交易制度。

4）低碳试点碳减排效果明显。2013年上半年，国家发展和改革委员会组织开展了针对全国各省市的控制温室气体排放目标责任试评价考核，其中列入低碳试点的10个省市2012年碳强度比2010年下降的平均幅度约为9.2%，高于全国6.6%的总体降幅。

注释专栏6.1描述了首批低碳试点省市之一的重庆市通过实践探索有效的低碳转型制度、体制机制、政策体系的建设和成效。

注 释 专 栏 6.1

重庆市低碳试点建设的实践及成效

重庆地处西部，经济社会发展尚处于欠发达阶段，在推进城乡统筹和加快工业化、城镇化、农业现代化建设过程中，市委、市政府高度重视应对气候变化工作，将其作为重庆市经济社会发展的重大战略，积极建立和完善低碳发展相关体制机制，通过多种手段和措施推进低碳发展。

一、建立和完善顶层设计、目标考核、市场助推等一系列体制机制

1）顶层设计，强化领导。自2010年重庆市开展低碳城市试点以来，一直重视低碳发展相关体制建设，成立了以市长为组长的应对气候变化领导小组，具体由市应对气候变化领导小组办公室（设在市发展和改革委员会）牵头协调落实，对全市的低碳发展实行统一领导、统一指挥、统一协调和统一监督。

2）部门联动，目标考核。建立了部门联动机制，加强对年度行动计划和示范工程推进情况的跟踪评估。积极落实区县二氧化碳排放强度指标考核评价，将二氧化碳排放强度下降指标完成情况纳入区县和行业经济社会发展综合评价体系和干部政绩考核体系。制定了包括绿色低碳生态城区、低碳产业试验园、低碳社区等在内的一系列低碳评价指标体系，初步形成了“点—线—面”三位一体的低碳评价指标体系。

3）市场助推，资金整合。积极开展碳排放交易试点，目前已完成制度设计，正加快有关支撑体系建设和碳排放配额方案制定工作。开展低碳产品认证，在国家发展和改革委员会的支持下，重庆市成为首批低碳产品认证试点之一，已完成低碳产品评价标准和实施方案的编制工作，将以汽车、摩托车、风力发电设备、聚甲醛、变性燃料乙醇等作为试点认证产品，开展低碳产品认证试点工作。整合资金支持控制温室气体排放示范工程建设，由于国家应对气候变化领域尚未建立专项资金，重庆市积极拓展思路，充分利用节能减排财政综合示范、节能技术改造、园区循环化改造、资源综合利用、清洁生产、淘汰落后产能等现有专项资金支持推动低碳项目建设，取得了良好效果。

二、形成全方位涵总体规划、实施方案、可操作政策工具的立体化的政策体系

《重庆市国民经济和社会发展第十二个五年规划纲要》将二氧化碳排放强度降

低目标纳入了约束性指标。同时，市政府根据国务院印发的《“十二五”控制温室气体排放工作方案》，结合实际，制定了《重庆市“十二五”控制温室气体排放和低碳试点工作方案》，确定了工作目标和措施，分类分地区下达了各区县单位地区生产总值二氧化碳排放下降目标，落实工作责任。并制定了多项低碳发展专项规划，建立了多层次、多角度的政策体系，从上到下覆盖重庆市整体、重点行业、重点园区、重点企业等多个主体，涉及调整产业结构、构建低碳能源体系、促进节能降耗、增加森林碳汇、打造绿色低碳城市、推动低碳技术创新、建立低碳制度体系等7个方面，确定41项低碳行动计划和28项示范工程，以保障低碳经济的有序开展。

三、取得的成效

在各种政策和体制机制的推动下，重庆市超额完成2012年年度二氧化碳排放强度等约束性指标的目标任务。2012年，重庆市实现二氧化碳排放强度同比降低8.14%，“十二五”以来累计降低11.37%，完成了国务院分解下达重庆市的“十二五”下降17%目标的64.2%；能源强度同比下降7.06%，超额完成下降3.5%的年度目标，“十二五”以来累计下降10.6%，“十二五”总体目标完成进度达到64.27%；非化石能源占一次能源消费比重为11%，完成年度目标任务。全市新造绿化林地20.4万公顷，森林覆盖率达到42.1%，新增森林蓄积量1077万立方米，超额完成年度目标任务。

4. 两型社会综合配套改革试验区

资源节约型社会是指整个社会经济建立在节约资源的基础上，建设节约型社会的核心是节约资源。环境友好型社会是一种人与自然和谐共生的社会形态，其核心内涵是人类的生产和消费活动与自然生态系统协调可持续发展。2007年12月，湖南省长株潭城市群与武汉城市圈，被国务院批准为“全国资源节约型和环境友好型社会建设综合改革配套试验区”。

(1) 两型社会试验区法律法规建设

1) 武汉两型社会总体方案。2008年9月10日，国务院正式批准武汉城市圈综合配套改革试验总体方案，湖北省委省政府与申报总体方案同步设计了“56531”的实施框架体系：5个专项规划、6项配套支持政策、5项重点工作方案、3年行动计划、1个重大项目清单，初步形成与总体方案相适应的政策框架，明晰了武汉城市圈改革和建设的总体思路。该方案明确武汉建设“两型社会”的切入点是节能环保，突破口是发展循环经济，在改革试验中勇当先锋，在创新体制机制上主动作为，力求在重点领域和关键环节率先突破。

5 个专项规划。即空间规划、产业规划、交通规划、社会事业规划和生态环保规划组成的“一总四专”规划体系。此规划体系为武汉城市圈未来的建设与发展绘制蓝图，是试验区建设的具体实施方案。

6 项配套支持政策。涉及投资、财税、土地、环保、金融、人才支撑 6 个方面，目的是解决当前在实际操作中的政策障碍，助推项目落地。

5 项重点工作方案。产业双向转移、交通一体化建设、农业产业一体化、商业连锁经营和社会事业资源联动共享，旨在破解武汉城市圈实现“五个一体化”面临的突出问题。

3 年行动计划。3 年（2008 ~ 2010 年）行动计划是改革试验总体方案关于体制机制创新的具体安排。3 年行动计划确定的改革任务大体可以分为两类：一类是近期先启动实施的，比如循环经济试点、水环境保护改革试点、人才一体化建设、非公有制经济发展改革、部分行政管理体制改革等。另一类是需要与国家有关部门沟通，积极争取支持的，主要集中在财税金融、土地管理、保税区等方面。

1 个重大项目清单。经筛选后列入试验区试点启动的 177 个项目，投资总规模 12874 亿元。

2）长株潭城市群制度方案。近年来，湖南省委、省政府围绕资源节约、环境友好这两大主线，颁布了试验区改革建设实施意见、政策法规等 70 多个，省人大出台保障试验区改革建设的决定，颁布实施《长株潭城市群区域规划条例》。试验区制定出台了 1 个改革总体方案和 10 个专项改革方案、1 个城市群区域规划和 14 个专项规划、18 个示范片区规划、87 个市域规划，出台了“两型”社区、“两型”园区等标准体系。公开发布试行“两型”产业、企业等 12 项标准，编制出“两型社会”建设统计评价指标体系。已有一大批中央企业在试验区布局实施规划环评、排污权交易、节水型城市等 50 多项改革试点。

2012 年，为加快推进长株潭城市群两型社会示范区改革建设，湖南省政府决定，在长株潭城市群设立大河西、云龙、昭山、天易、滨湖 5 大两型社会示范区，并出台《湖南省人民政府关于支持长株潭城市群两型社会示范区改革建设的若干意见》，从产业、财税、土地、投融资、人才科技、行政 6 方面，对示范区改革建设予以支持。该意见指出，长株潭城市群两型社会示范区政策支持范围，包括五大示范区内的 18 个片区；凡经省政府批准的新示范片区，自批准时起比照享受该政策。

（2）两型社会试验区管理体制机制

湖南省两型社会试验区运行机制包括部省合作机制，促进机制改革创新等。

1）部省合作机制。与 39 个部委、75 户中央企业建立合作机制，在实验区布局时实施多项改革试点，实验区先后被列为全国新型工业化产业示范基地、两化融合实验区和综合性高技术产业基地等。

2）促进机制改革创新。充分发挥市场“无形之手”的基础作用，政府“有形之手”的关键性作用，政绩“导向之手”的引领性作用，有效推动实验区在资源节约，环境保护，产业结构优化升级，统筹城乡发展，节约集约用地，促进城市圈和城市群一体化发展等重大领域的体质机制改革创新。

与湖南类似，武汉城市圈“两型”社会建设综改试验启动以来，各市、省直各部门围绕“两型”社会建设总体方案，积极推进改革试验各项工作，体制机制创新步伐明显加快，有力促进了城市圈经济社会的又好又快发展。

3）工作体制机制逐步健全。一是完善了规划体系；二是建立了上下联动、协调推进的工作机制；三是搭建了政府投融资平台；四是建立了开放合作平台。

4）重点领域改革试验稳步推进。在资源节约方面，以发展循环经济为突破口，大力推进循环经济示范区建设。在保护生态环境方面，主要污染物排放权交易试点、区域性废物回收网络（城市圈废电池回收）建设启动。在科技体制创新方面，大力推进科技与经济的融合。在“两型”产业发展方面，武汉市出台促进环保产业发展的政策，制定了环保产业发展规划方案。在统筹城乡发展方面，加快实施四项统筹，在全省率先构建城乡一体化的发展机制。

5）法规政策支持体系加快构建。《武汉城市圈资源节约型和环境友好型社会建设综合配套改革试验促进条例》的正式实施，标志着城市圈改革试验工作步入了法制化轨道。湖北省财政厅、国税局、地税局联合制定下发《关于支持武汉城市圈“两型”社会建设综合配套改革试验财税政策的通知》，对创新财政税收分享机制、财政激励与约束机制、优化财政资源配置、落实税收优惠政策等方面作了明确规定。

6）社会参与机制建设深入推进。各市积极探索建立社会公众参与“两型”社会建设的机制，引导广大群众、机关企事业单位、社会组织积极参与“两型”社会建设，树立节约资源、保护环境的理念，推动两型社会建设进机关、进企业、进农村、进社区、进学校、进家庭。

（3）两型社会试验区的发展成效

以长株潭城市群为例，自 2007 年以来，湖南长株潭试验区两型社会建设第一阶段任务圆满完成，成果显著，受到国家领导人的重视与肯定，得到媒体的关注，成为学者研究的热点。其两型社会建设具体成效包括以下几个方面。

1）经济实力明显增强。长株潭城市群作为全省的核心增长极，地位明显提升，2007 ~ 2012 年，长株潭城市群 GDP 总量从 3462 亿元上升到 9441 亿，占全省的 42.6%，带动全省 GDP 总量由 9145 亿元上升到 22154 亿元，巩固了湖南省全国十强的地位，实现了经济强省的目标。逐步形成了绿色增长模式，以年平均8.8%的能耗增速支撑了平均14%的经济增长，高新技术产业增加值占规模以上工业增加值比重达到33%。

2）重点改革力度加大。抓住综合配套改革这个主题词，长株潭城市群全面启动和务实推进了十大重点改革。通过资源性产品价格、综合产权交易平台、排污权交易、生态补偿机制等改革，有效发挥了市场配置资源的基础作用；通过建立产业准入、提升、退出机制，有力推动了产业转型升级；通过完善法律法规体系、率先建立标准体系、绿色GDP评价体系、PM2.5监测体系，特别是《湖南省湘江保护条例》、《湖南省长株潭城市群生态绿心地区保护条例》等颁布实施，不断强化了监管作用。

3）内外合作有所加强。积极落实部省合作协议，主动与国家发展和改革委员会、财政部等20多个部委汇报衔接，争取对试验区改革试点的支持。推动两型示范区间协同合作，长沙大河西先导区与湘潭经开区等示范片区签署合作协议，长株潭城市群融合发展步伐加快。扩大对外交流合作，成功举办“中德可持续发展对话”、“湘江牵手莱茵河”等国际交流活动，与莱茵河国际委员会等国际组织建立了紧密合作关系。

二 生态文明建设相关实践取得的成效

（一）发展规模

经过30年来不同阶段、不同领域的各类型试点示范的建设和推动，生态文明建设相关实践已经在各地广泛开展并渗透到国民经济和社会发展的各个领域，取得了显著的经济、社会和环境效益。

从发展规模看，以2012年的不同类型试点示范（国家可持续发展实验区、循环经济试点、低碳省市试点、两型社会试验区）的区域土地面积、GDP和人口规模作为观测的量度，除去存在多种试点模式区域的重复计算影响后，各项生态文明建设的相关实践总规模的土地面积占全国的40.1%，GDP占87.3%，人口占71.3%，如表6.3所示。

其中，两批“6省36市”低碳省市试点和两批循环经济试点是四类模式中发展规模较大的，低碳省市试点区域土地面积占全国的20.2%，GDP覆盖的范围超过全国的一半，达到全国的51.3%，人口占全国的39.8%；而循环经济试点区域土地面积占全国的15.8%，GDP覆盖的范围略高于低碳省市试点，达到56.2%，人口占全国的40.5%。其次为国家可持续发展实验区试点区域，其土地面积占全国的

11.0%，GDP 占全国的 26.1%，人口占全国的 12.7%。而武汉城市圈和长株潭城市群两个两型社会试验区发展规模在四者中最小，土地面积占全国的 0.9%，人口占全国的 3.4%，GDP 占全国的 4.5%。

结合各类试点的发展现状，通过比较可以发现，循环经济试点在我国 27 个经济发达省市率先开展，涉及省市、行业、产业园区和重点领域等多个层次，在加快资源循环利用的同时取得了巨大的经济效益；“6 省 36 市”的两批低碳省市试点发展规模的迅速壮大与近年来我国应对气候变化的不断努力及首批试点产生的良好示范效果密切相关；156 个国家可持续发展实验区，覆盖到大城市城区、中小城市、县域、城镇及跨行政区域等 5 种类型地区，由于其建设和发展时间较长，从 1986 年起已有近 30 年的历史，所以其占地面积、GDP 及人口具备一定规模，但是国家可持续发展实验区不以省级区域为单位开展试点，故其发展规模相比于循环经济试点和低碳省市试点较小；而武汉城市圈和长株潭城市群两型社会试验区属于国家综合配套改革试验区的一种主题模式，在湖北、湖南两省 12 市先行开展试点示范，因此其发展规模在四者中最小。综合来看，各种类型生态文明建设相关实践的试点示范区域发展规模大小不同，各自的发展主题模式也不尽相同，各有各的特色。

表 6.3　2012 年生态文明建设相关实践发展规模情况

规模 实践	面积/万平方千米	占全国面积比例/%	GDP/亿元	占全国 GDP 比例/%	人口/万人	占全国人口比例/%
国家可持续发展实验区	105.2	11.0	135534.9	26.1	17205.7	12.7
循环经济试点	151.3	15.8	291604.9	56.2	54865.7	40.5
低碳省市试点	193.6	20.2	266081.8	51.3	53856.3	39.8
两型社会试验区	8.6	0.9	23312.6	4.5	4616.2	3.4
总覆盖区域	384.9	40.1	452783.5	87.3	96516.2	71.3

资料来源：各省市 2013 年统计年鉴

（二）空间分布

图 6.3 反映了截至 2013 年年末，不同模式的生态文明建设相关实践（国家可持续发展实验区、循环经济试点、低碳经济试点、两型社会综合配套改革试验区）在中国局部版图的分布情况。

国家可持续发展实验区分布于全国各地，按照我国东部、中部、西部地区划分，东部地区 11 省市共创建国家级可持续发展实验区 75 个，占实验区总数的 48.1%；

中部地区 8 省区创建国家级实验区 55 个，占实验区总数的 35. 2%；西部地区 11 省区市创建国家级实验区 26 个，占实验区总数的 16. 7%，如图 6. 4 所示。

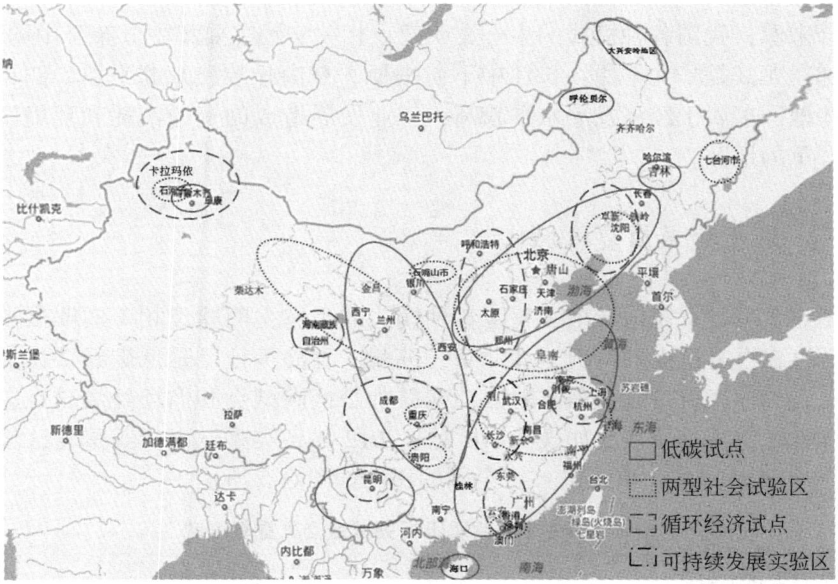

图 6. 3　可持续发展、循环经济、低碳、两型社会试点空间分布示意图

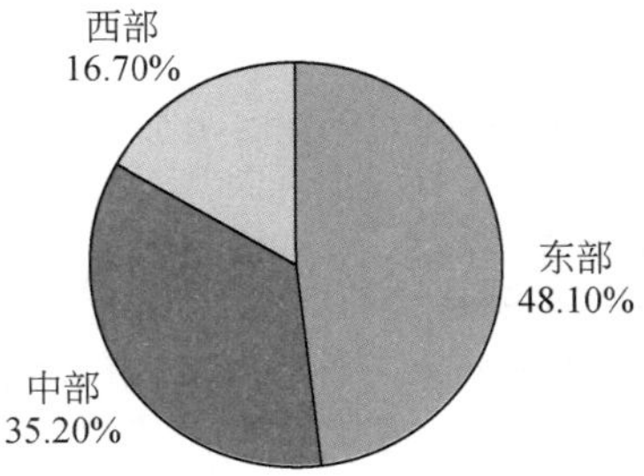

图 6. 4　国家可持续发展实验区分布示意图

资料来源：实验区办公室，2013

循环经济试点城市主要分布在中国版图的第三阶梯（平原：东北平原、华北平原、长江中下游平原；丘陵：辽东丘陵、山东丘陵、东南丘陵等地），在东部地区呈现为连片型分布，在中西部地区呈点式零散分布。

低碳经济试点省市的空间分布遍布于中国的第三阶梯和第二阶梯（高原：内蒙古高原、黄土高原、云贵高原；盆地：准噶尔盆地、四川盆地、塔里木盆地等地）

的东南部分，在第一阶梯（青藏高原）几乎没有进行试点。

两型社会试验区试点数量较少，仅包含湖北省的武汉城市圈和湖南省的长株潭城市群，分布于长江中下游流域。

综合来看，我国各种模式的生态文明建设相关实践主要集中分布于中国的第二、第三阶梯，尤其是华北平原、长江中下游平原、东南丘陵、东北平原、四川盆地等地，这些地区多属于经济发展水平较高，工业发展造成的资源消耗和环境污染问题也相对严重的地区。

（三）试点交叉重复区域

由图 6.3 可以直观地看出，我国各种模式的生态文明建设相关实践试点示范中部分地区存在重复试点的情况，如北京、苏州、青岛等地既是低碳经济试点、循环经济试点，也存在可持续发展实验区；武汉既是低碳试点和循环经济试点，也是两型社会试验区。其具体情况如表 6.4 所示，2012 年各类型试点交叉重复区域的发展规模（土地面积、GDP 和人口）占全国的比例如图 6.5 所示。

表 6.4　生态文明建设相关试点交叉重复区域

各类试点交叉领域	试点地区
低碳试点和循环经济试点	深圳市、贵阳市、晋城市、宁波市、金昌市、济源市、荆门市、淮安市、辽宁省、上海市、天津市、杭州市、温州市、重庆市（三峡库区）
低碳试点和可持续发展实验区和循环经济试点	北京市、苏州市、本溪市、沈阳市、青岛市、榆林市、崇明县、天津市
循环经济试点和可持续发展实验区	铜陵市、敦煌市、宝丰县、林州市、孟州市、濮阳市、鄢陵县、昆山市、常熟市、常州市、大丰市、江阴市、太仓市、宜兴市、张家港市、东营市、日照市、烟台市、长岛县、怀仁县、太原市、右玉县、泽州县、长治市、安吉县、东阳市、湖州市、宁海县、绍兴市、台州市
低碳试点和可持续发展实验区	广州市、江门市、梅州市、云安县、宜昌市、曲靖市、华阴市、陆良县、重庆市
两型社会试验区和低碳试点和可持续发展实验区	武汉市
两型社会试验区和低碳试点	鄂州市、黄冈市、黄石市、潜江市、天门市、仙桃市、咸宁市、孝感市

不同类型的试点示范交叉重复区域总体上较多分布在我国的东部和中部地区，

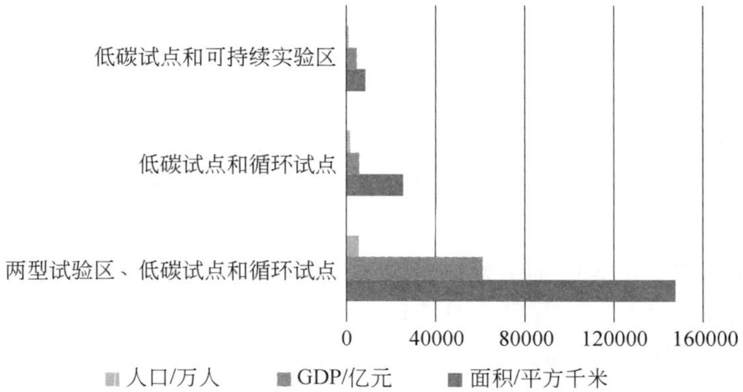

图 6.5　交叉重复试点示范区域的发展规模占全国比例统计图
资料来源：各省市 2013 年统计年鉴

尤其是京津唐地区、长三角地区、珠三角地区、武汉城市圈和以重庆为代表的西南地区。由于这些地区在资源、人口、环境等各方面进行过多种不同生态文明建设模式的探索，积累了较多的生态文明建设的实践经验，且这些试点在国家层面上有一定的战略定位，同时也是各种模式在不同区域的典型代表地区，所以未来在这些地区的原有经济发展成效的基础上，选择符合生态文明建设示范要求的区域开展国家生态文明建设试点，可以节约探索时间，达到省时高效的实验效果。

(四) 制度和体制机制建设成效及经验

过去近 20 年，我国政府将推进生态文明建设作为核心工作之一，注重协调区域经济社会发展与资源环境保护，在不同阶段通过推动不同领域的各类型试点和示范建设工作，生态文明建设相关实践已渗透到国民经济和社会发展的各个领域，在生态文明制度和体制机制建设方面积累了一定的成效和经验，为深化生态文明体制改革，加快建立生态文明制度，健全国土空间开发、自然资源节约利用、生态环境保护的体制机制奠定了坚实的基础。

(1) 创新观念，强化领导，建立有效的生态文明建设相关实践管理组织方式

生态文明建设是国家战略行动，需要突破传统粗放型生产生活方式的桎梏，需要对现行管理组织方式进行改革的探索与实践。

我国四种模式的区域生态文明建设相关实践的管理部门和组织机构如表 6.5 所示，总体上国家发展和改革委员会在各类试点中均起到组织管理的作用，而环境保护部、科学技术部在可持续发展实验区、循环经济试点、低碳省区和低碳城市试点

中均发挥着监督管理作用，工业和信息化部、财政部对循环经济示范试点、低碳省区和低碳城市试点均有支持。

分别来看，可持续发展实验区由科学技术部牵头，由 20 个来自国家各部门的成员单位在制定相关政策制度的同时，对实验区工作进行协调、指导、监督和检查；循环经济试点、低碳省区和低碳城市试点在国家发展和改革委员会牵头下由国家多个部门及地方相关管理部门进行管理监督指导；武汉城市圈和长株潭城市群两个两型社会综合配套改革试验区则主要以各自地方职能部门进行协调和管理，其同时制定各类政策规划文件，以指导两型社会的大力推进。

综合来看，我国生态文明建设是一项涉及面广、探索领域宽的系统性工程，中国人口众多、地域广阔、区域发展不平衡等国情，决定了生态文明建设的相关实践活动也十分复杂，涉及的因素和利益主体众多，我国近几十年来的实践历程证明，政府在推进地方生态文明建设相关实践实施的过程中发挥着关键的引领和组织协调作用。

表 6.5　管理部门和组织机构情况表

试点类型	管理部门和组织机构
可持续发展实验区	组长：科学技术部 副组长：国家发展和改革委员会、环境保护部 成员：国家发展和改革委员会地区经济司、环境保护部科技标准司、教育部科学技术司、科学技术部社会发展科技司、公安部治安管理局、民政部基层政权和社区建设司、人力资源和社会保障部规划财务司、国土资源部土地利用管理司、住房和城乡建设部建筑节能与科技司、水利部国际合作与科技司、农业部科技教育司、文化部社会文化与图书馆司、卫生部疾病预防控制局、人口和计划生育委员会科学技术服务司、国家广播电影电视总局科技司、国家体育总局科教司、安全生产监督管理总局规划科技司、林业局发展计划与资金管理司、旅游局规划财务司、中国科学技术协会科学技术普及部，以及各地方科技行政管理部门等
循环经济试点	国家发展和改革委员会牵头，联合环境保护部、科学技术部、财政部、商务部、国家统计局、工业和信息化部、各地方循环经济管理部门等
低碳试点省市和碳交易试点	国家发展和改革委员会牵头，联合环境保护部、国家能源委员会、财政部、工业和信息化部、科学技术部、国家发展和改革委员会下属的国家能源局、国家节能中心、各地方应对气候变化相关管理部门等
两型社会综合配套改革试验区	国家发展和改革委员会、国家工商行政管理总局、湖北省人民政府、中共湖北省委办公厅湖北省人民政府办公厅、湖北省教育厅、湖北省工商行政管理局、湖北省卫生厅办公室、湖南省长株潭“两型社会”建设改革试验区领导协调委员会办公室、湖南省发展和改革委员会、湖南省规划局等

资料来源：根据科学技术部（2011）和各试点相关政策文件整理

我国各种生态文明建设的相关实践均逐步形成了一套以行政管理为主导、多部门分管、由多层次决策实施、中央各部门联动、中央和地方联动、试点内各部门联动的管理体系和制度机制。一是把握试点生态文明建设不同实践的宏观思路，提出相关政策和顶层设计，为生态文明实践建设创造政策和社会环境。二是建立健全领导体制和管理机构，形成党委领导、行政一把手总负责、各相关职能机构通力合作的工作机制，将区域生态文明相关实践工作纳入党委、政府整体工作部署。三是加强制度建设，规范管理，形成一套完整、系统的领导和管理体系。

（2）规划先行，有法可依，推动生态文明相关制度建设

经过多年的探索和发展，生态文明相关实践已经从理念变成了行动，从法律法规、发展规划、技术支撑、示范推广、政策机制等方面形成了比较系统完整的制度体系。生态文明相关制度建设、管理办法、工作指南、规划大纲、指导意见等指导性规章制度，是生态文明建设的重要保障。在中国独特的行政体制下，规划是实现经济和社会各项发展目标的主要步骤，在各项战略实施过程中具有重要地位。

1）推动科学规划编制先行。自 1986 年以来，各类型生态文明建设相关实践的管理部门和组织机构均出台了各自的发展规划文件及相关工作实施方案。其中，可持续发展实验区和循环经济试点具有相应的国家级发展专项规划，对未来尤其是“十二五”时期的发展思路、目标及任务进行了较为详细的安排和部署；低碳试点省市和碳交易试点与两型社会综合配套改革试验区则将其经济发展模式纳入各自地区性的国民经济和社会发展“十二五”规划，并辅以产业、建筑、交通、能源、生态环境、社会事业等涉及经济社会发展多方面的地方性专项规划。

此外，各类型试点根据自身发展思路及发展目标，还出台了相关的法律法规、工作指南、验收管理办法、工程项目清单及指标考核体系等，用以进一步完善其规章制度和方案实施框架。规划需经同级人大审议通过，成为具有法律效力的文本，并接受人大和公众的监督和检查。实践证明，推进地方生态文明建设不能离开科学的规划，只有把各类型试点发展规划的实施具体化、科学化、制度化、规范化，才能切实推进地方各类型试点工作，才能收到良好的效果。

2）完善法律法规体系建设。循环经济模式和低碳经济发展模式已卓有成效。2008 年颁布并在 2009 年开始实施的《循环经济促进法》，是我国出台的首个促进循环经济发展的宏观法律文件，它要求国家制定全国循环经济发展规划，同时各地也要因地制宜，制定本区域的循环经济发展规划，确定发展循环经济的重点领域、重点工程和重大项目，为社会资金投向循环经济指明方向，减少社会投资的政策风险。《循环经济促进法》使我国发展循环经济面临融资难的问题得到解决，确立了循环经济发展的基本管理制度和政策框架，对发展循环经济的战略地位、遵循原则、实

施原则等做出了明确的法律界定，是发展循环经济的基本法律依据。在法律保障方面，在完善原有节能减排、循环经济等法规的基础上，也推动了气候变化立法工作的进展，国家层面已形成立法框架，地方层面已推进山西、青岛出台了相关应对气候变化办法。

3）支持配套的财税、投资、保障体系逐步调整。在法律保障方面，循环经济在出台了四大扶持政策（循环经济项目财政补贴政策，资源综合利用减免税优惠政策，资源综合利用发电上网优惠政策，废弃电器电子产品处理基金等）的同时，各地方也陆续出台了多项推进循环经济发展的重要地方性法规和政策，为我国循环经济工作的开展奠定了比较好的基础。低碳经济在资金支持方面，地方财政设立低碳专项资金，并加强节能、循环经济等专项资金的整合。武汉市和湖南省的两型社会综合配套改革试验区也出台相应的涉及投资、财税、土地、环保、金融、人才支撑等方面的配套政策。

（3）依靠科技，公众参与，创新生态文明建设综合管理机制

经综合比较，各种生态文明建设相关实践的综合管理机制集中于多部门合作机制、多方参与机制、科技支撑机制及投融资机制。发展近 30 年，可持续发展实验区自下而上的推动机制体系最为系统和全面，在管理、建设、科技支撑各方面均有相应机制；循环经济试点的运行机制侧重于加强循环经济的资金管理和技术推广，以提高政府和社会各界对发展循环经济的支持力度；低碳省区和低碳城市试点及两型社会综合配套改革试验区为近几年新推广的区域试点示范模式，相关运行机制在可持续发展实验区和循环经济试点的运行机制基础上不断创新与完善，各自形成了相应的市场机制和改革创新机制。

三 生态文明建设相关实践中存在的问题

经过近 30 年来不同阶段、不同领域各类型试点和示范的建设和推动，生态文明建设相关实践已渗透到国民经济和社会发展的各个领域，各类试点在全国各地如火如荼地展开，取得了引人瞩目的效果。但是，在其发展过程中仍然面对着一定的障碍，主要有以下几类普遍性问题。

（一）区域发展不平衡，区域间缺乏良好的沟通协调机制

一直以来我国的经济发展模式都是区域优先型，东南沿海地区自改革开放以来享受到各项政策优惠，经济发展远远快于中西部地区，对我国经济的快速增长起到

极大的推动作用，但地区差异已成为制约我国经济生态文明建设的瓶颈。与此同时，东部发达地区在技术和管理方面有许多值得中西部地区借鉴的经验。加强各区域之间的交流与沟通，有助于生态文明建设相关技术和管理经验的传播，有利于发挥各自的优势，实现全国的生态文明建设发展目标。但由于中国各行政区划分的障碍，各区域之间尚未建立顺畅的沟通机制，影响了我国生态文明建设相关实践的整体实施效果。

（二）缺乏行之有效的法律法规体系

当前与我国生态文明建设相关的法律体系，已制定和颁布实施了《清洁生产促进法》、《循环经济促进法》、《节能法》、《可再生能源法》等，但相关配套政策和措施没有及时跟进，导致政策执行效果有待考证。《循环经济促进法》于2009年实施，但该法的配套法规制定和实施的进展并不够快。例如，该法中提到的“强制回收的产品和包装物的名录及管理办法”等，至今尚未建立起来。推动循环经济的政策，特别是税收、价格等方面的改革还需要进一步加大力度。

同时，现有的法律体系中，资源与生态环境产权制度不健全，由于环境资源具有弥散性与流动性的特点，不具有明确的排他性和可转让性，使得环境产权的界定非常困难，目前政府自然资源的公共管理职能同自然资源资产市场的运行机制尚未明确区别开来。此外，我国环境法律、法规体系中还有一个重大缺陷就是未能明确公民的环境权益，从而使得公民不能维护自身权益，导致政府在监督污染排放方面成本过大。只有在保护环境质量和维护自身环境权益的实践中，公众才有可能彻底转变环境行为，并树立牢固的环境意识。

（三）政府的制度供给和机制建设不足，缺乏有效的调控及监管体系

由于利益主体视角的不同，在生态文明建设战略上，中央政府的态度是积极的、明确的，而部分地方政府的态度则是比较暧昧甚至消极的。例如，为解决经济发展中的资源紧缺和环境问题，中央政府把生态文明建设相关实践提到了很高的地位。但在各级政府和综合经济管理部门的宏观经济调控政策中，仍然没有把相关实践发展作为整体政策中的一个环节进行具体化落实。

适合于生态文明建设的制度体系应该包括生态环境要素的定价和有偿使用制度、生产者责任延伸制度、政府责任制度等。生态文明建设相关实践发展的激励机制应该包括企业资源再生利用的激励机制、节约使用资源的激励机制、有效的技术支持

机制等。制度和机制是推进生态文明建设、建设美丽中国的根本保证。不解决制度和激励机制问题，仍然按照传统的对经济管理的认识，把生态环境和自然资源排除在宏观经济要素之外去管理经济，生态文明建设将仅仅停留在概念上。

（四）关键技术比较落后，自主创新体系尚未建立起来

尽管在可持续发展、循环经济、低碳经济和两型社会的发展中，都积极发展科技引导的示范机制，在推进试点示范过程中，坚持以科技进步为先导，以具有较高科技含量的示范项目、示范工程为切入点，以示范项目带动生态文明建设为各部门开展生态文明建设相关实践提供了经验，但是无论是可持续发展、循环经济发展、低碳经济发展还是两型社会发展都需要技术的持续推动。

需要特别说明的是，循环经济产业、低碳产业和产品的发展需要市场的推动，但这一市场是比较独特的，它需要政策法规的推动。尽管在一些特定领域已经取得了一些创新性技术成果，但总体而言，我国的生态文明建设领域相关技术还比较落后，一些较好的技术由于成本较高和政策不落实，也难以得到良好的推广。特别是目前尚未全面形成以企业为主体、企业与科研院所等共同构成的生态文明建设自主创新体系。

（五）社会公众认识不够，参与意识不强

在人类三个层次的基本利益中，我国大部分公众尚处于追求经济效益层次上，看不到或无法顾及社会效益和生态效益对人的作用。在联合国开发计划署公布的世界人文发展指数排名中，我国处于低位，同时在世界文盲总数排名中，我国又处于高位。由于生态文明建设的认可和实施最终要依靠个人的实践，政府的作用是有限的，国民素质的高低直接影响到制度转轨或创新的进程和质量，所以，我国人口文化素质不高容易造成一般社会成员对生态文明建设的重要性认识不足。尽管近 30 年来，各种生态文明建设实践得以全方位倡导和推动，但公众仍缺乏绿色消费观念和环境保护意识，社会参与意识薄弱，这些都使得生态文明经济体制的建立缺乏需求和动力。

四 对开展生态文明试点示范的启示

近 30 年，我国政府将推进生态文明建设作为核心工作之一，注重协调区域经济社会发展与资源环境保护，通过在不同阶段推动不同领域的各类型试点和示范建设

工作，生态文明建设相关实践已渗透到国民经济和社会发展的各个领域，在生态文明制度和体制机制建设方面积累了一定的成效和经验，为深化生态文明体制改革，加快建立生态文明制度，健全国土空间开发、自然资源节约利用、生态环境保护的体制机制奠定了坚实的基础。

（一）加强管理体制机制创新，实现上下联动

（1）顶层设计，强化领导，建立有效的管理体制

生态文明建设是国家的重要任务，需要突破传统粗放型生产生活方式的桎梏，需要对现行管理体制机制进行改革的探索与实践。我国近几十年来的发展建设历程证明，政府在推进地方各类生态文明建设相关实践的实施过程中发挥着关键引领和组织协调作用。一是把握区域经济、社会发展宏观思路，提出相关政策和顶层设计，为生态文明建设创造政策和社会环境。二是建立健全领导体制和管理机构，形成党委领导，行政一把手总负责，各相关职能机构通力合作的工作机制，将区域生态文明建设工作纳入党委、政府整体工作部署。三是加强制度建设，规范管理，形成一套完整、系统的领导和管理体系。

（2）创新机制，联合推动，实现资源整合

生态文明建设涉及众多领域，是一个复杂的系统工程，这就决定了进行生态文明建设必须选择多部门联合推动的运行机制。开展生态文明试点示范是我国生态文明发展政策和制度创新的关键途径。在开展试点建设方面，各部门纷纷开展各类形式的生态文明试点，如水利部有水生态文明试点，环境保护部有生态文明试点，住房和城乡建设部有低碳生态城，林业局有林业生态文明，国家发展和改革委员会准备开展生态文明先行示范区等。过多的试点形式容易给地方政府和管理机构造成概念上的混淆及重复建设过程中人力、物力、资金上的重复投入，如何合理整合这些试点，避免资源资金浪费？在国家层面上，应摒弃部门分割的局面，统筹安排；在地方层面上，各区域均成立了由地方党委、政府主要领导同志任组长，由政府各职能部门作为成员的协调领导小组，负责区域生态文明建设工作的组织和实施，实现政府、学校、企业及社会资源的优势整合。

（二）建立健全法律法规体系及相关制度

完善的法律体系和良好的法治氛围，是我国在生态文明建设的重要保障。尽管国家和地方政府都制定了一系列与环境保护相关的法律法规，但环境保护方面的政

策法律法规还不健全，对许多污染现象没有做出明确的界定，从而造成对生态环境的保护力度不够。此外执法力度不够也使一些污染事故和责任人得不到及时有效的处理，在一定程度上影响了政策法规的实际效果。因此，要着力做好以下几个方面的工作：一是加快生态环境立法步伐，与时俱进，尽快建立起比较完善的、适合我国国情的现代环境保护法律体系。二是根据经济社会形势发展的需要，及时制定新的法律法规，规范和引导新出现的生态环境破坏问题，防止因环境保护法律法规的“缺位”而放纵生态环境的破坏行为。三是加大我国生态环保执法力度，真正做到有法必依、执法必严、违法必究。实践证明并将继续证明，我国生态文明建设只有得到且必须得到广大人民群众的大力支持，并以强大的法律法规作为强大的后盾，才会取得圆满的成功。

（三）发展高新技术产业，加强科技支撑

（1）依靠科技进步加快培育和发展战略性新兴产业

战略性新兴产业具有市场需求前景广、综合效益好、知识技术密集、资源消耗少、潜力大、就业机会多等特点，是新兴科技和新兴产业的深度融合，代表着科技创新方向和产业发展方向，对经济社会发展具有重大引领带动作用。例如，节能环保技术、新一代互联网信息技术、生物制药、高端装备制造、新能源技术（太阳能、风能等）、新材料技术等都将对我国生态文明建设具有重大促进作用。

（2）运用高新技术改造提升传统产业

传统产业是我国国民经济的重要组成部分，无论是扩大就业还是改善人民生活水平，都具有不可替代的作用。我国传统产业规模大，但是科学技术应用水平比较低。运用高新技术加快对传统产业改造，提高产品质量和盈利能力，进一步提升产品国际竞争力，逐步实现我国由制造大国向制造强国的华丽转变，是实现“中国梦”所面临的一项极具挑战性的艰巨任务。

（3）深化科技体制改革

对科技管理、决策体制、评价体系及科技系统组织结构、科技人员人事管理制度等，有步骤地系统推进改革，建立与社会主义市场经济体制相适应、符合科技发展规律的现代科技体制；充分发挥市场配置科技资源的基础作用，优化科技资源配置，提高科技资源利用效率，最大限度调动和激发广大科技工作者和全社会的创新活力，解放和发展生产力，为生态环境保护提供技术支撑。

（4）提高全民族科学素质

生态文明建设，不仅需要大批优秀的科学家和专业人才，更需要大量掌握一定

知识和技能、具有较高科技素养的劳动者。以农民和青少年为重点，在全社会特别是农村、城市社区全面加强科学普及工作。有效组织动员全社会的科普资源，提高人民大众的环保意识，使之成为生态环境保护的重要推动力量和实践者。

（四）建立健全沟通机制，广泛开展国际交流与合作

首先，建议由国家发展和改革委员会牵头，设立生态文明建设协调机构，各省市相关主要职能部门为协调机构成员。建立各区域之间定期交流和沟通的联席会议制度，推进各区域的生态文明建设相关实践交流。与此同时，要求国家试点地区定期公开发布生态文明建设等方面的信息，发挥好各层次的试点作用，以点带面，促进全国生态文明建设、区域协调与可持续发展。

其次，应引进国外先进的环保技术与设备，加快我国环保企业的技术升级与改造，增强我国环保产品和服务的国际竞争力，通过市场化规则，引入外资、开放民间资本的进入等方式以弥补我国环保产业建设资金的不足，提高我国生态治理与环境保护的装备水平和管理水平。以更加积极主动的姿态参与国际环境与发展事务，认真履行国际环境公约，广泛开展双边和多边国际交流与合作，积极参加国际环境保护组织和国际贸易组织的相关活动，加强同广大发展中国家和发达国家的交流与合作，扩大我国在国际“游戏”规则（特别是国际贸易与环境保护法律法规）制定方面的影响力，充分利用世贸组织多边贸易体系的谈判机制、合理对抗机制、报复措施、非歧视原则，联合广大发展中国家，维护自身合理的经济发展权益。共同研究解决危机及生态安全的世界难题，为保护世界生态环境、维护全球生态安全做出积极贡献。

（五）提高全民生态意识，树立生态文明理念

持续开展生态环境教育，提高全民忧患意识。具体来说，解决生态问题的根本出路在于人自身更新认识、更新观念、提高人的素质，并且学会正确认识和处理人与自然、人与人的关系。更新观念、提高素质，这就对教育提出了更高的要求。马克思说过：“教育的目的在于使人成为他自己。”面对严重的生态危机，我们需要通过教育，引导人们善待自然、善待他人、维护人与自然的和谐，从根本上解决人们的思想认识问题：①进行生态道德观教育。②普及环保知识，增强法制观念。③建立完善的环保教育机制。④鼓励公众积极参与生态保护和监督生态文明建设。⑤建立和完善公众参与的制度和激励机制，鼓励公众参与生态环境管理、监督与建设。

⑥明确公众参与环境保护影响评价的具体方式。⑦利用信息手段推动公众参与。⑧形成多渠道的对话机制。

参考文献

白露，白永秀，薛耀文 . 2011. 循环经济实现途径研究的回顾和展望 . http://www. cn-hw. net/html/32/201102/25329. html［2011-02-13］.

国家发展和改革委员会 . 2013. 中国应对气候变化的政策与行动 . http://www. sdpc. gov. cn/gzdt/t20131107_ 565930. htm［2013-11-07］.

国家统计局 . 2013. 中国统计年鉴 2013. 北京：中国统计出版社 .

国务院 . 2013. 循环经济发展战略及近期行动计划 . http://www. gov. cn/zwgk/2013-02/05/content_2327562. htm［2013-02-05］.

何革华，刘学敏 . 2012. 国家可持续发展实验区建设管理与改革创新 . 北京：社会科学文献出版社 .

胡锦涛 . 2012. 坚定不移沿着中国特色社会主义道路前进，为全面建成小康社会而奋斗——在中国共产党第十八次全国代表大会上的报告 . 北京：人民出版社 .

黄纯迪 . 2008. 两型社会建设中的经济发展方式问题 . 经济理论研究，(15)：92-93.

黄国勤 . 2009. 生态文明建设的实践与探索 . 北京：中国环境科学出版社 .

科学技术部 . 2011. 国家可持续发展实验区协调领导小组进行调整 . http://www. most. gov. cn/kjbgz/201106/t20110613_ 87468. htm［2011-06-13］.

科学技术部社会发展科技司，中国 21 世纪议程管理中心 . 2006. 中国可持续发展实验区的探索与实践 . 北京：社会科学文献出版社 .

科学技术部社会发展科技司，中国 21 世纪议程管理中心 . 2007. 国家可持续发展实验区报告（1986—2006）. 北京：社会科学文献出版社 .

刘学敏 . 2009. 论区域可持续发展 . 北京：经济科学出版社 .

罗文琦 . 2010. 我国发展低碳经济存在的问题及对策研究 . 中国商界，(3)：161-162.

欧阳澍 . 2011. 基于低碳发展的我国环境制度架构研究 . 长沙：中南大学博士学位论文 .

齐晔 . 2013. 中国低碳发展报告（2013）. 北京：社会科学文献出版社 .

任勇 . 2005. 我国循环经济的发展模式 . 中国人口·资源与环境，15（5）：137-142.

实验区办公室 . 2013. 加强低碳发展　应对气候变化 . http://www. acca21. org. cn/local/dl/download/201306/20130604. pdf［2013-06-26］.

孙邦国 . 2006. 我国发展循环经济存在的问题及对策措施 . 华东经济管理，(7)：42-44.

温家宝 . 2011. 关于科技工作的几个问题 . 求是，(14)：8.

萧杨 . 2012. 可持续发展实验区：用发展的办法解决前进难题 . http://www. qstheory. cn/st/stsp/201206/t20120625_ 165848. htm［2012-06-25］.

解振华 . 2005. 国家环境安全战略报告 . 北京：中国环境科学出版社 .

解振华 . 2013. 2012 中国循环经济年鉴 . 北京：冶金工业出版社 .

解振华 . 2013. 大力推动循环发展　加快建设生态文明 . http://hzs. ndrc. gov. cn/newgzdt/t20131223-571551. htm［2013-11-30］.

张小兰 . 2005. 论实行循环经济的制度障碍 . 经济问题，(2)：28-30.

《中国低碳年鉴》编委会 . 2010. 2010 中国低碳年鉴 . 北京：中国财政经济出版社 .

中国节能环保集团公司 . 2013. 2012 国家节能减排政策法规汇编 . 北京：中国节能环保集团公司 . 内部资料 .

中国科学院科技政策与管理科学研究所碳收支先导专项“区域碳排放与减排配额”课题组 . 2013. 我国区域碳排放分异特征与低碳发展的对策建议 . 中国科学院战略性先导科技专项“应对气候变化碳收支认证及相关问题”项目工作简报，(8)：1-5.

第七章

生态文明建设的政策框架和基本制度*

党的十八大将生态文明建设纳入中国特色社会主义事业五位一体总体布局，提出了建设美丽中国和可持续发展的目标。十八届三中全会通过的《中共中央关于全面深化改革若干重大问题的决定》（简称《决定》）确立了生态文明制度体系的内涵、改革方向和重点任务。生态文明制度体系的建设和实施，将保障我国早日迈入生态文明新时代。

生态文明制度是在全社会制定和实施的一切有利于生态文明建设的引导性、规范性和约束性的规定和准则的总和（夏光，2013）。生态文明政策是为了实现生态文明建设目标所采取的手段，它将影响制度的演变。本章给出了生态文明建设的政策体系框架，同时重点讨论作为实现生态文明建设基本途径——“绿色发展、循环发展、低碳发展”的基本制度安排。

* 本章由周宏春执笔，作者单位为国务院发展研究中心社会发展部。

一　生态文明建设的政策框架

我国的生态文明建设，有赖于恰当的制度安排。推进生态文明建设，必须准确理解生态文明的内涵。生态是自然界的存在状态，文明是人类社会的进步状态；生态文明是人类文明中反映人类进步与自然存在和谐程度的状态，也将是中国可持续发展的必然结果。

（一）生态文明建设的逻辑基点是“只有一个地球”

人是生态文明的主体。人是地球生物圈中的组成部分，人类的繁衍与社会发展离不开地球，而地球又是唯一的。为证实地球的唯一性，美国科学家曾做过一项名为“生物圈 2 号”的计划，投资 1.5 亿美元，由 8 名科学家在金字塔形建筑物中做两年试验，最后由于二氧化碳浓度升高等原因，只做了一年试验，最后的两名科学家就走出基地。试验失败了！试验的失败揭示了在现有技术经济条件下，人类还不能完全复制一个适应自己生存的自然过程。因此，必须保护地球我们这个唯一家园。

人自从在地球上出现，就显现出一种不同于自然界的力量，形成了与自然界的作用和反作用关系。人从自然界索取资源和生存空间，享受生态系统服务，也在影响着自然界的结构、功能与演化。1972 年，英国经济学家芭芭拉·沃德和美国微生物学家勒内·杜博斯组织 58 国的 152 名专家，为斯德哥尔摩人类环境会议准备了背景报告《只有一个地球》，其中提出：“人类生活的两个世界——它所继承的生物圈和它所创造的技术圈——业已失去平衡，正处在深刻矛盾之中。”（芭芭拉·沃德等，1997）人类对自然作用的结果有好有坏。例如，植树造林改善了生态环境，排放废物污染了环境。前者是经济学上的正的外部性，是“前人种树后人乘凉”；后者是排污者转嫁了污染物治理成本，是负的外部性。

生态文明是人类社会可持续发展的前提，也是结果。1987 年，时任挪威首相的布伦特兰夫人在《我们共同的未来》报告里系统阐述了可持续发展概念。1992 年，在巴西里约热内卢召开的联合国环境与发展大会上通过了《里约宣言》和《21 世纪议程》等文件，号召世界各国在促进经济增长的同时，不仅要关注增长的数量和速度，更要重视增长的可持续性。2002 年，在南非约翰内斯堡举行的联合国可持续发展首脑大会将经济发展、社会发展和环境保护确定为可持续发展的三大支柱，将水、健康、能源、农业、生物多样性等确定为可持续发展战略的重点。2012 年联合国“里约+20”可持续发展大会在其通过的成果文件《我们希望的未来》中重申，必须促进持续、包容性、公平的经济社会发展，为所有人创造更多的机会，减少不平等现象；以可持续的方式管理自然资源和生态系统，支撑经济、社会和人的全面发展，促进生态系统的养护、再生、恢复和弹性，实现人与自然和谐。

（二）生态文明建设的重要途径是绿色循环低碳发展

2003 年，《中共中央国务院关于加快林业发展的决定》中提出，“建设山川秀美的生态文明社会”，生态文明的理念第一次进入党的文件。2007 年，党的十七大把“建设生态文明”作为实现全面建设小康社会的五大目标之一。2012 年，党的十八大把“生态文明建设”纳入中国特色社会主义事业“五位一体”总体布局。生态文明建设，本质是“建设以资源环境承载力为基础、以自然规律为准则、以可持续发展为目标的资源节约型、环境友好型社会”，走一条低投入、低消耗、少排放、高产出、能循环、可持续的新型工业化道路，形成节约资源和保护环境的空间格局、产业结构、生产方式和生活方式。

党的十八大报告首次将绿色发展、循环发展、低碳发展并列提出，作为生态文明建设的重要途径。

1）绿色发展是 GDP 增长速度快于资源消耗和环境损害增长速度的“脱钩”发展。“十二五”规划纲要中专门列出一篇绿色发展篇，其中涵盖了应对气候变化、资源节约、发展循环经济、环境保护、生态修复、水利和减灾防灾等领域，这里的绿色发展是广义的。

2）循环发展是按照减量化、再利用、资源化、减量化优先原则，在生产、流通和消费等环节，变废为宝、化害为利，力求吃干榨净，理念是“废物是放错地方的资源”，目的是改变大量开采资源、大量生产、大量排放废水、废气和废渣的“资源—产品—废弃”的线性增长模式，形成“资源—产品—废弃物—资源再生”的循环型发展模式。

3）低碳发展是以不断降低碳强度为特征的发展，核心是通过产业结构调整、传统能源的清洁低碳高效利用，发展新能源和可再生能源，增加森林碳汇等途径，降低单位 GDP 的碳排放，本质是能源结构调整，以避免温室气体浓度升高影响到人类自身的生存和发展。

绿色循环低碳发展是一个有机整体，相互联系，相互促进，三者均要求在发展中节约集约利用资源，保护生态环境，考虑生态环境承载能力，实现人与自然和谐。绿色经济追求污染物减排目标，也可起到二氧化碳减排的作用；低碳经济以降低碳强度为导向，也能收到污染物减排的效果；发展循环经济，不仅能提高资源生产率，也是环境保护的重要措施。三者相辅相成，均追求经济效益、社会效益和环境效益的有机统一，因而是我国实现经济社会可持续发展的实践探索。

（三）生态文明建设的政策体系框架

紧紧围绕建设美丽中国深化生态文明体制改革，推动形成人与自然和谐发展现代化建设的新格局，是《决定》中的六个“紧紧围绕”之一。在《决定》第 14 部分的第一段开宗明义地提出，“建设生态文明，必须建立系统完整的生态文明制度体系，实行最严格的源头保护制度、损害赔偿制度、责任追究制度，完善环境治理和生态修复制度，用制度保护生态环境”，并重点论述了健全自然资源资产产权制度和用途管制制度、划定生态保护红线、实行资源有偿使用制度和生态补偿制度，以及改革生态环境保护管理体制等四方面基本任务。

不同的研究者，可以总结得出不同的生态文明建设制度或政策体系。杨伟民（2013）认为，《决定》按照“源头严防、过程严管、后果严惩”思路，阐述了生态文明制度体系的构成、改革方向及重点任务。源头严防，是建设生态文明、建设美丽中国的治本之策；过程严管，是关键；后果严惩，是必不可少的措施。夏光（2013）则认为，建立系统完整的生态文明制度体系，主要从完善科学决策、强化法治管理和形成道德文化等三方面展开，还列出了生态文明建设的制度矩阵（表 7.1）。诸大建（2013）提出了生态环境制度涉及的三个相互关联的方面和环节。

表 7.1　十八大生态文明制度矩阵

<table>
<tr><th></th><th>决策和责任制度</th><th>执行和管理制度</th><th>道德和自律制度</th></tr>
<tr><td>土地保护</td><td rowspan="3">综合评价
目标体系
考核办法
奖惩机制
空间规划
责任追究等</td><td rowspan="3">管理制度
有偿使用
赔偿补偿
市场交易
执法监管等</td><td rowspan="3">宣传教育
生态意识
合理消费
良好风气等</td></tr>
<tr><td>水资源保护</td></tr>
<tr><td>环境保护</td></tr>
</table>

资料来源：夏光，2013

本章从实现生态文明的三个基本途径“绿色发展、循环发展、低碳发展”出发，结合我国的政策手段和特点，对生态文明建设的政策体系进行梳理，分析产业政策、财税政策、价格政策、金融政策等对生态文明建设的重要作用，并归纳整理成表 7.2。

表 7.2　生态文明建设的政策框架

重要途径	绿色发展、循环发展、低碳发展
产业政策	节约资源、保护环境的相关产业均属于鼓励的产业范畴
财税政策	国家对战略性新兴产业给予加大投资、税收减免等优惠政策
价格政策	国家加快价格改革，以反映供需关系、稀缺程度和环境成本
环境经济政策	污染者付费，治理和修复者收益
金融政策	绿色信贷、绿色保险等政策
利用市场机制	排放权交易、水权交易、节能量交易、自愿协议、合同能源管理等

1）产业政策。产业政策是我国经济发展的重要政策，以产业目录的形式发布，并根据经济发展形势变化的需要进行修订完善。国家按照鼓励类、限制类、淘汰类等制定相应的产业政策。最新的产业政策是2013年5月实施的《国家发展改革委关于修改〈产业结构调整指导目录（2011年本）〉有关条款的决定》。应该说，在新修订的目录中，绿色循环低碳产业发展的相关内容，支持鼓励类产业加快发展，控制限制类产业生产能力，加快淘汰落后产能等都得到了体现，但仍需要加大执行力度，积极推进国家重大生产力布局规划内的资源保障、重化工项目的实施。需要提出的是，应消除实践中存在的政策障碍，以免政策导向达不到预期效果，绿色循环低碳发展甚至会流于形式或口号。

2）价格政策。价格是市场机制的核心，企业是市场配置资源的行为主体。我国自然资源及其产品价格总体上偏低，必须加快价格改革，以全面反映供求关系、稀缺程度、生态环境损害成本和修复效益。例如，应推行用电阶梯价格，实行惩罚性价格。完善城镇生活污水、垃圾处理收费政策，保证环保设施正常运行。全面推行燃煤发电机组脱硫、脱硝电价政策，切实减轻PM2.5污染对人体健康的影响。应合理收取地下水开采的税费，以抑制过量开采地下水行为。我国工业用地偏多，居住用地偏少，原因之一是土地价格形成机制混乱。各地为招商引资，低地价乃至零地价供给工业用地，又弥补这一亏空，屡屡推出“地王”，导致居住用地价格畸高。因此，需要建立有效调节工业用地和居住用地合理比价机制，提高工业用地价格，从源头上缓解房价上涨压力；还可以减少由于房价上涨引致的财富由中低收入购房者向富人的转移，避免贫富差距过大引致社会失稳。

3）财税政策。财税政策是重要的经济政策，包括收入分配、税收、投资等；科学的财税体制是优化资源配置、促进社会公平、实现国家长治久安的重要保障。《决定》在深化财税体制改革部分，明确要求把高耗能、高污染产品及部分高档消费品纳入征税范围，要求加快资源税改革。资源税改革可从源头避免生态破坏和环境污染。生态破坏是经济发展不够的产物，只有在欠发达地区才会发生“砍柴烧”情形；环境污染则是经济制度不够完善的结果，因为企业将污染治理的成本转嫁给社会可以获得额外收益。因此，应通过税收杠杆抑制不合理需求，提高资源使用成本，促进资源利用的节约高效；扩大环境税征收范围，在有条件的地区合理提高各类排污费征收标准；推进费改税工作，逐步将资源税扩展到自然生态空间的占用上。发挥财政资金的引导作用，吸引社会资金投入生态文明建设之中。实施节能技术改造、建筑供热计量及节能改造、农村环境综合整治、污染物减排能力建设等“以奖促治”政策，实施节能节水环保设备、资源综合利用、增值税等优惠政策。推行增值税转型改革，调整煤炭、原油、天然气资源税税额标准，调整不同排量乘用车消费税税率，调整抑制“两高”产品出口的税收政策。

4）环境税（含碳税）。环境税本质上属于税收政策。研究选择防治任务重、技术标准成熟的税目开征环境保护税，对产生污染的产品征收额外的补偿税。通过建立生态标签或绿色标签体系，提供绿色消费信息，通过财税政策的改革，激发企业和公众节约资源保护环境的内在动力。

5）环境经济政策。“污染者付费”政策是环境保护原则的回归。在我国原来的环境经济政策中，有一条政策是“谁污染谁治理”。由于种种原因，这一政策没有收到预期效果，一些地方甚至出现了“光污染不治理”情形。《决定》确立了坚持“谁污染环境、谁破坏生态谁付费”的原则。“污染者付费”不仅是国际社会治理环境污染的基本原则，还可以更好地发挥市场机制的作用，收到专业化和规模化治理环境污染的效果；专业化和规模化正是市场高效资源配置的重要途径。应加大对环境保护科研、技术推广运用的公共财政投入，用于资源节约和环境保护的公共财政投入所占 GDP 的比重应不断增加，增长比例应高于同期的财政收入增长。只有加强生态建设和环境保护，加大资金投入力度，才能实现自然资源可持续利用和生态环境的良性循环，也才能有环境质量乃至民生的不断改善。积极实施促进主体功能区建设的财税、投资、金融、产业、土地等政策，加大对农产品主产区、中西部地区、贫困地区、重点生态功能区、自然保护区等的公共财政转移支付力度，增强限制开发和禁止开发区域的政府公共服务保障能力。加强监督，不断提高资金的利用效率。

6）金融政策。这是中央银行为实现宏观经济调控目标采用各种方式调节货币、利率和汇率水平，进而影响宏观经济的各种方针和措施的总称。应推广实施绿色信贷、环境污染责任保险等项政策，提高高耗能、高排放项目的信贷门槛。推广“赤道原则”，严禁向污染型项目贷款；逐步开展地方政府发债试点，尽可能多地支持绿色循环低碳产业发展；通过废旧资源回收、分类、循环利用，既可以提高资源产出率，还可以起到改善环境质量的作用。回收煤炭炼焦过程中产生的焦炉煤气，用于发电或制甲醇等化工生产，不仅可以增加生产原料的供应，还可以减少污染物排放，起到变废为宝、一举多得之效。鼓励节能环保类企业上市，利用资本市场吸引社会资金进入绿色发展领域。

7）利用市场机制。我国在合同能源管理、水权、矿业权、排污权和碳排放权交易等方面开展了试点，并积累了一定经验，应总结完善，并加以推广应用。创建环境市场，如完善污染物排放许可制，推行节能量、碳排放权、排污权、水权交易制度，开展市场交易活动，以有效降低生态文明建设的成本。稳步推广排污权交易、特许经营制度等市场化经验，逐步在重污染行业制定和推行环境污染企业强制性责任保险制度。推行环境污染的第三方治理，对于扭转"环境保护靠政府"的认识，将起到重要作用。由于大气环境无价，企业会向大气环境排放污染物；由于汽车排放尾气不要付费，居民出行多选择开车代步。所以，改变环境"无价"的认识，迫切需要将大气环境定义为环境资源，并给这种大气环境资源定价，使之充分反映环境资源利用和污染治理的成本，让大气污染排放者承担成本，这也是《决定》提出的对自然资源及其产品的价格改革的要求。

为推进环境保护法规和环境经济政策的制定与实施，环境保护部编制了《"十二五"全国环境保护法规和环境经济政策建设规划》，其中要完善的环境经济政策框架体系，包括税费政策、价格政策、金融政策和国际贸易政策等四方面（环境保护部，2011）。

（四）正确处理生态文明建设中政府干预和市场机制的关系

处理好生态文明建设中政府与市场的关系，核心是处理好市场起资源配置的决定性作用还是政府起资源配置的决定性作用的问题。市场决定资源配置是市场经济的基本规律，市场经济本质上是市场决定资源配置的经济。经济发展就要提高资源的配置效率，以尽可能少的资源投入生产尽可能多的产品、获得尽可能大的效益。社会发展要兼顾公平性，考虑资源利用在当代人之间和代际之间的公平性，以保证"在满足当代人需求的同时，又不危害后代人满足他们的需求"。

在市场经济条件下，加大政府的宏观调控和干预，如制定法规、政策、规划等，并采取措施监督执行，可以有效地节约资源，减少市场经济发展滞后可能为经济社会发展带来的巨大危害，避免重复建设、盲目投资带来的资源消耗和环境污染，限制高消耗、高污染和严重影响生态环境的项目建设。政府应切实履行"经济调节、市场监管、社会管理、公共服务”职能，树立以人为本、公开透明、诚实信用、权责一致的理念，在抓好经济调节和市场监管的同时，做好公共管理和公共服务，保证市场公正、公开和公平。另外，应规范政府干预行为，提高决策的科学化，避免无序竞争、过度竞争，以及可能出现的垄断等效率低下或不公正、不公平现象，提高经济活动的秩序和效率。

在生态文明建设中，既要充分发挥政府的宏观管理和调控作用，以克服或弥补市场缺陷和不足，解决市场不能解决的问题，同时也要发挥市场在资源配置中的决定性作用，以增强经济的活力和效率，两者不可偏废。生态文明建设是政府的职能之一，但并不等于什么事情都要完全由政府独揽、完全由公共财政投入、完全由政府购买服务，也可以很好地利用市场机制，以较低成本实现生态文明建设的最大效益。换句话说，在生态文明建设中政府调控和市场机制不可或缺。

利用市场机制，可以用较低的成本和较高的效率建设生态文明，以较少的资金投入达到环境质量改善的目的。一些企业在利益驱动下破坏环境、贻害后代，主要原因之一是缺乏社会责任感和道德自律。因此，应充分利用价格杠杆，使各种资源的价格充分反映环境的真实成本，让污染者、资源开发使用者承担环境污染和生态破坏的损失、资源耗竭成本。加大资源环境税费改革，加大生态文明建设的资金投入力度，并利用资本市场募集更多的资金进入生态文明建设领域；还可以发挥公共财政资金“种子”作用，引导社会资本投入生态文明建设领域。

二　明晰推动循环发展的产权制度

循环发展的测度指标是资源生产率。资源是人类社会发展的基础。水是生命之源、生产之要、生态之基。兴水利、除水害，事关人类生存、经济发展和社会进步，历来是治国安邦的大事。土地是财富之母，是农业生产的基本生产资料。没有土地人就不能生存，就像人需要空气、水、阳光一样。人类社会发展与矿产资源的开发利用密不可分。当今世界 90% 以上的一次能源、80% 以上的工业原材料、70% 以上的农业生产资料，均取自化石能源和矿产资源。化石能源和矿产资源是地球赋予人类的财富，是国计民生的根本依托，是人类生存和发展的重要物质基础，也是我国工业化和城镇化的制约因素。

（一）我国的资源禀赋并不优越

我国人口众多，资源总量虽然很大，但人均占有量较少。总体上看，我国人均资源占量有低于世界平均水平，能源、矿产、土地、水和森林资源的人均占有量仅为世界平均水平的1/4到1/2。人均耕地面积只有1.4亩左右，不到世界平均水平的40%。由于受气候和地理条件所限，我国地区差异大，资源配置不合理，开发成本高，资源在时空分布上的不均衡增加了交通运输和环境保护压力。自然资源的有限性决定了我们必须走节约集约利用资源的道路，要完成工业化和城镇化的历史任务，让人民过上现代化生活，不仅要规划建设好城市和交通等基础设施，为当代人和后代人的发展奠定基础，还要为子孙后代的发展留下足够的资源和空间。

我国的水资源总量丰富，多年平均2.8万亿立方米，但人均占用不足。总体上看，我国水资源有三大特点：一是总量（径流量）较多，人均、亩均数量相当少；二是地区之间分布不均，水土配合不协调，东西差异明显，南北不平衡；三是年内、年际分配不平衡，变率大，水旱灾害频繁。

我国的一次能源以煤为主，特点是煤多油少气不足，人均能源占有量偏低。煤炭资源相对丰富，占化石能源比重达92%。2011年我国能源消费总量占世界的20.3%，煤炭占48.2%。以煤为主的能源结构，即使在同样的技术条件，利用效率也要比发达国家低得多；通过结构调整提升我国的能源效率，又受到能源资源禀赋的制约。

我国矿产资源总量较大、人均占有量较少；贫矿多，富矿少；小矿多，大矿少。矿产品种齐全，有20多种矿产探明储量居于世界前列。但是，在45种主要矿产探明存储量中，部分矿产不能满足我国经济发展的需要，特别是需求量大的石油、铁、铜、铝、硫、磷等，供需缺口较大。与此同时，我国大部分矿产分布在山地、高原和荒漠集中的西部，交通不便，人口稀少，开发难度较大。据2012中国国土资源公报（国土资源部，2013），到2011年年底，全国主要矿产查明资源储量保持增长的态势，煤、石油、天然气等能源矿产查明资源储量持续增长，煤层气剩余技术可采储量增长56.9%；铁、铜、铅、钨、金、银等金属矿产查明资源储量均有较大增长，钒、镁及钼等矿产查明资源储量增幅超过10%（表7.3）。

大自然为人类提供了较为丰富的自然资源，为人类栖息、繁衍、生活、生产等活动提供了基础条件；人类应当因地制宜、科学合理地利用不同位置、不同质量的资源，兼顾长远利益与短期利益、局部利益与全局利益，处理好开发与保护的关系，把握合适的“度”，既不能以保持为由，阻碍经济发展和人民生活水平的提高，也不能盲目无序或过渡地开发甚至掠夺资源，导致自然资源耗竭、环境污染和生态系统退化。只有科学规划、合理开发、高效利用资源，才能以资源的可持续利用支撑经济社会可持续发展。

表 7.3 2011 年年底我国主要矿产查明资源储量

矿种	单位	查明资源储量	矿种	单位	查明资源储量
煤炭	亿吨	13778.9	锌（金属）	万吨	11568.0
石油	亿吨	32.4	钨（WO_3）	万吨	620.4
天然气	万亿立方米	4.0	锡（金属）	万吨	441.1
铁（矿石）	亿吨	743.9	钼（金属）	万吨	1935.9
铜（金属）	万吨	8612.1	金（金属）	吨	7419.4
铝（矿石）	亿吨	38.7	硫铁矿（矿石）	亿吨	56.8
铅（金属）	万吨	5602.8	磷（矿石）	亿吨	193.6

注：石油、天然气为剩余技术开采储量

资料来源：国土资源部，2013

（二）粗放的资源利用方式亟待转变

改革开放30多年来，我国取得的成就举世瞩目，但由于高投入、高消耗、高污染的传统发展方式没有根本改变，在我国经济快速增长的同时，也付出了很高的资源环境代价，人口、资源、环境的矛盾日益突出。联合国曾提出这样一句寓意深刻的话以警告世人，“我们不只是继承了父辈的地球，而且是借用了儿孙的地球”。

资源可持续利用和生态环境的可持续性，有三个评价准则：一是可再生资源的开发强度不能超过再生能力，否则会导致其生产力下降，如森林覆盖率下降、水土流失加剧等，就是森林过度砍伐的直接结果；二是不可再生的矿产资源开发利用不能超过新增储量或替代资源增量，否则资源就会耗竭，并表现在保证能力的下降上；三是人类活动排放的污染物总量不能超过环境的吸纳能力，否则环境就会受到污染，这也是我国当前环境污染形势严峻的重要原因。我国不可再生资源和能源开发利用效率不高，表现在开采、加工利用、回收和循环利用等方面。由于资源利用效率不高，导致污染物排放总量大，重要资源对外依存度提高，不仅影响经济效益和企业竞争力，也对国家能源安全和经济安全构成潜在威胁。

我国的资源利用效率较低。从产业链角度看，资源利用效率可细分为加工利用效率、能源转化效率和终端利用效率等。我国水资源利用效率偏低，如根据《中华人民共和国国民经济和社会发展第十二个五年规划纲要》数据，我国农业灌溉用水利用系数为0.5，灌排渠系不配套，部分灌溉系统不能发挥应有效益；灌溉技术推广应用慢，喷灌、滴灌、渗灌等先进灌溉技术所占比重小；溯源开发，河流上游地带无节制用水，浪费严重；下游水量锐减或严重缺水。水资源供需矛盾突出。研究表明，我国华北平原、海河流域供水紧张，地下水位迅速下降，直接表现是水井越打越深；工业用水重复利用率不足65%，比发达国家低15个百分点以上。城市管网中滴、漏、冒、跑现象仍然较为普遍。我国能源利用效率不高：2010年中国创造的GDP占世界的9.5%，与日本相当，却消耗了世界一次能源的20.3%（24.32亿吨油当量），是日本的5倍；能源消耗总量超过美国，但经济总量仅为美国的37%。此外，在能源使用中存在许多不合理现象，因政策激励不足，经常舍本求末。

加快经济增长方式转变，迫切要求资源利用方式的转变。经济发展方式在相当程度上决定资源利用方式，资源利用方式也会深刻影响增长方式，粗放的资源利月方式会固化粗放的经济增长方式。加快转变资源开发利用方式，不仅十分必要而且也相当紧迫。如果传统的增长方式不能得到根本转变，我国的资源支撑不了，环境容纳不下，发展难以为继，社会和谐稳定也将受到考验。因此，转变粗放型的增长方式，提高生态文明水平，是我们不得不做出的选择。

（三）重要资源的对外依存度不断攀升

近年来，我国资源约束趋紧，主要表现为：开发利用的矿产品位下降，利用自然资源的技术需求越来越高，购买石油和矿产品支出的资金不断增加，由于国内保证程度下降导致重要资源对外依存度不断攀升等。虽然国内石油资源储量不断增加，近年来，开采量保持在2亿吨左右；但随着消费的持续增长，石油对外依存度持续上升。1993年我国成为石油净进口国，2012年对外依存度达58.6%（图7.1）。能源储备规模较小，应急能力不足，能源安全形势不容乐观。

我国煤炭、天然气等能源进口也迅速增加。2011年，进口煤炭1.824亿吨，超过日本成为全球最大煤炭进口国；2012年进口3亿吨。天然气对外依存度达到29.5%（图7.2）。

（四）明晰产权是资源节约集约利用的基础政策

节约集约利用资源，加强生产、流通和消费过程的减量化、再利用、资源化管理，大幅降低能源、水、土地、矿产等资源的消耗强度，以资源的可持续利用支撑经济社会可持续发展，政策保障是关键。

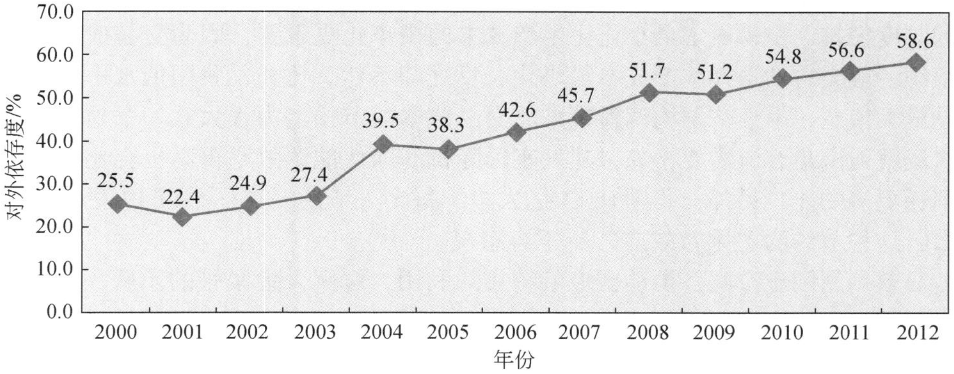

图 7. 1　2000 年以来我国石油对外依存度持续走高

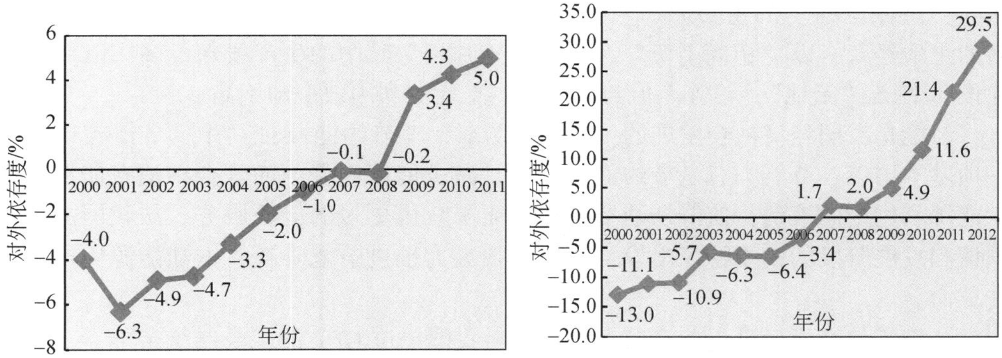

(a)我国的煤炭由出口转为进口　　(b)我国天然气对外依存度迅速上升

图 7. 2　煤炭和天然气的对外依存度迅速提高

资料来源：中国统计年鉴

1. 贯彻落实节约资源的基本国策

应本着科学的态度，坚持节约优先、保护优先、自然恢复为主原则，这是生态文明建设的基本政策和根本方针，也是制定各项经济社会政策、编制各类规划、推动各项工作应当遵循的大政方针。节约了资源，也就减少了资源开发对生态的破坏和对环境的污染；节约资源因而是保护生态环境的根本之策。

从经济学角度看，节约有两个层次：一是生产成本的节约，一是交易成本的节约。生产成本的节约属于边际节约，因为生产成本最小化是给定组织制度约束条件下的成本最小化。交易成本的节约属于结构性节约，因为交易成本最小化需要最有效的制度安排。交易成本最小化比生产成本的最小化更重要，因为交易成本最小化的组织一般会自动选择生产成本最小化，反之却不然。比如，我国低水平的重复建设是最大浪费，由经济结构调整带来的交易成本的节约潜力很大。一个地区两座国际机场就能满足客流需要，如果建五座国际机场即使能源效率再高也会比两座机场的消耗更多的能。另外，我国有 13 亿人口，每个人节约一点，乘以 13 亿就是一个大数，这种节约的“乘数效应”绝不容忽视。

高效利用国土空间，推动土地节约集约利用，缓解人地紧张的矛盾。在生态原本良好的地方，生产和生活空间不断扩大，原有生态空间被不断挤压，植被退化、河流干涸、水环境污染、山体破坏等并不鲜见。“摊大饼”式城市化导致土地资源的极大浪费（吴敬琏，2012）。在我国，规模愈大的城市行政级别愈高，支配资源的权力愈大；行政级别愈高的城市，也就有更大的权力配置土地资源，这也是摊大饼式“造城运动”的重要原因。各地“圈地”花样不断翻新：以“经营城市”为名的土地经营，以“招商引资”为名建起连片厂房其中的生产线却不多，以“园区建设”名义“圈地”，等等。但与此同时，土地的利用效率却不高。

节能是我国经济社会发展的一项指导方针。《节约能源法》中，节能被确定为一项基本国策。节能本意是节约能源，不是减少能源消费，而是合理消费能源，减少能源利用中的浪费，使群众消费同样的能源获得更多的能源服务。从我国的基本国情和发展阶段的主要特征出发，我国必须大力推进节能降耗，推动能源生产和消费革命。

节能不仅必要而且仍然有较大潜力。对我国单位 GDP 能耗及结构节能、工业节能、建筑节能、交通节能和消费节能潜力的分析表明，节能潜力不仅在工业内部，更主要的是在系统性上。大力调整产业结构，控制高能耗产业发展，是节能潜力之所在。如果不改变实际存在的住房以高层为主、运输以卡车为主，制造以出口导向为主、出行以私人小汽车为主的格局，我国能源利用效率低的局面难以改变。在城乡建设中，虽然“大拆大建”可以增加 GDP，但这势必增加我国现代化中的总能耗，也使物质财富没有得到有效积累。此外，随着居民生活水平的提高，气候变化的适应能力在下降，与时俱进地修改建筑节能标准，势在必行。如果新建建筑节能标准过低，在使用中会长期浪费能源，建成后再去改造需要大量投资。如果节能不节钱就失去了节能的意义，节约资金因而也是最大的节能。

2. 健全自然资源资产产权制度

节约集约利用资源、减少浪费及其资源利用不合理导致的环境污染，须以资源资产产权制度作保证。《决定》明确健全自然资源资产产权制度，是生态文明制度体系中的基础性制度。《决定》要求对水、森林、山岭、草原、荒地、滩涂等自然生态空间进行统一确权登记，形成归属清晰、权责明确、监管有效的自然资源资产产权制度。随着自然资源稀缺程度增加、生态破坏和环境污染，自然资源的价值会越来越高，自然资源的资产属性就会越来越明显（杨伟民，2013）。如果没有清晰的自然资源资产所有权，没有清晰的国土空间、自然资源的所有者，没有清晰的各类权益的边界，企业就没有提高资源利用效率的内在动力，国家也无法编制自然资源资产负债表，进而无法对领导干部实行自然资源资产离任审计，惩罚乃至责任终身追究也就会成为一句空话。

建立自然资源用途管理制度。我国《宪法》规定，矿藏、水流、森林、山岭、草原、荒地、滩涂等自然资源属国家所有，也即全民所有。我国建立了严格的耕地用途管制，但对一些水域、林地、海域、滩涂等生态空间还没有完全建立用途管制制度，致使一些地方用光占地指标后，转向开发山地、林地、湿地湖泊等。因此，应将自然资源所有者和管理者分开，建立统一行使全民所有的自然资源资产所有权人职责的体制，实行对全民所有自然资源资产的数量、范围、用途等的统一监管。我国现行自然资源管理体制，容易出现“见到好处抢着要，见到问题绕道走”的情况。应建立覆盖全部国土空间的用途管制制度，不仅对耕地实行严格的用途管制，也应对天然草地、林地、河流、湖泊湿地、海面、滩涂等自然生态空间实行用途管制，严格控制转为建设用地，确保全国生态空间面积不减少。应使国有自然资源资产所有权人和国家自然资源管理者相互独立、相互配合、相互监督，统一行使所有陆地和海域国土空间的用途管制职责，对自然生态空间进行统一用途管制，对自然生态系统进行统一修复，实现整体效益最大化。

3. 推动能源结构的绿色化

大力发展风能、太阳能。从短期看，可再生能源的开发利用成本较高、回报期较长，却是我国中长期发展所必需的投资和技术储备，毕竟我们不能等化石能源耗竭了才开发替代能源。金融危机后，可再生能源成为世界各国投资和创造新就业机会的热点，光伏发电、风电等年增长速度均在20%以上。我国可利用的太阳能发电资源约20亿千瓦，风能资源大于10亿千瓦，且陆上大于海上。2020年前，应重在核心能力的创新、技术经济瓶颈的突破，重点解决好依靠技术进步降低成本等问题，扎实打好基础，逐步推进规模化开发利用。由于太阳能、风能等的源头不可控制，加之大规模发电难免对电网造成冲击，在智能电网技术没有取得突破前，非上网和分布式利用不失为一种好的选择。对非化石能源发展，应有所为有所不为（周宏春，2012）。

积极、稳妥、有序地发展水电。我国水能资源总量居世界首位，但开发量只占可开发量的35%，远低于发达国家。因此，应当促进水能开发的积极、快速、有序发展。应转变发展思路，从强调利用、改造自然延伸到顺应自然；从重视技术上可行、经济上合理延伸到社会可接受和环境友好；从重视工程安全、传统功能的实现延伸到生态友好；从重视国家、地方利益延伸到利益相关方和生态良性循环的要求，统筹规划，优化流域水电梯级开发的布点和时序，实现开发与保护的有机统一。

科学合理利用生物质能。生物质是高度分散的资源，应发展就地加工、就地使用的新工艺、新方法。生物质颗粒做燃料，可以部分替换农村用煤。发达国家推广生物质能利用的思路是，先将物质利用起来，如用于还田、菌类培养基、工业原料及循环利用等，然后再用作发电燃料，发电因而是生物质利用的最后环节。此外，非作物源的燃料乙醇和生物柴油需要加大开发利用，以免出现与人争地的情形，毕竟中国历来就是人地矛盾紧张的国度；应重视垃圾能源化利用，特别是回收利用垃圾填埋气，以实现农村能源形态的现代化。

安全、健康地发展核电。到 2010 年，我国核电装机容量达 1100 万千瓦，约占总装机容量的 1%，仍有很大发展空间。第四代核电是未来发展方向，一旦技术突破将加快我国的核电发展。2011 年日本福岛核电站事故，再次把核电站建设和运行的安全问题推倒了“风口浪尖”。核废料处理处置是核电发展的又一难题。迄今为止，世界上还没有一个地下储置库能永久处置放射性水平高的废物，人们担心因地震等外力导致放射性泄漏，影响人体健康和生态安全。换句话说，核电的安全性、原料的稳定可靠供应和高放废物的处理处置，是我国核电发展必须解决的三大问题。

4. 利用“红线”管理，推动节约型社会建设

2011 年中央 1 号文件和中央水利工作会议要求实行最严格水资源管理制度；2012 年 1 月国务院发布《关于实行最严格水资源管理制度的意见》，提出三条红线和四项制度。

1）三条红线：一是水资源开发利用控制红线，到 2030 年全国用水总量控制在 7000 亿立方米以内；二是用水效率控制红线，用水效率达到或接近世界先进水平，万元工业增加值用水量降低到 40 立方米以下，农田灌溉水有效利用系数提高到 0.6 以上；三是水功能区限制纳污红线，主要污染物入河湖总量控制在水功能区纳污能力之内，水功能区水质达标率提高到 95% 以上。

2）四项制度：一是用水总量控制制度。严格实行用水总量控制，包括严格规划管理和水资源论证，严格控制流域和区域取用水总量，严格实施取水许可证制度，

严格水资源有偿使用，严格地下水管理和保护，强化水资源统一调度。二是用水效率控制制度。全面推进节水型社会建设，包括全面加强节约用水管理，把节约用水贯穿于经济社会发展和群众生活生产全过程，强化用水定额管理，加快推进节水技术改造。三是水功能区限制纳污制度。严格控制入河湖排污总量，包括严格水功能区监督管理，加强饮用水水源地保护，推进水生态系统保护与修复。四是水资源管理责任和考核制度。将主要指标纳入地方经济社会发展综合评价体系，县级以上人民政府主要负责人负总责（周宏春，2013）。

为加强土地资源管理，我国节约集约利用土地资源的制度不断完善。主要有严守耕地保护红线，严格土地用途管制。严格执行法定权限审批土地和占用耕地补偿制度，禁止非法压低地价招商。严格土地利用总体规划、城市总体规划、村庄和集镇规划修编的管理。加强土地利用计划管理、用途管制和项目用地预审管理。加强村镇建设用地管理，改革和完善宅基地审批制度。完善耕地保护责任考核体系，实行土地管理责任追究制。加强土地产权登记和土地资产管理。

为维护国土开发利用秩序，严格用途管制，国土资源部将划定国土空间开发管制“生存线”、“生态线”和“保障线”三条底线，并将“三条底线”理念纳入正向国务院报批实施的《全国国土规划纲要（2013～2030年）》。划定“生存线”，明确耕地保护面积和水资源开发规模，目标是确保我国粮食安全，坚守18亿亩耕地特别是保护基本农田，加强基本农田建设；划定“生态线”，明确重点生态功能区和各类国家级保护区范围，提高生态环境安全水平；划定“保障线”，即基于节约集约用地原则，考虑资源环境承载力和社会发展需求，明确保障经济社会发展所必需的能源资源、重大基础设施、工业生产及生活居住用地，合理划定城乡开发边界，合理布局工业和城镇区域，提高国土开发效率（刘振国等，2014）。

此外，矿产资源相关制度也不断健全。加强矿产资源勘查开发统一规划管理，严格矿产资源开发准入条件，强化资格认证和许可管理，严格按照法律法规和规划开发。完善矿产资源开发管理体制，设置探矿权、采矿权，建立矿业权交易制度，健全矿产资源有偿占用制度和矿山环境恢复补偿机制。完善重要资源储备制度，加强国家重要矿产品储备，调整储备结构和布局。

三 创建促进低碳发展的市场机制

发展碳市场的目的是优化配置碳排放资源，提高碳生产率。建立排放权交易体系，是欧盟等发达国家采取的措施，运行原理如表7.4所示。

表 7.4 碳市场的运行及其原理

科目	释义
市场上的交易品种	在分割市场上，交易品种有 AAUs、CERs、ERUs、VERs 等 单位=1 吨二氧化碳当量，以排放总量或减排量按项目或计划分配；
交易依据的原理	成本-效果：在世界任何一个地方排放一吨二氧化碳产生的气候变化效果相同，因而要以最低的成本减排
碳市场的收益	承诺减排的国家以较低的强制成本减排； 促进资金和技术流向发展中国家实现低碳增长； 形成全球和长期的低碳增长的信号
金融部门为什么对碳市场感兴趣	大量的新资金和金融流向可持续发展； 用新技术和金融工具以较低成本减排； 使全球经济转向低碳轨道，更好地摆脱资源环境约束

资料来源：周宏春，2012

（一）我国发展碳市场的最新进展及其特征

研究我国碳市场的发展现状，评价其发展得失，对于总结试点省市经验、完善碳市场制度、促进未来碳市场的健康发展，乃至实现我国的低碳发展，都十分必要。我国碳市场的发展变化及其主要特征主要有以下四个方面。

1. 地方碳市场试点工作扎实推进

2011 年 12 月，国务院出台了《“十二五”控制温室气体排放工作方案》，成为各地碳指标分解和分配的基础性文件。2011 年 10 月，国家发展和改革委员会批准在深圳、北京、上海、天津、广东、湖北等地开展碳排放权交易试点。2012 年 6 月，国家发展和改革委员会印发《温室气体自愿减排交易管理暂行办法》，对我国建立规范的碳市场具有十分重要的作用。

试点工作启动以来，各地开展了广泛而细致的工作，包括制定地方法规，确定总量控制目标和覆盖行业，制定温室气体监测、报告和核查规则，分配排放配额，建立交易系统和规则、项目减排抵消规则、注册登记系统，设立管理机构和市场监管体系，开展人员培训和能力建设等。

1）研究编制规划和工作方案。截至 2013 年年底，我国碳市场试点地方均编制了规划和工作方案。如天津编制并颁布《天津排放权交易市场发展总体方案》，出台《天津市民用建筑能效交易实施方案》，开展“民用建筑能效的交易”；广东开展了二氧化碳排放权交易体制机制研究，提出温室气体减排指标和分解方案，研究建立控制温室气体排放的市场机制，并推动建立国家级的二氧化碳排放权交易所。

2）确定了参与碳市场的企业。7 省市试点参与企业划定标准不一。如北京参与试点企业 435 家，为辖区内 2009 ~ 2011 年年均直接或间接二氧化碳排放总量 1 万吨以上的固定设施排放企业；上海参与试点企业 197 家，覆盖钢铁、石化、化工等行业；广东参与试点的 229 家企业涵盖 9 大行业，约占全省能源消费的 42%；深圳参与试点企业 635 家。

3）建设统计监测体系，编制排放清单。统计监测体系是开展碳信用交易的基础。国家发展和改革委员会等部门在温室气体清单编制技术指南、人员培训等方面提供了必要支持。试点地区纷纷推进相关工作的开展，如《广东省低碳发展“十二五”规划》中明确要求，在未来五年“建立温室气体排放统计体系和监测体系，编制温室气体排放清单，确定广东省控制温室气体排放重点领域”。

4）加强能力建设。试点地区均成立了试点工作领导协调小组，由主要领导担任领导小组组长，统筹协调和推进碳交易试点工作，并在机构设置、人员配备上给予保障。试点地区还积极开展培训、国际合作等活动，加强政府部门相关人员、第三方机构的能力建设。

此外，与碳市场有关的一些规章、标准被相继研发出来。如北京市环境交易所在全国推出了碳排放自愿减排标准——熊猫标准；上海市环境能源交易所，借助世博会召开之机积极开展了“世博自愿减排”活动；天津市排放权交易所利用全球通用的 PAS2060 碳中和标准开发了一种建筑领域“基线与信用模式”下的强制减排交易体系，规定了民用建筑的用能指标和定额，实行民用建筑用能指标和定额考核、超用能指标和定额抵扣制度等。

总之，碳交易试点工作的积极推进，正在为我国碳交易市场的运行积累有益的经验。

2. 由单边市场向自愿市场过渡

所谓单边市场，主要指我国只是清洁发展机制（CDM）项目的卖家，因而成为欧盟碳市场上的最大 CDM 项目卖家。碳市场上的交易品种较多，交易单位通常是吨二氧化碳当量（CO_2e）。无论是 1997 年 12 月联合国气候变化框架公约第三次缔约方大会形成的《京都议定书》，还是 2012 年 6 月 13 日国家发展和改革委员会印发的《温室气体资源减排交易管理暂行办法》，均规定了可进入碳市场交易的六种温室气体：二氧化碳（CO_2）、甲烷（CH_4）、氧化亚氮（N_2O）、氢氟碳化物（HFC_8）、全氟化碳（PFCs）和六氟化硫（SF_6）等。由于不同气体增温效应不同，这就要按照单位体积气体的增温效应将其他气体换算成 CO_2e。

自 2005 年《京都议定书》生效以来，我国批准的 CDM 项目数量和减排量均经历了快速增加再迅速减少的过程。2005 年 1 月 25 日，我国批准首个 CDM 项目，当年 18 个 CDM 项目获得批准，年减排量不足 3800 万吨 CO_2e。2006～2008 年，欧洲碳市场的繁荣带动了我国 CDM 项目的快速发展，获得批准的 CDM 项目迅速增加。2007 年、2008 年，我国批准的 CDM 项目超过 750 个，年减排量均超过 1.1 亿吨 CO_2e。2009 年 1 月 26 日，中国 CDM 项目注册数首次超过印度，实现注册项目数、注册项目预期年减排量及签发的经核证的减排量（CERs）均超过印度，此后一直稳居世界第一。随着金融危机的蔓延，欧洲碳市场 CERs 需求量急剧下降，也因为 2012 年年底《京都议定书》第一承诺期到期后的碳市场走向不明，2009 年我国批准的 CDM 项目数量比 2008 年减少了 30% 以上，年减排量减少了 34%[①]。虽然我国政府仍然在批准注册 CDM 项目，但进入国际市场的 CDM 项目数量总体上呈下降趋势。

3. 众多的交易所与较少的交易量极不相称

通过对网络和媒体关于碳排放权交易所有关资料的汇总整理发现，我国成立的交易所数量众多。有研究认为，宣称成立碳交易所最多的时候全国达 100 多家。经过深入调查发现，有些碳交易所剪彩开张后就关门了。

我国已建碳交易所主要有以下作用：一是发展了一支可以从事碳交易或掌握有关碳市场知识的队伍，为我国碳市场发展提供了人才储备；二是建立相互交流和学习的联系，可以为我国开展碳交易或相关工作提供支撑；三是承担研究项目，包括规划、工作方案、碳排放盘查、监测、交易系统开发、国际合作等，这对增长碳市场知识、拓宽眼界是不可或缺的。

另外，我国碳市场呈现出“有场无市”状态：①交易品种较少，现有交易产品仅二氧化碳当量，且是现货交易，缺乏期货和期指等金融衍生品，也没有保险品种。虽然有利于市场监管，但也容易导致流通性不足。②交易主体不多，一般只是作为试点企业的交易者，或局限于特定区域内行政要求的碳指标购买方。需求匮乏、参与企业少是制约自愿市场发展的“瓶颈”。③成交方式限于一对一谈判，由于参与主体少，无法引入集合竞价等模式。④碳金融发展滞后。我国碳市场上还没有碳期

---

① 根据中国 CDM 项目办公室的数据整理。

权、碳证券、碳期货、碳基金等金融衍生品，由此带来的投融资及避险功能让给了国外投资者，无疑削弱了我国在国际碳市场上保值、避险和其他需求的能力。

之所以如此，主要是因为我国碳交易主要是靠行政手段推动的，企业在国内市场购买碳指标只是偶然为之。换言之，如果没有强制性的减排总量约束，企业参与自愿减排交易不可能有实质性的减排意义，也无法推动碳市场的真正发展。

4. 我国碳市场发展潜力巨大，但面临众多挑战

一是法规不完善。虽然国务院出台了《“十二五”控制温室气体排放工作方案》和国家发展和改革委员会印发的《温室气体自愿减排交易管理暂行办法》，但随着基于配额的交易增多，立法层次低、适用范围窄等问题凸显出来。一些试点地区由于缺少相关法律支撑，碳市场发展带有很大程度的探索性。迫切需要制定《碳排放交易条例》等法规和标准，明确碳排放权的权利属性，界定其稀缺性、排他性和可交易性，从而使碳交易市场制度有其法律基础和保障。

二是监测、计量基础薄弱。如果主管部门不能及时掌握碳排放的真实数据，难以对出售者的减排情况和购买者的排放数量做出准确的连续监测，对交易情况的跟踪记录和核实就无法全面、有效开展。分配排放配额，衡量碳市场绩效，保证碳排放限额总量没被突破，杜绝碳市场的被操纵，都离不开政府监管。因此，建立监管体系并对碳交易过程进行监督，以保证碳市场的公开和透明，十分必要。由政府决定初始排放配额的做法，可能将公共资源转化为政府部门的权力资源，进而出现“寻租”行为，需要加以避免。

三是人才和中介机构不足。中国熟悉 CDM 项目申请、CERs 市场交易规则的专业人才不多；自主研发的方法学少，主要使用 CDM 执行理事会批准的方法学。缺乏 CDM 项目的“经营实体”、编制高质量 CDM 项目设计文件、熟悉碳交易业务的中介机构，不能与联合国有关机构、买方进行有效沟通和谈判。企业对碳信用指标的全球供需情况缺乏了解，基础数据不足，信息不透明，信息不对称导致交易成本居高不下，更不用说拥有国际碳市场的话语权了。

（二）对我国发展碳市场的建议

我国的碳市场要发展成为一个能优化配置减排资源的市场，就必须在多个方面取得进展，包括规定一定意义上的总量控制，不断提高基础能力、完善制度、逐步开放二级市场，并在试点的基础上形成区域性甚至全国性市场，探索与国际市场衔接等。

1. 制定路线图，并培育市场发展的相关制度和能力

加强规划，制定政策法规，为我国碳市场的发展创造政策环境和市场环境。研究制定全国碳市场发展的总体规划和路线图，提出强制减排的目标和方向，坚持“干中学”。加强生命周期管理，从总量限额确定、交易的信用核查和确认、市场公平公正公开、交易合法并被记录、参与各方能从中获益、交易能得到承认，以保障碳市场收到预期效果。试点地区对强制性碳减排市场需勇于尝试，先行先试。只有行动起来，才能发现问题并解决问题，才能完善机制、锻炼人才、培养能力（宣晓伟，2012）。

2. 建立统计核算体系，夯实碳市场发展基础

建立温室气体排放基础统计制度。应总结试点地区有关温室气体盘查、统计指标设定等的做法，将温室气体排放基础统计指标纳入统计指标体系，建立健全涵盖能源活动、工业生产、农业、土地利用变化与林业、废弃物处理等领域，适应温室气体排放核算的统计体系。重点排放单位应健全温室气体排放和能源消费的台账记录。

加强温室气体排放核算工作。制定温室气体排放清单编制指南，规范清单编制方法和数据来源。研究出台重点行业、企业温室气体排放核算指南，现已出台的指南应在实践中不断修改完善。建立温室气体排放数据信息系统，做好排放因子测算和数据质量监测，确保数据真实准确。构建国家、地方、企业三级温室气体排放基础统计和核算工作体系，建立负责温室气体排放统计核算的专业队伍。实行重点企业直接报送能源和温室气体排放数据制度。

3. 深化试点，逐步拓展碳交易的覆盖行业

我国碳市场要从自愿交易过渡到强制性市场。只有建立强制性市场，才能真正形成中国的碳定价机制，引导市场预期；才能完善制度安排，培养和锻炼相关机构和人才。如果迈不出这一步，我国的碳市场不会做大。因此，应进一步厘清强制性减排市场对地方经济发展的短期、长期影响，使各级领导充分认识到率先采取强制性减排措施对地方经济会带来长远益处，有利于地方的可持续发展，使他们下决心推进强制性碳市场的发展。

扩大碳交易覆盖行业，以更好体现不同主体减排成本差的比较优势。试点地区推进特定行业的大企业参与碳市场交易，会对节能减排产生显著影响。作为未来工作重点，应研究国务院国有资产监督管理委员会管理下的大企业参与跨地区交易。

此外，应开发“零碳排放农业耕作”活动参与碳市场的可能性，将土地利用及土地利用变化引起的碳排放改变纳入自愿交易范围。

开发新的方法学。用好联合国CDM委员会批准的方法学，研究充实中国案例。同时加强对大型建筑节能减排、零碳排放耕作方式等领域的方法学研发，在打破西方国家垄断方法学的同时，形成符合中国国情的方法学。

4. 创新金融产品，开放二级市场

北京、上海、深圳等地已有监管和运行金融资产市场的实践经验，应允许并鼓励其在构建碳交易模式上统筹一二级市场建设。二级市场是基于金融资产配置要求、可实现远期交割的市场，可有效配置减排资源。二级市场也会干扰碳市场的正常运行，如大量资金尤其是投机性资金的涌入，不仅会放大碳交易价格的波动，还会使碳交易价格长期偏离真实的供求关系，导致有限资源的错配。二级市场开放初期应严格限定能够参与交易的主体（如仅限于参与碳交易的重点企业和少数金融机构）。随着市场的完善逐渐放宽准入限制，并加强监管以避免由此带来的金融风险。

此外，美元在1973年与黄金脱钩后寻求与石油挂钩的做法，值得我国借鉴。鉴于未来我国有可能形成规模巨大的碳市场，只有形成与之适应的碳金融，才能使我国的碳市场在国际上占有重要位置。

5. 探索跨地区碳交易，为建立全国性碳市场积累经验

为推动地方试点向全国性市场过渡，试点应在强制性排放权市场上有所突破，同时需要形成合理的衔接机制，以解决区域性碳市场和未来全国性市场的对接问题。

借鉴CDM和联合履行机制（JI），结合排放清单的编制工作，尽快建立各省市的碳预算账户。将先行进行强制性交易地区的收益反映到账户中，避免“鞭打快牛”。未参与试点的地区可自愿减排，以项目减排方式参与试点地区强制减排市场，在促进非试点地区减排的同时，也降低试点地区减排成本。发展碳汇林业应得到鼓励，因为有利于我国生态环境质量的整体改善，可抵消的比例应结合各地实际确定，并对新增和原有碳汇区别对待。

已有试点区域的减排市场，既可整合到全国市场中，也可予以保留。建立全国碳市场应从整体利益和长期利益出发，兼顾不同地区需要。中国幅员辽阔，可建立形成“区域市场+全国市场”的发展格局。如英国既参与欧盟碳市场，也有国内碳市场的模式可以借鉴。

6. 探索国内市场逐步与国际市场的衔接

与国际市场的接轨，应考虑：①国内碳市场的发展和节能减排的实际需要，应坚持“自身需要，以我为主”原则，并取决于我国完善相关的体制机制、更好实现市场配置减排资源的目的。②国际气候谈判。全球气候谈判进入“后京都”时代，不确定性增多。何时接轨须立足国内需求，兼顾气候国际谈判。③国际外交战略。作为一个负责任的发展中大家，中国在全球政治经济格局中扮演何种角色、承担何种责任和义务，将决定碳市场以何种形式向世界各国开放。④资本市场对外开放、以保障经济安全和金融安全的需要。既要积极推进我国资产市场对外开放的步伐，有效吸收和利用国外各种资金参与我国的节能减排行动，又要切实维护我国自身利益，保障我国的战略安全和金融安全。

（三）完善我国低碳发展的政策体系

国际社会将气候变化纳入环境领域，即气候变化是以全球视野考察的环境问题。发达国家应对气候变化的政策措施，主要可分为基于价格机制的市场手段和基于行政干预的强制性措施两类。前者又分为基于总量控制的排放权交易和北欧国家采用的征收碳税的办法；后者包括法律法规、标准、财政补贴、研发扶持等，主要是政府采取“有形之手”引导和规范市场和企业行为。就限量-交易制度而言，排放权免费分配可使项目参与者节省成本，拍卖则可以使政府产生经济收益，用于降低低收入人群税负、支持低碳技术研发、创造公平竞争环境等。各国采用的减排温室气体的相关政策措施及其利弊总结如表 7.5 所示。

表 7.5　各国采用的减排温室气体的措施及其评述

政策工具		优势	劣势
基于价格	限量-交易	由市场对碳进行定价； 促进企业用低成本减排； 私营部门可以参与减排； 市场将用户联系起来	存在价格波动与短期问题； 产生国际泄漏问题（转移排放）； 交易成本可能会高
	碳税	给一个明确的价格信号； 动员公共部门资源； 可以促进碳减排	不能跨国境使用税收政策； 不能保证减排数量； 在政治上没有吸引力（如选举）

续表

政策工具		优势	劣势
其他政策措施	标准规则	可以给特定行为设定目标； 实施和检测直接	效果不太明显，相对于市场机制成本要高一些
	清洁技术补贴	可以有效促进对行业的投资； 实施和检测相对简单	可能不太有效，相对于市场机制成本较高
	技术研发	可以加速新技术发展； 可克服市场失效（公共品投资不足）	效果可能慢些，但却是方向； 相对于市场机制成本较高

资料来源：Zollick，2008

四　建立保障绿色发展的责任追究制度

良好的生态环境是美丽中国的重要指标，保护生态环境是各级政府的重要职责。群众生活水平和生活质量的提高，在一定程度上有赖于生态环境质量的改善。环境质量的优劣关系人的健康，一些疾病的发生与蔓延源于环境恶化。

（一）我国工业化和城市化面临的环境形势相当严峻

我国环境污染形势相当严峻，主要表现如下：一是大气污染严重。部分区域和城市大气灰霾现象频繁发生，2013 年年初灰霾天气表现为影响范围广、持续时间长、污染物浓度高等特点，主要由 PM2.5 污染引起。PM2.5 主要是由燃煤、汽车尾气排放等产生的一次污染物和经过光化学反应形成的二次污染物组成。灰霾天气的影响包括高速公路关闭、飞机延误甚至不能起飞、居民出行要戴“口罩”，以及儿童老人的呼吸道疾病增加等。

二是水体污染不容忽视。一些重点河、湖、近海水体污染严重，大部分城市和地区淡水受到不同程度的污染，一些突发事件甚至影响城市居民饮用水安全。农业面源和养殖业污染严重，水体富营养化问题突出。水污染加剧了水资源供需矛盾，并成为制约我国国民经济持续稳定发展的重要因素。

三是农村环境污染呈加剧趋势。主要表现为四种情况：①农村尤其是城乡结合部的垃圾堆积造成污染；②农村秸秆焚烧引起的空气污染问题；③农村河流不及时清淤导致河道变小，水流不畅使水质变差，一些农村的秸秆堆在河边，或者排放到河里，导致河流水质变坏，小型加工业污水不处理或处理不达标乱排放；④大型养殖场的牲畜粪便处理不达标，污染河流，水库、水塘养鱼也造成水污染。

四是一些常规污染包括噪声、扬尘等局部性污染，河流湖泊水体富营养化等区域性污染还没有得到解决，新的污染种类和问题又不断产生，如重金属、毒害污染物、持久性有机污染物等相继出现，导致土壤、地下水等污染严重。

五是突发环境事件居高不下，甚至诱发群体性事件。环境污染已成为威胁人体健康、公共安全和社会稳定的重要因素之一，重金属污染、垃圾焚烧、PX 项目等成为引发环境群体性事件的“重灾区”。

与严重环境污染相对应的，是我国环境管理体制及政策还不能适应形势发展的需要，如项目环评通过率、排污达标率均达到 100%，但没有反映到环境质量改善上；运动式的惯性思维、不计成本的技术路线、应急能力不足、监管和执法不力等比比皆是，制度设计不合理导致“守法成本高、违法成本低”的反常现象。

环境污染问题日益突出，也与我国的发展阶段密切相关。除产业结构偏重、技术水平参差不齐、人员素质等因素外，政策、法规、标准及公众参与等长效机制尚未形成；一次能源以煤炭为主，开发利用不仅对生态环境造成破坏，还大量产生的二氧化硫、氮氧化物、粉尘等污染物及二氧化碳。地方政府发展经济的意愿强烈，粗放型的发展方式没有改变，以牺牲环境为代价；一些城市实施的重化工业退出城市和加快发展第三产业的所谓“退二进三”政策，污染随着企业转移到城市外围或中西部地区；一些决策者对环境污染的复杂性缺乏足够认识。所有这些，都影响着我国环境质量的改善和生态文明建设。

（二）重点解决损害群众健康的突出环境问题

享有良好的生态环境是人民群众的权利。应坚持预防为主、综合治理，以解决损害群众健康突出环境问题为重点，强化水、大气、土壤等污染防治。不仅要在国家层面上进行规划，也要有切实可行的行动和措施；既要为科学发展固本强基，又要为人民健康增添保障。

1）优先解决全局性、普遍性的突出环境问题。坚持将解决全局性、普遍性环境问题与解决重点流域、区域、行业环境问题相结合，坚持当前与长远结合，维护人民群众环境权益，保证人民群众喝上干净水、呼吸清洁空气、吃上放心食物。切实解决关系民生和损害健康的突出环境问题，如大气灰霾、重金属污染防治、水源地保护、垃圾围城、噪声扰民、湖泊富营养化、土壤污染治理等。

2）关注新出现的环境问题，加强风险防控。特别关注汽车尾气排放等原因引起的光化学污染、PM2.5，以及持久性有机污染物的综合治理。建立危机废弃物和化学品环境污染责任终身追究制和全过程行政问责制。加强核与辐射安全管理，推进早期核设施退役和放射性污染治理工作；开展核与辐射安全国际合作，提高核能与核技术利用安全水平。

3）显著提高农村环境保护工作水平。农村环境保护和治理需要引起特别重视，着力解决环境污染问题突出的村庄和集镇。应推进生态农业和有机农业发展，鼓励使用生物农药或高效、低毒、低残留农药；统筹建设城市和县城周边的村镇无害化处理设施和收运系统，引导农村生活垃圾实现源头分类、就地减量、资源化利用。严格环境准入，防止城市和工业污染向农村转移，或者由较发达的东部地区向中西部转移。

4）差别化地解决不同地区的生态环境问题。按照全国主体功能区规划要求，对重点生态功能区、陆地和海洋生态环境敏感区、脆弱区等划定“生态红线”。西部地区要坚持生态建设优先，加强水能、矿产等资源能源开发活动的环境保护，构筑国家生态安全屏障。东北地区要加强森林等生态系统保护、重要湿地修复、黑土地水土流失综合治理。中部地区要把资源承载力和生态环境容量作为承接产业转移的重要依据，严格资源节约和环保准入门槛，加强采煤沉陷区综合治理和矿山环境修复。东部地区要大幅度提高资源能源利用效率，有效控制区域性复合型大气污染，保护海岸带和生物多样性。

（三）健全生态环境保护的制度和政策

用制度保护生态环境，是《决定》明确的基调。习近平总书记指出，“良好生态环境是最公平的公共产品，是最普惠的民生福祉”。《决定》中提出的相关制度安排除前面提到的内容以外，还应重点突出以下几点。

1）划定生态红线。十八大报告和《决定》均提出了确立生态红线的要求，一方面需要量化“红线”的具体内容、数量和指标；另一方面，更主要的是要使各级领导心中有“红线”，办事不越“红线”。生态修复必须遵循自然规律，统筹兼顾，因地制宜。

2）落实污染物排放总量控制制度，完善污染物排放许可证制度。总体上，我国尚未建立规范的企事业单位污染物排放总量控制制度。实行这一制度，应将现行的以行政区为单元、层层分解后再落实到企业，以及仅适用于特定区域和特定污染物的总量控制办法，改变为以企事业单位为单元、覆盖主要污染物的更加规范、更加公平的总量控制制度。这样，才能使责任主体更加明确，排污者付费和责任终身追求制也才能落实到位。应加快完善排污许可证制度的立法修改进程，尽快在全国范围建立统一公平、覆盖主要污染物的污染物排放许可制，并为排污权交易市场的发展奠定基础、创造条件。

3）实行生态补偿制度。习近平总书记阐述了生态环境就是生产力的战略思想，“保护生态环境就是保护生产力，改善生态环境就是发展生产力”。对生态保护区，保护生态环境就是发展，只不过发展的成果不是工业品和农产品，而是生态产品和服务。生产者向消费者出售生态产品和服务，理应获得相应收益。因此，应结合实施主体功能区规划，完善对重点生态功能区的生态补偿政策，通过财政转移支付来实现。具体说，对生态产品和服务受益明确的地方，应按照谁受益、谁补偿原则，推动地区间的生态补偿；还应当开展不同行业、河流上下游、流域间的生态补偿试点。只有这样，才能使保护生态环境、提供生态产品和服务的地区不吃亏、有收益、愿意干。有人愿意从事生态产品生产，我国的生态环境才能得到保护，生态环境质量也才能得到改善。

4）实行损害赔偿制度。总体上看，我国法律规定的对生态环境造成损害的处罚额度太低，无法弥补生态环境损害和治理成本，更难以弥补对群众健康的危害，进而出现“老板发财、政府埋单、群众受害”的极为不合理的现象。因此，政府应通过法律法规强制、政策激励和约束，使企业树立污染治理的主人翁意识，增强污染治理的责任感。应修订相关法规，加大环境污染的惩罚力度，让违法者对“污染损失”付出足够的补偿，对造成严重后果的责任人，要依法追究刑事责任。此外，健全污染物排放的独立监管制度，是建立系统完整的生态文明制度的内在要求。应独立进行环境监管和行政执法，采用年度公报形式及时公布环境信息，健全举报制度，加强社会监督，以保证我国生态文明建设达到预期效果。

5）实行责任终身追究制。《决定》要求，加快完善发展成果考核评价体系，纠正单纯以经济增长速度评定政绩的偏向，加大资源消耗、环境损害、生态效益、产能过剩、科技创新、安全生产等项指标在政绩考核指标中的权重，解决“形象工程”、“政绩工程”及不作为、乱作为等问题。《决定》还提出，建立生态环境损害责任终身追究制，对那些不顾生态环境盲目决策、造成严重后果的领导干部，终身追究责任，不能把一个地方的生态环境搞得一塌糊涂，再拍屁股走人，异地当官。研究编制自然资源资产负债表，对一个地区的水资源、环境质量、林地、开发强度等进行综合评价，是实行离任审计和终身追究的基础。

6）加强能力建设。大力开展宣传、教育和培训活动，形成全社会节约资源、保护环境和生态文明建设的社会氛围。提高决策者特别是“一把手”的认识水平，使之认识到“为官一任，造福一方”，不应只考虑眼前的、暂时的幸福，而应顾及长远的、关系子孙后代永续发展的大事，并自觉运用到宏观经济决策和行动中。推进环境保护监测、监察、统计、信息服务等标准化建设，完善统计、监测、考核体系。利用物联网和电子标识等手段，对危险化学品等的存储、运输等环节实施全过程监控。加强环境预警与应急体系、核与辐射事故等的应急响应，提高应急能力建设，完善应急决策、指挥调度系统及应急物资储备。

7）公众参与和行动。行动靠大家，关键在领导。在各级决策层真正形成“将生态文明建设放在重要位置”的认识尤为重要，应改变那种“重经济轻环境、重速度轻效益、重局部轻整体、重当前轻长远、重利益轻民生”的发展观和政绩观；我们没有理由也不能再继续重蹈发达国家“先污染后治理”的覆辙。应当清醒地认识到，如果我们增加的 GDP，是靠过度消耗资源、排放废物取得的，不仅将影响当代人的生存环境，还将挤压子孙后代的资源和生存空间。因此，美丽中国目标的实现需要公众参与和共同行动。应把节约资源、保护环境、可持续发展作为全民教育、全程教育和终生教育的内容，使大家都认识到，只有共同的忧患，才有共同的智慧；只有共同的行动，才有共同的未来。应当积极参与公益性活动，从小事做起，如垃圾分类、爱护公共卫生、植树造林等；从自己身边的事情做起，如不使用“一次性”筷子、薄塑料袋，捡起“菜篮子”、循环使用包装物等。此外，还应发挥群众的监督作用，建立健全环境保护举报制度，畅通环境维权、投诉、举报渠道，共同推进绿色创建活动，倡导绿色生产、生活方式。只有全社会的共同意识、共同参与和共同努力，充满活力的生态文明时代才会到来！

参考文献

芭芭拉·沃德，勒内·杜博斯 . 1997. 只有一个地球 . 长春：吉林人民出版社 .

国土资源部 . 2013. 2012 中国国土资源公报 . http://www. mlr. gov. cn/zwgk/tjxx/201304/t20130420_1205174. htm［2013-09-15］.

环境保护部 . 2011. 关于印发《“十二五”全国环境保护法规和环境经济政策建设规划》的通知. http：//www. zhb. gov. cn/gkml/hbb/bwj/201111/t20111109_ 219755. htm［2013-10-01］.

刘振国，吕苑鹃 . 2014-01-18. 我国拟划国土空间开发“三条底线”. 国土资源报，1.

吴敬琏 . 2012-10-17. 城市化最大问题是效率低下 . 人民日报，18.

夏光 . 2013-11-14. 建立系统完整的生态文明制度体系 . 中国环境报，2.

宣晓伟 . 2012. 中国碳交易市场的现状和未来 . http：//www. drc. gov. cn/ccgg/n/20121220/186-488-2873112. htm［2013-10-30］.

杨伟民 . 2013-11-23. 建立系统完整的生态文明制度体系 . 光明日报，2.

周宏春 . 2012. 低碳经济学 . 北京：机械工业出版社 .

周宏春 . 2013. 构建生态文明的保障制度 . 见：中国科学院可持续发展战略研究组 . 2013 中国可持续发展战略报告——未来 10 年的生态文明之路 . 北京：科学出版社 .

诸大建．2013．深入理解生态文明的制度建设．http：//xmwb. news 365. com. cn/zh/201312/t20131221_ 1742571. html［2013-12-25］．

IPCC. 2007．气候变化 2007：政府间气候变化专门委员会第四次评估报告．瑞士日内瓦：IPCC

Zoellick R B. 2008. Carbon market for development. http：//scholar. google. com. hk/scholar? q = world+bank+Bali+Breakfast+&btng=&hl=zh-CN&as_ sdt=0%2C5&as_ vis=1［2009-10-31］．

第二部分　技术报告

——可持续发展能力与资源环境绩效评估

第八章

中国可持续发展能力评估指标体系（2014年）*

一 中国可持续发展能力评估指标体系的基本架构

对可持续发展能力进行评估，需要建立一套具有描述、分析、评价、预测等功能的可持续发展定量评估指标体系。中国科学院可持续发展战略研究组在世界上独立地开辟了可持续发展研究的系统学方向，将可持续发展视为由具有相互内在联系的五大子系统所构成的复杂巨系统的正向演化轨迹。依据此理论内涵，设计了一套“五级叠加，逐层收敛，规范权重，统一排序”的中国可持续发展能力评估指标体系，其基本架构如图8.1所示。该指标体系分为总体层、系统层、状态层、变量层和要素层五个等级。

总体层：从整体上综合表达整个国家或地区的可持续发展能力，代表着国家或地区可持续发展总体运行态势、演化轨迹和可持续发展战略实施的总体效果。

---

* 本章由陈劭锋执笔，作者单位为中国科学院科技政策与管理科学研究所。

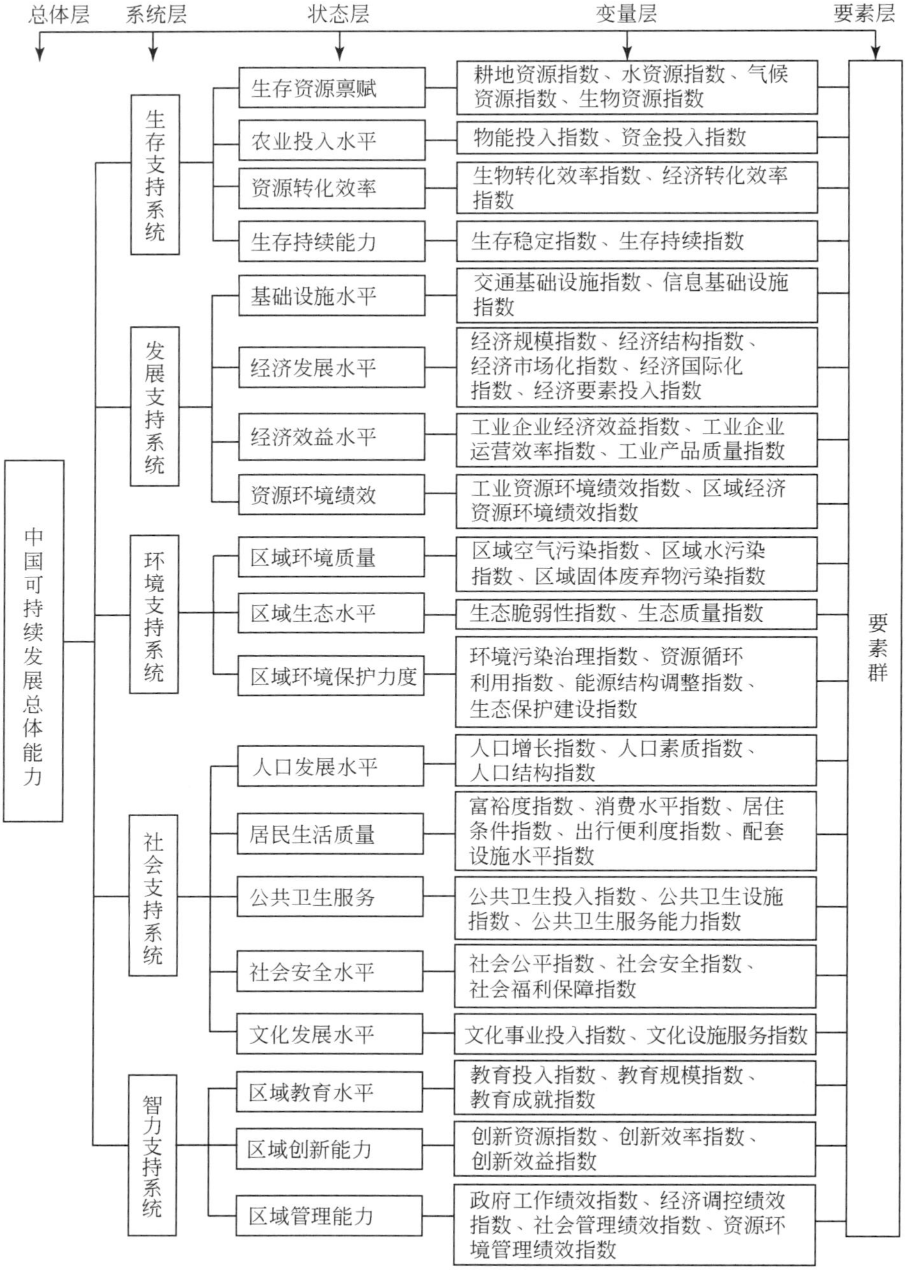

图 8.1　中国可持续发展能力评估指标体系基本框架

系统层：将可持续发展系统解析为内部具有内在逻辑关系的五大子系统，即生存支持系统、发展支持系统、环境支持系统、社会支持系统、智力支持系统。该层面主要揭示各子系统的运行状态和发展趋势。

状态层：反映决定各子系统行为的主要环节和关键组成成分的状态，包括某一时间断面上的状态和某一时间序列上的变化状况。

变量层：从本质上反映、揭示影响状态的行为、关系、变化等原因和动力。本指标体系共遴选 57 个指数来加以表征。

要素层：采用可测的、可比的、可以获得的指标及指标群，对变量层的数量表现、强度表现、速率表现给予直接地度量。本报告根据数据的可得性采用了 415 个基层指标，全面系统地对 57 个指数进行了定量描述，构成了指标体系的最基层要素。

二　2014 年中国可持续发展能力评估指标体系

为了适应我国社会经济发展和生态文明建设的新形势，充分体现工业化、信息化、市场化、国际化、城市化、农业现代化的基本趋势、特点和要求，本书对以前的中国可持续发展能力评估的指标体系进行了较大幅度的调整和优化，使得该指标体系的变量指数由原来的 45 个增加到 57 个，基层指标由往年的 240 个扩充到 415 个，全面涵盖了经济发展、城乡发展、创新发展、社会管理、生活质量、文化繁荣、公共安全、资源环境代价、环境保护、绿色发展、循环发展、低碳发展、资源环境税收等方面，具体如下。

1. 生存支持系统

1.1　生存资源禀赋

1.1.1　耕地资源指数

1.1.1.1　人均耕地面积

1.1.1.2　一等耕地面积占耕地总面积比例

1.1.1.3　中低产田面积占耕地总面积比例

1.1.1.4　耕层土壤有机质平均含量

1.1.2　水资源指数

1.1.2.1　人均水资源量

1.1.2.2　单位土地面积水资源量

1.1.3　气候资源指数

1.1.3.1　光合有效辐射

1.1.3.2 ≥10℃积温
1.1.3.3 年平均降水
1.1.3.4 年均霜日
1.1.4 生物资源指数
1.1.4.1 人均净初级生产力（NPP）
1.1.4.2 单位土地面积净初级生产力
1.2 农业投入水平
1.2.1 物能投入指数
1.2.1.1 单位农林牧渔总产值农机总动力
1.2.1.2 单位农林牧渔总产值用电量
1.2.1.3 单位农林牧渔总产值化肥施用量
1.2.1.4 单位农林牧渔总产值用水量
1.2.1.5 单位农林牧渔总产值柴油使用量
1.2.1.6 单位农林牧渔总产值塑料薄膜使用量
1.2.1.7 单位农林牧渔总产值农药使用量
1.2.2 资金投入指数
1.2.2.1 农户人均生产经营费用现金支出
1.2.2.2 农业生产财政支出占财政支出的比例
1.2.2.3 单位播种面积农业生产财政支出
1.2.2.4 农村人均农业生产财政支出
1.2.2.5 农业固定资产投资占全社会固定资产投资比例
1.2.2.6 单位播种面积农业固定资产投资
1.2.2.7 农村人均农业固定资产投资
1.2.2.8 农村人均农田灌溉水利投资额
1.2.2.9 农田灌溉投资额占水利投资额比例
1.3 资源转化效率
1.3.1 生物转化效率指数
1.3.1.1 单位播种面积粮食产量
1.3.1.2 人均粮食产量
1.3.1.3 单位农机总动力粮食产量
1.3.1.4 单位化肥投入粮食产量
1.3.1.5 单位农业用水粮食产量
1.3.1.6 单位用电粮食产量

1.3.2　经济转化效率指数
1.3.2.1　人均农、林、牧、渔业总产值
1.3.2.2　单位播种面积农、林、牧、渔业总产值
1.3.2.3　农、林、牧、渔业增加值占其总产值比重
1.4　生存持续能力
1.4.1　生存稳定指数
1.4.1.1　农业产值波动系数
1.4.1.2　粮食产量波动系数
1.4.1.3　农村人均收入波动系数
1.4.2　生存持续指数
1.4.2.1　人均有效灌溉面积
1.4.2.2　有效灌溉面积占耕地面积比例
1.4.2.3　人均旱涝保收面积
1.4.2.4　旱涝保收面积占耕地面积比例
1.4.2.5　人均节水灌溉面积
1.4.2.6　节水灌溉面积占灌溉面积比例
1.4.2.7　农田成灾率

2. 发展支持系统

2.1　基础设施水平
2.1.1 交通基础设施指数
2.1.1.1　交通通达性
2.1.1.1.1　人均交通线路长度
2.1.1.1.2　交通路网密度
2.1.1.1.3　城市人均道路面积
2.1.1.2　交通运转效率
2.1.1.2.1　人均货运周转量
2.1.1.2.2　单位线路长度货运周转量
2.1.1.2.3　单位面积货运周转量
2.1.1.2.4　人均客运周转量
2.1.1.2.5　单位线路长度客运周转量
2.1.1.2.6　单位面积客运周转量
2.1.1.3　交通设施潜力
2.1.1.3.1　交通运输仓储和邮政业投资占全社会固定资产投资比例

2.1.1.3.2 交通运输仓储和邮政业投资密度
2.1.1.3.3 人均交通运输仓储和邮政业投资
2.1.2 信息基础设施指数
2.1.2.1 信息基础设施服务能力
2.1.2.1.1 每万人邮电业务总量
2.1.2.1.2 单位面积邮电业务总量
2.1.2.2 信息基础设施可接近性
2.1.2.2.1 固定电话普及率
2.1.2.2.2 移动电话普及率
2.1.2.2.3 互联网普及率
2.1.2.2.4 城镇居民每百户拥有个人电脑数
2.1.2.2.5 农村居民每百户拥有个人电脑数
2.1.2.2.6 万人拥有的邮政营业网点数
2.1.2.2.7 邮政营业网点密度
2.1.2.2.8 已通邮的行政村比重
2.1.2.2.9 开通互联网宽带业务的行政村比重
2.1.2.2.10 有线广播电视用户数占总户数比重
2.1.2.3 信息基础设施潜力
2.1.2.3.1 信息软件技术服务业固定资产投资占全社会固定资产投资比例
2.1.2.3.2 信息软件技术服务业固定资产投资密度
2.1.2.3.3 人均信息软件技术服务业固定资产投资额
2.2 经济发展水平
2.2.1 经济规模指数
2.2.1.1 人均GDP
2.2.1.2 GDP密度
2.2.2 经济结构指数
2.2.2.1 非农产值占总产值比例
2.2.2.2 产业结构高度化指数
2.2.2.3 第三产业增长弹性系数
2.2.2.4 高技术产业主营业务收入占GDP比例
2.2.3 经济市场化指数
2.2.3.1 人均社会商品零售总额
2.2.3.2 非国有经济固定资产投资占全社会固定资产投资比例

2.2.3.3　非国有工业产值占工业总产值比例
2.2.4　经济国际化指数
2.2.4.1　人均外商投资额
2.2.4.2　外商投资占本地 GDP 比例
2.2.4.3　人均进出口总额
2.2.4.4　对外贸易依存度
2.2.4.5　出口竞争优势系数
2.2.5　经济要素投入指数
2.2.5.1　固定资产投资密度
2.2.5.2　人均固定资产投资额
2.2.5.3　固定资产投资效率
2.2.5.4　全社会劳动生产率
2.3　经济效益水平
2.3.1　工业企业经济效益指数
2.3.1.1　人均工业增加值
2.3.1.2　人均利税总额
2.3.1.3　人均主营业务收入
2.3.1.4　成本费用收益率
2.3.1.5　总资产贡献率
2.3.1.6　净资产收益率
2.3.2　工业企业运营效率指数
2.3.2.1　流动资产周转率
2.3.2.2　资产负债率
2.3.2.3　营运资金比率
2.3.3　工业产品质量指数
2.3.3.1　产品质量优等品率
2.3.3.2　产品质量损失率
2.4　资源环境绩效
2.4.1　工业资源环境绩效指数
2.4.1.1　工业资源效率
2.4.1.1.1　单位工业增加值能源消耗
2.4.1.1.2　单位工业增加值用水量
2.4.1.1.3　单位工业增加值建设用地面积

2.4.1.2 工业环境效率
2.4.1.2.1 单位工业增加值废水排放量
2.4.1.2.2 单位工业增加值废气排放量
2.4.1.2.3 单位工业增加值 COD 排放量
2.4.1.2.4 单位工业增加值氨氮排放量
2.4.1.2.5 单位工业增加值重金属排放量
2.4.1.2.6 单位工业增加值二氧化硫排放量
2.4.1.2.7 单位工业增加值氮氧化物排放量
2.4.1.2.8 单位工业增加值烟粉尘排放量
2.4.1.2.9 单位工业增加值固体废弃物排放量
2.4.2 区域经济资源环境绩效指数
2.4.2.1 区域经济资源效率
2.4.2.1.1 单位 GDP 能源消耗
2.4.2.1.2 单位 GDP 用水量
2.4.2.1.3 单位 GDP 建设用地面积
2.4.2.1.4 单位 GDP 货运周转量
2.4.2.2 区域经济环境效率
2.4.2.2.1 单位 GDP 废水排放量
2.4.2.2.2 单位 GDP 废气排放量
2.4.2.2.3 单位 GDP 固体废弃物排放量
2.4.2.2.4 单位 GDP 的 COD 排放量
2.4.2.2.5 单位 GDP 氨氮排放量
2.4.2.2.6 单位 GDP 重金属排放量
2.4.2.2.7 单位 GDP 二氧化硫排放量
2.4.2.2.8 单位 GDP 氮氧化物排放量
2.4.2.2.9 单位 GDP 烟粉尘排放量
2.4.2.2.10 单位 GDP 二氧化碳排放量

3. 环境支持系统

3.1 区域环境质量
3.1.1 区域空气污染指数
3.1.1.1 空气污染物总排放强度
3.1.1.1.1 人均工业废气排放量
3.1.1.1.2 工业废气排放密度

3.1.1.1.3　人均二氧化硫排放总量
3.1.1.1.4　二氧化硫排放密度
3.1.1.1.5　人均烟粉尘排放量
3.1.1.1.6　烟粉尘排放密度
3.1.1.1.7　人均氮氧化物排放量
3.1.1.1.8　氮氧化物排放密度
3.1.1.1.9　人均二氧化碳排放量
3.1.1.1.10　二氧化碳排放密度
3.1.1.1.11　二氧化碳平均排放系数
3.1.1.2　工业空气污染物排放强度
3.1.1.2.1　人均工业二氧化硫排放量
3.1.1.2.2　工业二氧化硫排放密度
3.1.1.2.3　人均工业烟粉尘排放量
3.1.1.2.4　工业烟粉尘排放密度
3.1.1.2.5　人均工业氮氧化物排放量
3.1.1.2.6　工业氮氧化物排放密度
3.1.1.3　生活空气污染物排放强度
3.1.1.3.1　人均生活二氧化硫排放量
3.1.1.3.2　生活二氧化硫排放密度
3.1.1.3.3　单位居民消费支出生活二氧化硫排放量
3.1.1.3.4　人均生活烟粉尘排放量
3.1.1.3.5　生活烟粉尘排放密度
3.1.1.3.6　单位居民消费支出生活烟粉尘排放量
3.1.1.3.7　人均生活氮氧化物排放量
3.1.1.3.8　生活氮氧化物排放密度
3.1.1.3.9　单位居民消费支出生活氮氧化物排放量
3.1.1.4　机动车空气污染物排放强度
3.1.1.4.1　人均机动车总颗粒物排放量
3.1.1.4.2　机动车总颗粒物排放密度
3.1.1.4.3　单位机动车辆颗粒物排放量
3.1.1.4.4　人均机动车氮氧化物排放量
3.1.1.4.5　机动车氮氧化物排放密度
3.1.1.4.6　单位机动车辆氮氧化物排放量

3.1.1.4.7 人均机动车一氧化碳排放量
3.1.1.4.8 机动车一氧化碳排放密度
3.1.1.4.9 单位机动车辆一氧化碳排放量
3.1.1.4.10 人均机动车碳氢化物排放量
3.1.1.4.11 机动车碳氢化物排放密度
3.1.1.4.12 单位机动车辆碳氢化物排放量
3.1.2 区域水污染指数
3.1.2.1 水污染物总排放强度
3.1.2.1.1 人均废水排放量
3.1.2.1.2 废水排放密度
3.1.2.1.3 人均化学需氧量（COD）排放量
3.1.2.1.4 单位径流化学需氧量（COD）排放量
3.1.2.1.5 人均氨氮排放量
3.1.2.1.6 单位径流氨氮排放量
3.1.2.2 工业水污染排放强度
3.1.2.2.1 人均工业废水排放量
3.1.2.2.2 工业废水排放密度
3.1.2.2.3 人均工业化学需氧量（COD）排放量
3.1.2.2.4 单位径流工业化学需氧量（COD）排放量
3.1.2.2.5 人均工业氨氮排放量
3.1.2.2.6 单位径流工业氨氮排放量
3.1.2.2.7 人均工业废水重金属排放量
3.1.2.2.8 单位径流工业废水重金属排放量
3.1.2.3 生活水污染排放强度
3.1.2.3.1 人均生活污水排放量
3.1.2.3.2 生活污水排放密度
3.1.2.3.3 人均生活化学需氧量（COD）排放量
3.1.2.3.4 单位径流生活化学需氧量（COD）排放量
3.1.2.3.5 人均生活氨氮排放量
3.1.2.3.6 单位径流生活氨氮排放量
3.1.2.4 农业面源污染
3.1.2.4.1 单位播种面积化肥施用量
3.1.2.4.2 单位播种面积农药使用量

3.1.2.4.3　单位径流农业 COD 排放量
3.1.2.4.4　单位径流农业氨氮排放量
3.1.2.4.5　单位径流农业总氮排放量
3.1.2.4.6　单位径流农业总磷排放量
3.1.3　区域固体废弃物污染指数
3.1.3.1　人均工业固体废弃物排放量
3.1.3.2　工业固体废弃物排放密度
3.2　区域生态水平
3.2.1　生态脆弱性指数
3.2.1.1　生态压力
3.2.1.1.1　人口密度
3.2.1.1.2　人均牲畜饲养量
3.2.1.1.3　牲畜饲养量密度
3.2.1.2　地理脆弱度
3.2.1.2.1　地震灾害频率
3.2.1.2.2　地质灾害发生率
3.2.1.2.3　地形起伏度
3.2.1.2.4　平地面积占国土面积比例
3.2.1.3　气候变异度
3.2.1.3.1　干燥度
3.2.1.3.2　农田受灾率
3.2.1.4　土地退化
3.2.1.4.1　水土流失率
3.2.1.4.2　荒漠化率
3.2.1.4.3　耕地盐碱化率
3.2.1.5　自然灾害强度
3.2.1.5.1　自然灾害损失占 GDP 比例
3.2.1.5.2　人均自然灾害损失
3.2.2　生态质量指数
3.2.2.1　森林生态
3.2.2.1.1　森林覆盖率
3.2.2.1.2　人均林地面积
3.2.2.1.3　人均活立木蓄积量

3.2.2.1.4 单位土地面积活立木蓄积量
3.2.2.2 城市生态
3.2.2.2.1 城市人均公园绿地面积
3.2.2.2.2 城市建成区绿化覆盖率
3.2.2.3 农村生态
3.2.2.3.1 湿地面积占国土面积的比例
3.2.2.3.2 水域面积占国土面积的比例
3.2.2.3.3 草地面积占国土面积的比例
3.3 区域环境保护力度
3.3.1 环境污染治理指数
3.3.1.1 环境污染治理总投资占 GDP 比例
3.3.1.2 人均环境污染治理投资
3.3.1.3 工业污染源治理投资占 GDP 比例
3.3.1.4 人均工业污染源治理投资
3.3.1.5 节能环保财政支出占财政支出比重
3.3.1.6 人均节能环保财政支出
3.3.1.7 城市生活垃圾无害化处理率
3.3.1.8 城镇污水处理率
3.3.2 资源循环利用指数
3.3.2.1 工业用水重复利用率
3.3.2.2 城市用水重复利用率
3.3.2.3 城镇污水再生水利用率
3.3.2.4 城镇污泥处置利用率
3.3.2.5 工业固体废弃物综合利用率
3.3.2.6 工业危险固体废弃物综合利用率
3.3.2.7 常用有色金属再生资源生产比例
3.3.3 能源结构调整指数
3.3.3.1 非化石能源消费占一次能源消费比重
3.3.3.2 农村人均沼气产量
3.3.3.3 农村沼气产量相当于能源消费比重
3.3.3.4 农村人均太阳能热水器面积
3.3.3.5 城市燃气普及率
3.3.3.6 化石能源消费二氧化碳排放系数

3.3.4　生态保护建设指数
3.3.4.1　人均营林系统固定资产投资
3.3.4.2　单位营林系统固定资产投资造林面积
3.3.4.3　人均水利基本建设投资
3.3.4.4　水利生态建设投资占水利基本建设投资比例
3.3.4.5　自然保护区面积占国土面积的比例
3.3.4.6　水土流失治理率
3.3.4.7　造林面积占国土面积的比例
3.3.4.8　旱涝盐碱治理率

4. 社会支持系统

4.1　人口发展水平
4.1.1　人口增长指数
4.1.1.1　人口自然增长率
4.1.1.2　经济-人口增长弹性系数
4.1.2　人口素质指数
4.1.2.1　出生时平均预期寿命
4.1.2.2　15岁以上人口文盲率
4.1.2.3　大专以上受教育人口占6岁以上人口比例
4.1.2.4　中等教育水平以上农业劳动者比例
4.1.3　人口结构指数
4.1.3.1　赡养比
4.1.3.2　性别比例
4.1.3.3　第三产业劳动者比例
4.1.3.4　城市化率
4.2　居民生活质量
4.2.1　富裕度指数
4.2.1.1　城乡人均储蓄额
4.2.1.2　居民收入水平
4.2.1.2.1　城市居民家庭人均可支配收入
4.2.1.2.2　农村居民家庭人均纯收入
4.2.2　消费水平指数
4.2.2.1　人均消费支出
4.2.2.1.1　城市人均消费支出

4.2.2.1.2　农村人均消费支出
4.2.2.2　恩格尔系数
4.2.2.2.1　城市居民恩格尔系数
4.2.2.2.2　农村居民恩格尔系数
4.2.2.3　文化消费支出
4.2.2.3.1　城市人均文化消费支出
4.2.2.3.2　农村人均文化消费支出
4.2.2.3.3　城市人均文化消费占消费支出比例
4.2.2.3.4　农村人均文化消费占消费支出比例
4.2.3　居住条件指数
4.2.3.1　居民住房面积
4.2.3.1.1　城市居民人均住房面积
4.2.3.1.2　农村居民人均住房面积
4.2.3.2　农村居民家庭主要家电普及率
4.2.3.2.1　农村居民家庭平均每百户彩色电视机拥有量
4.2.3.2.2　农村居民家庭平均每百户电冰箱拥有量
4.2.3.2.3　农村居民家庭平均每百户洗衣机拥有量
4.2.3.2.4　农村居民家庭平均每百户空调拥有量
4.2.3.2.5　农村居民家庭平均每百户抽油烟机拥有量
4.2.4　出行便利度指数
4.2.4.1　城市每万人拥有公共交通车辆数
4.2.4.2　城镇居民家庭平均每百户家用汽车拥有量
4.2.5　配套设施水平指数
4.2.5.1　城市用水普及率
4.2.5.2　农村饮用自来水人口占农村人口比重
4.2.5.3　城市万人拥有公共厕所
4.2.5.4　农村有农电的县户通电率
4.3　公共卫生服务
4.3.1　公共卫生投入指数
4.3.1.1　人均公共卫生经费支出
4.3.1.2　公共卫生经费支出占财政支出比例
4.3.2　公共卫生设施指数
4.3.2.1　千人拥有医生数

4.3.2.2　千人拥有病床数
4.3.3　公共卫生服务能力指数
4.3.3.1　孕产妇死亡率
4.3.3.2　围产儿死亡率
4.3.3.3　7岁以下儿童保健管理率
4.3.3.4　甲乙类法定报告传染病发病率
4.3.3.5　甲乙类法定报告传染病死亡率
4.3.3.6　农村改水人口收益率
4.3.3.7　农村卫生厕所普及率
4.4　社会安全水平
4.4.1　社会公平指数
4.4.1.1　城乡收入水平差异
4.4.1.2　行业收入水平差异
4.4.1.3　男女就业公平度
4.4.1.4　男女受教育公平度
4.4.2　社会安全指数
4.4.2.1　城镇失业率
4.4.2.2　贫困发生率
4.4.2.3　通货膨胀率
4.4.2.4　万人交通事故发生率
4.4.2.5　交通事故直接损失占GDP比例
4.4.2.6　万人火灾事故发生率
4.4.2.7　火灾事故直接损失占GDP比例
4.4.2.8　万人工矿商贸事故发生率
4.4.2.9　万人环境突发事件发生率
4.4.3　社会福利保障指数
4.4.3.1　人均公共安全财政支出
4.4.3.2　公共安全财政支出占财政支出比例
4.4.3.3　城镇每万人拥有的社区服务设施数
4.4.3.4　社会保障财政支出占财政支出比例
4.4.3.5　人均社会保障财政支出
4.4.3.6　城镇职工养老保险覆盖率
4.4.3.7　城镇职工医疗保险覆盖率

4.4.3.8　城镇职工失业保险覆盖率

4.4.3.9　农村新型合作医疗覆盖率

4.5　文化发展水平

4.5.1　文化事业投入指数

4.5.1.1　人均文体传媒业财政支出

4.5.1.2　文体传媒业财政支出占财政支出比例

4.5.2　文化设施服务指数

4.5.2.1　广播节目综合人口覆盖率

4.5.2.2　电视节目综合人口覆盖率

4.5.2.3　公共图书馆服务水平

4.5.2.3.1　万人拥有的公共图书馆数

4.5.2.3.2　万人公共图书馆馆藏量

5. 智力支持系统

5.1　区域教育水平

5.1.1　教育投入指数

5.1.1.1　教育经费投入

5.1.1.1.1　教育经费支出占 GDP 比例

5.1.1.1.2　各级在校学生人均教育经费

5.1.1.1.3　全社会人均教育经费支出

5.1.1.2　师资力量

5.1.1.2.1　高等学校师生比

5.1.1.2.2　中等学校师生比

5.1.1.2.3　万人拥有中等学校教师数

5.1.1.2.4　万人拥有大学教师数

5.1.2　教育规模指数

5.1.2.1　万人中等学校在校学生数

5.1.2.2　万人在校大学生数

5.1.3　教育成就指数

5.1.3.1　中等学校以上在校学生数占学生总数比例

5.1.3.2　成人文盲下降幅度

5.1.3.3　大专以上教育人口比例增加幅度

5.2　区域创新能力

5.2.1　创新资源指数

5. 2. 1. 1　创新人力资源

5. 2. 1. 1. 1　万人公有经济企事业单位专业技术人员数

5. 2. 1. 1. 2　万人拥有的 R&D 人员数

5. 2. 1. 1. 3　万人拥有 R&D 人员全时当量数

5. 2. 1. 1. 4　万人规模以上企业 R&D 人员数

5. 2. 1. 1. 5　规模以上企业单位资产配备的 R&D 人员数

5. 2. 1. 1. 6　规模以上企业有研发机构的企业比例

5. 2. 1. 2　创新经费资源

5. 2. 1. 2. 1　R&D 经费支出占 GDP 比例

5. 2. 1. 2. 2　人均 R&D 经费支出

5. 2. 1. 2. 3　R&D 人员人均经费支出

5. 2. 1. 2. 4　基础和应用研究经费占 R&D 经费支出比例

5. 2. 1. 2. 5　企业研发经费与政府研发经费之比

5. 2. 1. 2. 6　人均科技财政支出

5. 2. 1. 2. 7　科技财政支出占财政支出比例

5. 2. 1. 2. 8　规模以上企业 R&D 人员人均经费支出

5. 2. 1. 2. 9　规模以上企业 R&D 经费支出占主营业务收入比例

5. 2. 1. 2. 10　企业技术改造经费占主营业务收入比例

5. 2. 1. 2. 11　企业消化吸收经费占技术引进与消化吸收总经费比例

5. 2. 2　创新效率指数

5. 2. 2. 1　论文产出效率

5. 2. 2. 1. 1　千名 R&D 人员国际论文数

5. 2. 2. 1. 2　单位 R&D 经费国际论文数

5. 2. 2. 1. 3　千名 R&D 人员国内论文数

5. 2. 2. 1. 4　单位 R&D 经费国内论文数

5. 2. 2. 2　专利产出效率

5. 2. 2. 2. 1　万人专利授权量

5. 2. 2. 2. 2　万人发明专利授权量

5. 2. 2. 2. 3　单位 R&D 经费专利授权量

5. 2. 2. 2. 4　单位 R&D 经费发明专利授权量

5. 2. 2. 2. 5　规模以上企业 R&D 人员人均专利申请量

5. 2. 2. 2. 6　规模以上企业 R&D 人员人均发明专利申请量

5. 2. 2. 2. 7　规模以上企业单位资产有效发明专利数

5. 2. 2. 2. 8　规模以上企业单位 R&D 经费专利申请量
5. 2. 2. 2. 9　规模以上企业单位 R&D 经费发明专利申请量
5. 2. 2. 3　经济产出效率
5. 2. 2. 3. 1　单位 R&D 经费支出的技术市场成交额
5. 2. 2. 3. 2　单位 R&D 人员技术市场成交额
5. 2. 2. 3. 3　规模以上企业单位新产品开发费产生新产品主营业务收入
5. 2. 2. 3. 4　规模以上企业 R&D 人员人均新产品主营业务收入
5. 2. 3　创新效益指数
5. 2. 3. 1　直接效益
5. 2. 3. 1. 1　人均技术市场成交额
5. 2. 3. 1. 2　技术市场成交额占 GDP 比例
5. 2. 3. 1. 3　人均新产品主营业务收入
5. 2. 3. 1. 4　规模以上企业新产品主营业务收入占主营业务收入比例
5. 2. 3. 1. 5　人均高技术产业主营业务收入
5. 2. 3. 2　间接效益
5. 2. 3. 2. 1　单位 GDP 能耗下降率
5. 2. 3. 2. 2　单位 GDP 水资源消耗下降率
5. 2. 3. 2. 3　单位 GDP 建设用地下降率
5. 2. 3. 2. 4　单位 GDP 货运周转量下降率
5. 2. 3. 2. 5　万元产值废水排放下降率
5. 2. 3. 2. 6　万元产值废气排放下降率
5. 2. 3. 2. 7　万元产值的固体废物排放下降率
5. 2. 3. 2. 8　万元产值二氧化碳排放下降率
5. 2. 3. 2. 9　全社会劳动生产率的增长率
5. 3　区域管理能力
5. 3. 1　政府工作绩效指数
5. 3. 1. 1 政府财政绩效
5. 3. 1. 1. 1　地方财政债务率
5. 3. 1. 1. 2　财政收入弹性系数
5. 3. 1. 1. 3　人均财政收入
5. 3. 1. 1. 4　财政收入占 GDP 比例
5. 3. 1. 2　政府服务绩效
5. 3. 1. 2. 1　公共管理人员占总就业人员比例

5.3.1.2.2　人均政府公共服务支出
5.3.1.2.3　公共服务支出占 GDP 比例
5.3.2　经济调控绩效指数
5.3.2.1　经济增长波动系数
5.3.2.2　商品价格波动系数
5.3.2.3　国际贸易平衡指数
5.3.3　社会管理绩效指数
5.3.3.1　城乡收入差距变化幅度
5.3.3.2　失业率变化幅度
5.3.3.3　城市化率变化幅度
5.3.4　资源环境管理绩效指数
5.3.4.1　环保能力建设
5.3.4.1.1　每千人拥有的环境保护工作人员数
5.3.4.1.2　每千人拥有的环保机构数
5.3.4.2　环境监管绩效
5.3.4.2.1　环境影响评价执行力度
5.3.4.2.2　环境问题来信处理率
5.3.4.2.3　环境问题来访处理率
5.3.4.2.4　万人环境宣传活动数
5.3.4.2.5　环境宣传教育活动人数比例
5.3.4.2.6　每千人人大政协环境提案建议承办数
5.3.4.2.7　万人生态市县建设数
5.3.4.2.8　万人农村生态示范区建设数
5.3.4.2.9　重金属达标企业占重金属污染防控重点企业比例
5.3.4.2.10　清洁生产强制性审核比例
5.3.4.3　资源环境税收力度
5.3.4.3.1　人均资源税
5.3.4.3.2　资源税占财政收入比例
5.3.4.3.3　人均城镇土地使用税
5.3.4.3.4　城镇土地使用税占财政收入比例
5.3.4.3.5　人均耕地占用税
5.3.4.3.6　耕地占用税占财政收入比例
5.3.4.3.7　人均车船税

5.3.4.3.8　车船税占财政收入比例

5.3.4.3.9　人均排污收费

5.3.4.3.10　排污收费占财政收入比例

第九章

中国可持续发展能力综合评估（1995～2011年）*

1995年，中国把可持续发展战略确立为国家的基本战略。为了监测中国可持续发展战略实施的进展状况，评判可持续发展领域相关政策和行动的实施效果，反映中国可持续发展运行态势、演化轨迹、演进速度和方向，揭示推进可持续发展战略过程中存在的主要问题，本报告在全面修订中国可持续发展能力评估指标体系（见第八章）的基础上，对1995年以来全国31个省、直辖市、自治区和主要宏观区域的可持续发展能力及其变化重新进行了综合评估，主要时段为1995～2011年。由于从1995～2010年刚好经历了“九五”、“十五”和“十一五”三个五年规划，因此报告涵盖了三个五年规划期间可持续发展能力变化评估。

在评估方法上，本评估把统计学中的增长指数法和多指标综合评价中的线性加权和法结合起来，通过等权处理和逐级汇总，获得了不同地区、不同年份的可持续

* 本章由陈劭锋、刘扬、邱明晶、陈虹村、陈卓、宋敦江执笔，作者单位为中国科学院科技政策与管理科学研究所。

发展能力指数值。其主要特点是实现了可持续发展能力纵向和横向上对比的统一，即不仅在纵向上或时间序列上可以反映各地区可持续发展能力的演进方向和速度，而且同时可以在横向对比上体现出一个地区可持续发展能力的相对大小、该地区与全国和其他地区可持续发展能力的差距、该地区在全国所处的地位及其动态变化。由于资料的限制和统计口径的差异，本次评估暂未包括我国的台湾地区、香港特别行政区和澳门特别行政区。

考虑到中国可持续发展能力的区域分异特点，本书在按照省级行政单元进行评估的基础上，对我国的东部地区（包括北京、天津、河北、辽宁、上海、江苏、浙江、福建、山东、广东和海南11个省、直辖市）、中部地区（包括山西、吉林、黑龙江、安徽、江西、河南、湖北、湖南8省）、西部地区（包括重庆、四川、贵州、云南、西藏、陕西、甘肃、青海、宁夏、新疆、广西、内蒙古12个省、直辖市、自治区）和东北老工业基地（包括辽宁、吉林、黑龙江3省）的可持续发展能力进行评估，同时补充了地域上邻近的中部6省（包括山西、安徽、江西、河南、湖北、湖南）和国务院发展研究中心提出的8大综合经济区的可持续发展能力评估。这8大综合经济区除东北区与东北老工业基地的划分相同外，其他7个区分别是北部沿海地区（包括北京、天津、河北、山东2直辖市2省）、东部沿海地区（包括上海、江苏、浙江1直辖市2省）、南部沿海地区（包括福建、广东、海南3省）、黄河中游地区（包括陕西、山西、河南、内蒙古3省1自治区）、长江中游地区（包括湖北、湖南、江西、安徽4省）、西南地区（包括云南、贵州、四川、重庆、广西3省1直辖市1自治区）和大西北地区（包括甘肃、青海、宁夏、西藏、新疆2省3自治区）。

一 2011年中国可持续发展能力综合评估

（一）2011年中国各省、直辖市、自治区可持续发展能力综合评估结果

2011年中国各省、直辖市、自治区的可持续发展能力及各支持系统的发展水平如表9.1所示。

表9.1　2011年中国各省、直辖市、自治区可持续发展能力综合评估结果

地　区	生存支持系统	发展支持系统	环境支持系统	社会支持系统	智力支持系统	可持续发展能力
全　国	106.0	116.3	102.2	111.3	111.8	109.5
北　京	106.6	126.1	104.1	117.6	116.8	114.3
天　津	104.3	129.2	102.9	115.5	115.3	113.4
河　北	103.9	117.1	101.2	111.8	107.8	108.4
山　西	102.1	114.0	99.4	111.4	109.6	107.3
内蒙古	107.2	114.6	100.7	113.1	109.2	108.9
辽　宁	107.7	119.9	101.9	113.9	111.5	111.0
吉　林	107.8	116.2	101.1	112.8	110.4	109.6
黑龙江	109.5	115.0	102.0	113.5	111.6	110.3
上　海	102.6	127.6	105.8	116.3	115.5	113.5
江　苏	106.4	123.2	105.3	114.7	112.7	112.4
浙　江	106.8	123.2	106.0	114.5	111.3	112.4
安　徽	105.2	114.2	103.8	109.3	110.9	108.7
福　建	107.8	121.6	103.5	111.4	112.2	111.3
江　西	108.2	114.6	105.3	110.2	108.2	109.3
山　东	106.0	121.2	102.5	113.3	110.4	110.7
河　南	105.4	115.3	101.6	111.5	108.2	108.4
湖　北	106.1	115.0	104.1	111.2	111.3	109.6
湖　南	108.4	114.5	103.7	110.3	109.5	109.3
广　东	105.4	124.0	104.0	112.0	112.2	111.5
广　西	107.5	113.4	102.5	108.7	108.0	108.0
海　南	110.3	117.9	106.3	110.3	110.1	111.0
重　庆	105.9	116.2	102.4	110.0	112.6	109.4
四　川	107.8	114.9	101.9	110.5	109.3	108.9
贵　州	102.7	109.9	101.1	108.7	107.9	106.1
云　南	105.1	110.6	102.6	108.3	107.3	106.8
西　藏	108.0	97.8	97.2	105.2	98.7	101.4
陕　西	105.3	116.1	100.9	112.3	113.2	109.5
甘　肃	102.0	107.8	99.6	109.4	109.2	105.6
青　海	105.7	106.9	98.9	110.4	105.6	105.5
宁　夏	102.0	110.5	99.1	111.3	109.1	106.4
新　疆	106.8	111.1	98.8	111.5	106.9	107.0

注：1995年全国=100.0

资料来源：基础数据来自中华人民共和国国家统计局（1995～2012年）发布的相关统计年鉴

由表9.1可知，如果以1995年全国可持续发展能力为100，则2011年全国可持续发展能力为109.5。其各支持系统发展水平如图9.1所示。从中可以发现，中国目前的可持续发展能力主要由发展、社会和智力三大支持系统的发展来主导，而生存和环境系统发展则呈现出相对明显的滞后性，是可持续发展能力的短板或制约因素。因此，提升中国的可持续发展能力，要在保障其他系统健康发展的同时，注重加强以农业可持续性为核心的能力建设和以生态系统良性循环为导向的生态环境保护和建设力度，确保各系统协调发展。

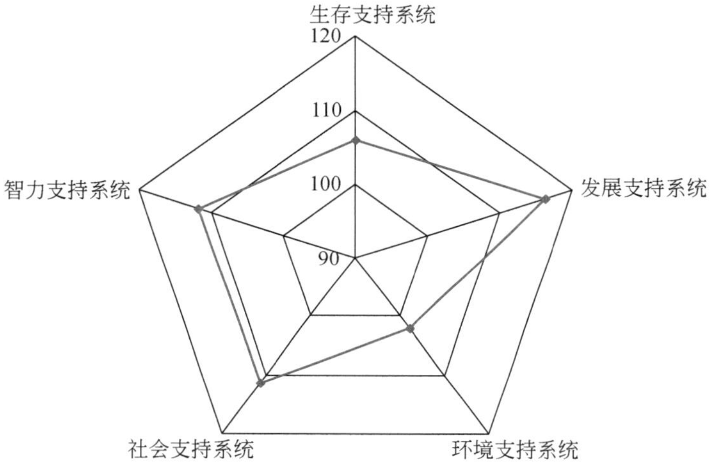

图9.1　全国可持续发展五大支持系统发展水平图

2011年，可持续发展能力达到或超过全国平均水平的省、直辖市、自治区有北京、天津、辽宁、吉林、黑龙江、上海、江苏、浙江、福建、山东、湖北、广东、海南、陕西。其他省、直辖市、自治区的可持续发展能力均低于全国平均水平。

从2011年中国各省、直辖市、自治区可持续发展能力排名（图9.2和表9.2）来看，北京的可持续发展能力最强，而西藏的可持续发展能力则最弱。可持续发展能力排在全国前十位的依次是：北京、上海、天津、江苏、浙江、广东、福建、辽宁、海南、山东。位居后十位的依次是：河北、广西、山西、新疆、云南、宁夏、贵州、甘肃、青海、西藏。各省、直辖市、自治区五大支持系统排名如表9.2所示。

与2010年相比，北京、天津、河北、内蒙古、上海、江苏、浙江、福建、河南、湖北、广东、广西、云南、西藏等14个省、直辖市、自治区可持续发展能力的位序保持不变，山西、辽宁、黑龙江、海南、四川、甘肃、宁夏上升了一位，重庆、陕西上升了两位。而吉林、安徽、江西、贵州、青海、新疆下降了一位，山东下降了两位，湖南下降了三位。

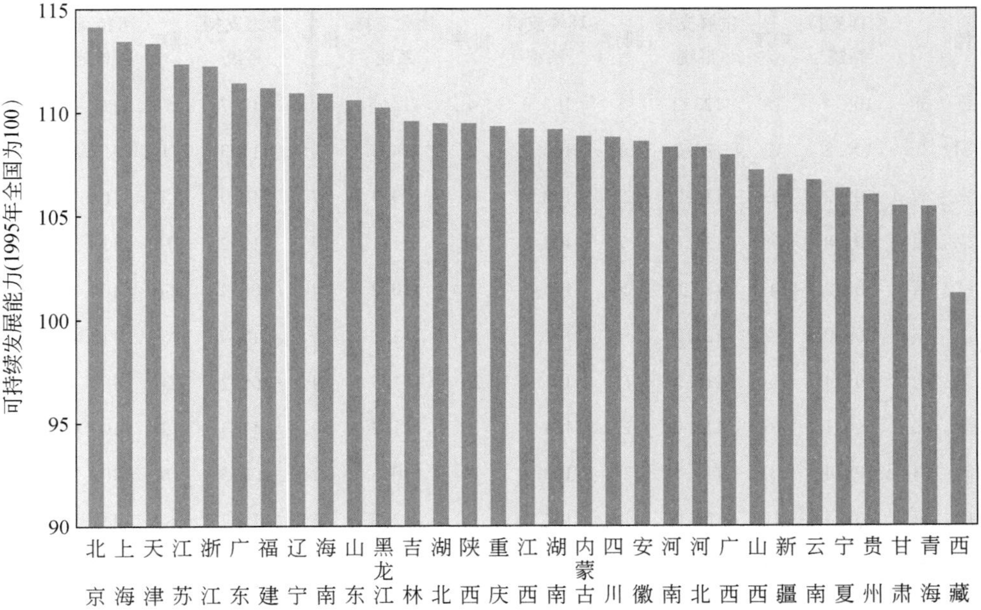

图 9.2　2011 年中国各省、直辖市、自治区可持续发展能力排序图

表 9.2　2011 年中国各省、直辖市、自治区可持续发展能力排序

地　区	生存支持系统	排序	发展支持系统	排序	环境支持系统	排序	社会支持系统	排序	智力支持系统	排序	可持续发展总能力	排序
北　京	106.6	14	126.1	3	104.1	6	117.6	1	116.8	1	114.3	1
天　津	104.3	25	129.2	1	102.9	12	115.5	3	115.3	3	113.4	3
河　北	103.9	26	117.1	11	101.2	21	111.8	13	107.8	27	108.4	22
山　西	102.1	29	114.0	23	99.4	27	111.4	16	109.6	17	107.3	24
内蒙古	107.2	11	114.6	19	100.7	25	113.1	9	109.2	20	108.9	18
辽　宁	107.7	9	119.9	9	101.9	18	113.9	6	111.5	10	111.0	8
吉　林	107.8	6	116.2	12	101.1	22	112.8	10	110.4	14	109.6	12
黑龙江	109.5	2	115.0	16	102.0	17	113.5	7	111.6	9	110.3	11
上　海	102.6	28	127.6	2	105.8	3	116.3	2	115.5	2	113.5	2

续表

地　区	生存支持系统	排序	发展支持系统	排序	环境支持系统	排序	社会支持系统	排序	智力支持系统	排序	可持续发展总能力	排序
江　苏	106.4	15	123.2	5	105.3	4	114.7	4	112.7	5	112.4	4
浙　江	106.8	12	123.2	6	106.0	2	114.5	5	111.3	11	112.4	5
安　徽	105.2	23	114.2	22	103.8	9	109.3	27	110.9	13	108.7	20
福　建	107.8	7	121.6	7	103.5	11	111.4	17	112.2	7	111.3	7
江　西	108.2	4	114.6	20	105.3	5	110.2	24	108.2	23	109.3	16
山　东	106.0	17	121.2	8	102.5	14	113.3	8	110.4	15	110.7	10
河　南	105.4	20	115.3	15	101.6	20	111.5	14	108.2	24	108.4	21
湖　北	106.1	16	115.0	17	104.1	7	111.2	19	111.3	12	109.6	13
湖　南	108.4	3	114.5	21	103.7	10	110.3	22	109.5	18	109.3	17
广　东	105.4	21	124.0	4	104.0	8	112.0	12	112.2	8	111.5	6
广　西	107.5	10	113.4	24	102.5	15	108.7	28	108.0	25	108.0	23
海　南	110.3	1	117.9	10	106.3	1	110.3	23	110.1	16	111.0	9
重　庆	105.9	18	116.2	13	102.4	16	110.0	25	112.6	6	109.4	15
四　川	107.8	8	114.9	18	101.9	19	110.5	20	109.3	19	108.9	19
贵　州	102.7	27	109.9	28	101.1	23	108.7	29	107.9	26	106.1	28
云　南	105.1	24	110.6	26	102.6	13	108.3	30	107.3	28	106.8	26
西　藏	108.0	5	97.8	31	97.2	31	105.2	31	98.7	31	101.4	31
陕　西	105.3	22	116.1	14	100.9	24	112.3	11	113.2	4	109.5	14
甘　肃	102.0	30	107.8	29	99.6	26	109.4	26	109.2	21	105.6	29
青　海	105.7	19	106.9	30	98.9	29	110.4	21	105.6	30	105.5	30
宁　夏	102.0	31	110.5	27	99.1	28	111.3	18	109.1	22	106.4	27
新　疆	106.8	13	111.1	25	98.8	30	111.5	15	106.9	29	107.0	25

注：1995 年全国=100.0

资料来源：基础数据来自中华人民共和国国家统计局（1995~2012 年）发布的相关统计年鉴

（二）2011年中国东、中、西部和东北老工业基地及八大经济区的可持续发展能力综合评估结果

2011年，中国东、中、西部和东北老工业基地及八大经济区的可持续发展能力综合评估结果如表9.3所示。由表9.3可知，2011年，中国东部地区、东北老工业基地的可持续发展能力高于全国平均水平，而中部地区、西部地区低于全国平均水平。从全国东、中、西部和东北老工业基地的可持续发展能力来看，东部地区高于东北老工业基地，东北老工业基地高于中部地区，中部地区又高于西部地区，呈现出比较显著的空间差异特征。再从八大经济区来看，东部沿海地区可持续发展能力最高，而大西北地区最低。各大经济区按照可持续发展能力由高到低的顺序依次是：东部沿海地区、南部沿海地区、北部沿海地区、东北地区、长江中游地区、黄河中游地区、西南地区、大西北地区。

表9.3　2011年中国东、中、西部和东北老工业基地及八大经济区的可持续发展能力综合评估结果

地区		生存支持系统	发展支持系统	环境支持系统	社会支持系统	智力支持系统	可持续发展总能力
东、中、西部和东北老工业基地	东部地区	106.4	122.0	103.2	113.5	110.1	111.0
	东北老工业基地	108.5	117.1	101.5	113.3	110.8	110.2
	中部地区（8省）	106.9	114.4	102.3	111.0	109.6	108.8
	中部6省	106.2	114.5	102.4	110.4	109.0	108.5
	西部地区	105.6	112.0	101.6	109.9	109.3	107.7
八大经济区	东北地区	108.5	117.1	101.5	113.3	110.8	110.2
	北部沿海地区	104.9	121.4	102.1	114.5	111.7	110.9
	东部沿海地区	106.2	123.8	105.2	114.7	112.3	112.4
	南部沿海地区	106.6	122.9	103.8	111.5	111.4	111.2
	黄河中游地区	105.0	114.4	101.1	111.7	109.9	108.4
	长江中游地区	106.8	114.5	103.5	110.2	109.3	108.9
	西南地区	106.2	113.4	102.2	109.3	108.5	107.9
	大西北地区	105.6	108.0	100.9	109.8	108.3	106.5

注：1995年全国=100.0

资料来源：基础数据来自中华人民共和国国家统计局（1995～2012年）发布的相关统计年鉴

二 中国可持续发展能力变化趋势（1995～2011年）

（一）全国可持续发展能力变化趋势（1995～2011年）

自1995年以来，全国可持续发展能力总体上呈上升态势（图9.3），2011年比1995年增长了9.5%。“九五”、“十五”和“十一五”期间，全国可持续发展能力年均分别增长0.49%、0.63%和0.63%，呈现出持续增长的态势，这同时也表明近年来我国可持续发展能力建设力度明显增强，并且成效显著。

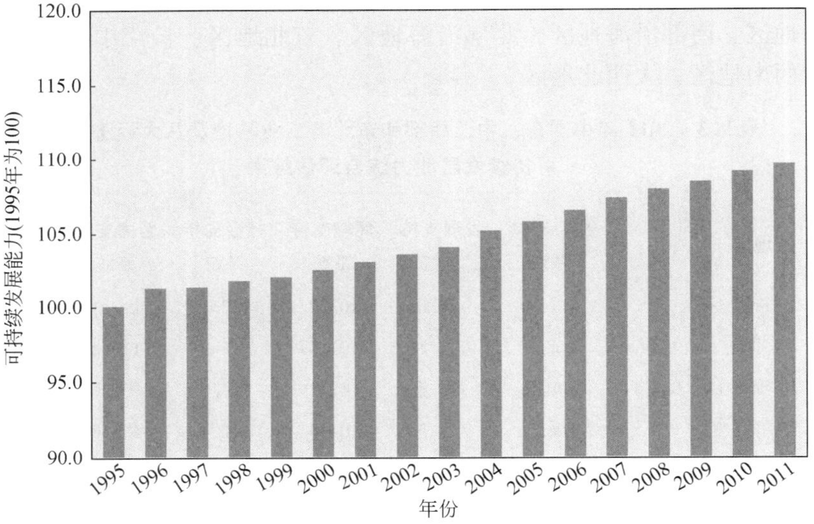

图9.3 全国可持续发展能力变化趋势（1995～2011年）

从全国可持续发展五大支持系统的发展变化（图9.4）来看，同样可以发现其可持续发展能力的变化主要由发展、智力和社会三大系统的变化来驱动。自1995年以来，中国生存支持系统的变化经历了一个徘徊波动的上升过程。而环境支持系统的变化则非常缓慢，其间经历了一个相对缓和的波动上升过程，但是在2006年以后，环境支持系统有了明显改善，这充分反映了“十一五”期间，我国节能减排工作取得实质性的进展，有效地缓解和遏制了我国经济高速增长所带来的生态环境冲击。发展支持系统则一直保持较快的上升速度，但进入到2011年则有所回落。社会支持系统则保持稳健的上升势头，这标志着我国社会迈向全面发展并进入到良性发展的轨道。智力支持系统也呈现强劲的增长态势，综合反映了我国在教育、科技创新、政府管理领域取得的进步。

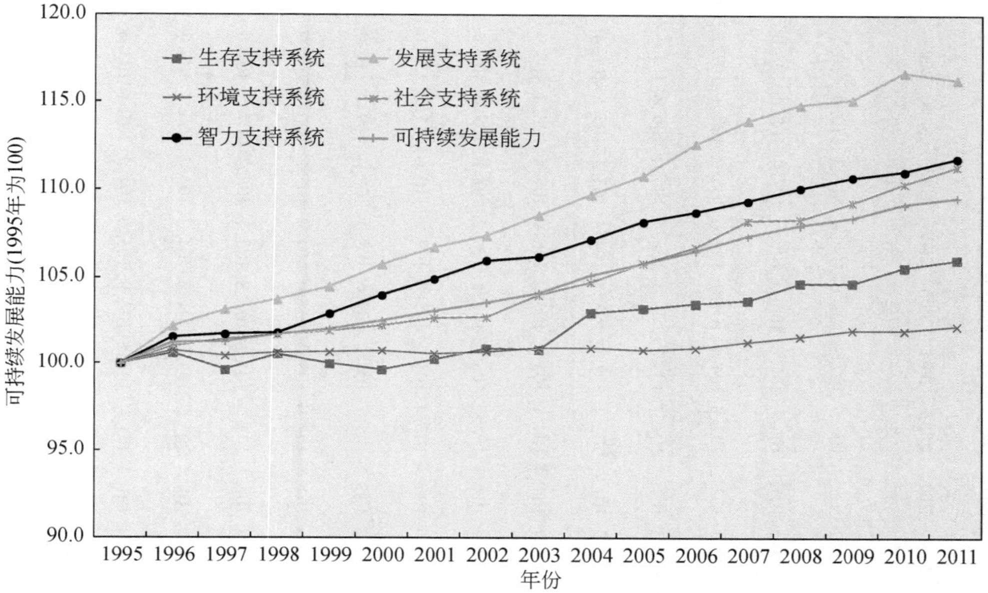

图 9.4　全国可持续发展五大支持系统发展变化趋势（1995～2011 年）

（二）中国东、中、西部和东北老工业基地及八大经济区的可持续发展能力及其变化趋势（1995～2011 年）

表 9.4 和表 9.5 分别反映了 1995～2011 年中国东、中、西部和东北老工业基地及八大经济区的可持续发展能力的总体趋势和不同时期的变化情况。从中可以看出，自 1995 年以来，中国各区域的可持续发展能力总体上呈现上升态势，但各大经济区可持续发展能力的增幅存在差异。从东、中、西部和东北老工业基地来看，西部地区增长最快，为 9.93%，其次是中部地区（9.92%）、东北老工业基地（9.74%）和东部地区（8.32%），西部地区、中部地区和东北老工业基地增幅高于全国 9.53% 的平均水平。从各大经济区来看，黄河中游地区、长江中游地区、东北地区、西南地区超过全国平均增长水平。其中，黄河中游地区增长最快，为 11.02%，其次依次是长江中游地区（9.89%）、东北地区（9.74%）、西南地区（9.63%）、大西北地区（9.26%）、北部沿海地区（9.10%）、南部沿海地区（8.70%）、东部沿海地区（8.63%）。

表 9.4　中国东、中、西部和东北老工业基地及八大经济区的可持续发展能力总体变化趋势（1995～2011 年）

地区		1995年	1996年	1997年	1998年	1999年	2000年	2001年	2002年	2003年	2004年	2005年	2006年	2007年	2008年	2009年	2010年	2011年
东、中、西部和东北老工业基地	东部地区	102.5	103.4	103.0	104.1	104.1	104.6	105.2	105.7	106.3	107.3	108.0	108.8	109.3	110.0	110.4	111.1	111.0
	东北老工业基地	100.4	101.9	100.8	102.5	102.2	102.4	103.7	104.0	104.8	105.8	106.0	106.9	107.4	108.4	108.9	109.8	110.2
	中部地区（8省）	99.0	100.1	99.9	100.4	100.7	101.1	101.6	102.2	102.8	104.1	104.7	105.6	106.2	107.1	107.7	108.5	108.8
	中部6省	98.6	99.6	99.6	99.9	100.3	100.8	101.2	101.7	102.4	103.7	104.4	105.4	106.0	106.8	107.5	108.2	108.5
	西部地区	97.9	99.0	98.6	99.6	99.7	100.3	100.9	101.2	102.1	102.8	103.6	104.1	105.1	105.8	106.4	107.2	107.7
八大经济区	东北地区	100.4	101.9	100.8	102.5	102.2	102.4	103.7	104.0	104.8	105.8	106.0	106.9	107.4	108.4	108.9	109.8	110.2
	北部沿海地区	101.7	102.2	101.8	103.1	102.9	103.7	104.2	104.6	105.7	106.6	107.5	108.2	108.8	109.8	109.8	110.5	110.9
	东部沿海地区	103.5	104.6	103.9	104.8	105.0	105.2	106.0	106.8	107.4	108.4	109.0	109.8	110.6	111.0	111.6	112.1	112.4
	南部沿海地区	102.3	103.3	103.5	104.1	104.4	104.5	104.8	105.3	105.7	106.7	107.6	108.1	108.4	109.2	110.0	110.6	111.2
	黄河中游地区	97.7	99.1	98.4	99.6	99.5	100.2	100.6	101.3	102.0	103.2	104.0	104.9	105.8	106.4	107.0	107.8	108.4
	长江中游地区	99.1	100.0	100.1	100.3	100.9	101.3	101.8	102.1	102.8	104.1	104.8	105.7	106.3	107.2	107.8	108.6	108.9
	西南地区	98.4	99.3	98.8	99.6	100.0	100.6	101.1	101.4	102.2	103.0	104.0	104.2	105.2	106.1	106.7	107.5	107.9
	大西北地区	97.5	98.8	98.6	99.5	99.4	99.9	100.9	101.1	101.7	102.4	102.9	103.6	104.4	105.1	105.6	106.1	106.5

注：1995 年全国 = 100.0

资料来源：基础数据来自中华人民共和国国家统计局（1995～2012 年）发布的相关统计年鉴

表9.5　不同时期中国东、中、西部和东北老工业基地及八大经济区的可持续发展能力增长率（1995～2011年）　（单位：%）

地区	2000年比1995年增长	2005年比2000年增长	2010年比2005年增长	"九五"期间年均增长率	"十五"期间年均增长率	"十一五"期间年均增长率	2011年比1995年增长	1995～2011年年均增长率
全国	2.48	3.21	3.17	0.49	0.63	0.63	9.53	0.57
东部地区	2.01	3.27	2.89	0.40	0.65	0.57	8.32	0.50
东北老工业基地	2.00	3.50	3.51	0.40	0.69	0.69	9.74	0.58
中部地区(8省)	2.15	3.56	3.58	0.43	0.70	0.71	9.92	0.59
中部6省	2.22	3.59	3.60	0.44	0.71	0.71	10.01	0.60
西部地区	2.37	3.32	3.44	0.47	0.66	0.68	9.93	0.59
北部沿海地区	2.00	3.71	2.71	0.40	0.73	0.54	9.10	0.55
东部沿海地区	1.70	3.61	2.76	0.34	0.71	0.55	8.63	0.52
南部沿海地区	2.08	3.02	2.81	0.41	0.60	0.56	8.70	0.52
黄河中游地区	2.65	3.78	3.60	0.52	0.75	0.71	11.02	0.66
长江中游地区	2.19	1.84	1.98	3.15	3.54	3.85	9.89	0.59
西南地区	2.18	1.90	2.65	3.07	3.37	3.04	9.63	0.58
大西北地区	2.42	2.16	2.47	3.10	3.07	2.63	9.26	0.56

中国东、中、西部和东北老工业基地及八大经济区的可持续发展能力变化趋势见图9.5～图9.15。

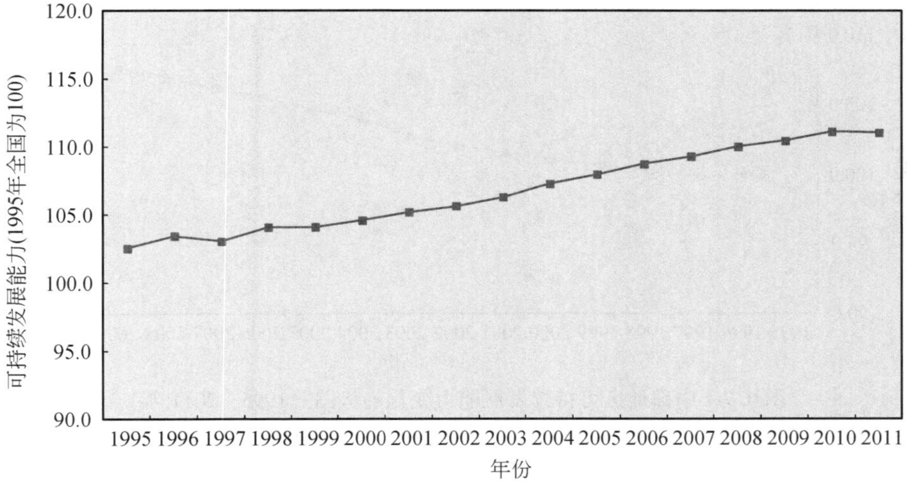

图9.5　东部地区可持续发展能力变化趋势图（1995～2011年）

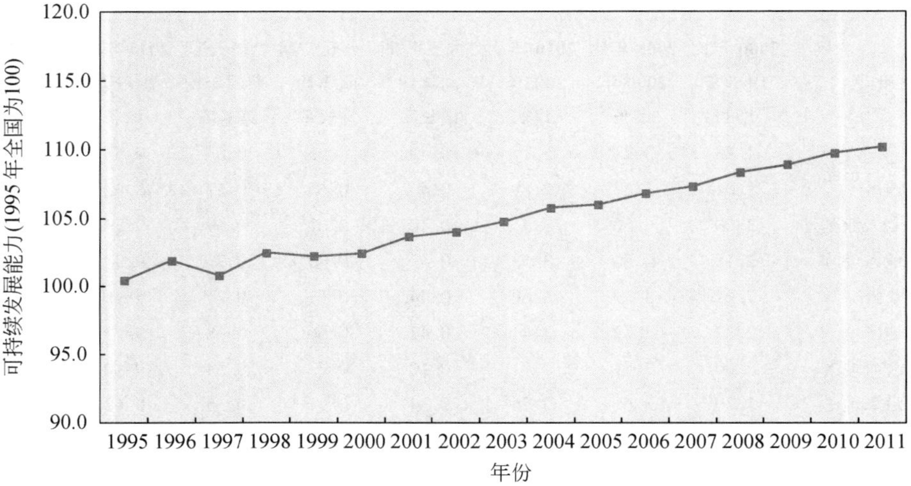

图 9.6 东北老工业基地可持续发展能力变化趋势图（1995 ~ 2011 年）

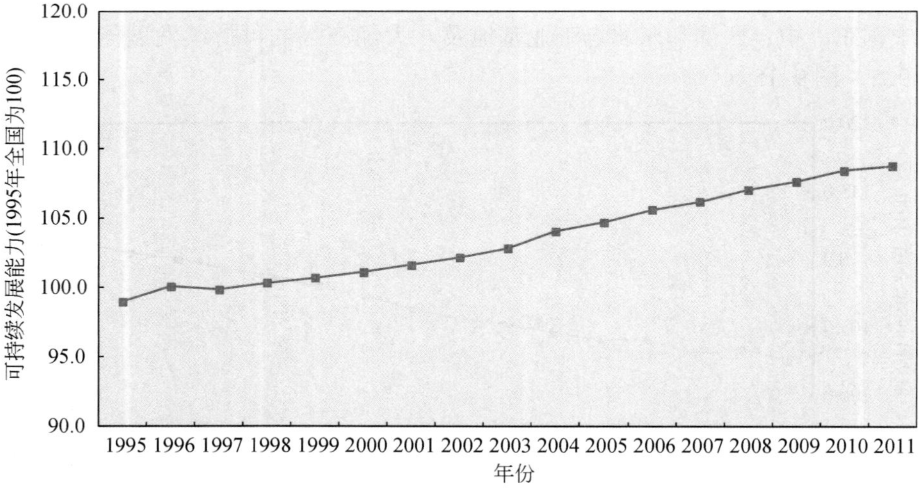

图 9.7 中部地区可持续发展能力变化趋势图（1995 ~ 2011 年）

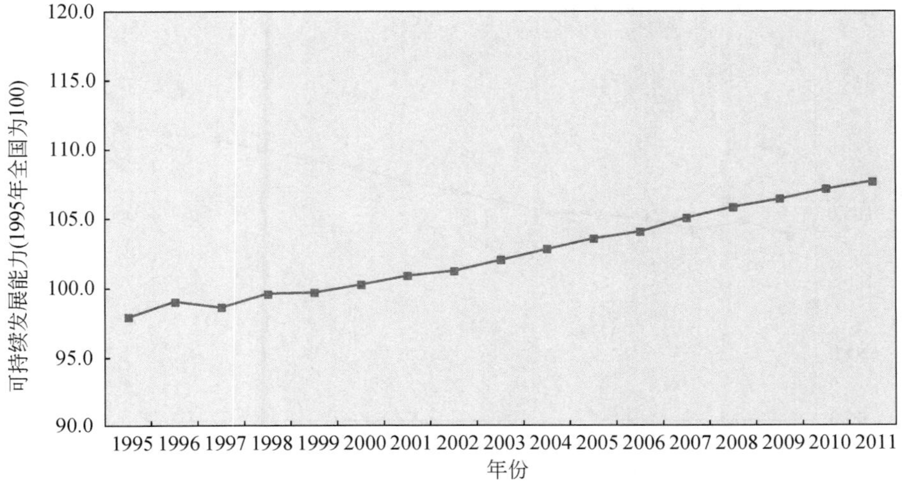

图 9. 8　西部地区可持续发展能力变化趋势图（1995 ~ 2011 年）

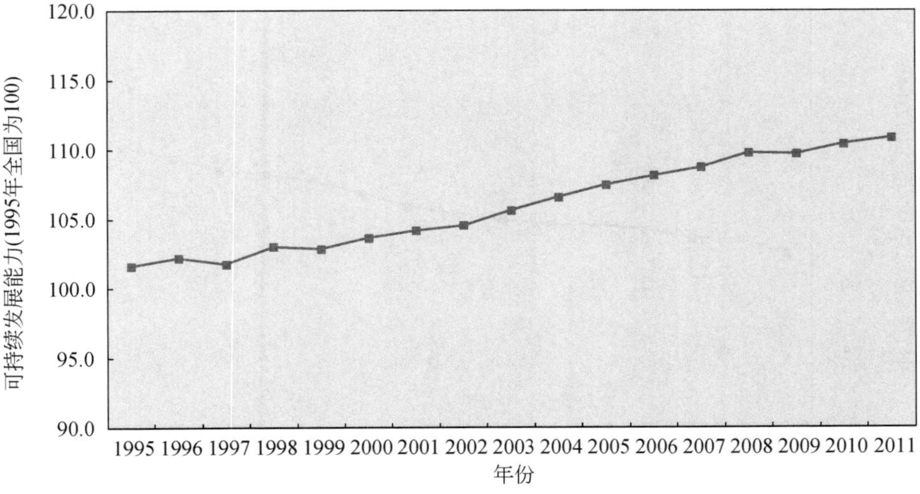

图 9. 9　北部沿海地区可持续发展能力变化趋势图（1995 ~ 2011 年）

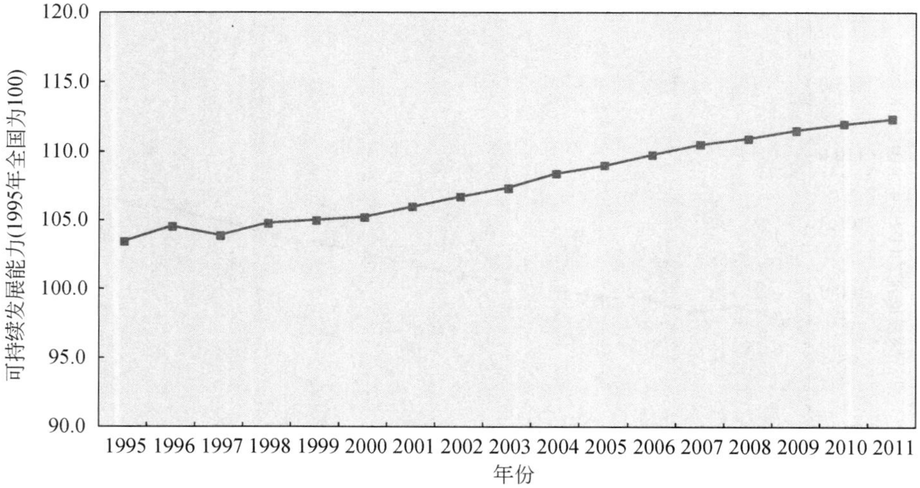

图 9. 10　东部沿海地区可持续发展能力变化趋势图（1995 ~ 2011 年）

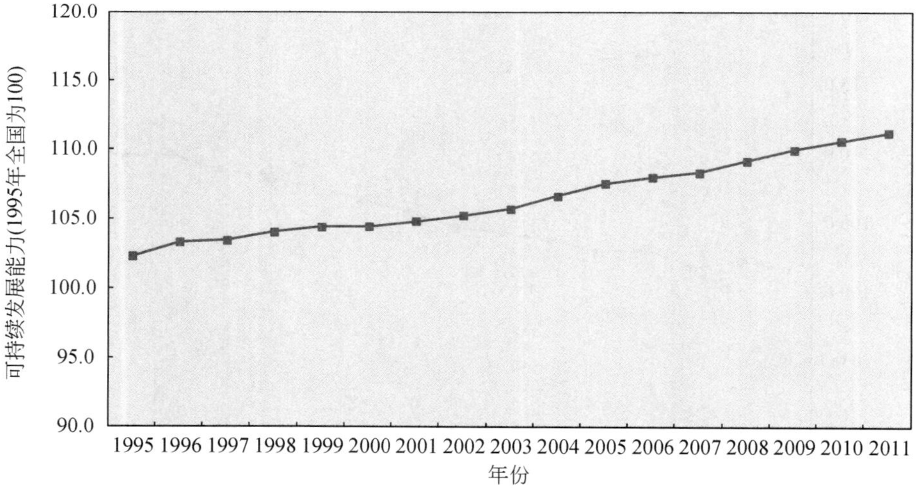

图 9. 11　南部沿海地区可持续发展能力变化趋势图（1995 ~ 2011 年）

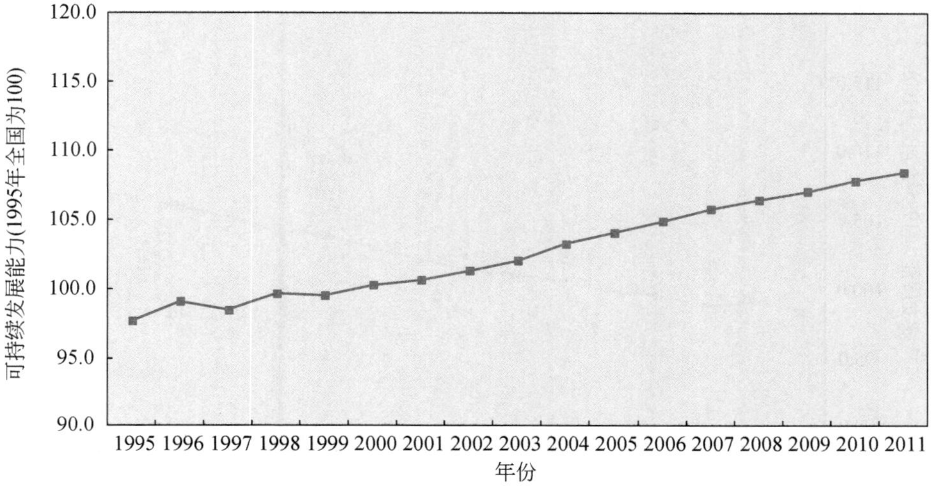

图 9.12　黄河中游地区可持续发展能力变化趋势图（1995～2011 年）

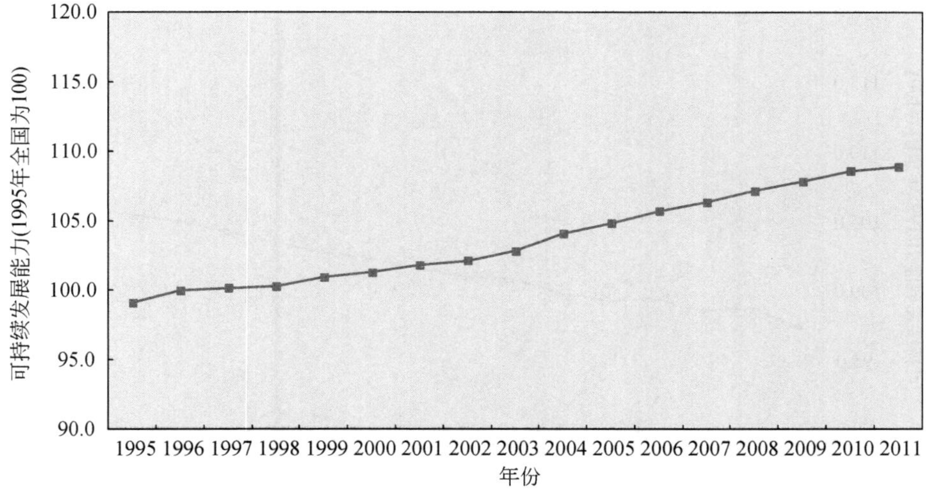

图 9.13　长江中游地区可持续发展能力变化趋势图（1995～2011 年）

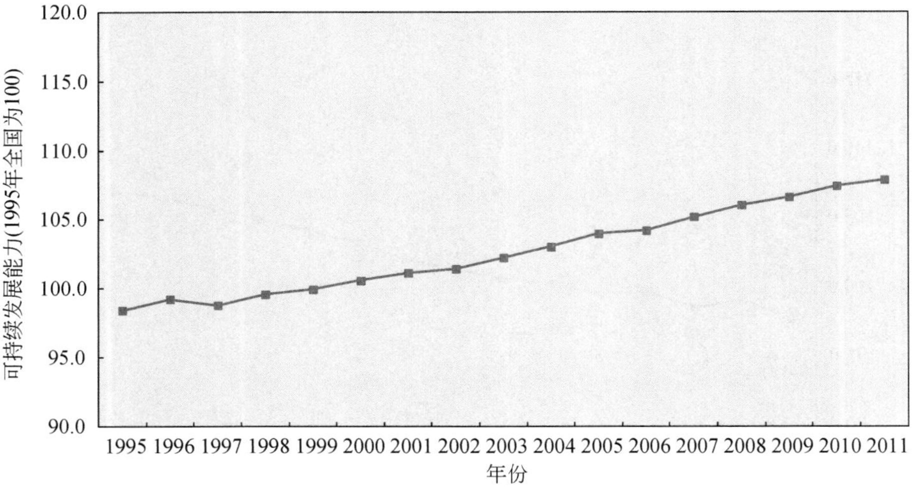

图 9.14　西南地区可持续发展能力变化趋势图（1995～2011 年）

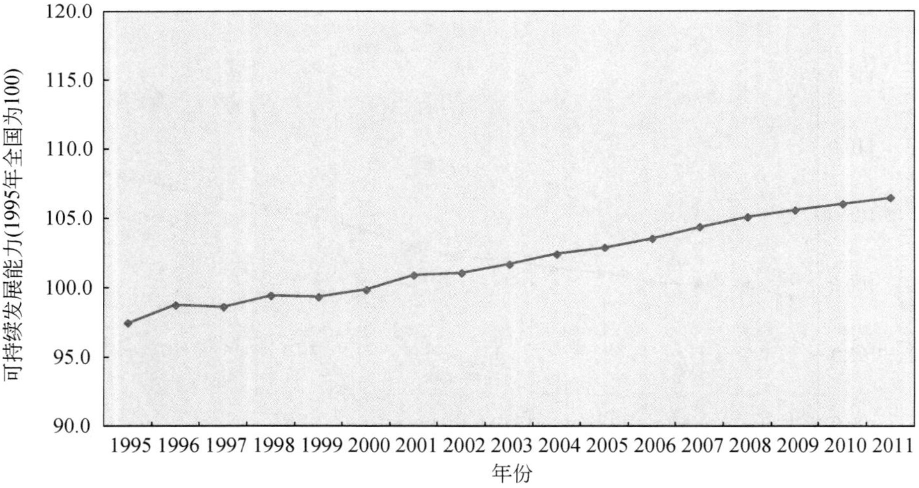

图 9.15　大西北地区可持续发展能力变化趋势图（1995～2011 年）

（三）中国31个省、直辖市、自治区可持续发展能力及其变化趋势（1995 ~2011年）

1995年以来，全国各省、直辖市、自治区可持续发展能力及位序变化趋势如表9.6和表9.7所示。由表可知，1995 ~2011年全国各省、直辖市、自治区可持续发展能力总体上呈上升态势。其中，可持续发展能力增幅达到或超过全国平均水平（9.5%）的省、自治区和直辖市有天津、河北、山西、内蒙古、辽宁、吉林、黑龙江、江苏、安徽、福建、江西、山东、河南、湖北、湖南、广西、重庆、四川、贵州、陕西、甘肃、青海、宁夏。其他省、直辖市、自治区的可持续发展能力增幅低于全国平均水平。陕西是全国可持续发展能力增长最快的省份，而西藏则最慢。可持续发展能力增幅位居全国前十位的省、直辖市、自治区依次是陕西、内蒙古、重庆、江西、宁夏、河南、甘肃、安徽、吉林、四川，这些省份主要集中在中西部地区，尤其以西部地区为多，体现出西部地区可持续发展能力快速提升。河北、湖北、浙江、新疆、海南、云南、广东、北京、上海、西藏可持续发展能力增幅分别位居全国后十位。

值得一提的是，2008年席卷全球的金融危机不仅重创了欧美等发达经济体，也对我国局部地区尤其是沿海地区外向型经济产生了强烈的冲击，进而影响到我国可持续发展能力的空间格局。其中，比较明显的变化是：自2008年起北京的可持续发展能力超越上海稳居全国首位，而在此前的十余年里，上海的可持续发展能力除个别年份外均居全国首位。与此同时，地处西部地区的陕西，其可持续发展能力排序从1995年的第23位上升到2011年的第14位，可持续发展能力也从低于全国平均水平上升到全国平均水平。

从不同时期来看，黑龙江、安徽、湖北、湖南、重庆、西藏、陕西等7省、直辖市、自治区从“九五”到“十一五”，年均增长速度呈连续递增态势。而在其他省、直辖市、自治区中，绝大部分“十一五”期间可持续发展能力增幅低于“十五”期间增幅，这在一定程度上说明，尽管这些地区的可持续发展能力在不断增强，但可持续发展能力建设的难度也在不断增大。

表 9.6 中国 31 个省、直辖市、自治区可持续

地　区	1995 年	排序	1996 年	排序	1997 年	排序	1998 年	排序	1999 年	排序	2000 年	排序	2001 年	排序	2002 年	排序
北　京	106.2	1	106.6	2	105.5	2	107.6	2	107.7	1	107.9	1	108.4	2	109.1	2
天　津	103.2	3	103.9	3	103.4	3	104.8	3	103.8	5	105.0	4	106.3	3	107.1	3
河　北	98.9	14	99.5	15	99.4	16	100.4	14	100.3	15	100.7	16	101.2	16	101.7	16
山　西	97.5	25	98.9	21	97.7	26	98.8	26	98.2	26	99.3	26	99.4	28	100.9	25
内蒙古	97.3	26	99.1	17	97.9	25	99.8	17	99.7	20	100.3	19	100.5	23	101.3	22
辽　宁	100.9	9	102.2	8	101.2	10	103.5	6	102.6	9	102.7	9	104.3	8	104.3	8
吉　林	99.1	13	101.6	11	99.9	14	101.8	11	101.6	13	101.2	14	102.4	13	103.2	11
黑龙江	100.7	10	101.7	10	101.3	9	101.8	12	102.0	10	102.7	10	103.3	10	103.9	10
上　海	106.0	2	108.3	1	107.3	1	108.7	1	107.6	2	107.6	2	109.0	1	109.4	1
江　苏	102.1	6	103.0	5	102.2	7	103.4	8	103.7	6	103.7	7	104.6	7	105.2	5
浙　江	102.7	4	103.9	4	103.4	4	104.0	4	104.8	3	105.2	3	105.9	4	106.5	4
安　徽	98.2	18	98.8	22	99.1	18	98.9	23	99.7	21	100.0	24	100.5	24	101.1	23
福　建	101.2	8	102.7	7	102.7	6	103.3	9	103.4	8	103.7	8	103.8	9	104.3	7
江　西	98.1	19	99.0	19	99.5	15	99.2	22	100.1	17	100.2	21	101.3	15	101.6	19
山　东	100.5	11	101.1	12	100.7	11	101.9	10	101.6	12	102.3	11	102.9	11	103.1	12
河　南	97.7	24	98.8	23	98.4	21	99.2	21	99.3	23	100.2	20	100.4	25	101.1	24
湖　北	100.0	12	100.6	13	100.6	12	101.4	13	101.8	11	102.2	12	102.9	12	102.7	13
湖　南	98.9	15	100.0	14	100.3	13	100.2	16	101.0	14	101.4	13	101.8	14	102.2	14
广　东	102.3	5	103.0	6	103.2	5	103.8	5	104.3	4	104.2	5	104.8	5	105.2	6
广　西	98.4	17	98.5	25	98.6	20	99.6	20	99.9	18	100.5	18	101.0	21	102.0	15
海　南	101.7	7	101.9	9	102.1	8	103.4	7	103.6	7	103.8	6	104.6	6	104.2	9
重　庆	97.8	22	98.5	26	98.1	24	98.9	25	99.0	25	100.9	15	101.1	19	101.6	20
四　川	98.5	16	99.2	16	98.8	19	99.8	18	100.1	16	100.1	23	101.1	20	101.4	21
贵　州	96.0	27	96.8	29	96.2	29	97.4	29	97.6	29	98.6	28	98.9	30	99.7	29
云　南	97.9	21	98.6	24	98.4	22	98.9	24	99.3	24	99.9	25	101.2	17	100.5	26
西　藏	94.8	31	95.1	31	92.7	31	94.2	31	94.5	31	95.0	31	95.4	31	96.5	31
陕　西	97.7	23	99.1	18	98.3	23	100.3	15	99.7	19	100.6	17	101.2	18	101.7	18
甘　肃	95.2	30	97.0	28	96.1	30	97.6	28	97.5	30	98.2	30	99.2	29	99.1	30
青　海	95.6	29	96.3	30	97.0	27	97.2	30	97.7	28	98.5	29	99.9	26	100.1	27
宁　夏	95.7	28	97.5	27	96.8	28	98.2	27	98.2	27	98.6	27	99.8	27	99.9	28
新　疆	98.0	20	99.0	20	99.2	17	99.7	19	99.5	22	100.1	22	100.9	22	101.7	17

注：1995 年全国 = 100.0

资料来源：基础数据来自中华人民共和国国家统计局（1995 ~ 2012 年）发布的相关统计年鉴

发展能力及排序（1995 ~2011 年）

2003 年	排序	2004 年	排序	2005 年	排序	2006 年	排序	2007 年	排序	2008 年	排序	2009 年	排序	2010 年	排序	2011 年	排序
109.5	2	110.4	2	111.4	1	112.3	2	112.3	2	113.9	1	113.7	1	113.9	1	114.3	1
108.0	3	109.1	3	109.7	3	110.3	3	110.7	3	112.2	3	111.7	3	112.7	3	113.4	3
102.7	18	103.5	19	104.5	17	105.0	18	105.9	19	106.7	20	106.7	22	107.5	22	108.4	22
101.7	23	102.8	24	102.9	26	103.9	25	104.7	24	105.6	24	105.7	25	106.6	25	107.3	24
102.6	20	103.6	16	104.5	16	105.0	19	106.2	16	107.0	16	107.7	17	108.1	18	108.9	18
105.0	8	106.1	8	106.6	8	107.3	9	108.0	9	108.9	9	109.4	8	110.3	9	111.0	8
104.1	12	105.0	13	105.4	13	106.3	13	106.9	13	108.2	12	108.2	14	109.4	11	109.6	12
104.4	9	105.6	9	105.8	10	106.6	11	107.2	12	108.3	11	108.6	11	109.4	12	110.3	11
110.3	1	110.6	1	110.8	2	112.3	1	113.0	1	112.6	2	113.0	2	113.4	2	113.5	2
106.1	5	107.2	5	108.0	5	108.6	5	109.7	5	110.1	5	111.0	5	111.7	4	112.4	4
107.1	4	108.1	4	108.8	4	109.3	4	109.8	4	110.7	4	111.2	4	111.7	5	112.4	5
101.4	26	103.3	21	103.4	25	104.4	21	105.4	22	106.6	21	107.1	21	108.1	19	108.7	20
105.1	7	106.4	7	107.3	7	107.6	7	108.1	8	109.1	7	109.7	7	110.4	7	111.3	7
102.7	19	104.0	15	105.1	14	105.8	14	106.6	14	107.1	15	107.9	15	108.9	15	109.3	16
104.4	10	105.6	10	106.5	9	107.4	8	108.2	7	109.1	8	109.3	10	110.3	8	110.7	10
101.6	25	103.1	22	104.0	21	105.0	17	105.9	20	106.4	22	107.3	20	107.8	21	108.4	21
103.8	13	105.1	12	105.6	11	106.4	12	107.2	11	107.9	13	108.6	12	109.1	13	109.6	13
102.7	14	104.0	14	105.0	15	105.8	15	106.6	15	107.5	14	108.4	13	108.9	14	109.3	17
105.4	6	106.6	6	107.6	6	108.0	6	108.3	6	109.3	6	110.1	6	110.5	6	111.5	6
101.6	24	102.2	26	103.6	22	104.1	22	104.6	25	105.5	25	106.4	23	107.4	23	108.0	23
104.4	11	105.3	11	105.5	12	107.2	10	107.8	10	108.6	10	109.3	9	110.2	10	111.0	9
102.7	16	103.5	18	104.1	20	104.0	23	106.2	17	106.9	17	107.4	19	108.6	17	109.4	15
102.7	17	103.5	17	104.4	18	104.6	20	105.8	21	106.9	18	107.6	18	107.9	20	108.9	19
100.2	30	101.2	28	102.4	27	102.4	29	103.6	28	104.6	28	104.9	28	106.1	27	106.1	28
102.0	22	102.7	25	103.4	24	103.8	26	104.5	26	105.1	26	105.5	26	106.4	26	106.8	26
97.0	31	96.9	31	97.9	31	99.1	31	100.7	31	100.7	31	101.3	31	101.6	31	101.4	31
102.7	15	103.4	20	104.3	19	105.1	16	106.0	18	106.8	19	107.8	16	108.8	16	109.5	14
100.3	29	101.0	29	101.6	29	102.1	30	103.0	30	104.0	30	104.4	30	105.0	30	105.6	29
100.5	27	100.8	30	101.9	28	102.8	27	103.6	27	104.7	27	105.3	27	105.3	29	105.5	30
100.4	28	101.3	27	101.5	30	102.6	28	103.3	29	104.0	29	104.5	29	105.7	28	106.4	27
102.3	21	102.8	23	103.5	23	104.0	24	105.3	23	105.7	23	106.1	24	106.7	24	107.0	25

表 9.7　中国 31 个省、直辖市、自治区可持续发展能力的增长率（1995 ~ 2011 年）（单位:%）

地区	2000 年比 1995 年增长	2005 年比 2000 年增长	2010 年比 2005 年增长	2010 年比 1995 年增长	“九五”期间年均增长率	“十五”期间年均增长率	“十一五”期间年均增长率	1995 ~ 2011 年年均增长率	排序
北　京	1.63	3.22	2.27	7.58	0.32	0.64	0.45	0.46	29
天　津	1.82	4.47	2.71	9.96	0.36	0.88	0.54	0.60	18
河　北	1.78	3.78	2.84	9.55	0.35	0.74	0.56	0.57	22
山　西	1.79	3.62	3.60	10.02	0.36	0.71	0.71	0.60	17
内蒙古	3.02	4.22	3.47	11.91	0.60	0.83	0.68	0.71	2
辽　宁	1.87	3.73	3.50	10.06	0.37	0.74	0.69	0.60	16
吉　林	2.08	4.12	3.79	10.59	0.41	0.81	0.75	0.63	9
黑龙江	2.04	3.03	3.35	9.57	0.40	0.60	0.66	0.57	21
上　海	1.53	2.94	2.38	7.09	0.30	0.58	0.47	0.43	30
江　苏	1.56	4.23	3.38	10.16	0.31	0.83	0.67	0.61	15
浙　江	2.39	3.44	2.61	9.35	0.47	0.68	0.52	0.56	24
安　徽	1.86	3.33	4.61	10.65	0.37	0.66	0.91	0.63	8
福　建	2.39	3.54	2.86	9.92	0.47	0.70	0.57	0.59	19
江　西	2.09	4.88	3.65	11.42	0.41	0.96	0.72	0.68	4
山　东	1.86	4.12	3.54	10.19	0.37	0.81	0.70	0.61	14
河　南	2.61	3.78	3.69	10.99	0.52	0.74	0.73	0.65	6
湖　北	2.19	3.28	3.32	9.54	0.43	0.65	0.66	0.57	23
湖　南	2.52	3.52	3.79	10.50	0.50	0.69	0.75	0.63	12
广　东	1.90	3.20	2.73	9.01	0.38	0.63	0.54	0.54	28
广　西	2.09	3.09	3.64	9.72	0.41	0.61	0.72	0.58	20
海　南	2.12	1.59	4.42	9.14	0.42	0.32	0.87	0.55	26
重　庆	3.20	3.17	4.29	11.89	0.63	0.63	0.84	0.70	3
四　川	1.60	4.35	3.36	10.56	0.32	0.85	0.66	0.63	10
贵　州	2.73	3.82	3.71	10.54	0.54	0.75	0.73	0.63	11
云　南	2.03	3.56	2.86	9.10	0.40	0.70	0.57	0.55	27
西　藏	0.16	3.10	3.78	6.91	0.03	0.61	0.74	0.42	31
陕　西	2.99	3.68	4.25	12.11	0.59	0.72	0.84	0.72	1
甘　肃	3.14	3.46	3.39	10.90	0.62	0.68	0.67	0.65	7
青　海	3.02	3.51	3.34	10.39	0.60	0.69	0.66	0.62	13
宁　夏	3.07	2.97	4.10	11.20	0.61	0.59	0.81	0.67	5
新　疆	2.08	3.41	3.09	9.17	0.41	0.67	0.61	0.55	25

31 个省、直辖市、自治区可持续发展能力变化趋势见图 9. 16 ~ 图 9. 46。

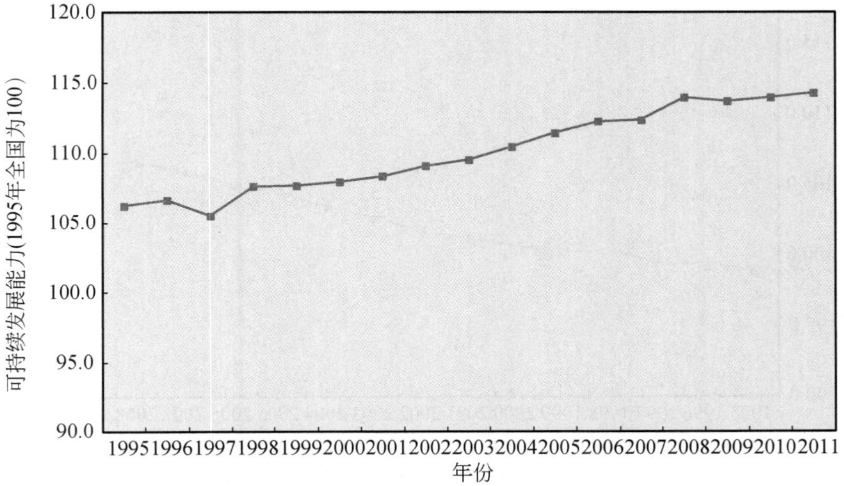

图 9. 16　北京可持续发展能力变化趋势图（1995 ~2011 年）

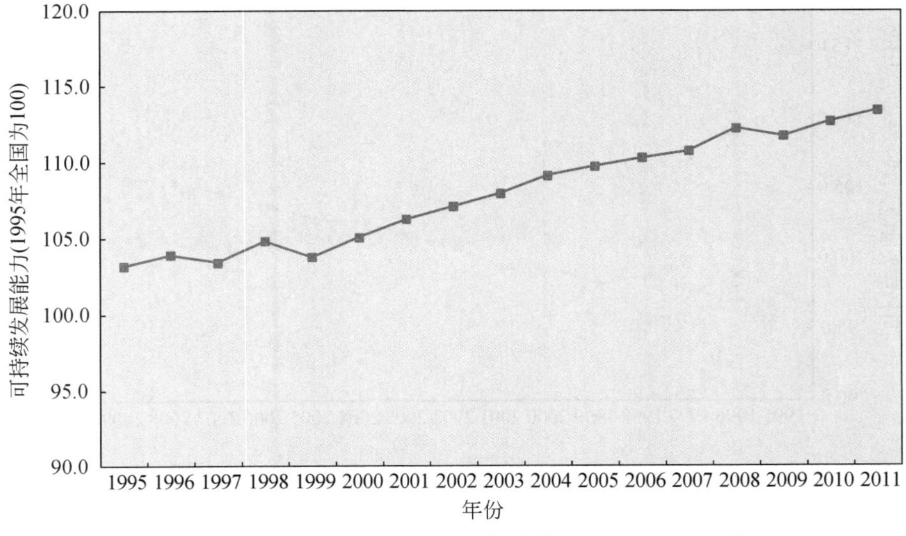

图 9. 17　天津可持续发展能力变化趋势图（1995 ~2011 年）

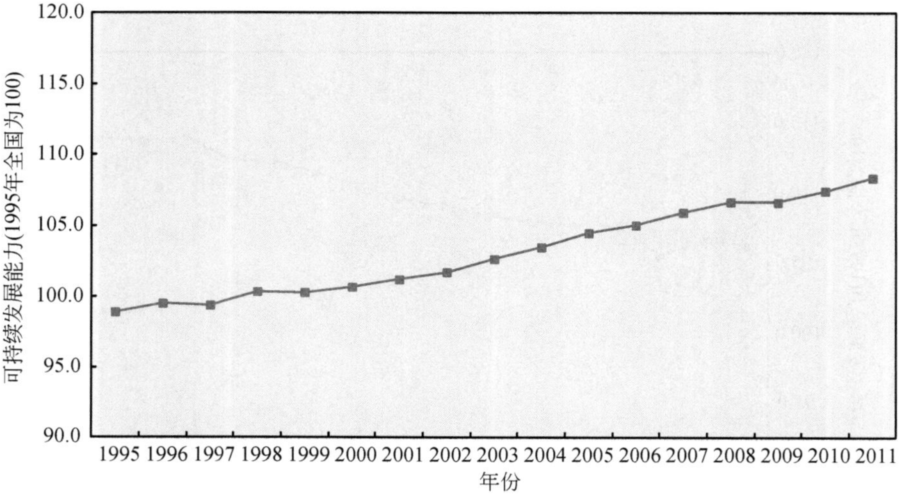

图 9. 18　河北可持续发展能力变化趋势图（1995 ~ 2011 年）

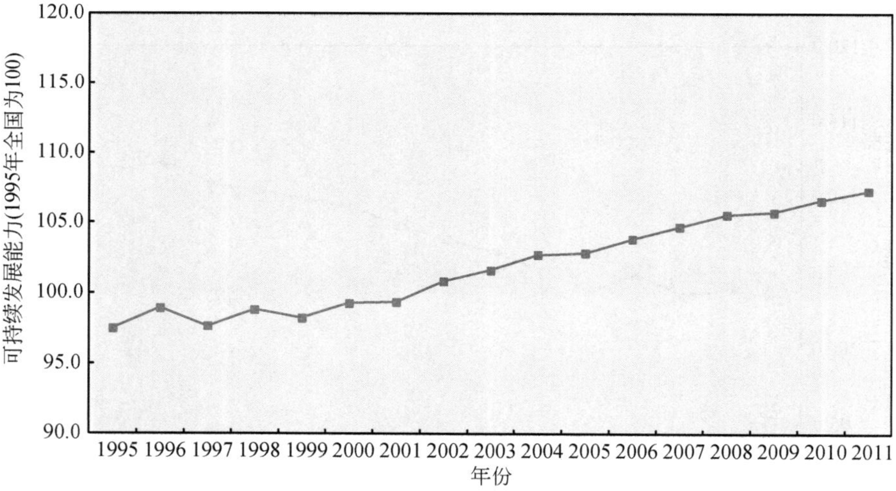

图 9. 19　山西可持续发展能力变化趋势图（1995 ~ 2011 年）

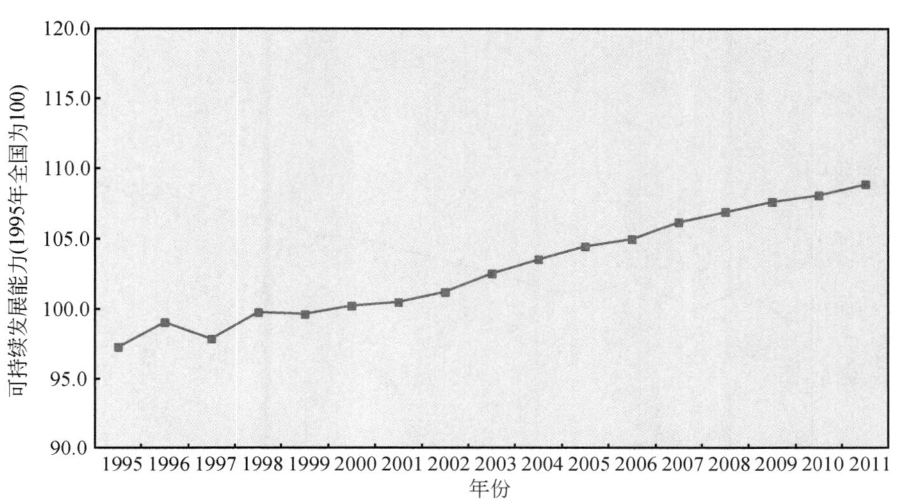

图 9.20　内蒙古可持续发展能力变化趋势图（1995～2011 年）

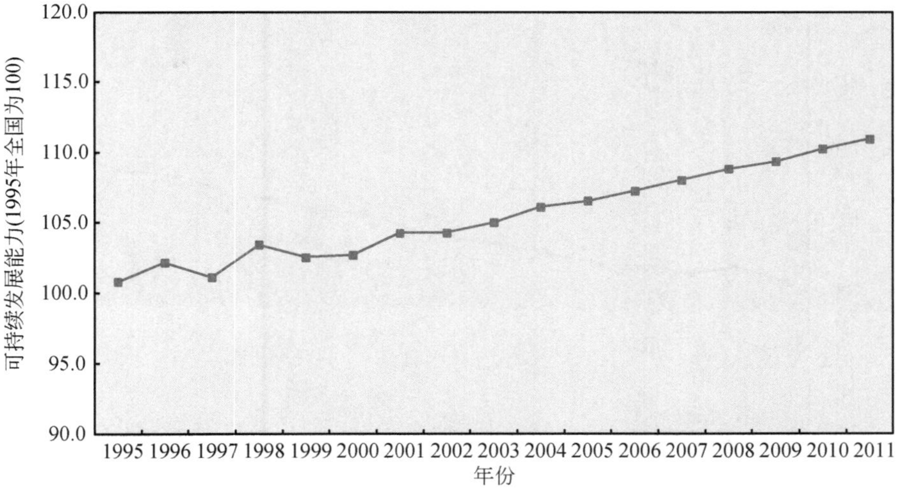

图 9.21　辽宁可持续发展能力变化趋势图（1995～2011 年）

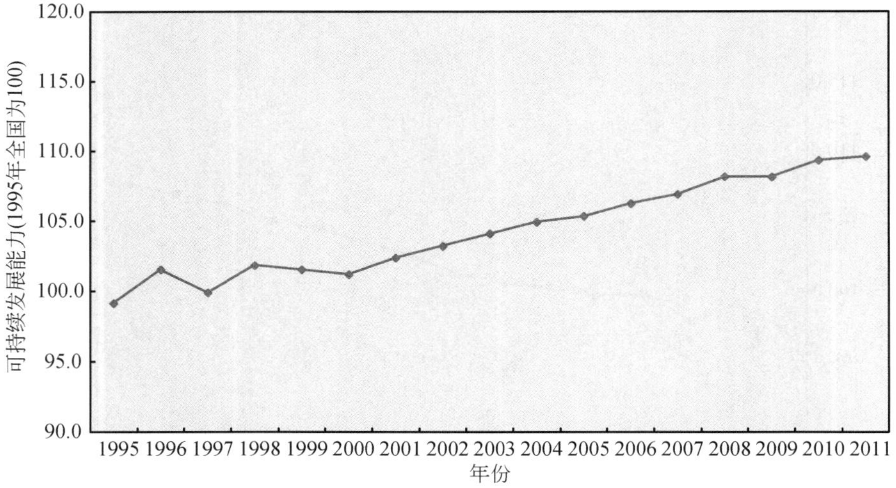

图 9. 22　吉林可持续发展能力变化趋势图（1995～2011 年）

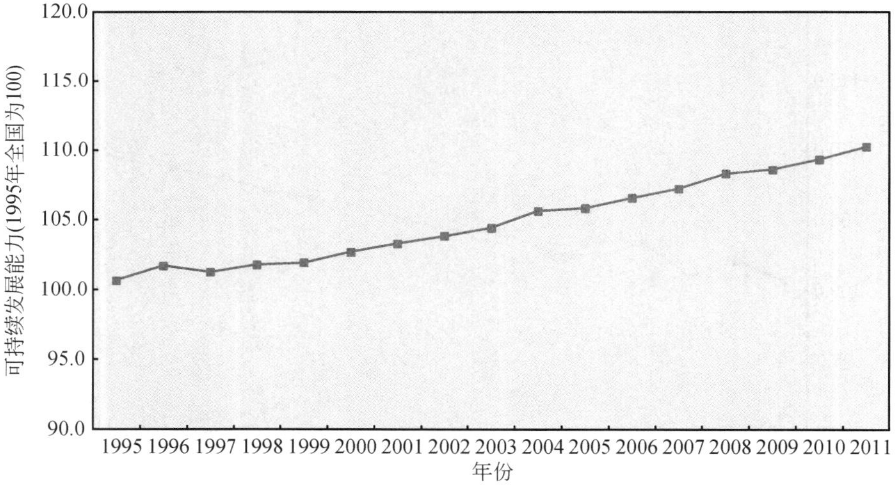

图 9. 23　黑龙江可持续发展能力变化趋势图（1995～2011 年）

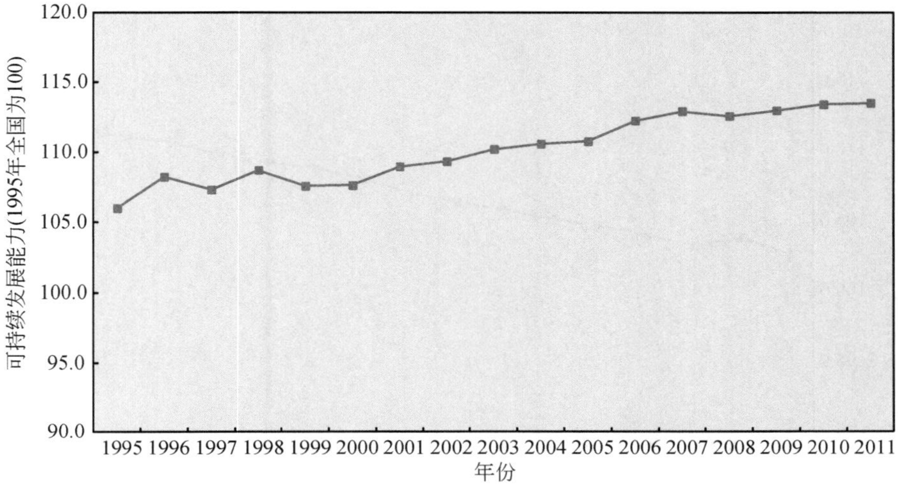

图 9.24 上海可持续发展能力变化趋势图（1995～2011年）

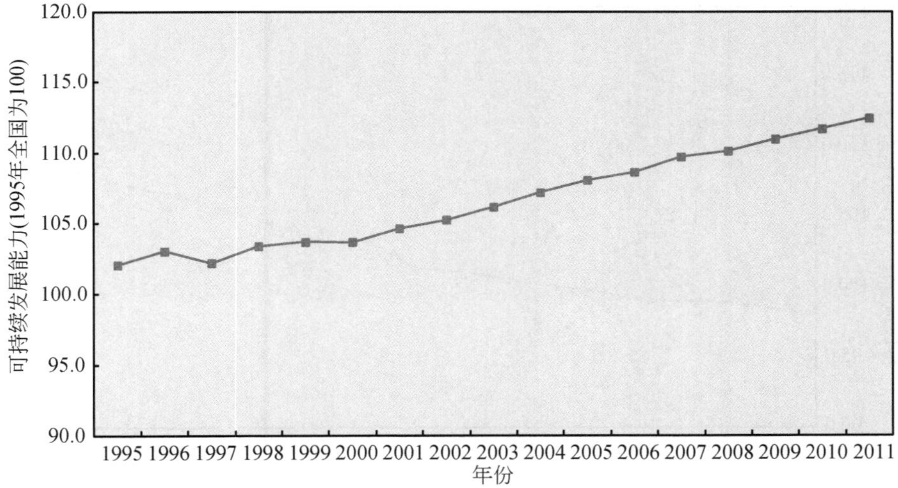

图 9.25 江苏可持续发展能力变化趋势图（1995～2011年）

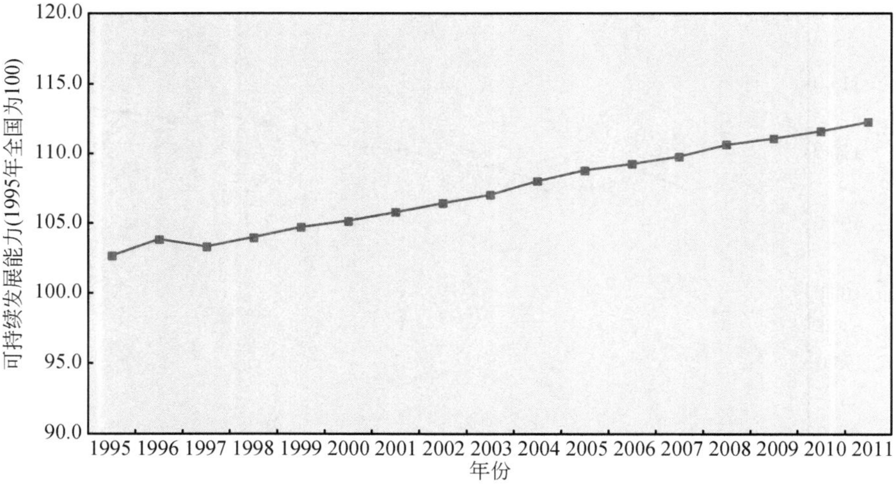

图9.26　浙江可持续发展能力变化趋势图（1995～2011年）

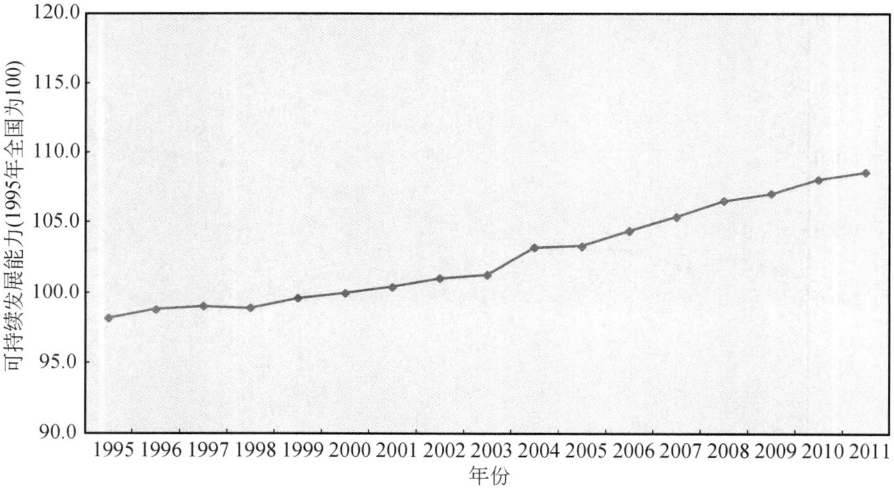

图9.27　安徽可持续发展能力变化趋势图（1995～2011年）

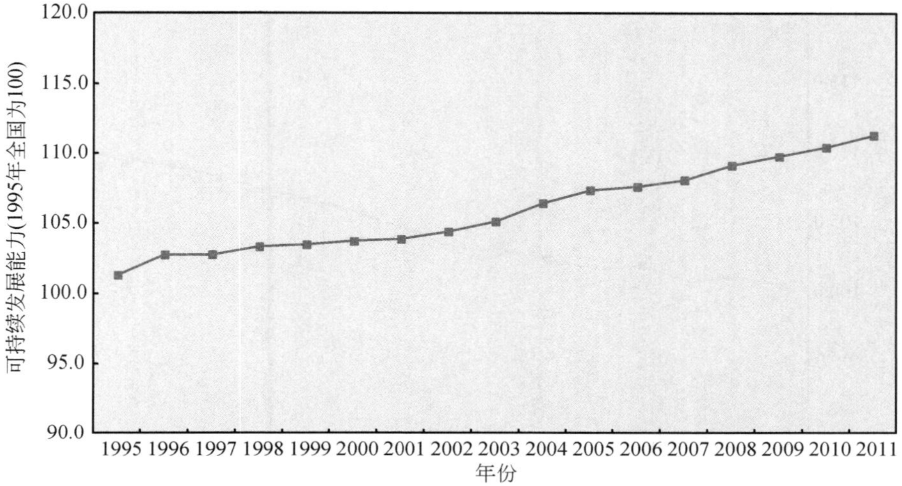

图 9. 28　福建可持续发展能力变化趋势图（1995～2011 年）

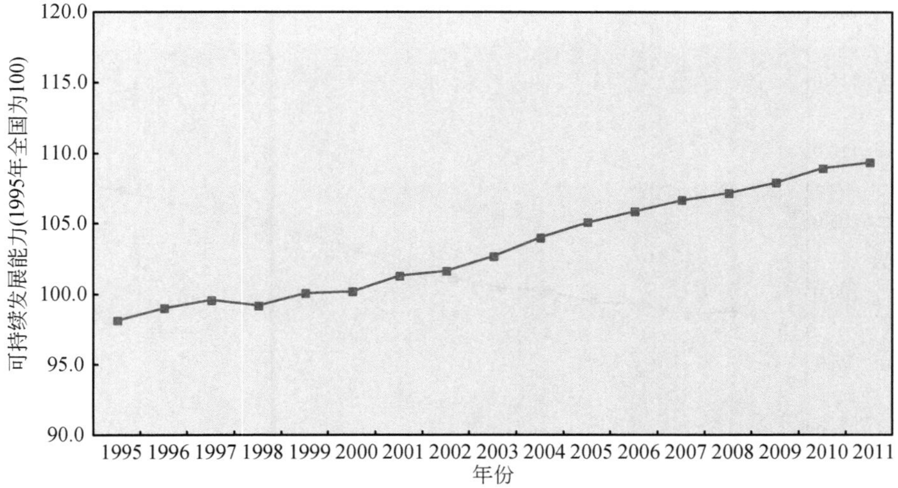

图 9. 29　江西可持续发展能力变化趋势图（1995～2011 年）

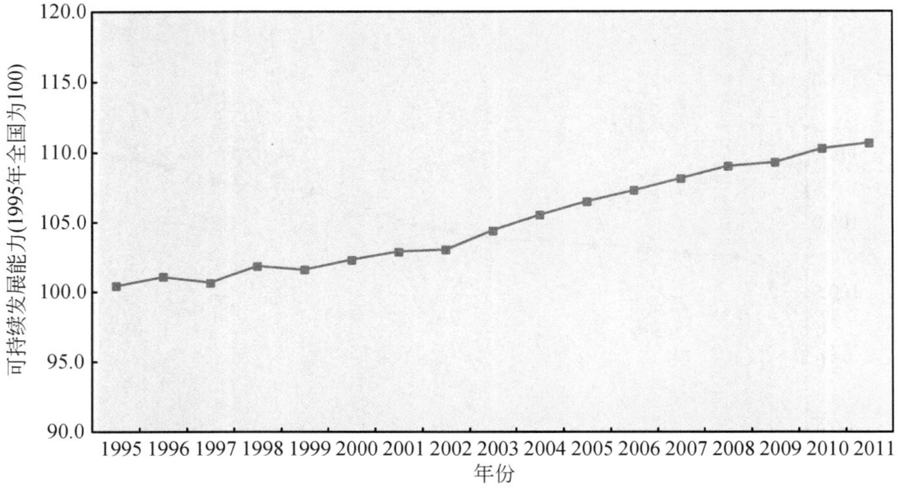

图 9.30　山东可持续发展能力变化趋势图（1995～2011 年）

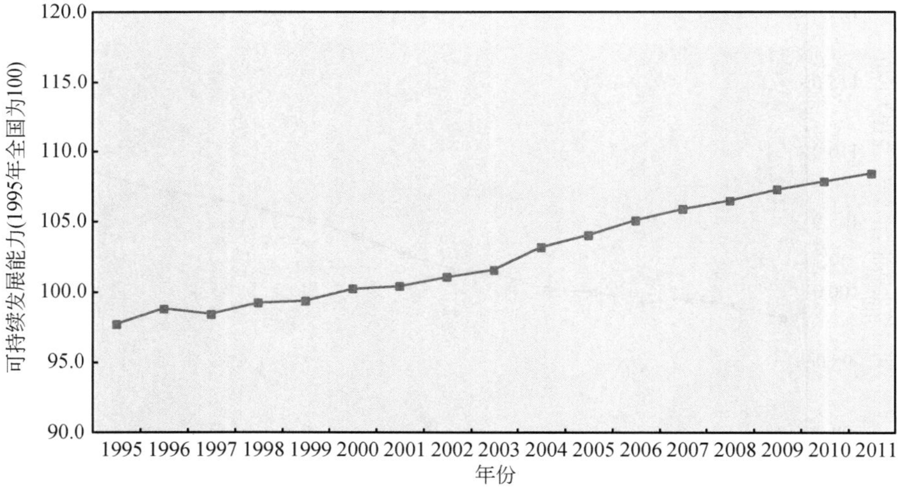

图 9.31　河南可持续发展能力变化趋势图（1995～2011 年）

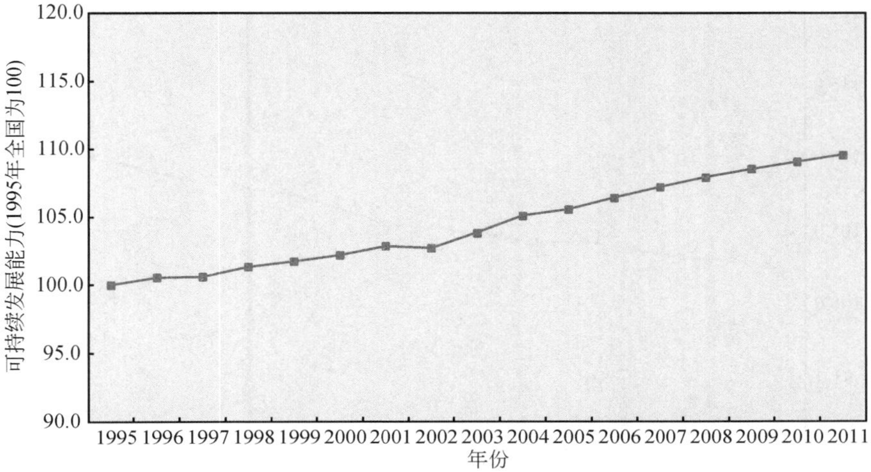

图 9. 32　湖北可持续发展能力变化趋势图（1995 ~2011 年）

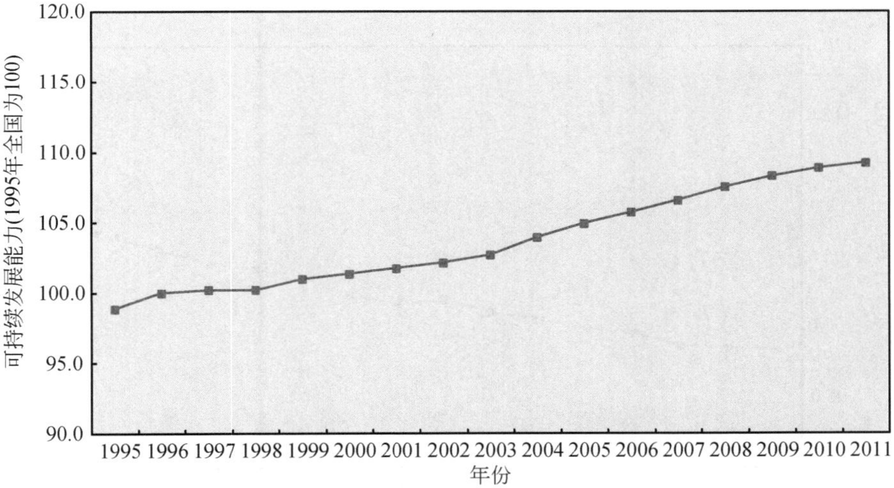

图 9. 33　湖南可持续发展能力变化趋势图（1995 ~2011 年）

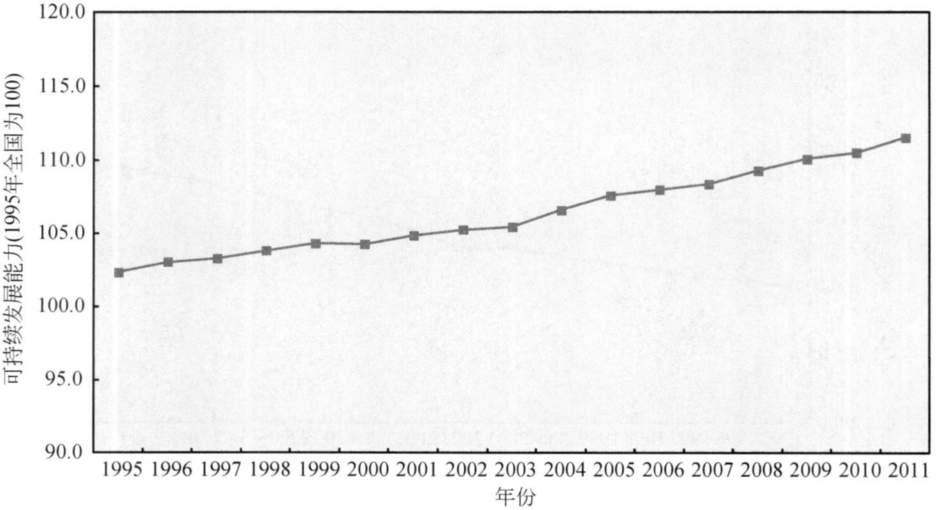

图 9. 34　广东可持续发展能力变化趋势图（1995～2011 年）

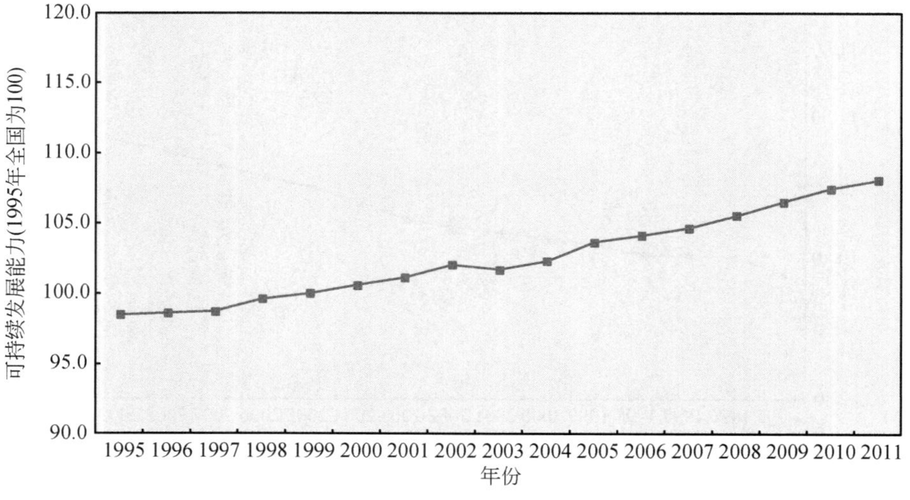

图 9. 35　广西可持续发展能力变化趋势图（1995～2011 年）

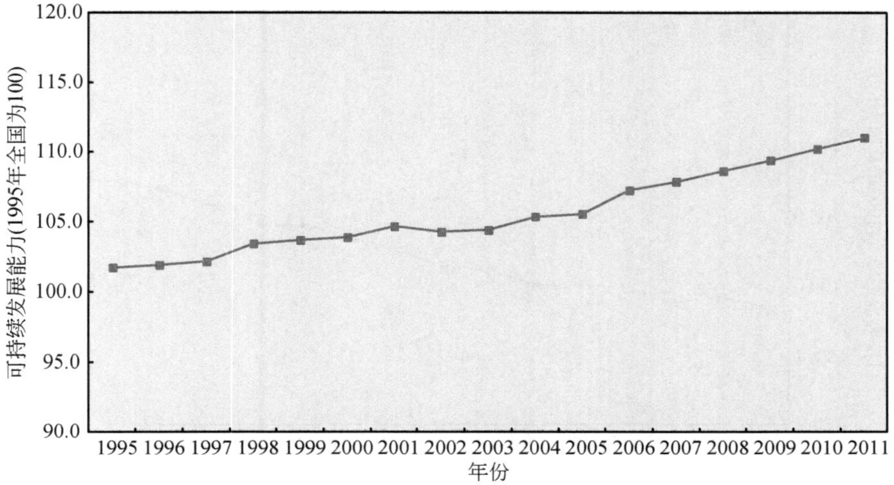

图 9. 36　海南可持续发展能力变化趋势图（1995～2011 年）

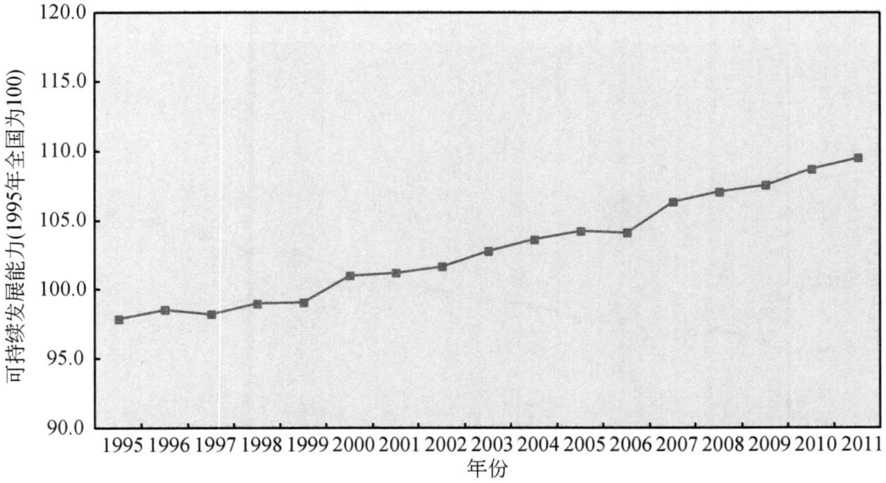

图 9. 37　重庆可持续发展能力变化趋势图（1995～2011 年）

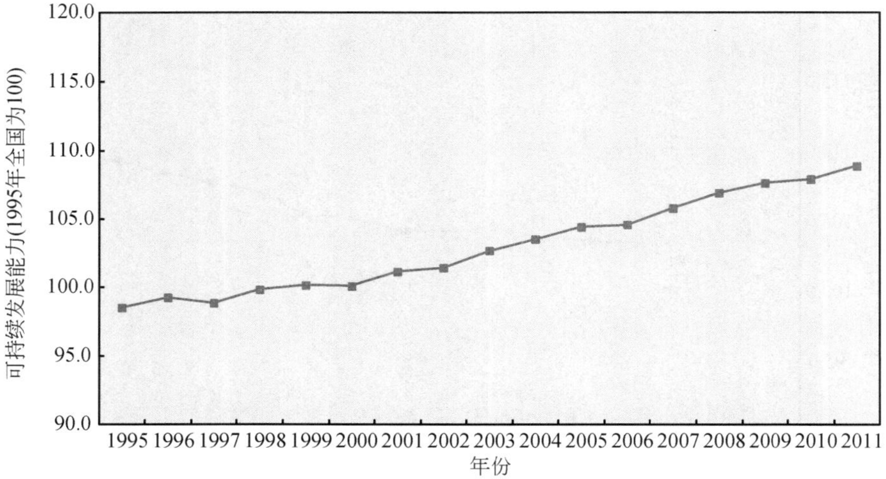

图 9. 38　四川可持续发展能力变化趋势图（1995～2011 年）

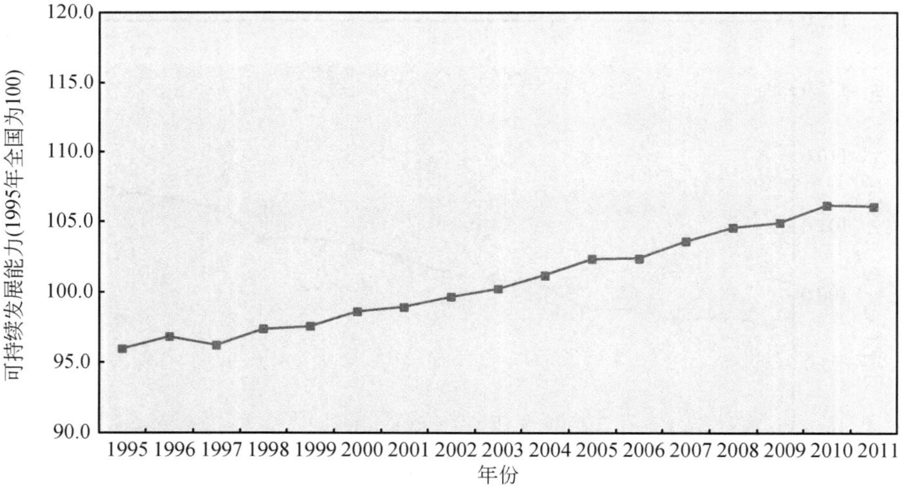

图 9. 39　贵州可持续发展能力变化趋势图（1995～2011 年）

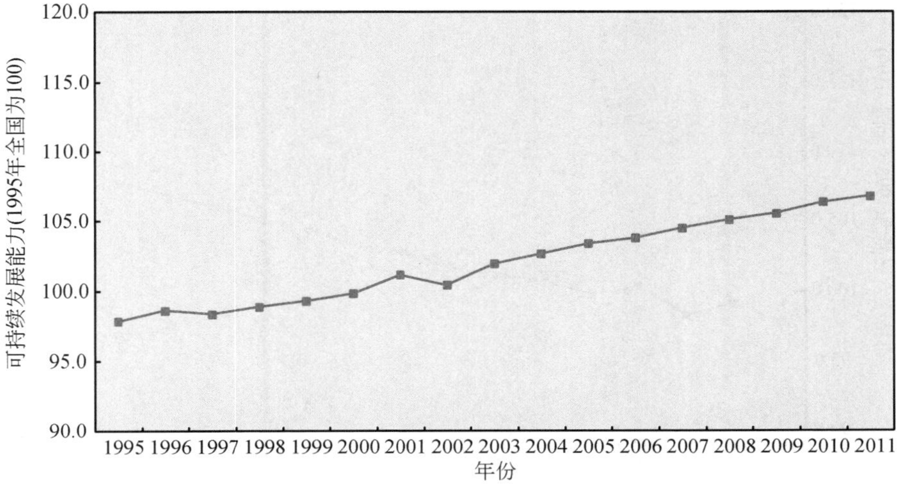

图 9.40 云南可持续发展能力变化趋势图（1995～2011 年）

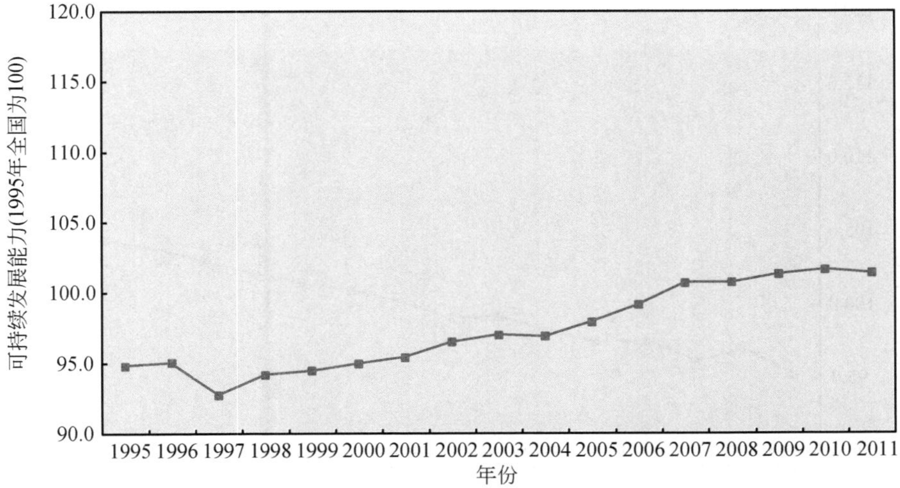

图 9.41 西藏可持续发展能力变化趋势图（1995～2011 年）

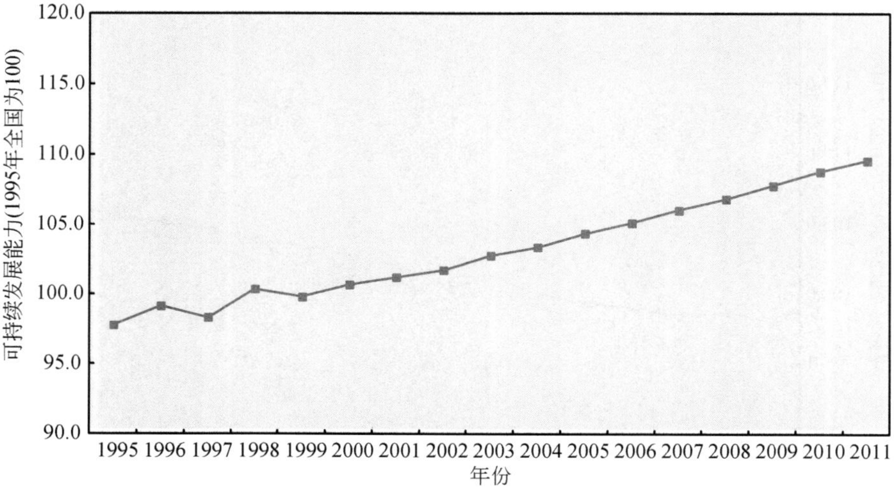

图 9.42　陕西可持续发展能力变化趋势图（1995～2011 年）

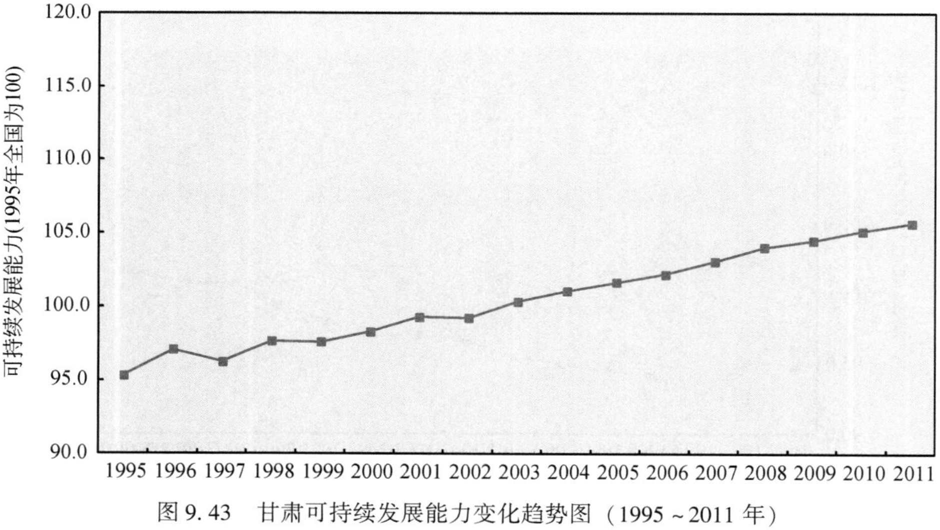

图 9.43　甘肃可持续发展能力变化趋势图（1995～2011 年）

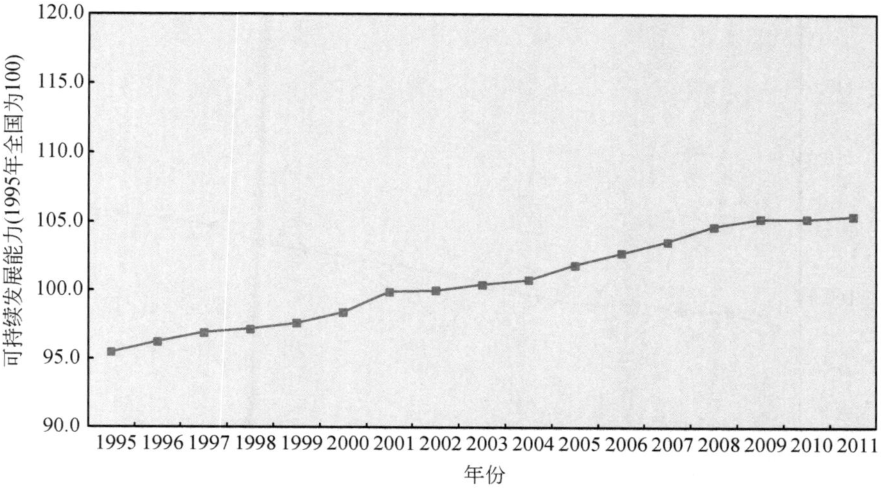

图 9.44　青海可持续发展能力变化趋势图（1995 ~ 2011 年）

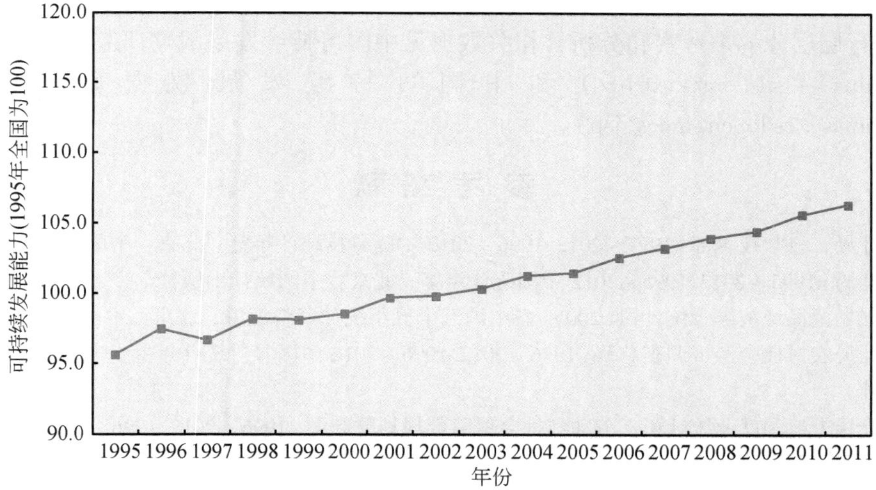

图 9.45　宁夏可持续发展能力变化趋势图（1995 ~ 2011 年）

三　中国可持续发展能力系统分解变化趋势（1995 ~2011 年）

如需进一步揭示全国，各省、直辖市、自治区，东、中、西部地区，东北老工业

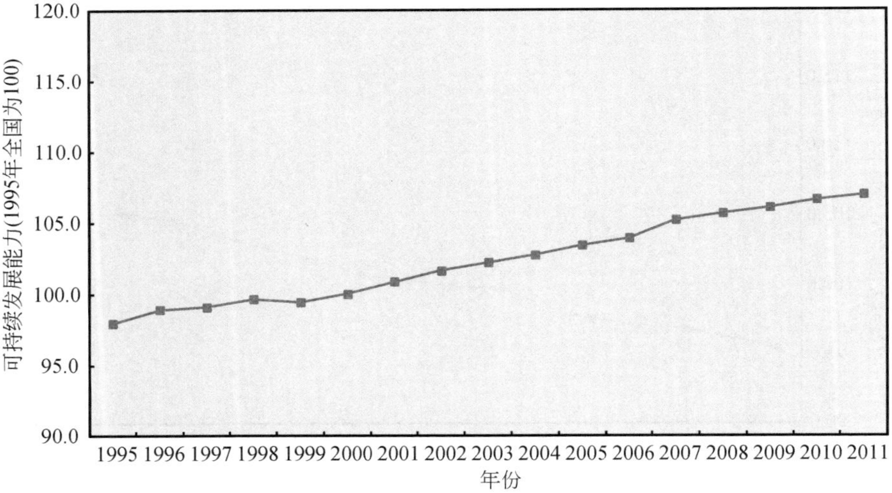

图 9.46　新疆可持续发展能力变化趋势图（1995～2011 年）

基地及八大经济区的可持续发展能力具体变化趋势及其空间差异，可以对可持续发展能力进行层层分解来考察和分析，相关数据见中国可持续发展战略研究网（http：//www. china - sds. org/kcxfzbg/）和中国可持续发展数据库（http：//www. chinasd. csdb. cn/index. jsp）。

参考文献

国家统计局，科学技术部 . 1997～2012. 1996～2012 中国科技统计年鉴 . 北京：中国统计出版社 .

国家统计局 . 1995～2012. 1995～2012 中国统计年鉴 . 北京：中国统计出版社 .

国家统计局国民经济综合统计司 . 2005. 新中国五十五年统计资料汇编 . 北京：中国统计出版社 .

国家统计局农村社会经济调查总队 . 1996～2012. 1996～2012 中国农村统计年鉴 . 北京：中国统计出版社 .

国家统计局人口和就业统计司，劳动和社会保障部规划财务司 . 1996～2012. 1996～2012 中国劳动统计年鉴 . 北京：中国统计出版社 .

国家统计局人口和社会科技统计司 . 1995～2007. 中国人口统计年鉴 1995～2007. 北京：中国统计出版社 .

《中国国土资源年鉴》编辑部 . 1999～2009. 中国国土资源年鉴 1999～2009. 北京：中国国土资源年鉴编辑部 .

《中国环境年鉴》编委会 . 1996～2012. 中国环境年鉴 1996～2012. 北京：中国环境年鉴社 .

中国交通运输协会 . 1996～2012. 中国交通年鉴 1996～2012. 北京：中国交通年鉴社 .

《中国农业年鉴》编辑委员会 . 1995～2012. 中国农业年鉴 1995～2012. 北京：中国农业出版社 .

《中国水利年鉴》编纂委员会 . 1996 ~ 2012. 中国水利年鉴 1996 ~ 2012. 北京：中国水利水电出版社 .
《中国卫生年鉴》编辑委员会 . 1996 ~ 2003. 中国卫生年鉴 1996 ~ 2003. 北京：人民卫生出版社 .
中国有色金属工业协会，《中国有色金属工业年鉴》编委会 . 1996 ~ 2012. 中国有色金属工业年鉴 1996 ~ 2012. 北京：中国有色金属工业年鉴编辑部 .
中华人民共和国科学技术部 . 2007. 中国科学技术指标 2006. 北京：科学技术文献出版社 .
中华人民共和国科学技术部 . 2011. 中国科学技术指标 2010. 北京：科学技术文献出版社 .

第十章

中国资源环境综合绩效评估（2000～2012年）*

一 资源环境综合绩效评估方法——资源环境综合绩效指数

提高资源环境绩效是减缓或控制资源消耗和污染物排放增长速度、促进实现绿色发展乃至于可持续发展目标的重要前提和基础。为了对国家和各地区的资源消耗和污染排放的绩效进行监测和评价，以便反映建设节约型社会进展和绿色发展状况及检验各种政策措施的综合实施效果，中国科学院可持续发展研究组（2006）提出了节约指数或资源环境综合绩效指数（resource and environmental performance index，REPI）方法，之后又对原有表达式进行了部分调整（中国科学院可持续发展战略研究组，2009），形成了目前新的资源环境综合绩效指数表达式：

$$\mathrm{REPI}_j = \frac{1}{n}\sum_{i}^{n} w_i \frac{g_j/x_{ij}}{G_0/X_{i0}} \tag{10.1}$$

* 本章由陈劭锋、刘扬执笔，作者单位为中国科学院科技政策与管理科学研究所。

在式（10.1）中，$REPI_j$ 是第 j 个省、直辖市、自治区的资源环境综合绩效指数；w_i 为第 i 种资源消耗或污染排放绩效的权重，x_{ij} 为第 j 个省、直辖市、自治区第 i 种资源消耗或污染物排放总量，g_j 为第 j 个省、直辖市、自治区的 GDP 总量，X_{i0} 为全国第 i 种资源消耗或污染物排放总量，G_0 为全国的 GDP 总量。那么，g/x 和 G/X 实际上分别表征的是各省、直辖市、自治区和全国的资源消耗或污染物排放绩效。n 为所消耗的资源或所排放的污染物的种类数。换言之，资源环境综合绩效指数实质上表达的是一个地区 n 种资源消耗或污染物排放绩效与全国相应资源消耗或污染物排放绩效比值的加权平均。该指数越大，表明资源环境综合绩效水平越高，该指数越小，表明资源环境综合绩效水平越低。在实证研究中，为简化起见，我们不妨假定各资源消耗和污染物排放绩效的权重相同。

二　中国各省、直辖市、自治区的资源环境综合绩效评估结果（2000～2012年）

通过资源环境综合绩效指数——REPI，我们对2000～2012年中国各省、直辖市、自治区的资源环境综合绩效及其变化趋势进行评估。为了对接“十二五”规划中的资源环境目标指标，在本次评估中，我们选择了4个资源消耗指标和5个环境指标。其中，资源消耗指标包括能源消费总量、用水总量、建设用地规模（表征对土地资源的占用）、固定资产投资（间接表达对水泥、钢材等基础原材料的消耗）。环境指标包括氨氮和化学需氧量（COD）排放量（表征对水环境的压力）、二氧化硫和烟粉尘排放量（表达对大气环境的压力）及工业固体废物产生量。需要说明的是，由于二氧化碳指标缺少公开统计数据，氮氧化物列入统计的时间较短，加之后来统计口径发生变化，所以在本次评估中暂未考虑。从2011年起，中国部分环境指标的统计口径发生了一定的变化，考虑到年际之间的可比性，我们仍然采用指标的原口径。GDP和固定资产投资均按2005年价计算。西藏由于数据不完整，不参与本次评估。

基于上述9个资源环境指标，采用式（10.1）对中国各省、直辖市、自治区2000～2012年的资源环境综合绩效进行评估，结果如表10.1～表10.3所示。

表 10.1　中国各省、直辖市、自治区的资源环境综合绩效指数

（2000～2012 年）（2000 年全国为 100）

地区	2000年	2001年	2002年	2003年	2004年	2005年	2006年	2007年	2008年	2009年	2010年	2011年	2012年
全国	100.0	107.2	116.6	121.6	127.0	131.2	145.8	168.5	189.6	210.6	233.4	239.6	259.2
北京	279.4	328.9	399.2	469.4	520.9	625.5	742.0	919.9	1063.1	1172.6	1281.6	1405.1	1522.8
天津	188.5	235.3	269.6	289.1	332.3	342.6	414.6	483.6	581.4	668.3	766.2	910.5	1002.7
河北	91.7	99.5	104.5	114.1	121.6	131.4	145.9	168.9	194.3	218.2	248.4	254.7	286.3
山西	75.9	80.3	84.3	90.3	99.9	109.6	119.0	136.6	153.4	161.1	175.2	183.4	202.7
内蒙古	64.2	68.1	70.8	67.8	73.8	75.0	91.5	110.6	131.3	153.8	160.5	184.0	201.7
辽宁	88.4	98.5	111.1	122.3	134.2	127.7	142.4	162.3	190.7	220.7	255.3	287.8	316.1
吉林	83.1	92.9	103.2	110.6	118.5	115.4	124.9	146.9	172.1	190.8	220.4	232.1	295.6
黑龙江	91.3	98.1	111.3	114.1	121.8	122.5	131.1	144.7	162.0	179.2	206.0	203.5	220.2
上海	285.0	316.6	383.4	413.4	457.5	500.9	567.2	664.0	728.2	810.9	893.2	1116.3	1235.1
江苏	163.5	167.2	198.6	206.5	221.7	229.2	261.7	314.0	375.3	435.1	487.5	491.4	583.5
浙江	186.4	209.2	225.4	240.1	263.4	297.8	332.0	386.7	442.7	489.3	563.3	563.1	670.9
安徽	92.1	98.0	107.1	106.6	112.2	114.9	120.6	138.8	154.0	172.6	200.1	213.9	236.0
福建	168.9	182.1	207.4	197.4	208.2	203.3	226.8	270.8	306.4	341.2	373.2	421.3	440.8
江西	84.5	96.1	99.7	95.6	97.9	103.0	111.9	123.6	142.9	161.5	183.3	186.5	212.5
山东	123.2	136.8	152.1	168.8	199.9	220.3	249.1	299.9	348.3	402.1	460.3	450.1	515.5
河南	105.6	111.5	118.6	127.1	131.0	135.4	148.9	176.1	204.7	227.1	260.1	294.5	336.4
湖北	87.2	97.6	105.7	111.2	117.5	125.1	136.8	161.7	188.5	217.4	252.3	273.5	303.5
湖南	91.3	95.0	96.0	96.5	98.8	103.3	112.7	126.7	148.2	161.3	192.0	252.1	296.2
广东	214.0	236.7	270.1	277.0	304.9	330.4	380.9	420.8	453.0	535.8	591.6	751.8	817.6
广西	70.5	76.1	77.2	74.3	74.4	75.9	84.5	97.1	109.6	127.2	145.4	214.2	229.9
海南	196.6	243.9	241.8	262.4	272.1	293.9	315.2	351.0	403.3	465.4	534.8	601.0	641.4
重庆	106.7	113.4	120.0	125.2	130.0	135.1	149.6	171.6	197.8	219.8	253.3	309.1	358.2
四川	71.8	77.7	86.4	90.0	98.3	109.4	123.7	150.6	181.3	211.4	222.3	270.3	334.8
贵州	54.4	57.4	60.8	61.0	67.2	74.3	83.5	93.7	102.9	110.8	134.0	135.0	151.9
云南	87.6	96.4	110.7	112.7	118.7	118.1	126.6	140.6	156.5	180.4	206.6	162.6	182.4
陕西	84.7	91.6	102.2	106.7	112.1	119.4	131.7	151.6	173.5	213.7	240.9	239.8	268.4
甘肃	63.4	72.9	70.5	69.0	75.6	76.2	83.7	102.0	112.0	116.0	125.6	121.8	142.6

续表

地　区	2000年	2001年	2002年	2003年	2004年	2005年	2006年	2007年	2008年	2009年	2010年	2011年	2012年
青　海	76.0	81.8	93.7	84.8	78.9	66.5	70.6	78.1	85.5	95.0	97.9	105.7	118.7
宁　夏	37.7	41.3	47.2	46.3	59.2	49.0	56.8	64.6	73.3	81.1	77.6	80.0	89.6
新　疆	81.3	86.3	88.1	87.4	85.9	88.0	90.4	94.4	100.7	101.5	106.3	104.2	105.6

注：西藏由于资料不全，未列入评估

资料来源：1）《中国环境年鉴》编委会. 2001～2013. 中国环境年鉴2001～2013. 中国环境年鉴社

2）中华人民共和国国家统计局. 2001～2013. 2001～2013中国统计年鉴. 中国统计出版社

3）中国国土资源年鉴编辑部. 2001～2009. 中国国土资源年鉴2001～2008. 中国国土资源年鉴编辑部

4）国家统计局能源统计司，国家能源局. 2005～2012. 中国能源统计年鉴2004～2012. 中国统计出版社

5）中华人民共和国住房和城乡建设部. 2010～2013. 中国城市建设统计年鉴2009～2012. 中国计划出版社

表10.2　中国各省、直辖市、自治区的资源环境综合绩效水平排序（2000～2012年）

地　区	2000年	2001年	2002年	2003年	2004年	2005年	2006年	2007年	2008年	2009年	2010年	2011年	2012年
北　京	2	1	1	1	1	1	1	1	1	1	1	1	1
天　津	5	5	4	3	3	3	3	3	3	3	3	3	3
河　北	13	12	17	13	14	12	12	12	12	13	14	15	17
山　西	24	24	25	22	20	20	21	21	21	23	23	24	23
内蒙古	27	28	27	28	28	27	24	24	24	24	24	23	24
辽　宁	16	13	13	12	10	13	13	13	13	11	11	12	13
吉　林	21	20	18	17	16	18	18	17	17	17	17	18	16
黑龙江	14	14	12	14	13	15	16	18	18	19	19	21	21
上　海	1	2	2	2	2	2	2	2	2	2	2	2	2
江　苏	8	8	8	7	7	7	7	7	7	7	7	7	7
浙　江	6	6	6	6	6	5	5	5	5	5	5	6	5
安　徽	12	15	15	19	18	19	20	20	20	20	20	20	19

续表

地区	2000年	2001年	2002年	2003年	2004年	2005年	2006年	2007年	2008年	2009年	2010年	2011年	2012年
福 建	7	7	7	8	8	9	9	9	9	9	9	9	9
江 西	20	18	20	21	23	23	23	23	23	21	22	22	22
山 东	9	9	9	9	9	8	8	8	8	8	8	8	8
河 南	11	11	11	10	11	10	11	10	10	10	10	11	11
湖 北	18	16	16	16	17	14	14	14	14	14	13	13	14
湖 南	15	19	21	20	21	22	22	22	22	22	21	16	15
广 东	3	4	3	4	4	4	4	4	4	4	4	4	4
广 西	26	26	26	26	27	26	26	26	26	25	25	19	20
海 南	4	3	5	5	5	6	6	6	6	6	6	5	6
重 庆	10	10	10	11	12	11	10	11	11	12	12	10	10
四 川	25	25	24	23	22	21	19	16	15	16	16	14	12
贵 州	29	29	29	29	29	28	28	28	27	27	26	26	26
云 南	17	17	14	15	15	17	17	19	19	18	18	25	25
陕 西	19	21	19	18	19	16	15	15	16	15	15	17	18
甘 肃	28	27	28	27	26	25	27	25	25	26	27	27	27
青 海	23	23	22	25	25	29	29	29	29	29	29	28	28
宁 夏	30	30	30	30	30	30	30	30	30	30	30	30	30
新 疆	22	22	23	24	24	24	25	27	28	28	28	29	29

注：按资源环境综合绩效指数从大到小排序。共30个省、直辖市、自治区参与了排序，西藏未参与评估

表10.3　中国东、中、西部和东北老工业基地的资源环境综合绩效指数

（2000~2012年）（2000年全国为100）

地 区	2000年	2001年	2002年	2003年	2004年	2005年	2006年	2007年	2008年	2009年	2010年	2011年	2012年
全国	100.0	107.2	116.6	121.6	127.0	131.2	145.8	168.5	189.6	210.6	233.4	239.6	259.2
东部地区	137.4	150.3	172.4	186.4	204.9	216.9	247.0	287.8	331.3	379.0	429.9	434.6	488.4

续表

地区	2000年	2001年	2002年	2003年	2004年	2005年	2006年	2007年	2008年	2009年	2010年	2011年	2012年
东北老工业基地	81.6	90.2	102.9	110.8	119.5	115.3	126.1	143.3	166.3	188.3	218.1	229.6	257.7
中部地区	82.0	88.4	94.3	97.6	102.6	106.7	116.6	133.6	153.7	171.1	197.3	211.5	239.4
西部地区	65.5	71.1	76.2	76.5	80.8	83.5	93.9	109.2	124.8	140.6	155.1	169.0	186.2

注：东部地区包括：辽宁、北京、天津、河北、上海、江苏、浙江、福建、山东、广东、海南等11省、直辖市；东北老工业基地包括：辽宁、吉林、黑龙江等3省；中部地区包括：黑龙江、吉林、山西、安徽、江西、河南、湖北、湖南等8省；西部地区包括：内蒙古、广西、重庆、四川、贵州、云南、陕西、甘肃、青海、宁夏、新疆等11省、直辖市、自治区，西藏由于数据缺乏未列入西部地区评估，以下图表均相同

资料来源：1）《中国环境年鉴》编委会.2001～2013. 中国环境年鉴2001～2013. 中国环境年鉴社

2）中华人民共和国国家统计局.2001～2013. 2001～2013中国统计年鉴. 中国统计出版社

3）中国国土资源年鉴编辑部.2001～2009. 中国国土资源年鉴2001～2008. 中国国土资源年鉴编辑部

4）国家统计局能源统计司，国家能源局.2005～2012. 中国能源统计年鉴2004～2012. 中国统计出版社

5）中华人民共和国住房和城乡建设部.2010～2013. 中国城市建设统计年鉴2009～2012. 中国计划出版社

根据表10.1～表10.3，可以对中国各省、直辖市、自治区的资源环境综合绩效水平进行纵向和横向的对比分析。

三 中国各省、直辖市、自治区的资源环境综合绩效评估结果分析（2000～2012年）

（一）2012年中国各省、直辖市、自治区的资源环境综合绩效水平分析

2012年，北京的资源环境综合绩效水平稳居全国之首，而宁夏则是全国资源环境综合绩效水平最低的省份，如图10.1所示。北京、上海、天津、广东、浙江、海南、江苏、山东、福建、重庆依次在全国资源环境综合绩效水平排行榜中位列前十位，其资源环境综合绩效综合指数高于全国平均水平，分别是全国平均水平的1.4～5.9倍。这些省市除重庆外，几乎全部分布在东部地区。资源环境综合绩效水平位列全国后十位的省、直辖市、自治区依次为黑龙江、江西、山西、内蒙古、云南、

贵州、甘肃、青海、新疆、宁夏，其资源环境综合绩效指数分别为全国平均水平的 0.3～0.8 倍。这些省市全部分布在中西部地区，尤其以西部地区居多。由此可见，中国的资源环境综合绩效水平呈现出比较明显的空间差异特征，这也可以从表 10.3 和图 10.2 来进一步揭示。

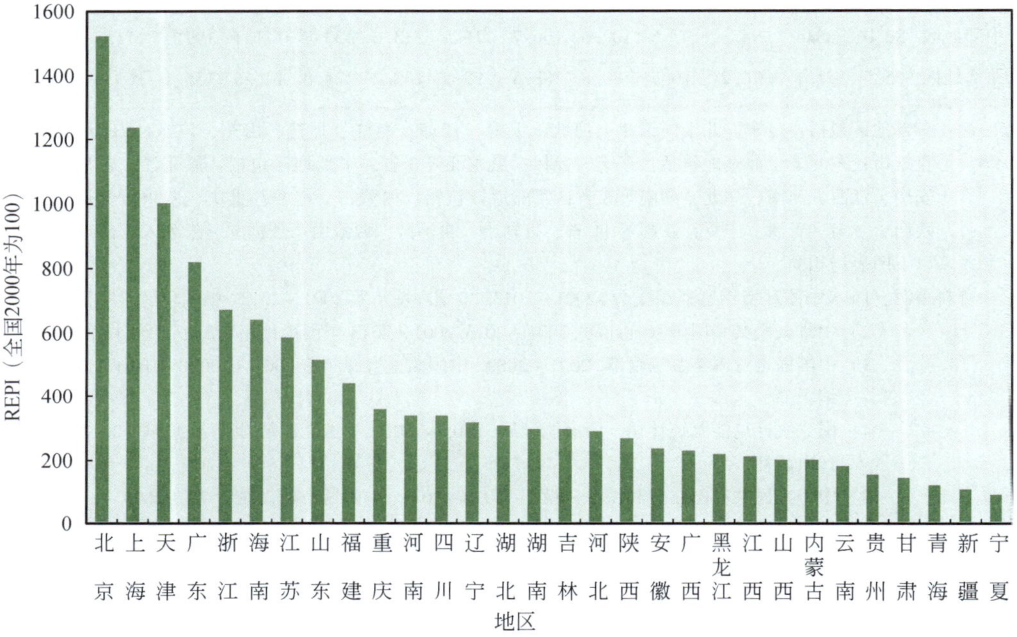

图 10.1　2012 年中国各省、直辖市、自治区资源环境综合绩效指数排序图（由大到小排列）

由表 10.3 和图 10.2 可知，目前中国的资源环境综合绩效呈现东部地区高于东北老工业基地、东北老工业基地高于中部地区、中部地区又高于西部地区的空间分布格局。东部地区资源环境综合绩效指数高于全国平均水平，是全国平均水平的 1.9 倍。而东北老工业基地、中部地区和西部地区的资源环境综合绩效指数均低于全国平均水平，分别是全国平均水平的 0.72～0.99 倍。

与 2011 年相比，就全国而言，资源环境综合绩效指数增长了 8.2%，各省、直辖市、自治区的资源环境综合绩效水平有不同程度的提升（图 10.3）。其中，吉林的增幅最大，为 27.4%，新疆的增幅最小，只有 1.3%。增幅位居全国前十位的依次是吉林、四川、浙江、江苏、湖南、甘肃、重庆、山东、河南、江西，而位居全国后十位的依次是天津、辽宁、内蒙古、广东、北京、黑龙江、广西、海南、福建、新疆。

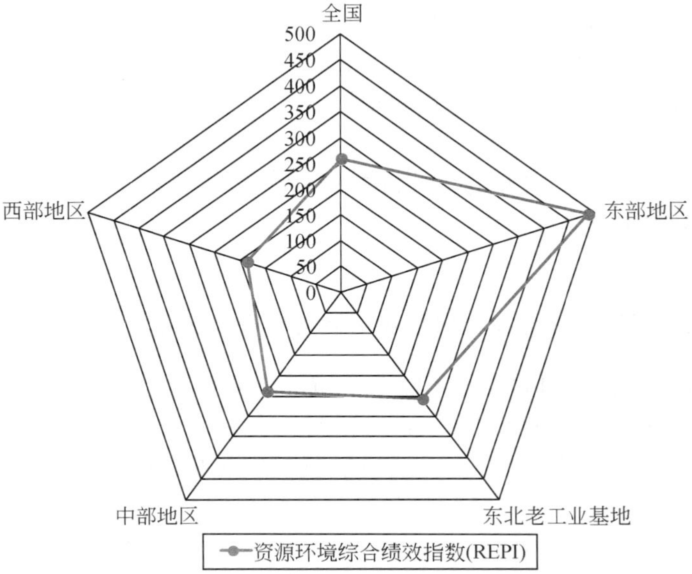

图 10.2　2012 年中国东、中、西部和东北老工业基地资源环境综合绩效水平比较图

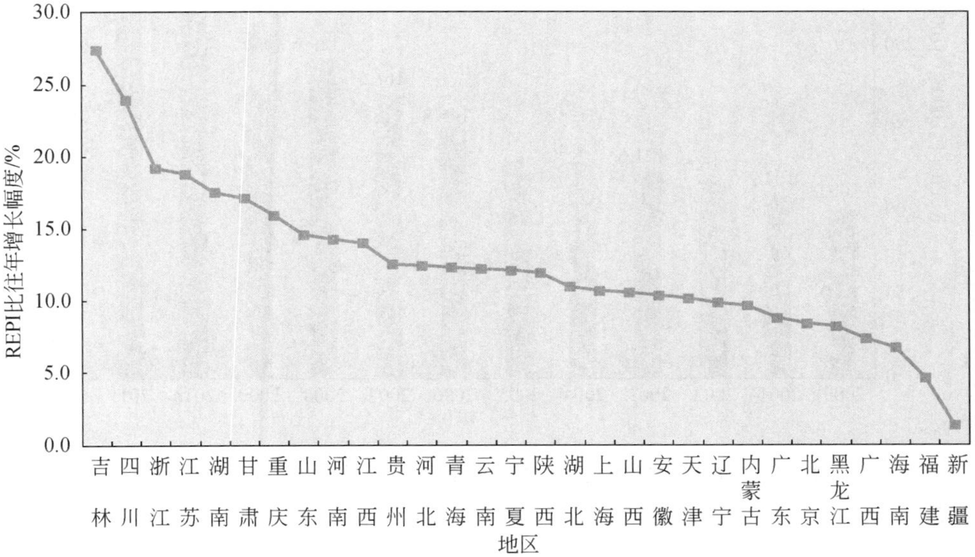

图 10.3　2012 年中国各省、直辖市、自治区资源环境综合绩效指数比 2011 年增长幅度排序图

与2011年相比，北京、天津、黑龙江、上海、江苏、福建、江西、山东、河南、广东、重庆、贵州、云南、甘肃、青海、宁夏、新疆位序保持不变，山西、浙江、安徽、湖南比往年上升一位，吉林、四川上升两位，内蒙古、辽宁、湖北、广西、海南、陕西比往年下降一位，河北比往年下降两位。

（二）中国各省、直辖市、自治区的资源环境综合绩效水平变化趋势分析（2000~2012年）

1. 中国的资源环境综合绩效水平变化趋势分析（2000~2012年）

自2000年以来，全国的资源环境综合绩效指数总体上呈上升趋势（图10.4），平均每年增长8.3%，说明全国的资源环境综合绩效水平比2000年有了显著提高，也同时反映出我国在资源节约型社会建设、节能减排等方面取得了明显的成效。

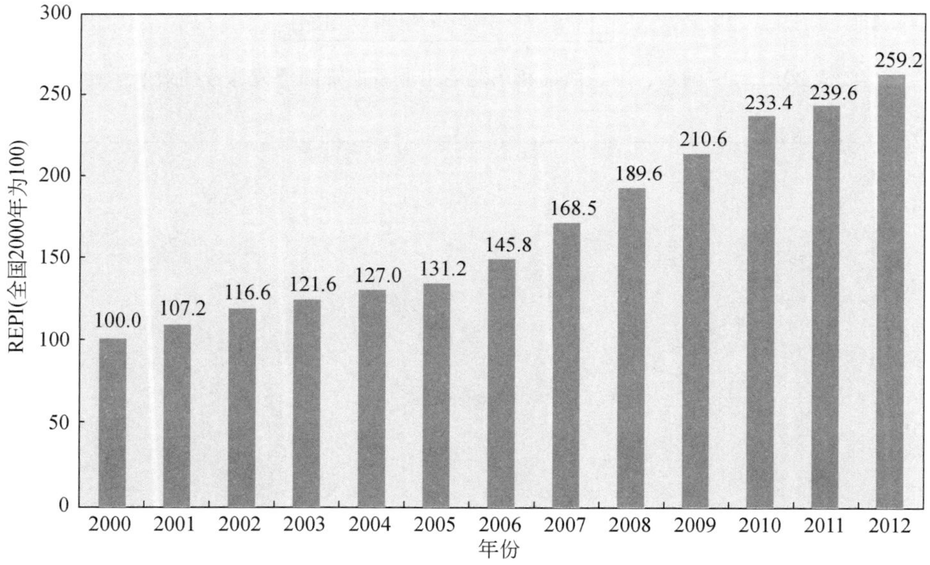

图10.4　中国的资源环境综合绩效指数变化趋势图（2000~2012年）

2. 中国各省、直辖市、自治区的资源环境综合绩效水平变化趋势分析（2000～2012年）

从表10.4来看，2000～2012年中国各省、直辖市、自治区的资源环境综合绩效指数年均呈上升趋势，其中增幅最大的前十位依次是北京、天津、上海、四川、山东、广东、辽宁、湖北、海南、广西。上升幅度排在后十位的依次是：贵州、山西、安徽、黑龙江、江西、宁夏、甘肃、云南、青海、新疆，绝大多数的增幅低于全国平均水平。

表10.4　中国各省、直辖市、自治区资源环境综合绩效指数的变化情况（2000～2012年）

地　区	2001年较上年增幅/%	2002年较上年增幅/%	2003年较上年增幅/%	2004年较上年增幅/%	2005年较上年增幅/%	2006年较上年增幅/%	2007年较上年增幅/%	2008年较上年增幅/%	2009年较上年增幅/%	2010年较上年增幅/%	2011年较上年增幅/%	2012年较上年增幅/%	2000～2012年平均增幅/%
全　国	7.2	8.8	4.3	4.4	3.3	11.2	15.6	12.5	11.0	10.9	2.6	8.2	8.3
北　京	17.7	21.4	17.6	11.0	20.1	18.6	24.0	15.6	10.3	9.3	9.6	8.4	15.2
天　津	24.8	14.6	7.2	14.9	3.1	21.0	16.7	20.2	14.9	14.7	18.8	10.1	14.9
河　北	8.5	5.0	9.2	6.6	8.1	11.0	15.7	15.1	12.3	13.9	2.5	12.4	10.0
山　西	5.7	5.0	7.0	10.6	9.7	8.6	14.8	12.4	5.0	8.8	4.6	10.5	8.5
内蒙古	6.0	3.9	-4.2	8.8	1.6	22.1	20.9	18.6	17.1	4.4	14.6	9.6	10.0
辽　宁	11.5	12.8	10.0	9.8	-4.9	11.5	14.0	17.5	15.7	15.7	12.7	9.8	11.2
吉　林	11.8	11.0	7.2	7.1	-2.6	8.2	17.7	17.1	10.8	15.5	5.3	27.4	11.2
黑龙江	7.5	13.4	2.5	6.8	0.5	7.0	10.4	12.0	10.6	15.0	-1.2	8.2	7.6
上　海	11.1	21.1	7.8	10.6	9.5	13.2	17.1	9.7	11.4	10.1	25.0	10.6	13.0
江　苏	2.3	18.8	4.0	7.4	3.4	14.2	20.0	19.5	15.9	12.1	0.8	18.7	11.2
浙　江	12.2	7.8	6.5	9.7	13.1	11.5	16.5	14.5	10.5	15.1	0.0	19.2	11.3
安　徽	6.5	9.3	-0.5	5.3	2.4	5.0	15.1	11.0	12.1	15.9	6.9	10.3	8.2
福　建	7.8	13.9	-4.8	5.5	-2.3	11.5	19.4	13.2	11.3	9.4	12.9	4.6	8.3
江　西	13.7	3.8	-4.1	2.4	5.2	8.6	10.5	15.6	13.1	13.5	1.7	14.0	8.0
山　东	11.1	11.1	11.0	18.5	10.2	13.1	20.4	16.1	15.5	14.5	-2.2	14.5	12.7
河　南	5.6	6.3	7.2	3.0	3.4	10.0	18.2	16.3	11.0	14.5	13.2	14.2	10.1
湖　北	12.0	8.3	5.2	5.6	6.5	9.3	18.2	16.6	15.3	16.1	8.4	10.9	11.0
湖　南	4.1	1.1	0.5	2.4	4.5	9.1	12.4	16.9	8.8	19.1	31.3	17.5	10.3

续表

地　区	2001 年较上年增幅/%	2002 年较上年增幅/%	2003 年较上年增幅/%	2004 年较上年增幅/%	2005 年较上年增幅/%	2006 年较上年增幅/%	2007 年较上年增幅/%	2008 年较上年增幅/%	2009 年较上年增幅/%	2010 年较上年增幅/%	2011 年较上年增幅/%	2012 年较上年增幅/%	2000～2012 年平均增幅/%
广　东	10.6	14.1	2.5	10.1	8.4	15.3	10.5	7.6	18.3	10.4	27.1	8.8	11.8
广　西	7.9	1.5	−3.7	0.1	2.0	11.3	15.0	12.9	16.0	14.3	47.3	7.4	10.4
海　南	24.1	−0.9	8.5	3.7	8.0	7.3	11.3	14.9	15.4	14.9	12.4	6.7	10.4
重　庆	6.3	5.8	4.3	3.9	3.9	10.7	14.7	15.2	11.1	15.3	22.0	15.9	10.6
四　川	8.3	11.2	4.2	9.2	11.3	13.1	21.7	20.4	16.6	5.1	21.6	23.9	13.7
贵　州	5.5	5.9	0.3	10.2	10.7	12.3	12.2	9.8	7.7	20.9	0.8	12.5	8.9
云　南	10.0	14.9	1.8	5.4	−0.6	7.3	11.0	11.4	15.2	14.5	−21.3	12.2	6.3
陕　西	8.1	11.7	4.3	5.1	6.5	10.3	15.1	14.4	23.2	12.7	−0.4	11.9	10.1
甘　肃	15.1	−3.3	−2.1	9.5	0.7	9.8	21.9	9.8	3.6	8.4	−3.1	17.1	7.0
青　海	7.7	14.4	−9.5	−6.9	−15.7	6.1	10.7	9.4	11.0	3.1	8.0	12.3	3.8
宁　夏	9.7	14.2	−1.9	27.9	−17.1	15.8	13.7	13.5	10.8	−4.4	3.1	12.1	7.5
新　疆	6.1	2.0	−0.8	−1.7	2.5	2.7	4.4	6.7	0.8	4.7	−2.0	1.3	2.2

资料来源：1）《中国环境年鉴》编委会 . 2001～2013. 中国环境年鉴 2001～2013. 中国环境年鉴社

2）中华人民共和国国家统计局 . 2001～2013. 2001～2013 中国统计年鉴 . 中国统计出版社

3）中国国土资源年鉴编辑部 . 2001～2009. 中国国土资源年鉴 2001～2009. 中国国土资源年鉴编辑部

4）国家统计局能源统计司，国家能源局 . 2005～2012. 中国能源统计年鉴 2004～2012. 中国统计出版社

5）中华人民共和国住房和城乡建设部 . 2010～2013. 中国城市建设统计年鉴 2009～2012. 中国计划出版社

3. 中国东、中、西部和东北老工业基地资源环境综合绩效水平变化趋势分析（2000～2012 年）

从表 10.3 和图 10.5 来看，中国东、中、西部和东北老工业基地的资源环境综合绩效指数自 2000 年以来基本上呈稳定上升趋势。再从表 10.5 来看，2000～2012 年，东部地区的资源环境综合绩效指数上升幅度最大，平均每年增加 11.1%；其次为东北老工业基地，平均每年增加 10.1%；再次为中部地区，平均每年增加 9.3%；最后为西部地区，平均每年增加 9.1%。但是就资源环境综合绩效水平的空间格局而言，自 2000 年后，中国的资源环境综合绩效水平比较稳定地呈现出东部地区依次高于东北老工业基地、中部地区和西部地区。同时，除东部地区外，其他三个地区的资源环境综合绩效水平仍然低于全国平均水平，这种格局未发生变化。

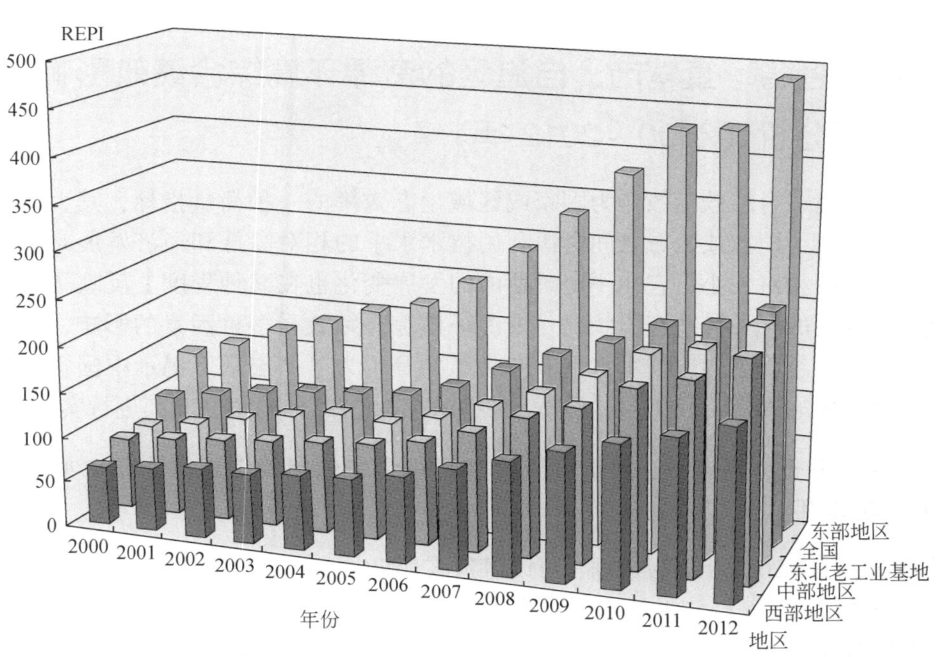

图 10.5　中国东、中、西部和东北老工业基地资源环境综合绩效指数变化趋势（2000～2012 年）

表 10.5　中国东、中、西部和东北老工业基地资源环境综合绩效指数的变化情况

（2000～2012 年）　　　　　　（单位：%）

地　区	2001 年比上年增长	2002 年比上年增长	2003 年比上年增长	2004 年比上年增长	2005 年比上年增长	2006 年比上年增长	2007 年比上年增长	2008 年比上年增长	2009 年比上年增长	2010 年比上年增长	2011 年比上年增长	2012 年比上年增长	2000～2012 年平均增长
东部地区	9.4	14.7	8.1	9.9	5.9	13.9	16.5	15.1	14.4	13.4	1.1	12.4	11.1
东北老工业基地	10.6	14	7.7	7.9	–3.5	9.4	13.6	16	13.2	15.8	5.3	12.3	10.1
中部地区	7.7	6.7	3.5	5.1	4	9.3	14.6	15	11.4	15.3	7.2	13.2	9.3
西部地区	8.7	7.1	0.5	5.5	3.3	12.5	16.3	14.2	12.7	10.3	9	10.2	9.1

资料来源：1）《中国环境年鉴》编委会 . 2001～2013. 中国环境年鉴 2001～2013. 中国环境年鉴社
2）中华人民共和国国家统计局 . 2001～2013. 2001～2013 中国统计年鉴 . 中国统计出版社
3）中国国土资源年鉴编辑部 . 2001～2009. 中国国土资源年鉴 2001～2009. 中国国土资源年鉴编辑部
4）国家统计局能源统计司，国家能源局 . 2005～2012. 中国能源统计年鉴 2004～2012. 中国统计出版社
5）中华人民共和国住房和城乡建设部 . 2010～2013. 中国城市建设统计年鉴 2009～2012. 中国计划出版社

四 中国各省、直辖市、自治区的资源环境综合绩效影响因素实证分析（2000～2012年）

资源环境综合绩效指数作为国家或区域生态效率的一种衡量指标，其大小在一定程度上反映了国家或区域之间资源利用技术水平的相对高低和经济发展对资源环境产生压力的相对大小。它在一定时期内的发展变化也在某种程度上反映了国家或区域资源利用的广义科技进步状况。资源环境综合绩效受多种因素的影响，包括经济发展水平、经济结构、技术水平、产品结构等。为了从宏观上揭示中国资源环境综合绩效的影响因素，我们拟从经济发展水平和经济结构的角度对其进行实证分析。

1. 中国各省、直辖市、自治区资源环境综合绩效与经济发展水平之间的关系（2000～2012年）

基于2000～2012年面板数据，可以得到该时期中国各省、直辖市、自治区资源环境综合绩效指数与其经济发展水平即人均GDP之间的关系图（图10.6）。由图可知，随着人均GDP的不断提高，资源环境综合绩效指数呈上升趋势，这说明资源环境综合绩效水平与经济发展水平和发展阶段有关。总体而言，人均GDP每增加1000元，资源环境综合绩效指数平均提高13.4。尽管资源环境综合绩效水平与经济发展阶段有关，但并不意味着单纯依靠经济增长就可以自发地实现资源环境综合绩效水平的提升。

2. 中国各省、直辖市、自治区资源环境综合绩效与经济结构之间的关系（2000～2012年）

在不同的发展阶段下，产业或经济结构不同，资源环境综合绩效也会有所不同。工业化阶段尤其是工业化中期阶段往往是资源消耗最大、污染最严重、资源环境综合绩效最差的阶段。研究经济结构与资源环境综合绩效指数之间的关系，可以采用两种途径进行。一种是分别用第二产业、第三产业产值比例作为经济结构的衡量指标；另一种途径采用第三产业产值与第一产业产值之比形成的产业结构指数来反映整个国民经济结构的变化。从人类社会经济发展的一般演化规律来看，第一产业在国民经济的中所占的比重逐步下降，第二产业所占的比重呈现出先增加后下降的趋势，即倒“U”形或钟形发展趋势，第三产业所占的比重则呈现出“S”形的演化趋势。因此，可以通过产业结构指数反映国民经济结构的整体变化情况。

图10.7展示了2000～2012年中国各省、直辖市、自治区资源环境综合绩效指数与其第二产业产值比例之间的关系。从图10.7可以发现，随着第二产业产值比例

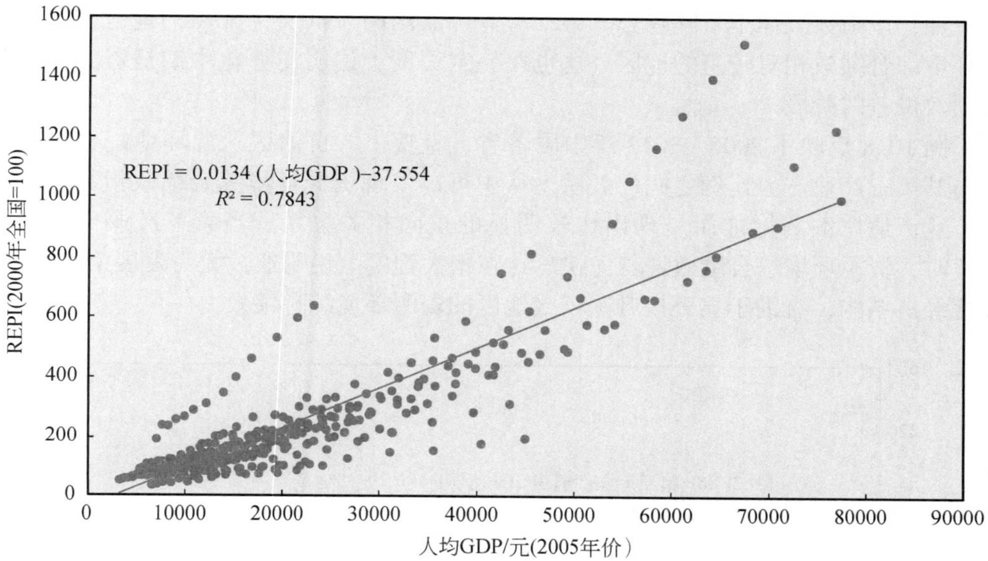

图10.6　中国各省、直辖市、自治区资源环境综合绩效指数与其人均GDP之间的关系（2000～2012年）

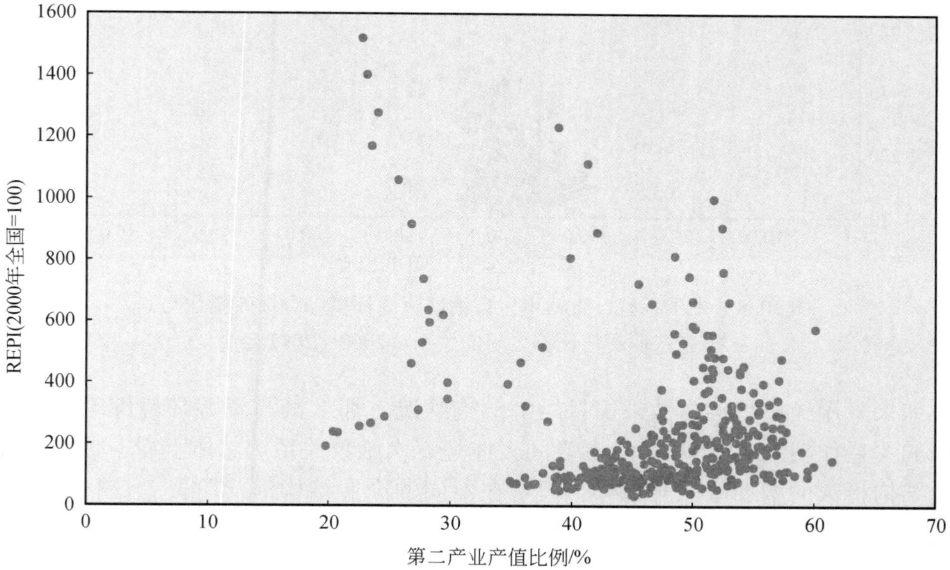

图10.7　中国各省、直辖市、自治区资源环境综合绩效指数与其第二产业产值比例之间的关系（2000～2012年）

的增加，该指数大体呈下降趋势。第二产业产值比例为 40% ~60% 的地区，也是资源环境综合绩效相对较差的地区。这也在一定程度上说明工业化中期是资源环境综合绩效最差的阶段。

图 10.8 反映了 2000 ~2012 年中国各省、直辖市、自治区资源环境综合绩效指数与其第三产业产值比例之间的关系。从中可以发现资源环境综合绩效指数随着第三产业产值比例的增加而呈现出比较明显的正向相关关系。当第三产业比例高于 50% 时，资源环境综合绩效增长尤快。这在很大程度上说明通过大力发展第三产业、优化经济结构，有助于显著提升国家或地区的资源环境综合绩效。

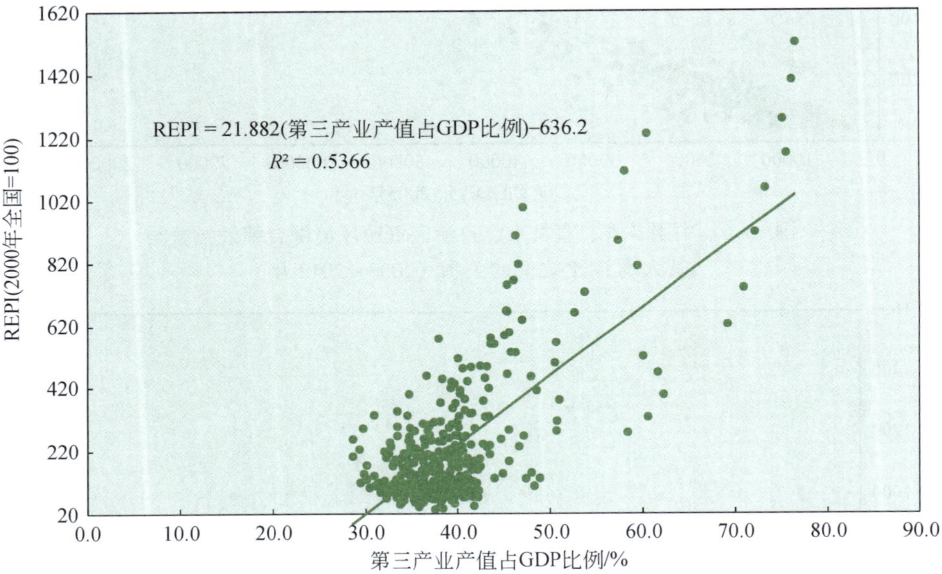

图 10.8　中国各省、直辖市、自治区资源环境综合绩效指数与其第三产业产值比例之间的关系（2000 ~2012 年）

如果采用经济结构指数来衡量经济结构状况，那么其与资源环境综合绩效指数之间的关系如图 10.9 所示，二者之间大体呈三次函数关系。总体上看，该指数随着产业结构指数的增加呈上升态势，但是在不同的产业结构演化阶段，该指数变化出现拐点并形成了比较显著的阶段性特征。由此可见，不同阶段的结构调整可以对资源环境综合绩效的改善起到不同程度的推动作用。

总之，提高资源环境综合绩效不能仅仅通过加速经济增长来解决，而要在促进经济增长的同时，通过采用多种综合配套措施包括加大结构调整力度、增强科技创

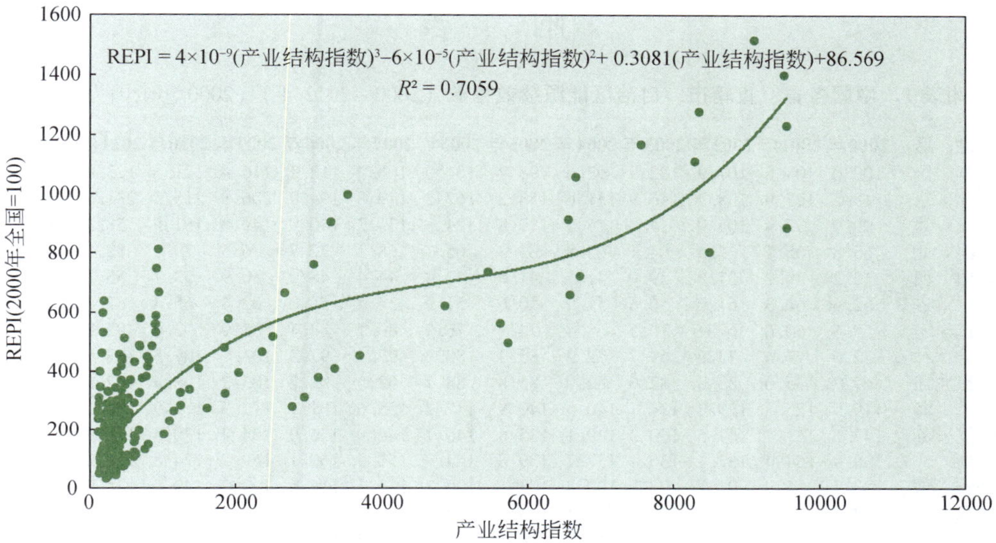

图 10.9　中国各省、直辖市、自治区资源环境综合绩效指数与其产业结构指数之间的关系（2000～2012年）

新能力和提高管理水平等来实现。

参考文献

国家统计局工业交通统计司，国家发展和改革委员会能源局 . 2005～2008. 中国能源统计年鉴 2004～2007. 北京：中国统计出版社 .

国家统计局能源统计司 . 2008～2012. 中国能源统计年鉴 2008～2012. 北京：中国统计出版社 .

中国国土资源年鉴编辑部 . 2001～2009. 中国国土资源年鉴 2001～2009. 北京：地质出版社 .

《中国环境年鉴》编委会 . 2001～2013. 中国环境年鉴 2001～2013. 北京：中国环境年鉴社 .

中国科学院可持续发展战略研究组 . 2006. 2006 中国可持续发展战略报告——建设资源节约型和环境友好型社会 . 北京：科学出版社 .

中国科学院可持续发展战略研究组 . 2009. 2009 中国可持续发展战略报告——探索中国特色的低碳道路 . 北京：科学出版社 .

中华人民共和国国家统计局 . 2001～2013. 2001～2013 中国统计年鉴 . 北京：中国统计出版社 .

中华人民共和国住房和城乡建设部 . 2010～2012. 中国城市建设统计年鉴 2009～2012. 北京：中国计划出版社 .

附 表

附表 1 中国各省、直辖市、自治区能源绩效指数（2000～2012 年）（2000 年全国为 100）

地区	2000年	2001年	2002年	2003年	2004年	2005年	2006年	2007年	2008年	2009年	2010年	2011年	2012年
全国	100.0	104.8	107.9	102.9	97.6	98.2	101.0	106.3	112.2	116.4	121.3	123.8	128.3
北京	119.2	127.9	138.7	146.9	151.6	158.2	167.2	179.8	194.9	206.8	215.5	231.6	231.4
天津	90.9	97.4	106.0	114.4	115.2	119.8	124.8	131.2	140.9	149.8	151.5	158.3	158.2
河北	65.8	65.1	65.5	64.1	63.8	63.3	65.3	68.1	72.7	76.5	79.2	82.3	82.3
山西	42.2	39.2	37.8	39.0	41.5	41.6	42.4	44.4	48.0	50.9	53.7	55.7	55.7
内蒙古	62.6	60.3	61.0	56.6	51.9	50.6	51.9	54.4	58.0	62.4	65.4	67.1	67.1
辽宁	55.6	60.6	67.1	70.5	68.4	74.1	76.9	80.1	84.4	88.9	92.6	95.8	95.9
吉林	72.6	77.4	72.2	69.7	72.2	85.4	88.3	92.4	97.3	103.7	109.5	113.6	113.6
黑龙江	67.7	75.6	83.8	82.6	82.9	85.8	88.7	92.5	97.2	103.2	108.4	112.8	112.7
上海	119.9	125.3	129.8	134.1	140.5	140.9	147.2	155.6	161.7	172.3	175.9	189.1	185.7
江苏	147.2	157.4	162.5	160.3	149.1	135.8	140.7	146.9	156.0	164.4	170.5	176.8	176.8
浙江	138.9	154.4	137.1	136.7	137.7	139.8	144.9	151.3	160.1	169.2	174.8	180.2	180.2
安徽	83.7	86.9	91.7	97.7	100.4	103.1	106.7	111.3	116.6	123.2	129.4	134.9	134.8
福建	142.3	139.2	139.4	136.9	135.1	133.8	138.1	143.2	148.7	154.6	160.1	165.5	165.5
江西	117.0	136.9	120.1	116.2	118.2	118.6	122.5	127.9	135.9	142.4	148.4	153.2	153.3
山东	109.6	137.6	104.8	104.3	102.0	95.3	98.7	103.3	110.5	116.9	122.2	127.1	127.1
河南	97.7	102.3	101.9	96.5	88.9	90.7	93.5	97.5	102.8	109.5	113.5	118.1	117.7
湖北	81.0	91.4	90.0	86.0	80.8	81.9	84.6	88.2	94.6	100.6	104.6	108.7	108.7
湖南	124.0	119.0	111.4	104.4	97.0	85.1	88.1	92.2	98.9	104.2	107.0	111.1	111.0
广东	160.2	164.3	165.5	164.7	162.9	157.8	162.5	167.8	175.4	183.2	188.7	196.1	196.0
广西	112.1	121.4	114.9	112.1	105.0	102.6	105.2	108.9	113.4	118.6	121.0	125.2	125.1
海南	145.0	146.0	138.2	134.5	137.2	136.9	138.4	139.6	143.3	147.4	155.1	147.5	147.6
重庆	106.6	93.6	115.4	113.0	106.0	87.9	91.0	95.2	100.2	106.0	111.0	115.5	115.5
四川	83.6	87.2	87.3	79.2	76.8	78.3	80.9	84.6	88.2	93.7	98.3	102.7	102.7
贵州	35.8	37.6	40.7	36.2	37.0	44.6	45.9	47.9	51.1	53.3	55.7	57.7	57.7
云南	81.5	86.5	79.6	80.4	76.5	72.0	73.1	76.2	80.0	83.9	87.2	90.1	90.1
西藏						86.4					98.2		
陕西	103.1	94.9	92.5	92.1	90.8	88.5	91.6	96.0	102.0	106.9	110.9	115.0	115.1
甘肃	48.3	55.0	55.3	55.2	55.5	55.5	57.0	59.4	62.5	67.2	69.6	71.4	71.3
青海	43.0	46.3	47.4	48.1	44.5	40.8	40.5	41.8	43.6	46.6	49.1	44.9	44.9
宁夏	38.6	39.2	40.1	30.9	29.8	30.3	30.6	31.7	34.0	36.3	37.9	36.2	36.2
新疆	60.8	62.8	63.8	63.2	59.9	59.3	59.9	61.8	63.8	64.8	65.1	60.9	60.8
东部地区	111.0	119.5	117.1	118.1	116.7	114.7	118.9	124.4	131.6	138.4	143.3	148.7	148.4
东北老工业基地	62.3	68.2	72.9	73.8	73.4	79.8	82.6	86.1	90.7	96.0	100.5	104.2	104.3
中部地区	81.9	85.4	84.2	82.4	81.0	81.8	84.3	87.9	93.8	100.0	104.3	108.4	108.4
西部地区	72.7	74.1	75.3	71.2	68.4	67.7	69.4	72.3	76.1	80.5	83.8	85.5	85.5

注：GDP 均按 2005 年价格计算，2012 年数据是根据 2011 年能源强度数据和 2005 年 GDP 不变价推算，会产生一定的偏差。东部地区包括：北京、天津、河北、辽宁、上海、江苏、浙江、福建、山东、广东和海南；东北老工业基地包括：辽宁、吉林、黑龙江；中部地区包括：山西、吉林、黑龙江、安徽、江西、河南、湖北、湖南；西部地区包括：重庆、四川、贵州、云南、陕西、甘肃、青海、宁夏、新疆、广西、内蒙古，由于西藏数据不全，在西部地区汇总计算时暂未考虑，以下均同

资料来源：1）国家统计局能源统计司 . 2005～2012. 中国能源统计年鉴 2004～2012. 中国统计出版社

2）中华人民共和国国家统计局 . 2013. 2013 中国统计年鉴 . 中国统计出版社

附表 2　中国各省、直辖市、自治区用水绩效指数（2000～2012 年）（2000 年全国为 100）

地　区	2000年	2001年	2002年	2003年	2004年	2005年	2006年	2007年	2008年	2009年	2010年	2011年	2012年
全　国	100.0	106.9	118.2	134.3	141.8	155.5	170.3	193.7	209.0	226.1	247.3	266.5	285.4
北　京	461.9	535.5	671.4	737.1	850.8	956.5	1087.2	1226.7	1327.9	1446.1	1608.7	1700.2	1837.8
天　津	423.6	561.3	606.5	677.0	728.3	800.5	922.2	1048.3	1278.2	1422.8	1736.0	1967.0	2236.5
河　北	131.3	143.3	157.0	185.3	213.4	234.9	263.5	299.5	342.3	379.1	425.4	467.9	514.7
山　西	190.3	205.1	231.9	272.4	315.7	359.6	381.0	445.8	499.2	532.2	534.8	519.5	578.5
内蒙古	48.7	52.8	58.9	74.0	87.1	105.8	123.2	145.8	175.9	199.4	228.5	257.3	287.3
辽　宁	164.1	189.4	211.4	233.6	259.7	285.8	308.2	350.3	397.4	449.5	510.1	569.1	633.4
吉　林	91.1	107.5	110.7	131.0	154.1	174.2	191.6	227.1	255.1	271.5	285.9	297.7	336.9
黑龙江	53.2	60.0	75.3	85.2	90.2	96.2	102.3	112.5	123.4	129.1	141.6	146.6	158.4
上　海	229.9	259.2	293.9	315.8	332.8	361.0	416.1	473.0	520.7	538.9	589.3	646.8	746.1
江　苏	107.5	113.2	123.2	154.6	146.3	169.4	185.2	208.2	234.7	268.1	300.6	331.2	367.4
浙　江	171.2	185.5	206.2	238.8	271.0	302.7	347.4	393.4	421.9	503.2	548.4	611.5	661.5
安　徽	87.3	87.0	92.1	112.8	108.8	121.8	117.8	140.3	137.7	141.9	161.9	182.8	206.3
福　建	105.6	114.8	122.0	136.1	150.4	166.1	190.2	209.1	234.2	258.6	293.0	319.1	371.1
江　西	50.9	57.1	65.9	87.2	83.7	92.3	104.9	104.0	118.0	129.6	148.7	152.5	183.4
山　东	192.8	205.6	229.0	298.7	351.9	412.2	441.8	518.9	580.2	650.7	722.6	795.5	882.3
河　南	142.7	137.6	159.4	205.8	218.7	253.4	252.6	314.0	323.8	349.6	409.2	449.0	474.8
湖　北	70.9	75.0	94.7	102.1	114.7	123.1	136.5	156.5	169.6	185.1	207.7	229.4	253.0
湖　南	60.4	65.3	73.8	77.9	86.0	95.1	107.5	124.9	142.6	162.8	184.9	207.7	229.5
广　东	133.0	141.5	158.8	178.2	201.3	232.7	266.9	304.6	337.0	368.2	408.9	454.4	505.9
广　西	38.6	42.1	45.5	53.6	57.4	60.3	68.2	79.5	89.7	104.5	120.0	134.7	149.2
海　南	59.7	65.8	71.3	75.1	83.1	96.4	103.5	119.4	131.1	154.5	179.6	200.5	214.8
重　庆	173.7	185.7	194.9	207.4	217.8	230.6	252.1	276.3	295.9	329.9	381.4	441.9	525.2
四　川	98.7	108.0	118.7	131.3	147.6	164.7	184.5	212.4	242.9	258.5	288.7	327.4	349.9
贵　州	68.8	72.2	76.4	80.7	89.3	97.7	107.1	125.4	134.3	151.9	169.5	206.2	222.8
云　南	72.6	78.0	83.7	92.6	102.5	111.7	126.3	136.8	148.2	166.7	193.8	221.3	241.7
西　藏	24.2	26.9	27.8	37.1	37.5	35.5	38.1	41.5	44.6	61.0	60.1	76.9	89.4
陕　西	135.2	150.0	166.4	193.3	217.0	236.4	252.3	301.3	334.6	385.2	446.4	482.9	543.5
甘　肃	44.8	49.7	54.1	60.4	67.2	74.4	83.5	93.6	103.3	115.4	127.8	142.5	160.2
青　海	52.3	59.8	67.5	70.4	75.9	83.8	90.5	106.3	109.3	143.7	154.9	174.0	221.6
宁　夏	19.7	22.5	25.6	36.7	35.3	37.1	42.1	51.9	55.9	64.3	72.8	80.2	95.0
新　疆	15.9	17.0	18.9	19.9	22.4	24.2	26.7	29.7	32.3	34.7	38.1	43.6	43.3
东部地区	151.0	163.7	181.1	212.3	230.5	261.8	292.3	331.5	369.6	413.9	461.9	509.6	567.0
东北老工业基地	88.7	101.5	118.6	135.0	148.3	161.7	174.4	197.6	220.5	237.1	260.9	275.4	302.2
中部地区	79.2	84.8	98.6	115.0	122.8	135.9	146.0	167.0	180.7	194.1	217.8	234.8	260.9
西部地区	53.2	57.8	63.6	71.6	79.5	87.3	98.0	112.7	125.9	142.3	161.8	185.0	199.7

资料来源：1）中华人民共和国国家统计局．2003～2013．2003～2013 中国统计年鉴．中国统计出版社

2）中华人民共和国水利部．2001～2002．中国水资源公报 2000～2001．中国水利水电出版社

附表3　中国各省、直辖市、自治区建设用地绩效指数（2000～2012年）（2000年全国为100）

地　区	2000年	2001年	2002年	2003年	2004年	2005年	2006年	2007年	2008年	2009年	2010年	2011年	2012年
全　国	100.0	107.7	139.2	151.5	164.2	180.6	200.8	226.8	246.1	271.6	292.0	303.2	298.8
北　京	439.5	469.5	506.1	550.7	606.3	672.8	750.4	845.4	908.4	972.2	1042.9	1097.4	1166.5
天　津	169.2	188.2	256.7	291.4	308.5	352.0	400.6	447.8	510.5	575.5	651.6	732.9	821.1
河　北	87.6	94.8	129.7	144.2	162.1	180.1	200.0	224.1	245.1	257.6	275.7	296.8	328.6
山　西	73.9	80.9	106.9	121.9	138.9	156.9	173.4	199.3	215.2	204.7	229.3	249.9	256.1
内蒙古	33.3	36.7	50.3	58.3	69.4	84.6	99.6	117.0	136.4	151.9	140.7	153.2	168.0
辽　宁	95.7	104.1	133.8	148.8	163.4	183.2	207.7	236.9	267.2	296.2	324.4	351.4	382.8
吉　林	57.4	62.6	78.3	86.1	96.3	107.5	123.1	142.2	164.1	173.6	192.9	213.7	238.1
黑龙江	53.0	57.8	85.7	94.3	104.8	116.6	130.4	145.6	161.7	173.8	189.7	214.9	233.0
上　海	649.1	713.4	907.4	999.5	1107.8	1201.5	1370.6	1541.3	1620.0	1671.1	1761.1	1913.5	2064.0
江　苏	132.4	144.9	226.6	252.9	280.2	316.6	356.5	402.5	446.1	473.6	493.7	528.3	558.3
浙　江	286.3	308.4	337.2	370.5	409.0	444.6	488.8	539.5	573.5	599.3	630.2	681.6	741.5
安　徽	49.9	54.2	76.3	83.0	93.2	102.9	114.5	129.7	145.4	155.5	168.0	187.7	195.8
福　建	201.4	216.8	265.5	290.4	317.9	347.0	383.2	428.2	471.9	494.3	487.0	517.5	551.6
江　西	75.6	81.8	100.1	111.4	125.1	139.6	153.2	171.1	190.8	206.1	215.9	238.0	251.8
山　东	105.9	115.2	165.1	184.8	208.9	236.5	266.8	301.4	334.7	358.1	381.6	405.5	425.0
河　南	75.6	82.2	109.6	119.7	135.1	153.4	174.3	198.8	221.9	236.9	250.3	270.1	288.3
湖　北	80.2	87.0	112.3	122.6	135.2	150.2	168.8	191.8	215.9	243.3	231.2	253.6	271.0
湖　南	86.6	93.9	113.5	123.7	137.7	153.6	170.3	194.2	218.6	211.5	239.2	266.8	306.1
广　东	241.1	264.2	289.2	324.8	365.7	410.1	460.7	522.1	572.4	528.0	582.8	733.7	810.8
广　西	83.7	89.8	102.3	112.1	123.4	136.5	151.3	172.1	192.2	260.3	276.7	303.1	305.1
海　南	65.5	71.4	71.2	78.7	86.8	95.6	108.1	124.0	135.8	262.9	238.9	260.4	300.5
重　庆	112.5	121.9	149.0	159.8	173.2	190.0	210.4	240.5	271.9	281.8	296.7	312.6	390.5
四　川	79.7	86.2	107.1	118.3	132.2	147.4	165.6	188.5	207.2	222.6	234.3	248.6	263.2
贵　州	69.3	74.8	87.3	94.8	103.7	115.6	129.0	146.7	161.8	172.2	202.1	211.6	226.7
云　南	79.3	84.3	110.6	118.9	129.7	139.3	152.9	169.2	183.2	197.5	201.1	214.5	254.1
西　藏	50.1	56.4	100.3	103.3	112.8	123.1	136.0	151.8	164.0	183.9	198.2	458.5	185.6
陕　西	77.6	84.8	109.1	121.2	135.7	153.5	173.5	199.9	230.6	290.2	315.0	357.9	367.7
甘　肃	32.2	35.3	45.6	50.4	55.9	62.4	69.3	77.7	85.1	88.6	94.4	102.6	110.6
青　海	33.7	37.3	37.4	43.3	48.4	52.9	59.7	67.1	75.6	81.0	92.2	97.6	109.2
宁　夏	44.9	49.0	75.4	82.9	87.1	94.1	104.9	116.3	128.6	130.0	172.0	175.2	183.6
新　疆	32.6	35.4	50.0	54.8	60.5	66.5	73.5	81.9	90.5	91.9	99.5	101.8	111.5
东部地区	156.7	171.1	225.5	251.5	280.5	313.2	351.2	396.4	435.6	458.2	487.2	533.7	574.7
东北老工业基地	68.2	74.3	100.4	111.0	123.1	137.6	155.7	176.9	199.6	216.1	237.6	263.2	287.6
中部地区	68.0	73.9	98.0	107.7	120.6	135.0	151.3	171.8	192.2	202.2	216.1	238.6	256.5
西部地区	59.4	64.4	82.4	91.0	101.3	113.4	127.3	144.9	162.2	179.5	189.2	202.9	221.3

注：由于2009～2012年各地区建设用地缺乏数据，故统一按各地区城市建设用地增长率推算，可能导致一定偏差

资料来源：1）中华人民共和国国家统计局．2013．2013中国统计年鉴．中国统计出版社

2）中国国土资源年鉴编辑部．2001～2009．中国国土资源年鉴2001～2009．中国国土资源年鉴编辑部

3）中华人民共和国住房和城乡建设部．2010～2013．中国城市建设统计年鉴2009～2012．中国计划出版社

附表 4　中国各省、直辖市、自治区固定资产投资绩效指数（2000～2012 年）（2000 年全国为 100）

地　区	2000年	2001年	2002年	2003年	2004年	2005年	2006年	2007年	2008年	2009年	2010年	2011年	2012年
全　国	100.0	96.2	89.9	79.1	72.5	65.1	60.1	57.1	54.2	44.4	41.0	42.7	38.6
北　京	88.7	84.3	79.5	74.7	76.3	77.0	74.9	74.4	89.6	79.2	76.6	84.7	84.3
天　津	93.7	90.7	88.8	81.3	84.3	81.6	77.4	71.0	62.7	51.0	46.3	50.6	51.3
河　北	91.3	94.2	97.2	90.5	84.1	75.6	65.9	61.3	57.5	44.1	41.7	45.1	41.3
山　西	113.3	104.8	97.0	84.7	78.3	72.4	67.1	63.8	63.5	46.9	45.2	46.2	41.1
内蒙古	114.9	107.8	87.6	63.7	53.2	46.1	44.6	42.5	43.2	37.1	37.0	38.7	38.2
辽　宁	104.3	101.8	100.0	88.4	72.8	59.9	51.5	47.3	43.4	38.8	35.1	38.0	34.1
吉　林	102.9	97.8	91.2	87.4	84.6	65.0	51.2	43.9	39.6	35.1	33.4	42.4	37.3
黑龙江	113.5	107.3	109.2	110.4	105.6	99.1	88.2	81.4	76.9	60.8	53.2	58.5	50.0
上　海	79.0	82.0	82.9	84.5	84.3	82.3	83.6	87.9	95.4	95.7	108.1	128.3	132.9
江　苏	104.3	105.5	98.1	76.6	76.7	71.2	67.1	66.4	66.0	58.5	56.7	58.3	54.8
浙　江	87.1	80.2	74.0	64.4	64.1	64.3	63.8	68.9	74.9	68.5	69.6	71.1	61.3
安　徽	113.5	110.7	101.9	87.4	77.0	66.2	54.2	45.3	42.2	34.3	32.2	36.7	33.5
福　建	105.4	108.1	111.2	105.3	96.2	88.4	80.4	68.2	67.2	61.8	55.3	54.5	48.6
江　西	126.2	110.9	87.1	70.6	65.2	58.2	54.7	53.1	46.2	35.8	32.4	38.1	36.0
山　东	105.2	106.5	96.3	73.6	69.6	61.6	60.3	63.5	62.2	54.8	52.2	53.8	51.0
河　南	121.8	118.9	115.0	100.8	92.1	76.7	65.1	57.5	53.7	43.9	42.2	47.4	43.6
湖　北	84.6	83.1	83.8	84.3	79.4	76.9	71.0	65.4	62.2	50.0	46.1	46.0	42.0
湖　南	108.8	103.6	98.7	94.2	85.5	78.4	75.5	70.2	65.9	53.7	51.0	50.2	46.4
广　东	108.7	108.6	110.2	103.4	103.6	101.0	102.2	103.1	105.7	94.3	90.3	95.9	95.9
广　西	115.8	113.8	110.3	100.8	87.8	74.9	65.1	57.3	54.6	43.6	38.1	40.1	36.6
海　南	80.3	81.9	83.4	76.6	79.1	76.4	75.7	78.4	69.8	54.4	49.8	47.2	40.6
重　庆	100.4	90.6	78.0	69.2	61.7	56.0	51.4	48.4	48.0	41.2	38.4	42.3	41.9
四　川	82.9	80.4	75.7	70.2	70.0	64.4	61.1	57.3	56.6	39.9	40.8	45.5	43.2
贵　州	87.9	71.1	65.9	62.7	63.4	62.8	59.7	57.0	55.2	47.7	43.0	38.2	32.6
云　南	88.4	88.3	87.2	79.0	73.5	60.8	55.6	52.1	49.6	41.4	39.1	41.6	37.6
西　藏													
陕　西	92.3	88.7	84.9	73.6	69.1	65.3	57.9	50.6	47.8	39.8	37.1	37.8	34.3
甘　肃	81.9	78.8	75.9	72.6	72.1	69.4	68.6	62.1	55.5	45.0	39.0	36.6	32.4
青　海	57.4	49.5	48.4	50.2	51.2	51.5	48.2	48.2	50.1	40.6	38.2	32.7	28.6
宁　夏	64.4	59.3	55.4	45.6	44.9	43.2	43.8	42.4	37.6	32.5	28.6	30.3	26.9
新　疆	72.4	69.6	66.6	63.0	62.2	60.8	58.9	58.4	59.0	51.9	47.8	42.3	35.8
东部地区	97.7	97.1	93.8	82.1	79.6	74.3	71.1	70.7	70.6	61.9	59.1	62.1	57.9
东北老工业基地	106.8	102.6	100.7	94.3	83.7	69.9	59.2	53.3	48.9	42.5	38.6	43.6	38.5
中部地区	109.0	104.2	98.9	90.7	83.7	74.1	65.3	58.9	54.8	44.3	41.5	45.5	41.3
西部地区	89.6	84.9	79.3	71.0	66.6	60.5	56.4	52.5	51.0	41.3	39.1	40.5	37.4

注：固定资产投资按 2005 年价格计算

资料来源：中华人民共和国国家统计局．2001～2013．2001～2013 中国统计年鉴．中国统计出版社

附表 5　中国各省、直辖市、自治区二氧化硫排放绩效指数

（2000～2012 年）（2000 年全国为 100）

地　区	2000年	2001年	2002年	2003年	2004年	2005年	2006年	2007年	2008年	2009年	2010年	2011年	2012年
全　国	100.0	110.9	122.4	120.1	126.6	124.6	138.3	165.7	193.1	221.0	247.3	266.3	300.4
北　京	302.3	376.3	439.3	512.2	559.3	627.0	768.8	1021.6	1371.9	1568.1	1785.9	2266.4	2551.0
天　津	105.5	145.5	186.9	194.5	256.2	253.2	301.8	363.3	431.4	509.8	602.4	713.8	836.2
河　北	76.5	85.2	94.1	94.5	106.2	115.0	126.3	147.4	180.1	212.6	242.4	235.7	272.0
山　西	32.4	35.7	40.4	40.8	45.3	47.9	55.5	68.5	78.8	85.7	99.1	100.0	118.4
内蒙古	45.9	52.1	52.1	34.8	46.0	46.1	51.3	65.4	78.4	93.8	108.2	122.4	138.8
辽　宁	87.1	105.5	123.0	132.2	147.6	115.5	125.4	147.2	182.1	221.5	260.2	265.0	308.8
吉　林	131.2	154.7	169.3	181.9	194.7	162.8	174.9	208.2	255.2	301.5	349.5	343.2	393.4
黑龙江	193.0	214.3	240.3	213.5	227.6	186.5	205.0	230.8	262.6	302.1	340.6	359.2	401.1
上　海	194.5	211.3	248.8	277.4	301.5	309.7	352.5	414.4	507.3	646.2	754.2	1217.6	1376.0
江　苏	144.7	166.9	191.1	196.0	225.1	232.7	281.6	346.4	420.7	497.5	573.3	634.3	742.4
浙　江	210.8	233.5	249.4	243.1	251.1	268.1	305.7	377.9	447.8	514.9	595.7	665.3	760.3
安　徽	141.6	153.9	168.7	160.7	169.4	161.0	177.1	206.6	239.5	279.1	323.7	369.5	422.0
福　建	300.4	367.3	419.5	297.2	309.6	244.3	275.7	334.2	392.4	450.4	526.3	621.5	725.6
江　西	124.4	142.9	164.9	124.8	119.1	113.7	123.5	142.7	172.0	201.1	232.2	249.1	284.3
山　东	95.0	109.0	124.1	129.5	150.7	157.6	184.5	226.9	273.6	326.6	379.3	353.9	406.1
河　南	120.9	128.8	135.1	134.8	126.8	111.9	128.1	152.5	184.1	218.8	249.2	272.4	322.2
湖　北	124.3	140.4	153.6	149.3	146.0	157.9	168.7	207.6	248.7	293.7	343.1	370.9	441.6
湖　南	89.6	99.0	110.7	106.2	115.8	123.3	136.9	162.6	199.3	234.6	272.3	359.3	424.6
广　东	229.3	235.6	264.6	275.1	295.8	299.5	351.2	425.0	496.9	578.4	662.5	903.8	1036.6
广　西	49.4	63.7	71.9	62.0	64.1	66.9	78.2	91.9	109.2	129.1	145.3	283.1	325.5
海　南	467.5	520.3	518.4	550.4	607.1	701.3	727.7	790.0	1025.9	1131.1	1003.3	981.0	1036.1
重　庆	42.3	53.6	60.9	62.0	67.1	71.2	77.9	93.9	113.6	136.9	166.2	237.1	279.8
四　川	61.1	71.8	80.4	82.9	89.2	97.7	112.4	139.9	159.5	184.6	213.3	307.6	361.3
贵　州	14.5	16.5	18.8	20.7	23.2	25.4	26.5	32.4	40.2	47.1	54.3	65.0	78.3
云　南	100.4	115.9	123.9	108.4	114.3	113.9	120.5	139.5	164.2	184.9	207.1	170.4	198.1
西　藏	2983.2	2690.7	3037.7	4542.1	3812.6	2137.4	2421.8	2920.6	3039.5	3416.6	1989.5	2161.9	2301.5
陕　西	61.9	68.5	73.8	68.7	72.7	73.3	78.5	96.1	116.7	146.5	173.5	167.8	205.8
甘　肃	54.2	59.2	56.4	54.0	61.4	59.0	67.9	79.5	91.3	101.0	102.4	101.9	125.0
青　海	165.2	168.8	206.9	122.9	112.4	75.3	81.4	89.6	101.1	110.6	120.6	125.8	143.2
宁　夏	30.3	34.4	34.1	29.1	32.4	30.7	31.0	36.2	43.2	53.6	61.5	52.1	58.8
新　疆	89.3	100.3	110.0	109.3	84.1	86.2	90.5	96.1	105.7	113.4	125.7	108.6	116.5
东部地区	140.9	161.0	183.2	188.0	210.6	210.6	241.8	292.2	352.4	416.7	480.9	518.4	597.0
东北老工业基地	116.2	137.6	157.2	161.4	176.7	141.5	153.5	178.6	216.0	257.5	298.3	304.5	350.1
中部地区	100.7	111.2	122.1	117.1	120.4	116.7	130.5	155.4	185.5	216.4	249.4	271.8	317.9
西部地区	48.9	57.2	62.4	57.9	63.2	64.8	71.0	85.4	101.1	118.8	136.0	156.8	182.6

资料来源：1）中华人民共和国国家统计局．2001～2013. 2001～2013 中国统计年鉴．中国统计出版社

2）《中国环境年鉴》编委会．2001～2013. 中国环境年鉴 2001～2013. 中国环境年鉴社

附表6　中国各省、直辖市、自治区烟粉尘排放绩效指数（2000～2012年）（2000年全国为100）

地　区	2000年	2001年	2002年	2003年	2004年	2005年	2006年	2007年	2008年	2009年	2010年	2011年	2012年
全　国	100.0	118.7	136.5	141.7	161.5	171.7	213.6	274.6	341.2	403.9	478.5	549.7	614.1
北　京	394.4	559.4	751.5	1028.5	1140.3	1488.9	1913.9	2616.5	3035.9	3455.2	3522.4	4119.8	4318.0
天　津	187.9	280.9	407.4	456.5	641.6	690.3	967.7	1211.9	1521.9	1728.1	2195.6	2703.8	2744.2
河　北	71.4	89.3	99.6	112.2	118.6	134.7	161.2	215.6	255.0	318.8	412.1	297.2	349.2
山　西	29.6	31.7	36.5	36.3	41.1	45.3	54.4	70.4	97.0	114.4	142.0	143.1	166.3
内蒙古	52.2	70.4	76.5	63.1	60.2	61.5	97.1	124.7	160.9	225.6	211.5	274.4	270.4
辽　宁	74.9	90.8	113.2	131.6	150.6	130.5	157.5	182.0	243.0	313.7	376.2	510.8	531.3
吉　林	87.2	104.0	125.4	138.2	140.5	127.7	148.5	190.6	246.1	275.2	398.1	388.3	728.2
黑龙江	105.9	119.2	136.9	139.1	149.4	159.5	181.0	207.0	255.5	313.9	394.4	336.7	346.7
上　海	608.3	739.0	1031.5	1070.6	1204.4	1426.9	1647.3	2047.5	2246.1	2518.6	2728.4	4082.0	4486.0
江　苏	301.2	311.0	395.7	328.3	411.2	448.0	567.6	745.9	996.3	1224.1	1402.2	1519.0	2009.8
浙　江	189.9	306.6	336.7	352.5	418.9	588.8	697.4	885.2	1084.4	1141.3	1460.8	1623.4	2265.9
安　徽	112.0	133.4	156.2	117.8	130.7	136.9	163.0	218.0	245.7	300.9	375.4	519.1	565.0
福　建	253.2	319.7	394.8	379.7	402.1	393.3	455.7	552.5	661.2	792.1	873.0	1266.4	1253.5
江　西	78.0	131.6	137.7	116.5	122.0	132.3	153.2	188.5	235.0	300.6	377.1	446.1	552.5
山　东	136.1	164.4	194.2	194.3	318.8	359.9	451.6	609.8	742.0	921.2	1136.0	1001.3	1244.5
河　南	77.3	93.4	105.0	111.2	121.2	126.1	173.0	239.2	335.7	396.5	487.6	684.5	871.3
湖　北	101.9	129.8	148.5	163.7	175.8	191.8	229.1	317.8	422.6	534.8	724.4	846.9	932.3
湖　南	72.4	79.3	89.3	86.0	90.9	98.0	118.1	150.9	203.1	235.2	349.7	754.7	951.9
广　东	274.2	461.5	554.3	501.8	586.6	730.9	899.0	1106.0	1214.1	1725.5	1897.4	3138.3	3343.3
广　西	39.8	52.8	62.7	59.3	64.6	70.0	95.7	136.1	172.6	179.2	256.2	613.5	656.8
海　南	347.0	511.9	537.7	594.6	718.2	793.5	941.0	1089.7	1402.3	1566.4	2180.4	3052.5	3223.9
重　庆	92.6	108.4	123.4	129.3	142.3	157.1	183.0	231.1	298.4	386.4	463.4	910.3	1020.7
四　川	57.8	64.9	79.5	87.1	97.9	122.2	173.2	285.3	444.4	594.3	566.3	846.1	1262.2
贵　州	26.1	34.7	42.2	48.2	60.7	70.2	105.5	114.5	123.5	116.1	208.9	276.2	323.9
云　南	107.2	140.6	200.9	190.2	201.3	176.2	205.8	242.2	285.0	373.1	510.1	363.5	402.5
西　藏	843.9	1014.8	1145.7	1283.1	1078.5	1209.2	5480.4	3124.1	3439.1	2577.2	2894.1	1956.9	5468.7
陕　西	55.4	72.9	88.5	89.5	92.3	104.2	133.8	164.0	242.1	381.1	439.2	395.7	447.5
甘　肃	72.2	84.9	99.4	91.1	108.1	114.6	131.0	203.8	233.5	232.4	249.7	314.1	406.6
青　海	48.4	63.1	73.4	70.4	59.2	62.1	74.3	90.6	100.8	117.1	111.8	163.3	162.7
宁　夏	24.9	35.0	37.4	31.5	58.7	55.9	66.4	80.9	112.1	142.2	92.8	116.6	142.2
新　疆	98.7	115.1	129.3	112.6	106.9	114.0	123.0	132.2	142.5	150.7	158.2	183.4	155.8
东部地区	172.6	223.3	268.1	277.3	340.3	374.3	457.0	581.9	713.7	884.6	1060.4	1111.7	1291.6
东北老工业基地	85.6	101.4	122.7	135.3	147.9	137.9	162.1	191.0	247.3	304.3	386.3	416.8	484.4
中部地区	75.2	88.8	100.7	98.6	106.6	113.1	137.9	178.5	235.4	283.4	369.8	445.3	535.3
西部地区	55.9	70.1	83.3	82.0	89.5	97.2	129.3	168.5	213.7	257.3	294.4	386.4	418.2

资料来源：1）中华人民共和国国家统计局. 2001～2013. 2001～2013中国统计年鉴. 中国统计出版社

2）《中国环境年鉴》编委会. 2001～2013. 中国环境年鉴2001～2013. 中国环境年鉴社

附表 7　中国各省、直辖市、自治区化学需氧量（COD）排放绩效指数

（2000 ~ 2011 年）（2000 年全国为 100）

地　区	2000年	2001年	2002年	2003年	2004年	2005年	2006年	2007年	2008年	2009年	2010年	2011年	2012年
全　国	100.0	111.4	124.9	140.9	154.4	162.7	181.6	214.4	245.8	277.5	316.1	330.7	368.2
北　京	274.8	322.3	401.9	505.8	596.3	748.0	892.0	1053.7	1209.0	1364.9	1617.6	1517.6	1699.1
天　津	135.5	266.4	308.9	280.1	308.7	332.7	389.8	469.0	563.5	657.1	777.4	995.2	1182.3
河　北	103.6	122.0	136.3	153.0	167.0	188.6	205.4	238.8	290.1	338.6	396.6	547.8	624.8
山　西	89.0	99.5	113.0	112.4	122.0	136.1	153.4	183.9	208.1	228.5	269.1	335.4	380.0
内蒙古	86.1	86.8	116.0	118.3	142.6	163.5	194.2	239.8	290.1	341.1	397.1	464.2	530.5
辽　宁	83.9	94.7	119.1	144.2	177.6	155.4	178.4	209.5	255.4	299.8	355.7	478.2	542.7
吉　林	57.1	72.2	91.0	96.4	109.8	110.7	124.3	150.4	186.4	219.7	256.1	361.4	424.0
黑龙江	79.4	86.0	97.2	107.8	121.9	136.2	154.5	176.5	202.2	232.2	272.1	290.8	335.7
上　海	205.5	237.3	244.1	267.3	351.6	378.1	429.5	507.6	614.5	728.5	889.9	1012.7	1116.5
江　苏	192.6	167.0	197.7	229.5	236.7	239.6	285.9	342.8	404.4	471.1	553.6	575.7	663.3
浙　江	144.6	172.6	195.0	230.0	266.0	280.8	320.9	386.8	445.9	509.0	601.2	533.5	599.2
安　徽	91.6	105.9	117.7	128.4	140.5	150.0	164.2	189.7	222.7	256.6	303.4	259.8	299.7
福　建	152.2	169.4	207.9	186.0	203.9	207.0	237.0	281.5	322.3	364.4	418.4	389.1	441.6
江　西	74.6	76.3	89.5	93.7	98.6	110.4	119.5	136.9	163.2	188.8	217.3	207.8	234.3
山　东	123.8	147.5	176.6	207.6	255.2	296.7	345.8	415.9	494.1	581.5	680.9	783.5	898.5
河　南	93.6	110.1	123.4	143.4	165.7	182.8	209.0	248.9	297.5	342.9	389.8	447.6	511.6
湖　北	71.8	82.2	90.5	103.7	119.1	133.1	148.3	176.9	206.0	237.9	274.7	295.2	333.6
湖　南	74.4	76.9	80.4	80.2	86.1	91.8	100.4	117.8	137.1	162.5	198.0	253.6	291.7
广　东	158.0	150.3	196.0	218.2	265.3	265.3	307.1	364.0	424.2	492.1	587.2	443.6	504.4
广　西	29.0	38.9	42.1	42.3	44.1	46.3	50.3	61.0	72.2	85.3	101.5	188.4	212.0
海　南	81.4	107.7	125.2	135.3	109.1	117.5	127.8	144.5	160.5	180.0	226.7	257.7	276.0
重　庆	97.4	110.3	123.5	132.1	142.8	160.4	183.7	223.7	266.3	308.4	369.3	348.8	410.9
四　川	55.5	59.5	69.5	77.3	92.5	117.3	129.4	154.9	177.0	203.0	235.8	271.9	310.5
贵　州	66.7	79.9	88.1	90.2	99.2	110.6	122.8	142.4	162.2	185.5	217.4	185.0	223.3
云　南	94.5	97.3	108.5	124.6	136.3	151.3	163.7	186.0	212.7	244.9	279.9	182.5	209.1
西　藏	43.2	177.2	275.0	311.7	199.6	222.1	229.1	260.1	285.9	321.4	193.0	284.7	322.6
陕　西	85.6	91.9	105.6	118.8	127.3	139.7	156.9	187.3	226.3	268.4	318.0	319.3	377.7
甘　肃	104.4	131.1	134.2	121.8	135.8	132.0	150.7	173.0	194.6	217.7	244.2	185.6	213.3
青　海	115.3	129.6	145.3	168.3	153.1	94.5	102.4	114.7	132.3	142.7	150.8	177.7	201.3
宁　夏	25.9	26.6	49.4	60.9	103.9	53.4	61.4	70.6	82.7	97.5	113.8	118.5	137.9
新　疆	101.9	108.5	115.1	114.6	111.6	119.5	125.0	139.4	156.0	168.9	180.9	188.6	218.4
东部地区	142.8	157.1	188.1	212.8	245.9	256.6	295.4	350.8	413.9	480.1	566.0	576.9	656.0
东北老工业基地	75.0	86.1	104.6	118.7	139.0	137.5	156.2	183.3	219.7	256.4	301.7	377.9	434.8
中部地区	79.1	88.9	99.8	107.8	119.9	130.7	145.7	171.3	200.9	232.0	271.6	302.2	345.6
西部地区	62.7	71.5	82.5	87.9	97.8	106.7	118.2	140.4	164.2	190.1	221.1	245.5	283.3

资料来源：1）《中国环境年鉴》编委会 . 2001 ~ 2013. 中国环境年鉴 2001 ~ 2013. 中国环境年鉴社

2）中华人民共和国国家统计局 . 2013. 2013 中国统计年鉴 . 中国统计出版社

附表 8　中国各省、直辖市、自治区氨氮排放绩效指数（2000～2012 年）（2000 年全国为 100）

地　区	2000年	2001年	2002年	2003年	2004年	2005年	2006年	2007年	2008年	2009年	2010年	2011年	2012年
全　国	100. 0	108. 3	108. 2	118. 2	127. 0	125. 5	149. 9	182. 8	208. 7	236. 1	265. 7	198. 7	220. 0
北　京	190. 7	213. 0	277. 1	346. 1	371. 6	505. 9	615. 6	763. 6	833. 1	847. 5	1002. 2	821. 0	931. 1
天　津	187. 1	209. 6	185. 6	186. 4	230. 3	208. 9	303. 5	350. 5	437. 5	594. 7	423. 7	487. 6	572. 3
河　北	139. 0	151. 1	103. 2	122. 3	142. 4	147. 5	169. 7	216. 9	255. 9	286. 6	324. 1	289. 5	331. 0
山　西	92. 1	101. 4	71. 5	80. 2	90. 2	100. 0	115. 5	124. 9	145. 2	156. 8	176. 2	179. 8	206. 6
内蒙古	81. 9	90. 5	83. 5	91. 4	106. 8	79. 4	124. 4	170. 7	195. 2	228. 2	219. 7	248. 7	282. 8
辽　宁	85. 8	93. 5	83. 6	97. 5	111. 6	89. 9	126. 2	155. 7	190. 3	222. 2	280. 2	238. 5	267. 0
吉　林	52. 8	57. 7	78. 1	88. 6	102. 6	102. 2	117. 5	158. 5	189. 9	223. 2	248. 2	220. 6	251. 6
黑龙江	69. 1	75. 5	81. 6	93. 6	104. 6	101. 9	118. 5	137. 9	157. 3	182. 5	227. 6	184. 8	210. 4
上　海	205. 7	227. 3	226. 8	263. 8	272. 1	276. 4	302. 6	358. 9	393. 7	482. 7	580. 6	367. 7	425. 0
江　苏	107. 1	118. 0	162. 3	205. 4	226. 1	222. 4	261. 6	332. 7	401. 7	486. 3	565. 5	338. 0	384. 3
浙　江	80. 3	88. 9	135. 4	155. 3	191. 9	216. 4	272. 5	336. 1	417. 3	520. 9	601. 8	296. 0	332. 5
安　徽	67. 6	73. 6	79. 0	86. 5	100. 0	102. 6	103. 7	127. 0	164. 0	189. 1	229. 9	165. 1	192. 3
福　建	133. 2	144. 8	126. 0	121. 3	135. 7	128. 1	156. 1	293. 6	331. 8	372. 6	427. 7	234. 4	267. 4
江　西	79. 2	86. 2	98. 5	104. 1	110. 7	121. 3	132. 3	141. 6	174. 5	197. 3	221. 3	141. 1	157. 8
山　东	110. 9	122. 0	147. 6	182. 7	200. 4	222. 2	257. 9	317. 5	391. 2	458. 5	519. 0	394. 5	446. 8
河　南	101. 2	110. 3	96. 0	103. 6	103. 5	103. 5	130. 9	165. 9	208. 1	233. 8	272. 2	256. 7	287. 4
湖　北	68. 6	74. 7	64. 4	69. 8	79. 7	85. 9	102. 4	122. 4	140. 7	172. 0	209. 0	178. 2	201. 4
湖　南	85. 3	92. 9	48. 1	62. 0	63. 6	66. 4	75. 6	95. 6	116. 5	134. 1	171. 4	147. 0	166. 6
广　东	120. 3	132. 9	177. 2	188. 1	230. 9	229. 2	283. 0	252. 0	273. 6	318. 4	384. 8	264. 8	297. 9
广　西	86. 6	93. 8	66. 0	58. 2	48. 4	45. 5	64. 8	86. 8	106. 6	141. 7	163. 8	158. 6	174. 9
海　南	112. 8	123. 1	134. 9	149. 2	118. 0	130. 4	129. 1	149. 5	146. 6	184. 2	221. 6	147. 3	158. 3
重　庆	123. 5	134. 6	105. 1	108. 1	112. 7	125. 9	141. 5	183. 6	228. 5	223. 7	281. 1	200. 8	232. 0
四　川	62. 2	67. 9	79. 3	84. 5	99. 5	112. 0	129. 1	162. 6	174. 6	206. 6	235. 3	193. 0	223. 6
贵　州	82. 8	90. 1	92. 1	85. 4	100. 5	113. 2	127. 7	146. 6	163. 2	192. 5	224. 0	136. 9	159. 6
云　南	114. 6	122. 4	148. 2	161. 2	179. 5	185. 1	196. 3	220. 2	243. 6	287. 4	295. 7	151. 6	174. 3
西　藏	141. 2	159. 1	179. 7	201. 2	225. 5	252. 8	286. 5	326. 6	359. 5	404. 1	256. 4	170. 5	211. 7
陕　西	91. 3	100. 3	132. 6	129. 8	140. 6	153. 7	175. 1	202. 8	191. 8	217. 9	247. 5	193. 6	225. 2
甘　肃	84. 3	92. 6	57. 0	63. 1	67. 6	57. 8	66. 4	111. 9	123. 2	110. 7	142. 0	101. 6	120. 2
青　海	104. 2	116. 5	130. 5	109. 5	98. 4	78. 9	89. 4	101. 4	115. 1	126. 8	123. 9	129. 0	149. 8
宁　夏	36. 9	40. 6	40. 7	38. 8	80. 2	36. 6	70. 2	98. 8	111. 3	124. 5	87. 3	84. 5	93. 0
新　疆	102. 5	111. 3	107. 0	112. 7	119. 3	120. 3	127. 7	143. 3	152. 4	152. 1	164. 3	144. 1	160. 4
东部地区	116. 6	128. 4	147. 0	169. 5	194. 4	195. 0	238. 2	285. 4	332. 9	391. 8	453. 8	314. 6	356. 3
东北老工业基地	70. 8	77. 3	81. 7	94. 2	107. 3	95. 9	121. 8	150. 2	178. 8	208. 7	255. 2	215. 8	244. 0
中部地区	76. 9	83. 9	73. 5	83. 5	90. 5	93. 8	108. 6	131. 5	158. 7	182. 6	218. 2	182. 9	207. 6
西部地区	83. 3	90. 7	88. 0	89. 0	95. 5	91. 2	114. 8	148. 0	165. 7	188. 6	208. 8	170. 0	194. 7

资料来源：1）《中国环境年鉴》编委会 . 2001～2013. 中国环境年鉴 2001～2013. 中国环境年鉴社

2）中华人民共和国国家统计局 . 2013. 2013 中国统计年鉴 . 中国统计出版社

附表 9　中国各省、直辖市、自治区工业固体废物排放绩效指数

（2000～2012 年）（2000 年全国为 100）

地　区	2000年	2001年	2002年	2003年	2004年	2005年	2006年	2007年	2008年	2009年	2010年	2011年	2012年
全　国	100.0	99.5	102.0	105.6	97.3	96.7	96.7	95.2	96.4	98.2	91.7	74.8	79.1
北　京	243.2	272.3	327.6	322.9	335.3	395.6	408.1	497.1	597.5	613.2	662.2	807.1	886.4
天　津	302.9	277.3	279.4	320.3	317.2	244.4	243.7	259.8	286.4	325.6	311.2	384.9	421.9
河　北	58.8	50.8	57.9	61.2	37.0	43.2	56.1	48.2	50.1	49.6	38.6	30.2	32.7
山　西	20.7	24.3	23.9	24.6	25.8	26.6	28.4	28.1	26.0	30.1	27.7	20.8	21.7
内蒙古	52.4	55.5	51.2	50.3	47.1	37.3	37.5	35.5	43.2	44.3	36.3	29.9	32.4
辽　宁	43.9	46.0	49.0	53.9	56.5	55.2	49.6	51.8	53.2	55.3	63.0	43.2	49.0
吉　林	95.6	102.5	112.5	116.5	112.0	103.5	104.4	109.1	115.4	113.6	109.7	107.8	137.2
黑龙江	86.9	87.5	91.4	100.4	109.5	120.7	111.0	117.8	121.6	114.9	126.3	127.4	133.7
上　海	273.0	254.6	285.2	307.9	322.1	330.9	355.0	389.6	394.4	444.2	451.2	489.4	584.1
江　苏	234.1	220.5	230.6	255.3	244.3	227.0	208.7	234.6	251.8	272.3	271.8	261.0	294.5
浙　江	368.8	352.6	358.0	369.5	360.6	375.1	346.9	340.9	358.3	377.8	387.2	405.2	436.0
安　徽	81.3	76.4	80.0	84.9	89.9	89.6	84.1	81.0	71.9	72.6	76.9	69.7	74.5
福　建	126.2	58.5	80.2	123.8	122.8	122.1	124.8	126.5	128.2	121.8	117.6	224.0	142.7
江　西	34.3	40.9	33.8	36.1	38.7	40.7	43.3	46.6	50.1	52.1	56.2	52.3	59.3
山　东	129.1	123.5	130.8	143.3	141.7	140.7	134.5	141.7	145.8	150.3	148.8	135.5	158.3
河　南	119.6	120.1	121.8	128.3	126.8	120.4	114.0	110.2	114.4	112.4	127.3	104.7	110.3
湖　北	101.1	115.1	113.8	119.4	126.5	125.4	121.5	128.3	135.9	139.0	130.3	133.0	147.7
湖　南	120.2	125.2	138.2	133.8	126.4	137.7	141.8	131.9	151.5	152.9	154.6	118.6	138.0
广　东	500.9	471.2	515.4	538.7	532.4	547.4	595.3	542.8	477.6	534.2	521.7	535.3	567.7
广　西	79.6	68.6	79.3	68.7	75.2	80.2	81.7	80.6	76.2	82.6	86.2	81.1	84.3
海　南	410.6	567.4	496.3	566.9	509.9	496.9	485.9	523.8	414.7	507.4	557.7	314.7	374.6
重　庆	111.2	121.7	129.4	145.5	146.5	137.1	155.3	152.1	157.3	163.7	172.4	172.6	207.5
四　川	64.8	73.8	80.4	79.5	78.8	80.8	77.5	69.9	81.0	99.7	87.8	89.5	96.8
贵　州	37.8	39.5	35.4	29.8	27.4	29.0	27.3	30.5	34.8	30.9	31.2	38.6	42.5
云　南	49.7	54.0	53.7	58.7	55.1	52.2	45.5	42.9	42.2	43.5	45.2	27.8	34.0
西　藏	574.2	611.4	1553.1	2319.0	1113.8	2185.5	2201.1	4116.4	4143.8	2514.2	2853.1	117.4	108.0
陕　西	60.2	72.0	66.7	73.0	63.6	60.3	65.7	66.5	69.3	86.9	80.2	88.4	98.4
甘　肃	47.9	69.7	56.8	52.6	56.8	60.4	58.5	56.7	58.6	65.6	61.7	39.9	43.9
青　海	64.2	65.7	86.2	80.0	67.0	58.8	49.0	43.5	41.7	45.5	39.7	6.7	7.3
宁　夏	53.3	65.2	66.5	60.0	60.2	59.9	60.7	52.3	53.9	49.3	31.7	26.2	33.0
新　疆	157.9	157.0	132.2	136.3	146.2	141.3	128.5	106.7	103.8	85.3	77.3	64.9	48.1
东部地区	147.3	131.8	147.9	166.0	145.3	151.3	156.9	156.8	161.0	165.4	156.4	135.6	146.7
东北老工业基地	60.7	63.2	67.2	73.2	76.4	75.9	69.6	72.7	75.0	75.9	83.5	64.7	73.8
中部地区	68.4	74.3	72.9	75.5	77.8	79.2	79.8	80.1	81.0	85.1	86.6	74.2	80.7
西部地区	63.6	69.6	68.8	67.3	65.2	62.5	60.8	58.4	63.0	66.8	61.7	48.8	53.3

资料来源：1）中华人民共和国国家统计局 . 2001～2013. 2001～2013 中国统计年鉴 . 中国统计出版社

2）《中国环境年鉴》编委会 . 2001～2013. 中国环境年鉴 2001～2013. 中国环境年鉴社

附表 10　中国各省、直辖市、自治区能源绩效（2000 ~ 2012 年）（单位：万元 GDP/吨标煤）

地　区	2000年	2001年	2002年	2003年	2004年	2005年	2006年	2007年	2008年	2009年	2010年	2011年	2012年
全　国	0.798	0.836	0.861	0.821	0.778	0.784	0.806	0.849	0.895	0.929	0.968	0.988	1.023
北　京	0.951	1.021	1.107	1.172	1.210	1.262	1.334	1.435	1.555	1.650	1.720	1.848	1.846
天　津	0.725	0.778	0.846	0.913	0.920	0.956	0.995	1.047	1.124	1.196	1.209	1.263	1.262
河　北	0.525	0.520	0.523	0.511	0.509	0.505	0.521	0.543	0.580	0.610	0.632	0.657	0.656
山　西	0.337	0.313	0.301	0.312	0.331	0.332	0.338	0.355	0.383	0.406	0.429	0.444	0.444
内蒙古	0.499	0.481	0.487	0.452	0.414	0.404	0.414	0.434	0.463	0.498	0.522	0.536	0.535
辽　宁	0.444	0.483	0.535	0.563	0.546	0.591	0.613	0.639	0.673	0.709	0.739	0.765	0.765
吉　林	0.579	0.617	0.576	0.556	0.576	0.681	0.705	0.737	0.776	0.827	0.874	0.906	0.906
黑龙江	0.540	0.603	0.669	0.659	0.662	0.685	0.708	0.738	0.776	0.824	0.865	0.900	0.899
上　海	0.957	1.000	1.036	1.070	1.121	1.124	1.174	1.242	1.290	1.375	1.403	1.509	1.482
江　苏	1.175	1.256	1.296	1.279	1.190	1.083	1.122	1.172	1.245	1.312	1.360	1.410	1.410
浙　江	1.109	1.232	1.094	1.091	1.099	1.115	1.156	1.207	1.278	1.350	1.395	1.438	1.438
安　徽	0.668	0.693	0.731	0.780	0.801	0.822	0.851	0.888	0.930	0.983	1.033	1.076	1.076
福　建	1.136	1.111	1.112	1.093	1.078	1.067	1.102	1.143	1.187	1.234	1.277	1.321	1.320
江　西	0.934	1.092	0.959	0.927	0.943	0.947	0.978	1.021	1.084	1.136	1.184	1.222	1.223
山　东	0.874	1.098	0.836	0.832	0.814	0.760	0.787	0.825	0.881	0.933	0.975	1.014	1.014
河　南	0.779	0.816	0.813	0.770	0.709	0.724	0.746	0.778	0.820	0.874	0.906	0.942	0.939
湖　北	0.646	0.729	0.718	0.686	0.645	0.654	0.675	0.704	0.755	0.803	0.834	0.867	0.867
湖　南	0.989	0.950	0.889	0.833	0.774	0.679	0.703	0.736	0.789	0.831	0.853	0.886	0.886
广　东	1.278	1.311	1.321	1.314	1.299	1.259	1.297	1.339	1.399	1.462	1.505	1.564	1.564
广　西	0.894	0.969	0.916	0.894	0.838	0.818	0.840	0.869	0.904	0.946	0.965	0.999	0.998
海　南	1.157	1.165	1.103	1.073	1.095	1.092	1.104	1.114	1.144	1.176	1.238	1.177	1.178
重　庆	0.851	0.747	0.920	0.902	0.846	0.702	0.726	0.760	0.799	0.845	0.886	0.921	0.921
四　川	0.667	0.696	0.696	0.632	0.613	0.625	0.645	0.675	0.703	0.747	0.785	0.820	0.819
贵　州	0.286	0.300	0.325	0.289	0.296	0.355	0.366	0.382	0.408	0.426	0.444	0.461	0.460
云　南	0.650	0.690	0.635	0.642	0.610	0.575	0.584	0.608	0.638	0.669	0.696	0.719	0.719
西　藏						0.689					0.784		
陕　西	0.823	0.757	0.738	0.735	0.724	0.706	0.731	0.766	0.814	0.853	0.885	0.917	0.918
甘　肃	0.386	0.439	0.442	0.440	0.443	0.443	0.455	0.474	0.499	0.536	0.555	0.570	0.569
青　海	0.343	0.370	0.378	0.384	0.355	0.325	0.323	0.334	0.348	0.372	0.392	0.358	0.358
宁　夏	0.308	0.313	0.320	0.247	0.238	0.242	0.244	0.253	0.271	0.289	0.302	0.289	0.289
新　疆	0.485	0.501	0.509	0.505	0.478	0.473	0.478	0.493	0.509	0.517	0.519	0.486	0.485
东部地区	0.886	0.953	0.934	0.942	0.931	0.915	0.949	0.992	1.050	1.105	1.143	1.187	1.184
东北老工业基地	0.497	0.544	0.582	0.589	0.586	0.637	0.659	0.687	0.724	0.766	0.802	0.831	0.832
中部地区	0.653	0.681	0.672	0.657	0.647	0.653	0.673	0.702	0.748	0.798	0.833	0.865	0.865
西部地区	0.580	0.592	0.601	0.568	0.546	0.540	0.553	0.577	0.607	0.642	0.669	0.682	0.682

注：GDP 以 2005 年价格计算，2012 年数据是根据 2011 年能源强度数据和 2005 年 GDP 不变价推算，会产生一定的偏差

资料来源：1）国家统计局能源统计司 . 2005 ~ 2012. 中国能源统计年鉴 2004 ~ 2012. 中国统计出版社

2）中华人民共和国国家统计局 . 2013. 2013 中国统计年鉴 . 中国统计出版社

附表 11　中国各省、直辖市、自治区用水绩效（2000～2012 年）（单位：元 GDP／立方米）

地区	2000年	2001年	2002年	2003年	2004年	2005年	2006年	2007年	2008年	2009年	2010年	2011年	2012年
全　国	21.1	22.6	25.0	28.4	30.0	32.8	36.0	40.9	44.1	47.8	52.2	56.3	60.3
北　京	97.6	113.1	141.8	155.7	179.7	202.0	229.6	259.1	280.4	305.4	339.8	359.1	388.1
天　津	89.5	118.5	128.1	143.0	153.8	169.1	194.8	221.4	269.9	300.5	366.7	415.4	472.4
河　北	27.7	30.3	33.2	39.1	45.1	49.6	55.7	63.2	72.3	80.1	89.9	98.8	108.7
山　西	40.2	43.3	49.0	57.5	66.7	76.0	80.5	94.2	105.4	112.4	113.0	109.7	122.2
内蒙古	10.3	11.1	12.4	15.6	18.4	22.3	26.0	30.8	37.2	42.1	48.3	54.3	60.7
辽　宁	34.7	40.0	44.7	49.3	54.8	60.4	65.1	74.0	83.9	94.9	107.7	120.2	133.8
吉　林	19.2	22.7	23.4	27.7	32.6	36.8	40.5	48.0	53.9	57.3	60.4	62.9	71.1
黑龙江	11.2	12.7	15.9	18.0	19.0	20.3	21.6	23.8	26.1	27.3	29.9	31.0	33.5
上　海	48.6	54.7	62.1	66.7	70.3	76.2	87.9	99.9	110.0	113.8	124.5	136.6	157.6
江　苏	22.7	23.9	26.0	32.6	30.9	35.8	39.1	44.0	49.6	56.6	63.5	70.0	77.6
浙　江	36.2	39.2	43.5	50.4	57.2	63.9	73.4	83.1	89.1	106.3	115.8	129.1	139.7
安　徽	18.4	18.4	19.5	23.8	23.0	25.7	24.9	29.6	29.1	30.0	34.2	38.6	43.6
福　建	22.3	24.2	25.8	28.7	31.8	35.1	40.2	44.2	49.5	54.6	61.9	67.4	78.4
江　西	10.7	12.1	13.9	18.4	17.7	19.5	22.1	22.0	24.9	27.4	31.4	32.2	38.7
山　东	40.7	43.4	48.4	63.1	74.3	87.0	93.3	109.6	122.5	137.4	152.6	168.0	186.3
河　南	30.1	29.1	33.7	43.5	46.2	53.5	53.4	66.3	68.4	73.8	86.4	94.8	100.3
湖　北	15.0	15.8	20.0	21.6	24.2	26.0	28.8	33.0	35.8	39.1	43.9	48.5	53.4
湖　南	12.7	13.8	15.6	16.4	18.2	20.1	22.7	26.4	30.1	34.4	39.1	43.9	48.5
广　东	28.1	29.9	33.5	37.6	42.5	49.1	56.4	64.3	71.2	77.8	86.4	96.0	106.8
广　西	8.2	8.9	9.6	11.3	12.1	12.7	14.4	16.8	18.9	22.1	25.3	28.4	31.5
海　南	12.6	13.9	15.1	15.9	17.6	20.4	21.9	25.2	27.7	32.6	37.9	42.3	45.4
重　庆	36.7	39.2	41.2	43.8	46.0	48.7	53.2	58.3	62.5	69.7	80.6	93.3	110.9
四　川	20.9	22.8	25.1	27.7	31.2	34.8	39.0	44.9	51.3	54.6	61.0	69.1	73.9
贵　州	14.5	15.3	16.1	17.0	18.9	20.6	22.6	26.5	28.4	32.1	35.8	43.6	47.0
云　南	15.3	16.5	17.7	19.6	21.6	23.6	26.7	28.9	31.3	35.2	40.9	46.7	51.1
西　藏	5.1	5.7	5.9	7.8	7.9	7.5	8.1	8.8	9.4	12.9	12.7	16.2	18.9
陕　西	28.6	31.7	35.1	40.8	45.8	49.9	53.3	63.6	70.7	81.3	94.3	102.0	114.8
甘　肃	9.5	10.5	11.4	12.8	14.2	15.7	17.6	19.8	21.8	24.4	27.0	30.1	33.8
青　海	11.0	12.6	14.3	14.9	16.0	17.7	19.1	22.5	23.1	30.4	32.7	36.7	46.8
宁　夏	4.2	4.7	5.4	7.8	7.5	7.8	8.9	11.0	11.8	13.6	15.4	16.9	20.1
新　疆	3.4	3.6	4.0	4.2	4.7	5.1	5.6	6.3	6.8	7.3	8.0	9.2	9.1
东部地区	31.9	34.6	38.2	44.8	48.7	55.3	61.7	70.0	78.1	87.4	97.5	107.6	119.7
东北老工业基地	18.7	21.4	25.1	28.5	31.3	34.1	36.8	41.7	46.6	50.1	55.1	58.2	63.8
中部地区	16.7	17.9	20.8	24.3	25.9	28.7	30.8	35.3	38.2	41.0	46.0	49.6	55.1
西部地区	11.2	12.2	13.4	15.1	16.8	18.4	20.7	23.8	26.6	30.1	34.2	39.1	42.2

资料来源：1）中华人民共和国国家统计局 . 2003～2013. 2003～2013 中国统计年鉴 . 中国统计出版社

2）中华人民共和国水利部 . 2001～2002. 中国水资源公报 2000～2001. 中国水利水电出版社

附表 12　中国各省、直辖市、自治区建设用地绩效（2000～2012 年）（单位：万元 GDP/亩）

地　区	2000年	2001年	2002年	2003年	2004年	2005年	2006年	2007年	2008年	2009年	2010年	2011年	2012年
全　国	2.14	2.30	2.98	3.24	3.51	3.86	4.29	4.85	5.26	5.81	6.24	6.48	6.39
北　京	9.40	10.04	10.82	11.77	12.96	14.38	16.04	18.07	19.42	20.79	22.30	23.46	24.94
天　津	3.62	4.02	5.49	6.23	6.60	7.53	8.56	9.57	10.91	12.30	13.93	15.67	17.56
河　北	1.87	2.03	2.77	3.08	3.46	3.85	4.28	4.79	5.24	5.51	5.90	6.35	7.02
山　西	1.58	1.73	2.28	2.61	2.97	3.35	3.71	4.26	4.60	4.38	4.90	5.34	5.47
内蒙古	0.71	0.78	1.07	1.25	1.48	1.81	2.13	2.50	2.92	3.25	3.01	3.28	3.59
辽　宁	2.05	2.22	2.86	3.18	3.49	3.92	4.44	5.06	5.71	6.33	6.94	7.51	8.18
吉　林	1.23	1.34	1.67	1.84	2.06	2.30	2.63	3.04	3.51	3.71	4.12	4.57	5.09
黑龙江	1.13	1.24	1.83	2.02	2.24	2.49	2.79	3.11	3.46	3.72	4.06	4.59	4.98
上　海	13.88	15.25	19.40	21.37	23.68	25.69	29.30	32.95	34.64	35.73	37.65	40.91	44.13
江　苏	2.83	3.10	4.85	5.41	5.99	6.77	7.62	8.60	9.54	10.13	10.55	11.29	11.94
浙　江	6.12	6.59	7.21	7.92	8.75	9.51	10.45	11.54	12.26	12.81	13.47	14.57	15.85
安　徽	1.07	1.16	1.63	1.77	1.99	2.20	2.45	2.77	3.11	3.32	3.59	4.01	4.19
福　建	4.31	4.63	5.68	6.21	6.80	7.42	8.19	9.16	10.09	10.57	10.41	11.06	11.79
江　西	1.62	1.75	2.14	2.38	2.67	2.99	3.28	3.66	4.08	4.41	4.62	5.09	5.38
山　东	2.26	2.46	3.53	3.95	4.47	5.06	5.70	6.44	7.16	7.66	8.16	8.67	9.09
河　南	1.62	1.76	2.34	2.56	2.89	3.28	3.73	4.25	4.74	5.07	5.35	5.77	6.16
湖　北	1.71	1.86	2.40	2.62	2.89	3.21	3.61	4.10	4.62	5.20	4.94	5.42	5.79
湖　南	1.85	2.01	2.43	2.64	2.94	3.28	3.64	4.15	4.67	4.52	5.11	5.70	6.54
广　东	5.15	5.65	6.18	6.95	7.82	8.77	9.85	11.16	12.24	11.29	12.46	15.69	17.33
广　西	1.79	1.92	2.19	2.40	2.64	2.92	3.24	3.68	4.11	5.57	5.92	6.48	6.52
海　南	1.40	1.53	1.52	1.68	1.86	2.04	2.31	2.65	2.90	5.62	5.11	5.57	6.43
重　庆	2.40	2.61	3.18	3.42	3.70	4.06	4.50	5.14	5.81	6.02	6.34	6.68	8.35
四　川	1.70	1.84	2.29	2.53	2.83	3.15	3.54	4.03	4.43	4.76	5.01	5.32	5.63
贵　州	1.48	1.60	1.87	2.03	2.22	2.47	2.76	3.14	3.46	3.68	4.32	4.52	4.85
云　南	1.70	1.80	2.37	2.54	2.77	2.98	3.27	3.62	3.92	4.22	4.30	4.59	5.43
西　藏	1.07	1.21	2.15	2.21	2.41	2.63	2.91	3.25	3.51	3.93	4.24	9.80	3.97
陕　西	1.66	1.81	2.33	2.59	2.90	3.28	3.71	4.27	4.93	6.20	6.73	7.65	7.86
甘　肃	0.69	0.75	0.98	1.08	1.20	1.33	1.48	1.66	1.82	1.89	2.02	2.19	2.36
青　海	0.72	0.80	0.80	0.93	1.03	1.13	1.28	1.43	1.62	1.73	1.97	2.09	2.34
宁　夏	0.96	1.05	1.61	1.77	1.86	2.01	2.24	2.49	2.75	2.78	3.68	3.75	3.93
新　疆	0.70	0.76	1.07	1.17	1.29	1.42	1.57	1.75	1.94	1.97	2.13	2.18	2.38
东部地区	3.35	3.66	4.82	5.38	6.00	6.70	7.51	8.48	9.31	9.80	10.42	11.41	12.29
东北老工业基地	1.46	1.59	2.15	2.37	2.63	2.94	3.33	3.78	4.27	4.62	5.08	5.63	6.15
中部地区	1.45	1.58	2.10	2.30	2.58	2.89	3.23	3.67	4.11	4.32	4.62	5.10	5.48
西部地区	1.27	1.38	1.76	1.95	2.17	2.42	2.72	3.10	3.47	3.84	4.04	4.34	4.73

注：由于 2009～2012 年各地区建设用地缺乏数据，故按各地区城市建设用地面积增长率推算，可能导致一定偏差

资料来源：1）中华人民共和国国家统计局 . 2013. 2013 中国统计年鉴 . 中国统计出版社

2）中国国土资源年鉴编辑部 . 2001～2009. 中国国土资源年鉴 2001～2009. 中国国土资源年鉴编辑部

3）中华人民共和国住房和城乡建设部 . 2010～2013. 中国城市建设统计年鉴 2009～2012. 中国计划出版社

附表 13　中国各省、直辖市、自治区固定资产绩效（2000 ~ 2012 年）（单位：元 GDP /元）

地　区	2000年	2001年	2002年	2003年	2004年	2005年	2006年	2007年	2008年	2009年	2010年	2011年	2012年
全　国	3.20	3.08	2.88	2.53	2.32	2.08	1.92	1.83	1.73	1.42	1.31	1.37	1.24
北　京	2.84	2.70	2.55	2.39	2.44	2.47	2.40	2.38	2.87	2.54	2.45	2.71	2.70
天　津	3.00	2.90	2.84	2.60	2.70	2.61	2.48	2.27	2.01	1.63	1.48	1.62	1.64
河　北	2.92	3.01	3.11	2.90	2.69	2.42	2.11	1.96	1.84	1.41	1.34	1.44	1.32
山　西	3.63	3.35	3.10	2.71	2.51	2.32	2.15	2.04	2.03	1.50	1.45	1.48	1.31
内蒙古	3.68	3.45	2.81	2.04	1.70	1.48	1.43	1.36	1.38	1.19	1.18	1.24	1.22
辽　宁	3.34	3.26	3.20	2.83	2.33	1.92	1.65	1.51	1.39	1.24	1.12	1.22	1.09
吉　林	3.29	3.13	2.92	2.80	2.71	2.08	1.64	1.41	1.27	1.12	1.07	1.36	1.19
黑龙江	3.63	3.44	3.49	3.54	3.38	3.17	2.82	2.61	2.46	1.95	1.70	1.87	1.60
上　海	2.53	2.62	2.65	2.70	2.70	2.63	2.67	2.81	3.05	3.06	3.46	4.11	4.25
江　苏	3.34	3.38	3.14	2.45	2.46	2.28	2.15	2.12	2.11	1.87	1.81	1.87	1.76
浙　江	2.79	2.57	2.37	2.06	2.05	2.06	2.04	2.21	2.40	2.19	2.23	2.28	1.96
安　徽	3.63	3.54	3.26	2.80	2.46	2.12	1.74	1.45	1.35	1.10	1.03	1.17	1.07
福　建	3.38	3.46	3.56	3.37	3.08	2.83	2.57	2.18	2.15	1.98	1.77	1.75	1.55
江　西	4.04	3.55	2.79	2.26	2.09	1.86	1.75	1.70	1.48	1.15	1.04	1.22	1.15
山　东	3.37	3.41	3.08	2.36	2.23	1.97	1.93	2.03	1.99	1.75	1.67	1.72	1.63
河　南	3.90	3.81	3.68	3.23	2.95	2.46	2.08	1.84	1.72	1.41	1.35	1.52	1.40
湖　北	2.71	2.66	2.68	2.70	2.54	2.46	2.27	2.09	1.99	1.60	1.48	1.47	1.34
湖　南	3.48	3.32	3.16	3.02	2.74	2.51	2.42	2.25	2.11	1.72	1.63	1.61	1.49
广　东	3.48	3.48	3.53	3.31	3.32	3.23	3.27	3.30	3.38	3.02	2.89	3.07	3.07
广　西	3.71	3.64	3.53	3.23	2.81	2.40	2.08	1.83	1.75	1.40	1.22	1.29	1.17
海　南	2.57	2.62	2.67	2.45	2.53	2.45	2.42	2.51	2.23	1.74	1.59	1.51	1.30
重　庆	3.21	2.90	2.50	2.22	1.97	1.79	1.65	1.55	1.54	1.32	1.23	1.36	1.34
四　川	2.65	2.57	2.42	2.25	2.24	2.06	1.95	1.83	1.81	1.28	1.31	1.46	1.38
贵　州	2.81	2.28	2.11	2.01	2.03	2.01	1.91	1.83	1.77	1.53	1.38	1.22	1.04
云　南	2.83	2.83	2.79	2.53	2.35	1.95	1.78	1.67	1.59	1.33	1.25	1.33	1.21
西　藏													
陕　西	2.95	2.84	2.72	2.36	2.21	2.09	1.85	1.62	1.53	1.27	1.19	1.21	1.10
甘　肃	2.62	2.52	2.43	2.32	2.31	2.22	2.20	1.99	1.78	1.44	1.25	1.17	1.04
青　海	1.84	1.58	1.55	1.61	1.64	1.65	1.54	1.54	1.60	1.30	1.22	1.05	0.92
宁　夏	2.06	1.90	1.77	1.46	1.44	1.38	1.40	1.36	1.20	1.04	0.92	0.97	0.86
新　疆	2.32	2.23	2.13	2.02	1.99	1.94	1.89	1.87	1.89	1.66	1.53	1.35	1.15
东部地区	3.13	3.11	3.00	2.63	2.55	2.38	2.28	2.26	2.26	1.98	1.89	1.99	1.85
东北老工业基地	3.42	3.29	3.22	3.02	2.68	2.24	1.90	1.71	1.56	1.36	1.24	1.40	1.23
中部地区	3.49	3.34	3.16	2.90	2.68	2.37	2.09	1.88	1.75	1.42	1.33	1.46	1.32
西部地区	2.87	2.72	2.54	2.27	2.13	1.94	1.81	1.68	1.63	1.32	1.25	1.30	1.20

注：固定资产投资按 2005 年价格计算

资料来源：中华人民共和国国家统计局 . 2001 ~ 2013. 2001 ~ 2013 中国统计年鉴 . 中国统计出版社

附表 14　中国各省、直辖市、自治区二氧化硫排放绩效（2000～2012 年）（单位：万元 GDP /吨）

地　区	2000年	2001年	2002年	2003年	2004年	2005年	2006年	2007年	2008年	2009年	2010年	2011年	2012年
全　国	58.2	64.6	71.2	69.9	73.7	72.5	80.5	96.4	112.4	128.6	143.9	155.0	174.8
北　京	176.0	219.0	255.7	298.1	325.5	364.9	447.5	594.6	798.5	912.6	1039.4	1319.1	1484.7
天　津	61.4	84.7	108.8	113.2	149.1	147.4	175.7	211.4	251.1	296.7	350.6	415.4	486.7
河　北	44.5	49.6	54.8	55.0	61.8	66.9	73.5	85.8	104.8	123.7	141.1	137.2	158.3
山　西	18.9	20.8	23.5	23.7	26.3	27.9	32.3	39.9	45.9	49.9	57.7	58.2	68.9
内蒙古	26.7	30.3	30.4	20.3	26.8	26.8	29.9	38.1	45.6	54.6	63.0	71.2	80.8
辽　宁	50.7	61.4	71.6	76.9	85.9	67.2	73.0	85.7	106.0	128.9	151.4	154.2	179.7
吉　林	76.4	90.0	98.6	105.9	113.3	94.8	101.8	121.1	148.5	175.5	203.4	199.7	229.0
黑龙江	112.3	124.7	139.9	124.3	132.5	108.5	119.3	134.3	152.8	175.8	198.2	209.0	233.4
上　海	113.2	123.0	144.8	161.4	175.5	180.3	205.2	241.2	295.2	376.1	438.9	708.7	800.9
江　苏	84.2	97.1	111.2	114.0	131.0	135.5	163.9	201.6	244.8	289.6	333.7	369.2	432.1
浙　江	122.7	135.9	145.1	141.5	146.1	156.0	177.9	219.9	260.6	299.7	346.7	387.2	442.5
安　徽	82.4	89.6	98.2	93.5	98.6	93.7	103.1	120.2	139.4	162.4	188.4	215.0	245.6
福　建	174.8	213.8	244.1	173.0	180.2	142.2	160.4	194.5	228.4	262.1	306.3	361.7	422.3
江　西	72.4	83.2	96.0	72.7	69.3	66.2	71.9	83.0	100.1	117.0	135.1	145.0	165.5
山　东	55.3	63.5	72.2	75.4	87.7	91.7	107.4	132.0	159.3	190.1	220.8	206.0	236.3
河　南	70.4	75.0	78.6	78.5	73.8	65.2	74.6	88.8	107.2	127.3	145.0	158.6	187.5
湖　北	72.3	81.7	89.4	86.9	85.0	91.9	98.2	120.8	144.7	170.9	199.7	215.8	257.0
湖　南	52.1	57.6	64.4	61.8	67.4	71.8	79.7	94.6	116.0	136.5	158.5	209.1	247.1
广　东	133.5	137.1	154.0	160.1	172.2	174.3	204.4	247.3	289.2	336.6	385.6	526.0	603.3
广　西	28.7	37.1	41.9	36.1	37.3	38.9	45.5	53.5	63.6	75.2	84.6	164.8	189.5
海　南	272.1	302.8	301.7	320.3	353.3	408.2	423.5	459.8	597.1	658.3	583.9	571.0	603.0
重　庆	24.6	31.2	35.5	36.1	39.1	41.4	45.3	54.7	66.1	79.7	96.7	138.0	162.9
四　川	35.6	41.8	46.8	48.2	51.9	56.9	65.4	81.4	92.8	107.4	124.1	179.0	210.3
贵　州	8.4	9.6	10.9	12.1	13.5	14.8	15.4	18.9	23.4	27.4	31.6	37.8	45.6
云　南	58.4	67.5	72.1	63.1	66.5	66.3	70.1	81.2	95.5	107.6	120.5	99.2	115.3
西　藏	1736.3	1566.0	1768.0	2643.5	2219.0	1244.0	1409.5	1699.8	1769.0	1988.5	1157.9	1258.3	1339.5
陕　西	36.0	39.9	43.0	40.0	42.3	42.7	45.7	56.0	67.9	85.3	101.0	97.7	119.8
甘　肃	31.5	34.5	32.8	31.4	35.7	34.4	39.5	46.3	53.2	58.8	59.6	59.3	72.8
青　海	96.2	98.2	120.4	71.5	65.4	43.8	47.4	52.2	58.8	64.3	70.2	73.2	83.3
宁　夏	17.7	20.0	19.9	16.9	18.9	17.9	18.0	21.0	25.2	31.2	35.8	30.4	34.2
新　疆	52.0	58.4	64.0	63.6	48.9	50.2	52.7	55.9	61.5	66.0	73.1	63.2	67.8
东部地区	82.0	93.7	106.6	109.4	122.5	122.6	140.7	170.1	205.1	242.5	279.9	301.7	347.5
东北老工业基地	67.6	80.1	91.5	94.0	102.8	82.3	89.4	103.9	125.7	149.9	173.6	177.2	203.8
中部地区	58.6	64.7	71.1	68.1	70.1	67.9	75.9	90.4	107.9	125.9	145.1	158.2	185.0
西部地区	28.5	33.3	36.3	33.7	36.8	37.7	41.3	49.7	58.8	69.1	79.1	91.2	106.3

资料来源：1）中华人民共和国国家统计局 . 2001～2013. 2001～2013 中国统计年鉴 . 中国统计出版社

2）《中国环境年鉴》编委会 . 2001～2013. 中国环境年鉴 2001～2013. 中国环境年鉴社

附表 15　中国各省、直辖市、自治区烟粉尘排放绩效（2000～2012 年）（单位：万元 GDP /吨）

地　区	2000年	2001年	2002年	2003年	2004年	2005年	2006年	2007年	2008年	2009年	2010年	2011年	2012年
全　国	51.4	61.0	70.2	72.9	83.1	88.3	109.9	141.2	175.5	207.7	246.1	282.8	315.9
北　京	202.9	287.8	386.5	529.0	586.5	765.9	984.5	1345.9	1561.6	1777.3	1811.9	2119.2	2221.1
天　津	96.6	144.5	209.6	234.8	330.0	355.1	497.8	623.4	782.8	888.9	1129.4	1390.8	1411.6
河　北	36.7	45.9	51.2	57.7	61.0	69.3	82.9	110.9	131.2	164.0	212.0	152.9	179.6
山　西	15.2	16.3	18.8	18.7	21.1	23.3	28.0	36.2	49.9	58.8	73.1	73.6	85.5
内蒙古	26.9	36.2	39.3	32.5	31.0	31.6	50.0	64.2	82.8	116.0	108.8	141.1	139.1
辽　宁	38.5	46.7	58.2	67.7	77.4	67.1	81.0	93.6	125.0	161.4	193.5	262.8	273.3
吉　林	44.8	53.5	64.5	71.1	72.2	65.7	76.4	98.0	126.6	141.5	204.8	199.7	374.6
黑龙江	54.5	61.3	70.4	71.6	76.8	82.0	93.1	106.5	131.4	161.5	202.9	173.2	178.3
上　海	312.9	380.1	530.6	550.7	619.5	733.9	847.3	1053.2	1155.3	1295.5	1403.5	2099.7	2307.5
江　苏	155.0	160.0	203.5	168.8	211.5	230.5	291.9	383.7	512.5	629.6	721.3	781.3	1033.8
浙　江	97.7	157.7	173.2	181.3	215.5	302.9	358.7	455.3	557.8	587.1	751.4	835.0	1165.5
安　徽	57.6	68.6	80.3	60.6	67.2	70.4	83.8	112.1	126.4	154.8	193.1	267.0	290.6
福　建	130.2	164.4	203.1	195.3	206.8	202.3	234.4	284.2	340.1	407.4	449.1	651.4	644.8
江　西	40.1	67.7	70.8	59.9	62.8	68.1	78.8	96.9	120.9	154.6	194.0	229.5	284.2
山　东	70.0	84.6	99.9	99.9	164.0	185.2	232.3	313.7	381.7	473.9	584.4	515.1	640.1
河　南	39.7	48.0	54.0	57.2	62.3	64.9	89.0	123.1	172.7	204.0	250.8	352.1	448.2
湖　北	52.4	66.8	76.4	84.2	90.4	98.7	117.9	163.5	217.4	275.1	372.6	435.6	479.5
湖　南	37.2	40.8	45.9	44.3	46.8	50.4	60.7	77.6	104.5	121.0	179.9	388.2	489.6
广　东	141.1	237.4	285.1	258.1	301.7	376.0	462.4	568.9	624.5	887.6	976.0	1614.3	1719.8
广　西	20.5	27.2	32.2	30.5	33.2	36.0	49.2	70.0	88.8	92.2	131.8	315.6	337.8
海　南	178.5	263.3	276.6	305.9	369.4	408.2	484.0	560.5	721.3	805.7	1121.5	1570.2	1658.3
重　庆	47.7	55.7	63.5	66.5	73.2	80.8	94.1	118.9	153.5	198.8	238.3	468.3	525.0
四　川	29.7	33.4	40.9	44.8	50.4	62.9	89.1	146.8	228.6	305.7	291.3	435.2	649.2
贵　州	13.4	17.8	21.7	24.8	31.2	36.1	54.2	58.9	63.5	59.7	107.5	142.1	166.6
云　南	55.1	72.3	103.4	97.8	103.5	90.6	105.8	124.6	146.6	191.9	262.4	187.0	207.0
西　藏	434.1	522.0	589.3	660.0	554.8	622.0	2819.0	1607.0	1769.0	1325.7	1488.7	1006.6	2813.0
陕　西	28.5	37.5	45.5	46.0	47.5	53.6	68.8	84.4	124.5	196.0	225.9	203.5	230.2
甘　肃	37.1	43.7	51.1	46.9	55.6	59.0	67.4	104.8	120.1	119.5	128.4	161.6	209.1
青　海	24.9	32.4	37.8	36.2	30.5	32.0	38.2	46.6	51.8	60.2	57.5	84.0	83.7
宁　夏	12.8	18.0	19.2	16.2	30.2	28.8	34.2	41.6	57.6	73.2	47.8	60.0	73.2
新　疆	50.8	59.2	66.5	57.9	55.0	58.7	63.3	68.0	73.3	77.5	81.4	94.3	80.1
东部地区	88.8	114.8	137.9	142.7	175.0	192.5	235.1	299.3	367.1	455.0	545.4	571.8	664.4
东北老工业基地	44.0	52.2	63.1	69.6	76.1	70.9	83.4	98.3	127.2	156.5	198.7	214.4	249.2
中部地区	38.7	45.7	51.8	50.7	54.8	58.2	71.0	91.8	121.1	145.8	190.2	229.0	275.3
西部地区	28.7	36.0	42.9	42.2	46.0	50.0	66.5	86.7	109.9	132.3	151.4	198.7	215.1

资料来源：1）中华人民共和国国家统计局 . 2001～2013. 2001～2013 中国统计年鉴 . 中国统计出版社

2）《中国环境年鉴》编委会 . 2001～2013. 中国环境年鉴 2001～2013. 中国环境年鉴社

附表 16　中国各省、直辖市、自治区化学需氧量（COD）排放绩效

（2000～2012 年）　　　　（单位：万元 GDP /吨）

地　区	2000年	2001年	2002年	2003年	2004年	2005年	2006年	2007年	2008年	2009年	2010年	2011年	2012年
全　国	80.4	89.5	100.4	113.2	124.1	130.8	145.9	172.3	197.5	223.0	254.0	265.7	295.9
北　京	220.8	259.0	323.0	406.4	479.2	601.1	716.8	846.7	971.5	1096.8	1299.9	1219.5	1365.3
天　津	108.9	214.0	248.2	225.0	248.1	267.3	313.3	376.8	452.8	528.0	624.7	799.7	950.1
河　北	83.2	98.1	109.5	122.9	134.2	151.5	165.1	191.9	233.1	272.1	318.7	440.2	502.1
山　西	71.5	79.9	90.8	90.3	98.0	109.4	123.3	147.8	167.2	183.6	216.3	269.6	305.4
内蒙古	69.2	69.7	93.2	95.1	114.6	131.4	156.1	192.7	233.1	274.1	319.1	373.0	426.3
辽　宁	67.4	76.1	95.7	115.8	142.7	124.9	143.4	168.4	205.2	240.9	285.8	384.2	436.1
吉　林	45.8	58.0	73.2	77.4	88.2	89.0	99.9	120.8	149.8	176.5	205.8	290.5	340.7
黑龙江	63.8	69.1	78.1	86.6	97.9	109.5	124.1	141.8	162.5	186.6	218.6	233.7	269.7
上　海	165.1	190.7	196.1	214.8	282.5	303.8	345.1	407.9	493.8	585.4	715.1	813.8	897.2
江　苏	154.8	134.2	158.9	184.4	190.2	192.5	229.7	275.5	325.0	378.5	444.8	462.7	533.0
浙　江	116.2	138.7	156.7	184.8	213.7	225.6	257.9	310.8	358.3	409.1	483.1	428.7	481.5
安　徽	73.6	85.1	94.6	103.2	112.9	120.6	131.9	152.4	179.0	206.2	243.8	208.7	240.8
福　建	122.3	136.2	167.1	149.5	163.8	166.3	190.5	226.2	259.0	292.8	336.2	312.7	354.9
江　西	60.0	61.3	71.9	75.3	79.3	88.7	96.1	110.0	131.1	151.7	174.6	167.0	188.3
山　东	99.5	118.5	141.9	166.8	205.0	238.5	277.9	334.2	397.1	467.3	547.1	629.6	722.0
河　南	75.2	88.5	99.1	115.3	133.2	146.9	168.0	200.0	239.1	275.6	313.3	359.7	411.1
湖　北	57.7	66.1	72.7	83.3	95.7	106.9	119.2	142.2	165.5	191.1	220.7	237.2	268.1
湖　南	59.8	61.8	64.6	64.4	69.2	73.7	80.7	94.7	110.2	130.6	159.1	203.8	234.4
广　东	126.9	120.7	157.5	175.3	213.2	213.2	246.8	292.5	340.9	395.5	471.9	356.4	405.3
广　西	23.3	31.3	33.8	34.0	35.4	37.2	40.4	49.0	58.0	68.6	81.6	151.4	170.3
海　南	65.4	86.5	100.6	108.7	87.7	94.4	102.7	116.1	129.0	144.6	182.2	207.1	221.8
重　庆	78.3	88.7	99.3	106.2	114.8	128.9	147.6	179.8	214.0	247.8	296.7	280.3	330.2
四　川	44.6	47.8	55.9	62.2	74.4	94.3	104.0	124.5	142.2	163.1	189.5	218.5	249.5
贵　州	53.6	64.2	70.8	72.5	79.7	88.9	98.7	114.4	130.3	149.1	174.7	148.6	179.4
云　南	75.9	78.2	87.2	100.2	109.6	121.6	131.5	149.5	170.9	196.8	224.9	146.6	168.0
西　藏	34.7	142.4	221.0	250.5	160.4	178.5	184.1	209.0	229.7	258.2	155.1	228.8	259.3
陕　西	68.8	73.9	84.9	95.4	102.3	112.3	126.1	150.5	181.8	215.7	255.6	256.6	303.5
甘　肃	83.9	105.4	107.8	97.9	109.2	106.1	121.1	139.1	156.3	174.9	196.2	149.2	171.4
青　海	92.7	104.2	116.8	135.2	123.1	75.9	82.3	92.2	106.3	114.7	121.1	142.8	161.7
宁　夏	20.8	21.4	39.7	48.9	83.5	42.9	49.3	56.7	66.5	78.3	91.4	95.2	110.8
新　疆	81.8	87.2	92.5	92.1	89.7	96.0	100.5	112.0	125.4	135.7	145.4	151.6	175.5
东部地区	114.8	126.3	151.1	171.0	197.6	206.2	237.3	281.9	332.6	385.8	454.8	463.6	527.1
东北老工业基地	60.3	69.2	84.0	95.4	111.7	110.5	125.5	147.3	176.6	206.0	242.4	303.6	349.4
中部地区	63.6	71.4	80.2	86.6	96.3	105.1	117.1	137.7	161.4	186.4	218.2	242.8	277.7
西部地区	50.4	57.4	66.3	70.6	78.6	85.7	95.0	112.8	131.9	152.8	177.7	197.3	227.6

资料来源：1）《中国环境年鉴》编委会 . 2001～2013. 中国环境年鉴 2001～2013. 中国环境年鉴社

2）中华人民共和国国家统计局 . 2013. 2013 中国统计年鉴 . 中国统计出版社

附表 17　中国各省、直辖市、自治区氨氮排放绩效（2000～2012 年）（单位：万元 GDP /吨）

地　区	2000年	2001年	2002年	2003年	2004年	2005年	2006年	2007年	2008年	2009年	2010年	2011年	2012年
全　国	984.0	1065.7	1065.2	1163.6	1249.3	1234.6	1475.0	1799.1	2054.1	2323.6	2614.5	1955.3	2164.5
北　京	1876.9	2096.5	2727.2	3405.6	3657.2	4978.2	6058.2	7514.6	8198.4	8339.7	9861.6	8079.3	9162.1
天　津	1841.5	2062.5	1826.4	1834.6	2266.1	2055.6	2986.5	3449.4	4305.6	5852.1	4169.4	4798.2	5631.8
河　北	1367.9	1486.9	1015.6	1203.1	1401.4	1451.0	1669.7	2134.5	2517.9	2820.1	3189.0	2848.4	3256.8
山　西	906.2	997.7	704.0	789.1	887.5	983.8	1136.2	1229.1	1428.8	1542.7	1734.1	1769.7	2033.2
内蒙古	805.5	890.9	821.7	899.7	1051.4	781.0	1223.9	1680.0	1920.8	2245.4	2161.7	2447.6	2782.4
辽　宁	844.0	920.0	822.8	959.1	1098.5	884.3	1241.9	1531.7	1872.6	2186.2	2757.1	2347.0	2627.9
吉　林	519.6	567.9	768.2	872.2	1009.2	1005.6	1156.5	1559.2	1869.0	2196.4	2442.0	2170.7	2476.3
黑龙江	680.1	743.3	802.7	921.5	1029.3	1002.5	1166.2	1357.4	1547.9	1796.2	2239.8	1818.6	2070.0
上　海	2024.3	2236.8	2232.0	2596.1	2677.8	2719.9	2977.7	3531.3	3873.8	4750.3	5713.3	3618.7	4182.1
江　苏	1054.0	1161.5	1596.8	2021.3	2225.1	2188.1	2574.7	3273.9	3953.2	4785.2	5564.7	3325.6	3782.1
浙　江	790.5	874.3	1332.0	1527.8	1888.1	2129.8	2681.2	3307.4	4106.3	5126.2	5921.7	2913.1	3272.0
安　徽	664.9	724.1	777.7	850.8	983.7	1009.5	1020.2	1249.7	1613.9	1860.8	2262.0	1625.1	1892.1
福　建	1311.1	1425.2	1239.9	1194.0	1334.9	1260.5	1535.7	2889.5	3265.2	3666.8	4208.6	2306.6	2631.0
江　西	779.5	848.1	969.5	1024.8	1089.8	1193.2	1301.6	1393.8	1717.0	1941.9	2177.5	1388.2	1552.9
山　东	1091.5	1200.7	1452.9	1797.4	1971.8	2186.5	2538.2	3124.5	3849.3	4512.3	5106.7	3881.6	4396.5
河　南	995.4	1085.0	944.3	1019.2	1018.8	1018.0	1288.5	1633.0	2047.4	2300.8	2678.4	2525.9	2828.3
湖　北	675.4	735.5	634.1	686.6	783.8	844.9	1008.1	1204.1	1385.0	1692.9	2056.7	1753.1	1981.7
湖　南	839.0	914.6	473.8	609.8	625.4	653.1	744.0	940.3	1146.6	1319.2	1686.9	1446.9	1639.6
广　东	1183.8	1308.1	1743.8	1851.2	2271.8	2255.7	2784.5	2479.5	2692.5	3133.5	3786.9	2605.5	2931.1
广　西	852.5	923.3	649.8	572.9	476.0	447.7	637.5	854.0	1049.3	1394.4	1612.2	1560.6	1720.8
海　南	1110.2	1211.2	1327.6	1468.2	1161.0	1282.9	1270.6	1471.4	1442.7	1812.9	2180.4	1449.4	1557.8
重　庆	1215.2	1324.6	1034.0	1064.2	1108.8	1238.5	1392.0	1807.0	2248.9	2201.2	2765.8	1975.8	2282.5
四　川	612.5	667.7	780.4	831.4	978.9	1102.3	1270.0	1599.6	1718.3	2033.0	2315.7	1899.5	2200.0
贵　州	814.8	886.5	906.8	840.7	988.6	1114.1	1256.7	1442.7	1605.8	1894.1	2204.1	1347.4	1570.7
云　南	1127.5	1204.2	1458.4	1586.7	1766.0	1821.9	1931.7	2167.3	2397.1	2828.5	2909.8	1491.7	1714.9
西　藏	1389.0	1566.0	1768.0	1980.0	2219.0	2488.0	2819.0	3214.0	3538.0	3977.0	2523.2	1677.7	2083.7
陕　西	898.8	986.8	1305.2	1276.8	1383.9	1513.0	1723.3	1995.5	1887.3	2144.0	2435.3	1905.4	2216.4
甘　肃	829.6	910.9	560.6	620.6	665.3	568.8	653.5	1100.7	1211.9	1089.2	1397.2	999.9	1183.0
青　海	1025.7	1146.0	1284.3	1078.0	968.4	776.1	879.4	998.1	1132.9	1247.3	1219.2	1269.6	1474.3
宁　夏	363.3	400.0	400.7	382.2	789.1	360.4	690.4	972.6	1095.1	1225.5	859.5	831.6	915.0
新　疆	1008.3	1095.0	1053.1	1109.4	1174.1	1183.7	1256.8	1410.1	1500.0	1496.8	1616.9	1417.9	1578.1
东部地区	1147.1	1263.1	1446.5	1667.6	1913.0	1918.7	2343.9	2808.6	3276.2	3855.8	4465.9	3095.5	3505.7
东北老工业基地	696.7	760.5	804.1	927.3	1055.9	944.0	1198.4	1478.5	1759.1	2053.7	2511.0	2123.8	2401.2
中部地区	756.9	825.9	723.0	821.8	891.0	923.5	1069.0	1294.1	1561.7	1796.8	2147.3	1800.1	2042.5
西部地区	819.2	892.7	866.0	875.9	939.4	897.5	1129.9	1456.4	1630.5	1856.0	2054.9	1672.8	1916.0

资料来源：1）《中国环境年鉴》编委会 . 2001～2013. 中国环境年鉴 2001～2013. 中国环境年鉴社

2）中华人民共和国国家统计局 . 2013. 2013 中国统计年鉴 . 中国统计出版社

附表18　中国各省、直辖市、自治区工业固体废物排放绩效

（2000～2012年）　　　　（单位：万元GDP/吨）

地　区	2000年	2001年	2002年	2003年	2004年	2005年	2006年	2007年	2008年	2009年	2010年	2011年	2012年
全　国	1.42	1.42	1.45	1.50	1.38	1.38	1.38	1.36	1.37	1.40	1.31	1.06	1.13
北　京	3.46	3.88	4.66	4.59	4.77	5.63	5.81	7.07	8.50	8.73	9.42	11.48	12.61
天　津	4.31	3.95	3.98	4.56	4.51	3.48	3.47	3.70	4.08	4.63	4.43	5.48	6.00
河　北	0.84	0.72	0.82	0.87	0.53	0.62	0.80	0.69	0.71	0.71	0.55	0.43	0.47
山　西	0.29	0.35	0.34	0.35	0.37	0.38	0.40	0.40	0.37	0.43	0.39	0.30	0.31
内蒙古	0.75	0.79	0.73	0.72	0.67	0.53	0.53	0.51	0.61	0.63	0.52	0.43	0.46
辽　宁	0.62	0.66	0.70	0.77	0.80	0.79	0.71	0.74	0.76	0.79	0.90	0.61	0.70
吉　林	1.36	1.46	1.60	1.66	1.59	1.47	1.49	1.55	1.64	1.62	1.56	1.53	1.95
黑龙江	1.24	1.25	1.30	1.43	1.56	1.72	1.58	1.68	1.73	1.63	1.80	1.81	1.90
上　海	3.88	3.62	4.06	4.38	4.58	4.71	5.05	5.54	5.61	6.32	6.42	6.96	8.31
江　苏	3.33	3.14	3.28	3.63	3.48	3.23	2.97	3.34	3.58	3.87	3.87	3.71	4.19
浙　江	5.25	5.02	5.09	5.26	5.13	5.34	4.94	4.85	5.10	5.38	5.51	5.77	6.20
安　徽	1.16	1.09	1.14	1.21	1.28	1.28	1.20	1.15	1.02	1.03	1.09	0.99	1.06
福　建	1.80	0.83	1.14	1.76	1.75	1.74	1.78	1.80	1.82	1.73	1.67	3.19	2.03
江　西	0.49	0.58	0.48	0.51	0.55	0.58	0.62	0.66	0.71	0.74	0.80	0.74	0.84
山　东	1.84	1.76	1.86	2.04	2.02	2.00	1.91	2.02	2.07	2.14	2.12	1.93	2.25
河　南	1.70	1.71	1.73	1.83	1.80	1.71	1.62	1.57	1.63	1.60	1.81	1.49	1.57
湖　北	1.44	1.64	1.62	1.70	1.80	1.78	1.73	1.83	1.93	1.98	1.85	1.89	2.10
湖　南	1.71	1.78	1.97	1.90	1.80	1.96	2.02	1.88	2.16	2.18	2.20	1.69	1.96
广　东	7.13	6.70	7.33	7.67	7.58	7.79	8.47	7.72	6.80	7.60	7.42	7.62	8.08
广　西	1.13	0.98	1.13	0.98	1.07	1.14	1.16	1.15	1.08	1.18	1.23	1.15	1.20
海　南	5.84	8.07	7.06	8.07	7.26	7.07	6.91	7.45	5.90	7.22	7.94	4.48	5.33
重　庆	1.58	1.73	1.84	2.07	2.08	1.95	2.21	2.16	2.24	2.33	2.45	2.46	2.95
四　川	0.92	1.05	1.14	1.13	1.12	1.15	1.10	0.99	1.15	1.42	1.25	1.27	1.38
贵　州	0.54	0.56	0.50	0.42	0.39	0.41	0.39	0.43	0.49	0.44	0.44	0.55	0.61
云　南	0.71	0.77	0.76	0.84	0.78	0.74	0.65	0.61	0.60	0.62	0.64	0.40	0.48
西　藏	8.17	8.70	22.10	33.00	15.85	31.10	31.32	58.58	58.97	35.78	40.60	1.67	1.54
陕　西	0.86	1.02	0.95	1.04	0.91	0.86	0.93	0.95	0.99	1.24	1.14	1.26	1.40
甘　肃	0.68	0.99	0.81	0.75	0.81	0.86	0.83	0.81	0.83	0.93	0.88	0.57	0.62
青　海	0.91	0.93	1.23	1.14	0.95	0.84	0.70	0.62	0.59	0.65	0.56	0.10	0.10
宁　夏	0.76	0.93	0.95	0.85	0.86	0.85	0.86	0.74	0.77	0.70	0.45	0.37	0.47
新　疆	2.25	2.23	1.88	1.94	2.08	2.01	1.83	1.52	1.48	1.21	1.10	0.92	0.68
东部地区	2.10	1.88	2.11	2.36	2.07	2.15	2.23	2.23	2.29	2.35	2.23	1.93	2.09
东北老工业基地	0.86	0.90	0.96	1.04	1.09	1.08	0.99	1.03	1.07	1.08	1.19	0.92	1.05
中部地区	0.97	1.06	1.04	1.07	1.11	1.13	1.14	1.14	1.15	1.21	1.23	1.06	1.15
西部地区	0.90	0.99	0.98	0.96	0.93	0.89	0.86	0.83	0.90	0.95	0.88	0.69	0.76

资料来源：1）中华人民共和国国家统计局．2001～2013．2001～2013中国统计年鉴．中国统计出版社

2）《中国环境年鉴》编委会．2001～2013．中国环境年鉴2001～2013．中国环境年鉴社

附表 19　中国各省、直辖市、自治区能源消费总量（2000～2012 年）（单位：万吨标准煤）

地　区	2000年	2001年	2002年	2003年	2004年	2005年	2006年	2007年	2008年	2009年	2010年	2011年	2012年
全　国	145531	150406	159431	183792	213456	235997	258676	280508	291448	306647	324939	348002	361732
北　京	4144	4313	4436	4648	5140	5522	5904	6285	6327	6570	6954	6995	7544
天　津	2794	2918	3022	3215	3697	4085	4500	4943	5364	5874	6818	7598	8655
河　北	11196	12301	13405	15298	17348	19836	21794	23585	24322	25419	27531	29498	32349
山　西	6728	7968	9340	10386	11251	12750	14098	15601	15675	15576	16808	18315	20178
内蒙古	3549	4073	4560	5778	7623	9666	11221	12777	14100	15344	16820	18737	20893
辽　宁	10656	10656	10602	11253	13074	13611	14987	16544	17801	19112	20947	22712	24864
吉　林	3766	3863	4531	5174	5603	5315	5908	6557	7221	7698	8297	9103	10194
黑龙江	6166	6037	6004	6714	7466	8050	8731	9377	9979	10467	11234	12119	13349
上　海	5499	5818	6249	6796	7406	8225	8876	9670	10207	10367	11201	11270	12334
江　苏	8612	8881	9609	11060	13652	17167	19041	20948	22232	23709	25774	27589	30384
浙　江	6560	6530	8280	9523	10825	12032	13219	14524	15107	15567	16865	17827	19251
安　徽	4879	5118	5316	5457	6017	6506	7069	7739	8325	8896	9707	10570	11857
福　建	3463	3850	4236	4808	5449	6142	6828	7587	8254	8916	9809	10653	11878
江　西	2505	2329	2933	3426	3814	4286	4660	5053	5383	5813	6355	6928	7680
山　东	11362	9955	14599	16625	19624	24162	26759	29177	30570	32420	34808	37132	40766
河　南	7919	8244	9055	10595	13074	14625	16232	17838	18976	19751	21438	23062	25474
湖　北	6269	6052	6713	7708	9120	10082	11049	12143	12845	13708	15138	16579	18436
湖　南	4071	4622	5382	6298	7599	9709	10581	11629	12355	13331	14880	16161	17994
广　东	9448	10179	11355	13099	15210	17921	19971	22217	23476	24654	26908	28480	30820
广　西	2669	2669	3120	3523	4203	4869	5390	5997	6497	7075	7919	8591	9566
海　南	480	520	602	684	742	822	920	1057	1135	1233	1359	1601	1746
重　庆	2428	3016	2696	3069	3670	4943	5368	5947	6472	7030	7856	8792	9983
四　川	6518	6810	7510	9204	10700	11816	12986	14214	15145	16322	17892	19696	22177
贵　州	4279	4438	4470	5534	6021	5641	6172	6800	7084	7566	8175	9068	10302
云　南	3468	3490	4131	4450	5210	6024	6621	7133	7511	8032	8674	9540	10781
西　藏						361					570		
陕　西	2731	3257	3713	4170	4776	5571	6129	6775	7417	8044	8882	9761	11009
甘　肃	3012	2905	3174	3525	3908	4368	4743	5109	5346	5482	5923	6496	7317
青　海	897	930	1019	1123	1364	1670	1903	2095	2279	2348	2568	3189	3580
宁　夏	1179	1279	1378	2015	2322	2536	2830	3077	3229	3388	3681	4316	4813
新　疆	3328	3496	3723	4177	4910	5506	6047	6576	7069	7526	8290	9927	11121
东部地区	74215	75921	86395	97009	112166	129524	142799	156537	164796	173841	188974	201355	220592
东北老工业基地	20588	20556	21137	23141	26142	26976	29626	32478	35002	37277	40478	43934	48407
中部地区	42303	44233	49274	55758	63943	71323	78329	85937	90761	95240	103857	112837	125162
西部地区	34059	36363	39494	46568	54707	62611	69412	76500	82151	88157	96680	108113	121542

注：2012 年能源消费总量数据是根据 2011 年能源消费强度和 2012 年 GDP 计算，会导致一定的偏差

资料来源：1）国家统计局能源统计司 . 2005～2012. 中国能源统计年鉴 2004～2012. 中国统计出版社

2）中华人民共和国国家统计局 . 2001～2013. 2001～2013 中国统计年鉴 . 中国统计出版社

附表 20　中国各省、直辖市、自治区总用水量（2000～2012 年）

（单位：亿立方米）

地　区	2000年	2001年	2002年	2003年	2004年	2005年	2006年	2007年	2008年	2009年	2010年	2011年	2012年
全　国	5497.6	5567.4	5497.3	5320.4	5547.8	5633.0	5795.0	5818.7	5910.0	5965.2	6022.0	6107.2	6141.8
北　京	40.4	38.9	34.6	35.0	34.6	34.5	34.3	34.8	35.1	35.5	35.2	36.0	35.9
天　津	22.6	19.1	20.0	20.5	22.1	23.1	23.0	23.4	22.3	23.4	22.5	23.1	23.1
河　北	212.2	211.2	211.4	199.8	195.9	201.8	204.0	202.5	195.0	193.7	193.7	196.0	195.3
山　西	56.4	57.6	57.5	56.2	55.9	55.7	59.3	58.7	56.9	56.3	63.8	74.2	73.4
内蒙古	172.2	175.8	178.2	166.9	171.5	174.8	178.7	180.0	175.8	181.3	181.9	184.7	184.4
辽　宁	136.4	128.8	127.1	128.3	130.2	133.3	141.2	142.9	142.8	142.8	143.7	144.5	142.2
吉　林	113.5	105.1	111.7	104.0	99.2	98.4	102.9	100.8	104.1	111.1	120.0	131.2	129.8
黑龙江	296.8	287.5	252.3	245.8	259.4	271.5	286.2	291.4	297.0	316.3	325.0	352.4	358.9
上　海	108.4	106.2	104.3	109.0	118.1	121.3	118.6	120.2	119.8	125.2	126.3	124.5	116.0
江　苏	445.6	466.4	478.7	433.5	525.6	519.7	546.4	558.3	558.3	549.2	552.2	556.2	552.2
浙　江	201.2	205.4	208.0	206.0	207.8	209.9	208.3	211.0	216.6	197.8	203.0	198.5	198.1
安　徽	176.7	193.0	199.8	178.6	209.7	208.0	241.9	232.1	266.4	291.9	293.1	294.6	292.6
福　建	176.4	176.4	182.9	182.8	184.9	186.9	187.3	196.3	198.0	201.4	202.5	208.8	200.1
江　西	217.6	210.9	202.1	172.5	203.5	208.1	205.7	234.9	234.2	241.3	239.7	262.9	242.5
山　东	244.0	251.6	252.4	219.4	214.9	211.0	225.8	219.5	219.9	220.0	222.5	224.1	221.8
河　南	204.7	231.4	218.8	187.6	200.7	197.8	227.0	209.3	227.5	233.7	224.6	229.1	238.6
湖　北	270.6	278.5	240.9	245.1	242.7	253.4	258.8	258.7	270.7	281.4	288.0	296.7	299.3
湖　南	316.0	318.6	306.9	318.8	323.6	328.4	327.7	324.3	323.6	322.3	325.2	326.5	328.8
广　东	429.8	446.3	447.0	457.5	464.8	459.0	459.4	462.5	461.5	463.4	469.0	464.2	451.0
广　西	292.5	291.1	297.5	278.4	290.8	312.9	314.4	310.4	310.1	303.4	301.6	301.8	303.0
海　南	44.0	43.6	44.1	46.3	46.3	44.1	46.5	46.7	46.9	44.5	44.4	44.5	45.3
重　庆	56.3	57.4	60.3	63.2	67.5	71.2	73.2	77.4	82.8	85.3	86.4	86.8	82.9
四　川	208.5	207.8	208.6	209.9	210.4	212.3	215.1	214.0	207.6	223.5	230.3	233.5	245.9
贵　州	84.2	87.2	89.9	93.7	94.3	97.2	100.0	98.0	101.9	100.4	101.4	95.9	100.8
云　南	147.1	146.2	148.5	146.1	146.9	146.8	144.8	150.0	153.1	152.6	147.5	146.8	151.8
西　藏	27.2	27.5	30.1	25.3	28.0	33.2	35.0	36.7	37.5	30.9	35.2	31.0	29.8
陕　西	78.7	77.9	78.0	75.1	75.5	78.8	84.1	81.5	85.5	84.3	83.4	87.8	88.0
甘　肃	122.7	121.4	122.6	121.6	121.8	123.0	122.3	122.5	122.2	120.6	121.8	122.9	123.1
青　海	27.9	27.2	27.0	29.0	30.2	30.7	32.2	31.1	34.4	28.8	30.8	31.1	27.4
宁　夏	87.2	84.2	81.5	64.0	74.0	78.1	77.6	71.0	74.2	72.2	72.4	73.6	69.4
新　疆	480.0	487.1	474.6	500.7	497.1	508.5	513.4	517.7	528.2	530.9	535.1	523.5	590.1
东部地区	2060.9	2093.9	2110.5	2038.1	2145.2	2144.6	2194.8	2218.1	2216.3	2196.9	2214.8	2220.4	2181.1
东北老工业基地	546.6	521.4	491.1	478.1	488.8	503.2	530.3	535.0	543.9	570.1	588.7	628.1	631.0
中部地区	1652.2	1682.6	1589.9	1508.6	1594.7	1621.3	1709.5	1710.1	1780.4	1854.2	1879.5	1967.6	1964.0
西部地区	1757.3	1763.4	1766.8	1748.5	1780.0	1834.3	1855.8	1853.8	1875.7	1883.3	1892.5	1888.4	1966.9

资料来源：1）中华人民共和国国家统计局．2003～2013．2003～2013 中国统计年鉴．中国统计出版社

2）中华人民共和国水利部．2001～2002．中国水资源公报 2000～2001．中国水利水电出版社

附表 21　中国各省、直辖市、自治区建设用地（2000～2012 年）　（单位：千公顷）

地　区	2000年	2001年	2002年	2003年	2004年	2005年	2006年	2007年	2008年	2009年	2010年	2011年	2012年
全　国	36206	36413	30724	31065	31551	31922	32365	32720	33058	32709	33580	35355	38641
北　京	280	292	302	309	320	323	327	333	338	348	358	367	372
天　津	373	376	311	314	344	346	349	360	368	380	395	408	415
河　北	2094	2102	1685	1691	1699	1733	1771	1782	1794	1877	1968	2035	2015
山　西	955	961	822	828	837	841	858	865	869	963	980	1016	1092
内蒙古	1659	1665	1376	1396	1417	1439	1456	1478	1492	1567	1945	2043	2076
辽　宁	1540	1544	1323	1327	1363	1370	1380	1391	1399	1427	1488	1541	1550
吉　林	1186	1188	1040	1042	1046	1050	1055	1060	1065	1144	1172	1204	1210
黑龙江	1959	1963	1460	1462	1470	1474	1478	1483	1492	1547	1597	1583	1607
上　海	253	254	222	227	234	240	237	243	254	266	278	277	276
江　苏	2383	2400	1714	1744	1807	1832	1869	1902	1934	2048	2214	2297	2393
浙　江	792	813	838	874	907	941	975	1013	1049	1094	1164	1173	1164
安　徽	2038	2039	1590	1599	1613	1622	1640	1652	1662	1754	1860	1890	2031
福　建	609	615	553	564	576	589	612	631	647	694	802	848	886
江　西	964	969	876	889	896	906	927	940	954	999	1087	1110	1163
山　东	2926	2957	2305	2336	2384	2422	2462	2489	2511	2633	2774	2895	3032
河　南	2547	2553	2096	2124	2140	2152	2167	2178	2187	2271	2419	2508	2588
湖　北	1577	1583	1338	1344	1355	1368	1378	1390	1400	1410	1704	1768	1840
湖　南	1450	1457	1315	1322	1331	1339	1362	1374	1390	1634	1656	1674	1623
广　东	1562	1575	1617	1653	1685	1715	1753	1777	1790	2128	2167	1894	1853
广　西	889	898	871	877	890	910	933	944	954	802	861	883	976
海　南	264	265	291	291	292	293	293	296	298	172	220	226	213
重　庆	573	576	519	540	559	569	578	586	593	658	731	808	735
四　川	1702	1715	1523	1533	1547	1562	1578	1588	1603	1709	1868	2025	2153
贵　州	550	555	518	525	535	541	547	552	557	583	560	616	652
云　南	887	891	740	749	764	775	788	799	816	849	936	997	951
西　藏	86	87	55	60	61	63	65	66	67	67	70	34	95
陕　西	903	907	783	788	795	799	805	809	817	737	778	780	857
甘　肃	1126	1128	958	960	964	967	970	972	977	1035	1086	1124	1174
青　海	285	287	321	310	312	320	322	325	327	336	340	365	366
宁　夏	252	255	182	187	198	203	205	209	212	235	202	222	236
新　疆	1544	1544	1182	1200	1210	1221	1227	1234	1240	1320	1349	1476	1510
东部地区	13075	13193	11161	11329	11610	11804	12028	12217	12381	13066	13827	13961	14171
东北老工业基地	4685	4695	3822	3831	3879	3894	3912	3934	3957	4118	4257	4328	4366
中部地区	12676	12714	10536	10611	10689	10752	10865	10942	11020	11723	12474	12753	13155
西部地区	10369	10419	8975	9065	9191	9306	9408	9495	9589	9831	10658	11339	11686

注：由于 2009～2012 年各地区建设用地缺乏数据，故按各地区城市建设用地面积增长率推算，可能导致一定偏差

资料来源：1）中华人民共和国国家统计局 . 2013. 2013 中国统计年鉴 . 中国统计出版社

2）中国国土资源年鉴编辑部 . 2001～2009. 中国国土资源年鉴 2001～2009. 中国国土资源年鉴编辑部

3）中华人民共和国住房和城乡建设部 . 2010～2013. 中国城市建设统计年鉴 2009～2012. 中国计划出版社

附表 22　中国各省、直辖市、自治区固定资产投资（2000～2012 年）

（单位：亿元）

地　区	2000年	2001年	2002年	2003年	2004年	2005年	2006年	2007年	2008年	2009年	2010年	2011年	2012年
全　国	36279.7	40850.8	47656.4	59589.0	71605.0	88773.6	108372.6	130216.1	150489.3	200377.1	239482.7	251723.0	299451.2
北　京	1388.2	1630.9	1928.0	2278.4	2546.2	2827.2	3283.2	3785.6	3429.3	4274.3	4880.1	4769.1	5158.0
天　津	675.1	781.4	899.5	1128.5	1260.2	1495.1	1807.9	2277.6	3004.5	4302.9	5558.5	5920.1	6649.8
河　北	2012.7	2120.9	2251.8	2700.8	3278.4	4139.7	5378.8	6521.8	7662.1	10987.6	13025.2	13415.1	16048.4
山　西	624.8	743.7	907.1	1192.8	1487.1	1826.6	2222.4	2708.1	2950.4	4210.2	4982.3	5509.7	6823.0
内蒙古	481.8	568.2	790.8	1278.9	1854.0	2643.6	3255.8	4078.2	4722.9	6424.9	7420.1	8109.1	9144.5
辽　宁	1415.7	1580.8	1773.5	2237.0	3062.7	4200.4	5572.6	6982.1	8622.9	10906.7	13775.7	14273.3	17415.5
吉　林	662.5	761.9	895.1	1028.5	1192.0	1741.1	2538.5	3438.7	4423.8	5662.9	6785.7	6078.7	7741.6
黑龙江	917.0	1060.1	1148.7	1251.2	1462.3	1737.3	2190.0	2655.7	3144.5	4431.7	5705.8	5826.8	7496.0
上　海	2080.9	2216.0	2439.8	2689.0	3075.9	3509.7	3896.1	4266.6	4314.1	4651.0	4540.8	4142.7	4296.6
江　苏	3030.3	3302.5	3968.4	5772.6	6614.2	8165.4	9949.8	11556.3	13097.9	16603.7	19328.1	20832.2	24414.6
浙　江	2608.0	3133.7	3824.8	5038.4	5800.5	6520.1	7478.1	7946.4	8047.3	9588.8	10556.2	11256.4	14113.9
安　徽	896.9	1001.7	1191.6	1520.2	1955.4	2525.1	3467.7	4736.9	5740.6	7968.4	9710.9	9690.9	11886.5
福　建	1165.4	1235.2	1323.6	1558.4	1906.9	2316.7	2923.4	3969.5	4552.1	5557.9	7078.9	8059.5	10085.9
江　西	578.8	716.5	1008.2	1406.3	1721.9	2176.6	2600.4	3035.6	3951.4	5756.0	7254.1	6935.1	8142.4
山　东	2950.2	3205.5	3960.4	5872.3	7169.3	9307.3	10915.0	11842.3	13539.9	17230.7	20334.1	21868.4	25339.6
河　南	1582.7	1766.7	2000.8	2527.4	3143.4	4311.6	5811.7	7537.3	9059.6	12277.0	14361.4	14329.7	17127.0
湖　北	1496.7	1659.8	1795.7	1959.1	2314.2	2676.6	3284.4	4086.3	4872.2	6869.9	8563.0	9763.9	11901.0
湖　南	1156.1	1324.0	1515.3	1739.2	2148.0	2629.1	3080.0	3808.9	4618.5	6448.3	7781.7	8921.3	10724.2
广　东	3470.2	3836.9	4253.1	5200.6	5961.0	6977.9	7917.9	9013.3	9704.6	11942.0	14013.0	14507.3	15698.4
广　西	644.1	709.8	809.8	976.9	1253.2	1661.2	2172.7	2839.5	3364.3	4791.2	6266.0	6679.0	8150.4
海　南	216.1	231.1	248.7	299.2	320.9	367.2	419.7	468.8	581.1	833.3	1055.3	1247.8	1583.0
重　庆	642.7	776.2	994.4	1248.6	1572.5	1933.2	2367.1	2915.1	3365.5	4508.8	5664.9	5976.1	6865.8
四　川	1639.5	1842.5	2156.6	2590.3	2927.2	3585.2	4288.5	5234.8	5879.8	9543.0	10740.9	11074.7	13133.6
贵　州	434.2	584.0	688.2	795.3	876.9	998.3	1184.4	1422.8	1636.9	2107.1	2640.4	3417.3	4545.5
云　南	797.2	852.2	940.1	1129.2	1350.4	1777.6	2169.6	2601.0	3017.4	4052.0	4817.2	5155.1	6432.0
西　藏													
陕　西	760.7	868.8	1008.0	1300.8	1565.0	1882.2	2417.8	3200.5	3948.2	5382.7	6622.9	7403.5	9215.5
甘　肃	443.0	505.7	576.8	668.0	749.8	870.4	982.3	1218.7	1500.4	2039.4	2633.4	3158.3	4015.1
青　海	167.5	216.9	248.8	268.3	295.3	329.8	399.0	452.5	494.7	671.0	823.4	1091.4	1400.7
宁　夏	176.4	210.8	248.6	340.6	384.0	443.3	492.3	573.7	727.6	942.6	1214.1	1286.1	1615.1
新　疆	696.6	786.0	889.0	1045.6	1179.2	1339.1	1533.3	1734.7	1905.0	2344.2	2815.9	3558.8	4705.4
东部地区	21012.8	23274.8	26871.4	34775.1	40996.0	49826.7	59542.5	68630.3	76555.8	96879.0	114145.9	120291.8	140803.7
东北老工业基地	2995.2	3402.9	3817.3	4516.7	5717.0	7678.8	10301.1	13076.4	16191.2	21001.2	26267.2	26178.9	32653.1
中部地区	7915.6	9034.5	10462.4	12624.7	15424.4	19624.0	25195.1	32007.5	38760.9	53624.3	65144.9	67056.1	81841.5
西部地区	6883.6	7920.9	9351.1	11642.3	14007.3	17463.9	21262.8	26271.5	30562.8	42807.0	51659.3	56909.4	69223.7

注：固定资产投资按 2005 年价格计算

资料来源：中华人民共和国国家统计局 . 2001～2013. 2001～2013 中国统计年鉴 . 中国统计出版社

附表 23　中国各省、直辖市、自治区二氧化硫排放量（2000～2012 年）

（单位：万吨）

地　区	2000年	2001年	2002年	2003年	2004年	2005年	2006年	2007年	2008年	2009年	2010年	2011年	2012年
全　国	1995.1	1947.8	1926.6	2158.5	2254.9	2549.4	2588.8	2468.1	2321.2	2214.4	2185.1	2217.6	2117.4
北　京	22.4	20.1	19.2	18.3	19.1	19.1	17.6	15.2	12.3	11.9	11.5	9.8	9.4
天　津	33.0	26.8	23.5	25.9	22.8	26.5	25.5	24.5	24.0	23.7	23.5	23.1	22.5
河　北	132.1	128.9	127.9	142.2	142.8	149.6	154.5	149.2	134.5	125.3	123.4	141.2	134.1
山　西	120.2	119.9	119.9	136.3	141.5	151.6	147.8	138.7	130.8	126.8	124.9	139.9	130.2
内蒙古	66.4	64.6	73.1	128.8	117.9	145.6	155.7	145.6	143.1	139.9	139.4	140.9	138.5
辽　宁	93.2	83.9	79.3	82.3	83.1	119.7	125.9	123.4	113.1	105.1	102.2	112.6	105.9
吉　林	28.6	26.5	26.5	27.2	28.5	38.2	40.9	39.9	37.8	36.3	35.6	41.3	40.3
黑龙江	29.7	29.2	28.7	35.6	37.3	50.8	51.8	51.5	50.6	49.0	49.0	52.2	51.4
上　海	46.5	47.3	44.7	45.0	47.3	51.3	50.8	49.8	44.6	37.9	35.8	24.0	22.8
江　苏	120.2	114.8	112.0	124.1	124.0	137.3	130.4	121.8	113.0	107.4	105.0	105.4	99.2
浙　江	59.3	59.2	62.4	73.4	81.4	86.0	85.9	79.7	74.1	70.1	67.8	66.2	62.6
安　徽	39.5	39.6	39.6	45.5	48.9	57.1	58.4	57.2	55.6	53.8	53.2	52.9	51.9
福　建	22.5	20.0	19.3	30.4	32.6	46.1	46.9	44.6	42.9	42.0	40.9	38.9	37.1
江　西	32.3	30.6	29.3	43.7	51.9	61.3	63.4	62.1	58.3	56.4	55.7	58.4	56.8
山　东	179.6	172.2	169.0	183.6	182.1	200.3	196.2	182.2	169.2	159.0	153.8	182.8	174.9
河　南	87.7	89.7	93.7	103.9	125.6	162.5	162.4	156.4	145.2	135.5	133.9	137.0	127.6
湖　北	56.0	54.0	53.9	60.9	69.2	71.7	76.0	70.8	67.0	64.4	63.3	66.6	62.2
湖　南	77.3	76.2	74.3	84.8	87.2	91.9	93.4	90.4	84.0	81.2	80.1	68.5	64.5
广　东	90.5	97.3	97.4	107.5	114.8	129.4	126.7	120.3	113.6	107.0	105.1	84.7	79.9
广　西	83.0	69.7	68.3	87.4	94.4	102.3	99.4	97.4	92.5	89.0	90.4	52.1	50.4
海　南	2.0	2.0	2.2	2.3	2.3	2.2	2.4	2.6	2.2	2.2	2.9	3.3	3.4
重　庆	83.9	72.2	70.0	76.6	79.5	83.7	86.0	82.6	78.2	74.6	71.9	58.7	56.5
四　川	122.3	113.5	111.7	120.7	126.4	129.9	128.1	117.9	114.8	113.5	113.1	90.2	86.4
贵　州	145.0	138.1	132.5	132.3	131.5	135.8	146.5	137.5	123.6	117.5	114.9	110.4	104.1
云　南	38.6	35.7	36.4	45.3	47.8	52.2	55.1	53.4	50.2	49.9	50.1	69.2	67.2
西　藏	0.1	0.1	0.1	0.1	0.1	0.2	0.2	0.2	0.2	0.2	0.4	0.4	0.4
陕　西	62.3	61.9	63.8	76.6	81.8	92.2	98.1	92.7	88.9	80.4	77.9	91.7	84.4
甘　肃	36.9	37.0	42.7	49.4	48.4	56.3	54.6	52.3	50.2	50.0	55.2	62.4	57.2
青　海	3.2	3.5	3.2	6.0	7.4	12.4	13.0	13.4	13.5	13.6	14.3	15.6	15.4
宁　夏	20.6	20.0	22.2	29.3	29.3	34.3	38.3	37.0	34.8	31.4	31.1	41.1	40.7
新　疆	31.1	30.0	29.6	33.1	48.0	51.9	54.9	58.0	58.5	59.0	58.8	76.3	79.6
东部地区	801.3	772.5	756.9	835.0	852.3	967.5	962.8	913.2	843.4	791.7	771.9	792.0	751.6
东北老工业基地	151.5	139.6	134.5	145.1	148.9	208.7	218.6	214.8	201.5	190.5	186.9	206.1	197.6
中部地区	471.2	465.7	465.9	537.9	590.1	685.1	694.1	667.0	629.3	603.5	595.7	616.8	584.9
西部地区	693.3	646.2	653.5	785.5	812.4	896.6	929.7	887.7	848.3	819.0	817.1	808.6	780.4

注：2012 年数据为工业和生活排放量之和

资料来源：1）中华人民共和国国家统计局 . 2013. 2013 中国统计年鉴 . 中国统计出版社

2）《中国环境年鉴》编委会 . 2001～2013. 中国环境年鉴 2001～2013. 中国环境年鉴社

附表 24　中国各省、直辖市、自治区烟粉尘排放量（2000～2012 年）

（单位：万吨）

地　区	2000年	2001年	2002年	2003年	2004年	2005年	2006年	2007年	2008年	2009年	2010年	2011年	2012年
全　国	2257.4	2060.4	1953.7	2070.0	1999.8	2093.7	1897.2	1685.3	1486.5	1371.3	1277.8	1215.7	1172.0
北　京	19.4	15.3	12.7	10.3	10.6	9.1	8.0	6.7	6.3	6.1	6.6	6.1	6.3
天　津	21.0	15.7	12.2	12.5	10.3	11.0	9.0	8.3	7.7	7.9	7.3	6.9	7.7
河　北	160.1	139.2	136.8	135.5	144.7	144.5	136.9	115.5	107.5	94.6	82.1	126.7	118.2
山　西	148.9	152.9	150.1	173.2	176.4	181.7	170.4	152.8	120.3	107.5	98.6	110.6	104.8
内蒙古	66.0	54.1	56.4	80.4	101.9	123.4	93.1	86.4	78.9	65.8	80.7	71.1	80.4
辽　宁	122.6	110.3	97.5	93.5	92.2	119.9	113.4	112.9	95.9	84.0	80.0	66.1	69.6
吉　林	48.7	44.6	40.5	40.5	44.7	55.1	54.5	49.3	44.3	45.0	35.4	41.3	24.7
黑龙江	61.2	59.4	57.0	61.8	64.3	67.2	66.4	65.0	58.9	53.4	47.9	63.0	67.3
上　海	16.8	15.3	12.2	13.2	13.4	12.6	12.3	11.4	11.4	11.0	11.2	8.1	7.9
江　苏	65.3	69.7	61.2	83.8	76.8	80.7	73.2	64.0	54.0	49.4	48.6	49.8	41.5
浙　江	74.4	51.0	52.3	57.3	55.2	44.3	42.6	38.5	34.6	35.8	31.3	30.7	23.8
安　徽	56.6	51.7	48.4	70.2	71.7	76.0	71.8	61.3	61.3	56.5	51.9	42.6	43.9
福　建	30.2	26.0	23.2	26.9	28.4	32.4	32.1	30.5	28.8	27.0	27.9	21.6	24.3
江　西	58.3	37.6	39.7	53.0	57.3	59.6	57.8	53.2	48.3	42.7	38.8	36.9	33.1
山　东	141.9	129.2	122.2	138.5	97.4	99.2	90.7	76.7	70.6	63.8	58.1	73.1	64.6
河　南	155.3	140.0	136.4	142.6	148.7	163.2	136.1	112.8	90.1	84.6	77.4	61.7	53.4
湖　北	77.3	66.1	63.1	62.8	65.0	66.8	63.3	52.3	44.6	40.0	33.9	33.0	33.4
湖　南	108.1	107.6	104.2	118.5	125.7	130.8	122.5	110.2	93.3	91.6	70.6	36.9	32.6
广　东	85.6	56.2	52.6	66.7	65.5	60.0	56.0	52.3	52.6	40.6	41.5	27.6	28.0
广　西	116.7	95.2	88.7	103.3	106.0	110.6	91.9	74.4	66.2	72.6	58.0	27.2	28.3
海　南	3.1	2.3	2.4	2.4	2.2	2.2	2.1	2.1	1.8	1.8	1.5	1.2	1.2
重　庆	43.4	40.4	39.1	41.6	42.4	42.9	41.4	38.0	33.7	29.9	29.2	17.3	17.5
四　川	146.4	142.0	127.9	129.9	130.2	117.5	94.1	65.4	46.6	39.9	48.2	37.1	28.0
贵　州	91.2	74.5	66.9	64.4	57.0	55.5	41.7	44.1	45.5	53.9	33.8	29.4	28.5
云　南	40.9	33.3	25.4	29.2	30.7	38.2	36.5	34.8	32.7	28.0	23.0	36.7	37.4
西　藏	0.3	0.3	0.3	0.3	0.4	0.4	0.1	0.2	0.2	0.3	0.3	0.5	0.2
陕　西	78.8	65.8	60.2	66.6	72.9	73.4	65.1	61.5	48.5	35.0	34.8	44.0	43.9
甘　肃	31.3	29.2	27.4	33.1	31.1	32.8	32.0	23.1	22.2	24.6	25.6	22.9	19.9
青　海	12.4	10.6	10.2	11.9	15.9	17.0	16.1	15.0	15.3	14.5	17.5	13.6	15.3
宁　夏	28.4	22.2	22.9	30.7	18.3	21.3	20.2	18.7	15.2	13.4	23.3	20.8	19.0
新　疆	31.8	29.6	28.5	36.4	42.7	44.4	45.7	47.7	49.1	50.2	52.9	51.1	67.4
东部地区	740.5	630.2	585.3	640.6	596.7	615.9	576.3	518.9	471.2	422.0	396.1	417.9	393.1
东北老工业基地	232.5	214.3	195.0	195.8	201.2	242.2	234.3	227.2	199.1	182.4	163.3	170.4	161.6
中部地区	714.4	659.9	639.4	722.6	753.8	800.4	742.8	656.9	561.1	521.3	454.5	426.0	393.0
西部地区	687.1	596.9	553.6	627.5	649.1	677.0	577.8	509.1	453.9	427.8	427.0	371.2	385.6

注：2012 年数据为工业和生活排放量之和

资料来源：1）中华人民共和国国家统计局 . 2013. 2013 中国统计年鉴 . 中国统计出版社

2）《中国环境年鉴》编委会 . 2001～2013. 中国环境年鉴 2001～2013. 中国环境年鉴社

附表 25　中国各省、直辖市、自治区化学需氧量（COD）排放量（2000～2012 年）（单位：万吨）

地　区	2000年	2001年	2002年	2003年	2004年	2005年	2006年	2007年	2008年	2009年	2010年	2011年	2012年
全　国	1445.0	1404.8	1366.9	1332.9	1339.2	1414.2	1428.2	1381.8	1320.7	1277.5	1238.1	1293.6	1251.2
北　京	17.9	17.0	15.2	13.4	13.0	11.6	11.0	10.6	10.1	9.9	9.2	10.6	10.2
天　津	18.6	10.6	10.3	13.0	13.7	14.6	14.3	13.7	13.3	13.3	13.2	12.0	11.5
河　北	70.7	65.2	64.0	63.6	65.8	66.1	68.8	66.7	60.5	57.0	54.6	44.0	42.3
山　西	31.7	31.2	31.0	35.8	38.0	38.7	38.7	37.4	35.9	34.4	33.3	30.2	29.4
内蒙古	25.6	28.1	23.8	27.4	27.5	29.7	29.8	28.8	28.0	27.9	27.5	26.9	26.2
辽　宁	70.1	67.7	59.3	54.6	50.0	64.4	64.1	62.8	58.4	56.3	54.2	45.2	43.6
吉　林	47.6	41.1	35.7	37.2	36.6	40.7	41.7	40.0	37.4	36.1	35.2	28.4	27.1
黑龙江	52.2	52.7	51.4	51.0	50.5	50.4	49.8	48.8	47.6	46.2	44.4	46.7	44.5
上　海	31.9	30.5	33.0	33.8	29.4	30.4	30.2	29.4	26.7	24.3	22.0	20.9	20.4
江　苏	65.4	83.1	78.4	76.7	85.4	96.6	93.0	89.1	85.1	82.2	78.8	84.1	80.4
浙　江	62.6	58.0	57.8	56.2	55.7	59.5	59.3	56.4	53.9	51.4	48.7	59.8	57.5
安　徽	44.3	41.7	41.1	41.2	42.7	44.4	45.6	45.1	43.3	42.4	41.1	54.5	53.0
福　建	32.2	31.4	28.2	35.1	35.9	39.4	39.5	38.3	37.8	37.6	37.3	45.0	44.2
江　西	39.0	41.5	39.1	42.2	45.4	45.7	47.4	46.9	44.5	43.5	43.1	50.7	49.9
山　东	99.9	92.2	86.0	83.0	77.9	77.0	75.8	72.0	67.9	64.7	62.1	59.8	57.2
河　南	82.0	76.0	74.3	70.7	69.6	72.1	72.1	69.4	65.1	62.6	62.0	60.4	58.2
湖　北	70.2	66.8	66.3	63.4	61.4	61.6	62.6	60.1	58.6	57.6	57.2	60.6	59.7
湖　南	67.4	71.0	74.1	81.4	85.0	89.5	92.3	90.4	88.5	84.8	79.8	70.3	68.0
广　东	95.1	110.5	95.2	98.2	92.7	105.8	104.9	101.7	96.4	91.1	85.8	125.0	118.9
广　西	102.6	82.7	84.6	92.7	99.4	107.0	111.9	106.3	101.3	97.6	93.7	56.7	56.1
海　南	8.5	7.0	6.6	6.8	9.3	9.5	9.9	10.1	10.1	10.0	9.2	9.1	9.3
重　庆	26.4	25.4	25.0	26.1	27.0	26.9	26.4	25.1	24.2	24.0	23.5	28.9	27.9
四　川	97.6	99.2	93.6	93.6	88.2	78.3	80.6	77.1	74.9	74.8	74.1	73.9	72.8
贵　州	22.8	20.7	20.5	22.0	22.3	22.6	22.9	22.7	22.2	21.6	20.8	28.1	26.4
云　南	29.7	30.8	30.1	28.5	29.0	28.5	29.4	29.0	28.1	27.3	26.8	46.8	46.1
西　藏	4.0	1.1	0.8	0.8	1.4	1.4	1.5	1.5	1.5	1.5	2.9	2.2	2.2
陕　西	32.7	33.4	32.3	32.1	33.8	35.0	35.5	34.5	33.2	31.8	30.8	34.9	33.3
甘　肃	13.8	12.1	13.0	15.8	15.8	18.2	17.8	17.4	17.1	16.8	16.8	24.8	24.3
青　海	3.3	3.3	3.3	3.2	3.9	7.2	7.5	7.6	7.5	7.6	8.3	8.0	7.9
宁　夏	17.5	18.7	11.1	10.2	6.6	14.3	14.0	13.7	13.2	12.5	12.2	13.1	12.6
新　疆	19.7	20.1	20.5	22.9	26.2	27.1	28.8	29.0	28.7	28.7	29.6	31.8	30.8
东部地区	572.7	573.2	534.0	534.5	528.7	575.0	570.8	551.0	520.1	497.8	475.0	515.5	495.5
东北老工业基地	170.0	161.5	146.4	142.9	137.1	155.5	155.6	151.6	143.5	138.5	133.8	120.3	115.3
中部地区	434.4	422.0	413.0	423.1	429.2	443.0	450.2	438.1	420.9	407.7	396.2	401.8	389.7
西部地区	391.7	374.5	357.8	374.5	379.9	394.8	404.6	391.1	378.2	370.6	364.0	373.9	364.4

注：2012 年数据为工业和生活排放量之和

资料来源：1）中华人民共和国国家统计局 . 2013. 2013 中国统计年鉴 . 中国统计出版社

2）《中国环境年鉴》编委会 . 2001～2013. 中国环境年鉴 2001～2013. 中国环境年鉴社

附表 26　中国各省、直辖市、自治区氨氮排放量（2000～2012 年）（单位：万吨）

地　区	2000年	2001年	2002年	2003年	2004年	2005年	2006年	2007年	2008年	2009年	2010年	2011年	2012年
全　国	118.0	118.0	128.8	129.7	133.0	149.8	141.3	132.3	127.0	122.6	120.3	175.8	171.0
北　京	2.1	2.1	1.8	1.6	1.7	1.4	1.3	1.2	1.2	1.3	1.2	1.6	1.5
天　津	1.1	1.1	1.4	1.6	1.5	1.9	1.5	1.5	1.4	1.2	2.0	2.0	1.9
河　北	4.3	4.3	6.9	6.5	6.3	6.9	6.8	6.0	5.6	5.5	5.5	6.8	6.5
山　西	2.5	2.5	4.0	4.1	4.2	4.3	4.2	4.5	4.2	4.1	4.2	4.6	4.4
内蒙古	2.2	2.2	2.7	2.9	3.0	5.0	3.8	3.3	3.4	3.4	4.1	4.1	4.0
辽　宁	5.6	5.6	6.9	6.6	6.5	9.1	7.4	6.9	6.4	6.2	5.6	7.4	7.2
吉　林	4.2	4.2	3.4	3.3	3.2	3.6	3.6	3.1	3.0	2.9	3.0	3.8	3.7
黑龙江	4.9	4.9	5.0	4.8	4.8	5.5	5.3	5.1	5.0	4.8	4.3	6.0	5.8
上　海	2.6	2.6	2.9	2.8	3.1	3.4	3.5	3.4	3.4	3.0	2.8	4.7	4.4
江　苏	9.6	9.6	7.8	7.0	7.3	8.5	8.3	7.5	7.0	6.5	6.3	11.7	11.3
浙　江	9.2	9.2	6.8	6.8	6.3	6.3	5.7	5.3	4.7	4.1	4.0	8.8	8.5
安　徽	4.9	4.9	5.0	5.0	4.9	5.3	5.9	5.5	4.8	4.7	4.4	7.0	6.7
福　建	3.0	3.0	3.8	4.4	4.4	5.2	4.9	3.0	3.0	3.0	3.0	6.1	6.0
江　西	3.0	3.0	2.9	3.1	3.3	3.4	3.5	3.7	3.4	3.4	3.5	6.1	6.1
山　东	9.1	9.1	8.4	7.7	8.1	8.4	8.3	7.7	7.0	6.7	6.6	9.7	9.4
河　南	6.2	6.2	7.8	8.0	9.1	10.4	9.4	8.5	7.6	7.5	7.2	8.6	8.5
湖　北	6.0	6.0	7.6	7.7	7.5	7.8	7.4	7.1	7.0	6.5	6.1	8.2	8.1
湖　南	4.8	4.8	10.1	8.6	9.4	10.1	10.0	9.1	8.5	8.4	7.5	9.9	9.7
广　东	10.2	10.2	8.6	9.3	8.7	10.0	9.3	12.0	12.2	11.5	10.7	17.1	16.4
广　西	2.8	2.8	4.4	5.5	7.4	8.9	7.1	6.1	5.6	4.8	4.7	5.5	5.6
海　南	0.5	0.5	0.5	0.5	0.7	0.7	0.8	0.8	0.9	0.8	0.8	1.3	1.3
重　庆	1.7	1.7	2.4	2.6	2.8	2.8	2.8	2.5	2.3	2.7	2.5	4.1	4.0
四　川	7.1	7.1	6.7	7.0	6.7	6.7	6.6	6.0	6.2	6.0	6.1	8.5	8.3
贵　州	1.5	1.5	1.6	1.9	1.8	1.8	1.8	1.8	1.8	1.7	1.6	3.1	3.0
云　南	2.0	2.0	1.8	1.8	1.8	1.9	2.0	2.0	2.0	1.9	2.1	4.6	4.5
西　藏	0.1	0.1	0.1	0.1	0.1	0.1	0.1	0.1	0.1	0.1	0.2	0.3	0.3
陕　西	2.5	2.5	2.1	2.4	2.5	2.6	2.6	2.6	3.2	3.2	3.2	4.7	4.6
甘　肃	1.4	1.4	2.5	2.5	2.6	3.4	3.3	2.2	2.2	2.7	2.4	3.7	3.5
青　海	0.3	0.3	0.3	0.4	0.5	0.7	0.7	0.7	0.7	0.7	0.8	0.9	0.9
宁　夏	1.0	1.0	1.1	1.3	0.7	1.7	1.0	0.8	0.8	0.8	1.3	1.5	1.5
新　疆	1.6	1.6	1.8	1.9	2.0	2.2	2.3	2.3	2.4	2.6	2.7	3.4	3.4
东部地区	57.3	57.3	55.8	54.8	54.6	61.8	57.8	55.3	52.8	49.8	48.4	77.2	74.5
东北老工业基地	14.7	14.7	15.3	14.7	14.5	18.2	16.3	15.1	14.4	13.9	12.9	17.2	16.8
中部地区	36.5	36.5	45.8	44.6	46.4	50.4	49.3	46.6	43.5	42.3	40.3	54.2	53.0
西部地区	24.1	24.1	27.4	30.2	31.8	37.7	34.0	30.3	30.6	30.5	31.5	44.1	43.3

注：由于 2000 年氨氮尚未列入统计，为了统一计算，假定与 2001 年相同；2012 年数据为工业和生活排放量之和

资料来源：1）中华人民共和国国家统计局 . 2013. 2013 中国统计年鉴 . 中国统计出版社

2）《中国环境年鉴》编委会 . 2001～2013. 中国环境年鉴 2001～2013. 中国环境年鉴社

附表 27　中国各省、直辖市、自治区工业固体废物产生量（2000～2012 年）（单位：万吨）

地　区	2000年	2001年	2002年	2003年	2004年	2005年	2006年	2007年	2008年	2009年	2010年	2011年	2012年
全　国	81608	88840	94509	100428	120030	134449	151541	175632	190127	203943	240944	322772	329044
北　京	1139	1136	1053	1186	1303	1238	1356	1275	1157	1242	1269	1126	1104
天　津	470	575	643	644	753	1123	1292	1399	1479	1516	1862	1752	1820
河　北	7028	8847	8503	8975	16765	16279	14229	18688	19769	21976	31688	45129	45576
山　西	7695	7211	8295	9252	10167	11183	11817	13819	16213	14743	18270	27556	29031
内蒙古	2376	2483	3044	3647	4702	7363	8710	10973	10622	12108	16996	23584	24226
辽　宁	7563	7865	8146	8250	8879	10242	13013	14342	15841	17221	17273	28270	27280
吉　林	1604	1635	1631	1736	2026	2457	2802	3113	3415	3941	4642	5379	4731
黑龙江	2694	2925	3086	3097	3170	3210	3914	4130	4472	5275	5405	6017	6313
上　海	1355	1605	1595	1659	1811	1964	2063	2165	2347	2255	2448	2442	2199
江　苏	3038	3553	3796	3894	4673	5757	7195	7354	7724	8028	9064	10475	10224
浙　江	1386	1603	1778	1976	2318	2514	3096	3613	3785	3910	4268	4446	4461
安　徽	2815	3262	3415	3522	3767	4196	5028	5960	7569	8471	9158	11473	12022
福　建	2191	5133	4131	2981	3361	3773	4238	4815	5371	6349	7487	4415	7720
江　西	4796	4377	5850	6182	6524	7007	7393	7777	8190	8898	9407	11372	11134
山　东	5407	6215	6559	6786	7922	9175	11011	11935	12988	14138	16038	19533	18343
河　南	3625	3935	4251	4467	5140	6178	7464	8851	9557	10786	10714	14574	15250
湖　北	2818	2694	2977	3112	3266	3692	4315	4683	5014	5561	6813	7596	7611
湖　南	2355	2464	2434	2754	3269	3366	3688	4560	4520	5093	5773	8487	8116
广　东	1694	1990	2045	2246	2609	2896	3057	3852	4833	4741	5456	5849	5965
广　西	2108	2648	2535	3224	3291	3489	3894	4544	5417	5693	6232	7438	7964
海　南	95	75	94	91	112	127	147	158	220	201	212	421	386
重　庆	1305	1300	1348	1336	1489	1777	1764	2087	2311	2552	2837	3299	3115
四　川	4714	4513	4573	5145	5847	6421	7600	9654	9237	8597	11239	12684	13187
贵　州	2272	2367	2879	3772	4560	4854	5827	5989	5844	7317	8188	7598	7835
云　南	3187	3134	3433	3418	4053	4661	5972	7098	7986	8673	9392	17335	16038
西　藏	17	18	8	6	14	8	9	5	6	11	11	301	366
陕　西	2625	2408	2887	2948	3820	4588	4794	5480	6121	5547	6892	7118	7215
甘　肃	1704	1286	1734	2073	2139	2249	2591	3001	3199	3150	3745	6524	6671
青　海	337	368	314	379	508	649	882	1129	1337	1348	1783	12017	12301
宁　夏	479	431	466	582	645	719	799	1046	1143	1398	2465	3344	2961
新　疆	718	784	1008	1087	1129	1295	1581	2137	2438	3206	3914	5219	7880
东部地区	31366	38597	38343	38688	50506	55088	60697	69597	75514	81576	97065	123857	125078
东北老工业基地	11861	12425	12863	13083	14075	15909	19729	21584	23728	26437	27320	39665	38323
中部地区	28402	28503	31939	34122	37329	41289	46421	52892	58950	62767	70182	92453	94208
西部地区	21825	21722	24221	27611	32183	38065	44414	53136	55655	59589	73683	106161	109392

资料来源：1）中华人民共和国国家统计局 . 2001～2013. 2001～2013 中国统计年鉴 . 中国统计出版社

2）《中国环境年鉴》编委会 . 2001～2013. 中国环境年鉴 2001～2013. 中国环境年鉴社